# 해양 · 정책 · 미래

이정환 / 최재선 / 김민수

**BN** 블루&노트

### 자료 및 사진 제공

- 한국해양수산개발원 ▎홍장원 책임연구원, 이종훈 부연구위원, 조정희 박사, 손규희 박사, 김자영 연구원
- 윙테크놀로지 대표이사 ▎강창구 박사
- 한국해양연구원 극지연구소
- 부산항만공사(BPA)
- 해군본부
- 부산광역시
- 서천군청
- 태안군청
- 창녕군청
- (주)인천대교
- 지오시스템리서치 ▎김태하 과장
- 한국수자원공사

## 해양 · 정책 · 미래

초판 1쇄 발행 2010년 3월 1일
초판 2쇄 발행 2011년 7월 1일

저자_이정환 · 최재선 · 김민수 / 펴낸이 김은희 / 제작 김지학 / 편집 이경남 · 장인자 · 김민희 · 강미라
표지 임진형 / 영업 이주하 / 펴낸곳 ▩블루&노트 / 인쇄 대덕인쇄 / 제본 광신제책
등록_제313-2009-201호(2009. 9. 11) / 주 소_서울시 마포구 마포동 324-1 곶마루B/D 1층
전화 02)718-6253 / 팩스 02)718-6253 / E-mail bluenote09@chol.com
정가 35,000원
ISBN 978-89-963184-3-9  94450(세트)
ISBN 978-89-963184-4-6  94450

■저자와 협의에 의해 인지 생략하고, 잘못된 책은 바꾸어 드립니다.
■이 책은 저작권법에 의해 보호받는 저작물이므로 무단 전재 및 복재를 금합니다.

해양 · 정책 · 미래

| 차례 |

책을 내면서 / 12

## 제1장 통합해양정책 / 17

- **해양정책** : 21세기 글로벌 화두는 해양 경영 • 21
  1. 해양의 재발견 _ 21
  2. 글로벌 해양 트렌드 _ 23
  3. 국내외 해양 정책 _ 27
  4. 해양 국가 동맹론 _ 38

- **해양 행정** : 강물은 흘러 바다에서 만난다 • 41
  1. 해양행정 현주소 _ 41
  2. 통합과 분산 _ 44
  3. 외국의 해양행정 _ 46
  4. 바다는 하나다 _ 49

- **해양 법률** : 시대에 따라 해양법도 변한다 • 53
  1. 해양 거버넌스와 해양법 _ 53
  2. 해양법 체제의 진화 _ 54
  3. 우리나라와 인접국의 해양법 _ 57
  4. 한반도를 둘러싼 해양법 쟁점 _ 61

- **해양 산업** : 신성장 동력을 바다에서 찾는다 • 66
  1. 해양은 富를 창출하는 기반 _ 66
  2. 어디까지가 해양 산업인가? _ 68
  3. 해양 강국의 해양 산업 육성 _ 70
  4. 우리나라는 어떻게 대응하는가? _ 73

- **해양 안전** : 더 이상 타이타닉 호 사고는 없다 • 76
  1. 되풀이 되는 해양사고 _ 76
  2. 선박 안전 기준 강화 등 다양한 조치 _ 79
  3. 항만국 통제(PSC)로 기준미달선 규제 _ 82
  4. 보다 깨끗하고, 안전한 바다를 위하여 _ 85

- **해양 문화** : 인문학적 상상력을 해양에 접목시켜라! • 87
  1. 해양 문화의 어제와 오늘 _ 87
  2. 해양 문화의 개념 및 범위 _ 91
  3. 해양 문화 발전 조건 _ 93
  4. 해양도시를 해양 문화 랜드마크로 _ 96

- **해양 관광** : 차별화된 컨텐츠가 필요하다 • 98
  1. 해양 관광은 고부가 가치 산업 _ 98
  2. 해양 관광의 개념 및 유형 _ 100
  3. 해양 관광 개발 사례 _ 101
  4. 향후 전망 _ 107

# 제2장 해양영토관리 / 113

- **유엔 해양 협약** : 이제 바다는 이 협약으로 통한다 • 115
  1. 바다 '대헌장'의 탄생과 시행 _ 115
  2. 유엔 해양법 협약에 들어 있는 것 _ 118
  3. 발효 10년 유엔 해양법 협약 평가 _ 121
  4. 유엔 해양법 협약 관련 최근 동향 _ 122

- **해양 영토 확장** : 국가 명운을 건 마지막 한판 승부 • 125
  1. 총성 없는 해양 영토 경쟁 _ 125
  2. 동북아는 일본이 기선 제압 _ 126
  3. 대륙붕 한계 확장이 핵심 _ 128
  4. 국가 해양력 강화가 시급 _ 130

- **한일 독도 갈등** : 일본의 제국주의적 탐욕이 문제 • 132
  1. 독도 영유권 갈등의 기원 _ 132
  2. 독도 문제를 둘러싼 쟁점 _ 135
  3. 독도를 탐내는 일본의 속셈 _ 137
  4. 독도 문제에 관한 미국의 역할 _ 140
  5. 독도 문제 대응 방향 _ 141

| 차례 |

- **무인 도서 관리** : 바다 국경선을 지키는 최후의 보루 • 146
  1. 무인도서는 버려진 땅이 아니다 _ 146
  2. 일본과 중국의 무인도서 '애착' _ 148
  3. 우리나라는 무인도서 관리법 시행 _ 151
  4. 제도 시행에 따른 보완장치 필요 _ 152

- **세계 해양 분쟁** : 일촉 즉발, 430건의 '해양 갈등' • 155
  1. 해양 분쟁은 현재 진행형 _ 155
  2. 가열되는 섬 영유권 분쟁 _ 157
  3. 해양 경계 분쟁도 뜨겁다 _ 162
  4. 해양법 협약과 해양 분쟁 해결 _ 164

- **해상 테러리즘** : 아직 끝나지 않은 테러와의 전쟁 • 167
  1. 9 · 11 이후 '해상 테러리즘 경계령' _ 167
  2. 해상 테러리즘과 대책 _ 169
  3. 물류 보안, 글로벌 컨테이너를 지켜라 _ 172
  4. 우리나라가 도입한 조치 _ 175

- **소말리아 해적** : 세계를 향해 총을 겨누다 • 178
  1. 독립 후 실패국가로 전락 _ 178
  2. 그들에게 해적은 비즈니스 _ 180
  3. 나라에서 공인한 해적도 존재 _ 182
  4. 소말리아는 해적으로 오염 _ 184
  5. 치고 빠지는 전략으로 무장 _ 187
  6. 피해는 선사와 선원들이 부담 _ 189
  7. 유엔 개입으로 해적 소탕전 전개 _ 192
  8. 선박 무장화가 유일한 대안인가? _ 194

# 제3장 해양이용개발 / 201

- **해양 자원 개발** : 인류의 미래가 그 곳에 있기에 • 203
  1. 자원 민족주의 _ 203
  2. 잠재력이 높은 해양자원 _ 206

    3. 동북아 해양자원 '삼국지' _ 208
    4. 한·중·일 자원 개발 협력 _ 212

- **심해 생물 자원**: 함께 지켜야 할 인류의 공동유산 • 215
    1. 논의 배경 _ 215
    2. 해양 생태계 통합 관리 필요성 _ 217
    3. 관련 쟁점 _ 220
    4. 향후 과제 _ 223

- **해양 심층수 개발**: 나를 더 이상 물로 보지 마라 • 225
    1. 커지는 물 산업 _ 225
    2. 해양 심층수 _ 227
    3. 외국의 개발 사례 _ 229
    4. 우리나라 개발 사례 _ 232

- **공해 불법 어업**: 임자 없는 물고기가 어디 있으랴! • 235
    1. 공해 어장 축소 _ 235
    2. IUU 어업의 의미 _ 237
    3. IUU 어업 방지 대책 _ 238
    4. 우리나라 대응 _ 240

- **바다 목장 개발**: 양식 어업의 마지막 프론티어 • 243
    1. 1998년, 경남 통영 _ 243
    2. 바다목장이란 무엇인가? _ 245
    3. 외국 바다목장 사례 _ 248
    4. 우리나라 사례 _ 250

- **해양 바이오 산업**: 21세기 꿈의 '해양 연금술' • 253
    1. 1,400만 생물 종 _ 253
    2. 해양 바이오 시장 규모 _ 255
    3. 해외 해양 바이오 산업 _ 257
    4. 우리나라 해양 바이오 산업 _ 260

- **해양 친수 공간**: 인류와 바다가 교감하는 '머린토피아' • 264
    1. 해양의 친환경 이용 _ 264

| 차례 |

    2. 해양 친수 공간의 개념 _ 266
    3. 외국의 개발 사례 _ 268
    4. 우리나라 사례 _ 271

• 해양 플랜트 산업 : 해양 국부를 창출하는 '블루오션' • 273
    1. 불황을 모르는 해양 플랜트 산업 _ 273
    2. 해양 플랜트 개념 및 종류 _ 275
    3. 국내외 해양 플랜트 산업 _ 278
    4. 우리나라 해양 플랜트 산업의 미래 _ 280

• 해저 유물 탐사 : 잊혀진 아틀란티스를 찾아라 • 283
    1. 해저 유물의 유혹 _ 283
    2. 해저 유물 탐사 사례 _ 284
    3. 해저유물 탐사 기술 _ 288
    4. 해저유물 보호협약 _ 290

• 첨단 항만 개발 : 최고를 향한 항만의 끝없는 변신 • 294
    1. 신개념 항만의 등장 _ 294
    2. 환경 친화 항만 _ 298
    3. 초대형·지능형 항만 _ 299
    4. 물류 보안 항만 _ 301

• 블루 이코노미 : 인류 문명의 미래상을 실현한다 • 305
    1. 2012 여수 세계 박람회 _ 305
    2. 블루 이코노미 논의 동향 _ 306
    3. 주요국의 블루 이코노미 _ 309
    4. 이것이 블루 이코노미 _ 310

# 제4장 해양과학기술 / 325

• 해양 과학 기술 : '해저 2만리' 시대의 개막 • 327
    1. 21세기 새로운 화두 _ 327
    2. 개념과 종류 _ 329
    3. 주요 선진국 동향 _ 331

4. 우리나라 해양과학기술 현황과 전망 _ 333

- $CO_2$ 해양 처리 : 바다는 지구 온난화 해결사? • 337
    1. 이산화탄소($CO_2$) 감축 _ 337
    2. 이산화탄소 해양 처리 기술 _ 339
    3. 주요 동향 _ 341
    4. 향후 대응방안 _ 344

- 해양 과학 기지 : 해양 강국의 꿈이 실현되는 곳 • 347
    1. 극지와 해양과학기지 _ 347
    2. 주요국의 해양과학기지 운영 _ 349
    3. 우리나라 해양과학기지 현황 _ 353

- 심해저 잠수정 : 15,000미터 바다 속 신비를 캐다 • 359
    1. 심해를 향한 끝없는 욕망 _ 359
    2. 심해 무인 잠수정 _ 361
    3. 주요국 개발 동향과 '해미래 호' _ 362
    4. 기대 효과 _ 365

- 크루즈와 위그선 : 조선 강국으로 가는 '마지막 관문' • 367
    1. 해상 운송의 '블루칩' _ 367
    2. 시장규모 _ 369
    3. 주요국 개발 동향 _ 372
    4. 우리나라 개발 동향 _ 375
    5. 앞으로의 전망 _ 377

- 해양 에너지 개발 : 바다에서 청정 에너지 금맥을 • 380
    1. 무한 리필 해양 에너지 _ 380
    2. 해양 에너지 개념과 종류 _ 382
    3. 해외 개발 동향 _ 385
    4. 우리나라 개발 동향과 대책 _ 391

- 해양 변동 예보 : 유비무한의 해양 경제학 • 397
    1. 해양예보, 해양산업 출발점 _ 397

　　2. 해양예보 개념과 필요성 _ 399
　　3. 해양예보 기술 동향 _ 400
　　4. 우리나라 해양 예보 평가 _ 403

## 제5장 해양환경보호　　　　　　　　　　　　　　　　　　／411

- **연안 습지 보호** : 갯벌은 우리에게 무엇을 남기는가? • 413
　　1. 습지는 생물 다양성의 보고 _ 413
　　2. 람사르 협약에 따른 습지 관리 _ 416
　　3. 우리나라의 습지 보호 _ 418
　　4. 인류와 습지의 공존 _ 422

- **유해 선박 도료** : 남극도 환경 호르몬으로 오염됐다 • 423
　　1. 남극도 페인트로 오염 _ 423
　　2. 해양 생태계 파괴 _ 425
　　3. 사용 전면 규제 _ 427
　　4. 위반하면 처벌 _ 429

- **해양 보호 구역** : 자연과 인간의 공존을 위하여 • 431
　　1. 이렇게 도입됐다 _ 431
　　2. 외국의 해양보호구역 _ 433
　　3. 우리나라의 제도 _ 435
　　4. 완벽한 해양보호구역 _ 438

- **외래 해양 생물** : 에일리언으로부터 토종을 지켜라 • 441
　　1. 유입 실태 _ 441
　　2. 피해 실태 _ 446
　　3. 해외의 IMP 관리 _ 450
　　4. 우리나라 대응 _ 452

- **해양 소음 규제** : 마지막 남아 있는 해양 오염원 • 455
　　1. 해군용 초음파 탐지기 _ 455
　　2. 해양 소음의 종류 _ 458
　　3. 해양 소음 피해 _ 460

4. 해양 소음 규제 _ 462

• 연안 통합 관리 : 해양 환경을 관리하는 새로운 패러다임 • 465
  1. 인류의 생활 거점 _ 465
  2. 외국의 연안 관리 _ 467
  3. 우리나라의 연안 관리 _ 471
  4. 시행상 문제점 개선 _ 473

• 그린 포트 개발 : 청정 항만도 국가 경쟁력이다 • 475
  1. 항만의 추악한 진실 _ 475
  2. 미국의 규제 조치 _ 478
  3. 유럽연합의 사례 _ 479
  4. 우리나라의 조치 _ 481

• 해양 오염 사고 : 막고, 물어주고 백약이 무효인가? • 483
  1. 연례 행사인가? _ 483
  2. 좌초·침몰이 대부분 _ 487
  3. 방제와 손해 배상 _ 489
  4. 몇 가지 남은 문제 _ 492

찾아보기 / 499

| 책을 펴내며 |

2007년 8월 2일은 특히 러시아에게는 매우 중요한 날이었습니다. 4,000미터가 넘는 북극해 차디찬 바다 밑바닥에 티타늄으로 만든 국기를 꽂았기 때문입니다. 세기적인 이 사건에는 두 가지 의미가 담겨 있습니다. 러시아가 북극해 영유권 주장을 선점했을 뿐만 아니라 그 곳까지 과학자를 보낼 수 있는 유인 잠수정을 운영하고 있다는 사실입니다. 두 가지는 언뜻 별개로 보이지만, 해양 영토 확보와 해양 자원 탐사라는 공통된 주제가 서로 얽혀 있습니다. 요즘 해양 강대국은 이 문제에 깊은 관심을 보이고 있습니다. 러시아는 물론 영국, 미국, 중국, 일본 등 전통적인 해양 강대국은 하나 같이 국가 해양력을 강화하기 위해 적극 나서고 있습니다. 이들 국가들이 해양 조직을 더욱 키우고, 기존의 해양 정책을 다시 가다듬는 이유는 어디에 있을까요? 바다에 인류의 미래가 있기 때문입니다. 바다를 장악하면 세상을 얻을 수 있기 때문이 아닐까요?

바다는 인류의 모태이며, 지구 생명의 근원입니다. 바다에는 지구 전체 동·식물의 80%에 해당하는 총 30여 만 종의 다양한 생물이 살고 있습니다. 지구 표면적의 71%가 바다이고, 물의 97%는 바다에 존재하고 있습니다. 뿐만 아니라 지표면의 기온과 바람 등 기후를 조절하는 기능 역시 대부분 바다의 영향을 받고 있습니다. 생물의 성장 속도도 육지와는 비교되지 않을 만큼 빠릅니다.

바다는 또한 자원의 보고입니다. 이미 세계 석유 생산량의 30%를 해저 유전에서 생산하고 있습니다. 망간, 니켈, 코발트, 구리 등 4대 광물의 이용 가능 연수가 육지는 41년~112년인 반면에 바다는 188년~11,904년에 이르고 있습니다. 바닷물 속에는 각종 자원과 물질이 무진장으로 용해되어 있습니다. 경제성과 기술만 확보되면 인류생활에 필요한 모든 자원을 바다에서 얻을 수 있게 될 것입니다.

바다는 교통로로도 매우 중요합니다. 일찍부터 인류문명은 강에서 태동하여 바다를 통해 발전해 왔습니다. 최근 세계 경제성장과 교역량의 증가로 해상운송의 중요성은 더욱 커지고 있습니다. 국제무역의 4분의 3이 선박으로 운송되고 있고, 그 수요는 날이 갈수록 더욱 높아지고 있습니다. 조선과 항해기술의 발달로 선박의 대형화·고속화도 빠르게 진행되고 있습니다. 따라서 해상운송에 의한 대량 수송체제가 급속한 발전을 거듭하고 있습니다.

이처럼 바다는 인류문명과 국가 발전에 지대한 영향을 끼쳐 왔습니다. 바다에 접하고 있고, 좋은 항구를 가지고 있으며, 그 항구가 주요 간선항로 상에 위치하고 있다면 분명히 그 국가는 발전하고 선진국이 될 수 있는 여건을 갖추고 있습니다. 다행히 우리나라는 국토면적은 크지 않지만 3면이 바다로 둘러싸인 국가입니다. 좋은 항구도 있고, 세계 경제성장의 중심으로 부상하고 있는 동북아 중심에 위치하고 있습니다. 유럽과 북미를 잇는 세계 주요 간선항로의 길목을 차지하고 있습니다.

뿐만 아니라 국토면적의 4.5배에 달하는 넓은 배타적 경제수역, 1만 2천km의 해안선 3,200여 개의 도서, 한·난류가 교차하는 세계적인 황금 어장과 수려한 해안 절경의 풍광을 지닌 천혜의 해양조건들을 두루 갖추고 있습니다.

우리나라는 이제 이러한 우수한 해양 여건과 지경학적 위치를 활용하여 바다로 나아가야 합니다. 우리나라가 해양 국가를 지향해야 하는 이유는 그 곳에 우리의 미래가 있고, 21세기 새로운 국가 성장동력이 잠재되어 있기 때문입니다. 우리나라가 해양 국가를 지향함으로써 우리는 21세기 세계 5대 해양 강국의 목표를 달성할 수 있고, 그것을 통해 당당히 선진국 대열에 우뚝 설 수 있을 것입니다.

지금부터 우리는 무궁무진한 자원이 숨어 있는 바다를 체계적으로 이용·관리하는 능력을 키워야 하며, 주변 국가와 지혜로운 협력과 경쟁을 통해 우리 국익에 우선하는 미래 해양전략을 준비해야 합니다. 이러한 점에서 볼 때 무엇보다도 먼저 우리 국민들이 바다를 제대로 이해할 필요가 있습니다.

이 책에서는 바다를 이해하는데 필요한 내용들을 통합해양정책, 해양영토관리, 해양이용개발, 해양과학기술, 해양환경보전 등과 관련된 총 40개 주요 이슈들을 정리하여 간추려 보았습니다. 물론 자료 제약과 시간 부족으로 미진한 부분들이 많을 것으로 생각됩니다. 미흡한 부분들은 앞으로 계속 보완해 나갈 것입니다. 이 책을 읽은 독자들의 충고와 조언을 부탁드립니다.

아무쪼록 이 책이 해양을 전공하는 학생이나 해양 관련 분야에 종사하는 공무원과 직장인은 물론 관심 있는 일반 국민들에게도 많이 읽혀져 우리 국민이 바다에 대한 인식과 해양의식을 고취하는 데 조금이나마 도움이 되었으면 하는 마음 간절합니다.

이 책을 쓰는 데는 많은 분들의 도움을 받았습니다. 책을 기획하고, 발간에 이르는 모든 과정에서 제주대 주강현 석좌교수님이 많은 조언을 해주었습니다. 또한 주강현 교수님은 이 책에 들어 있는 많은 사진을 흔쾌히 제공해 주셨습니다. 국토해양부에 계신 분들의 도움도 많이 받았습니다.

또 감사의 뜻을 드려야 할 곳은 저자들이 몸담고 있는 한국해양수산개발원입니다. 한국해양수산개발원이라는 큰 그릇이 없었더라면, 이 책의 출간은 전혀 이루어질 수 없었을 것입니다.

책에 들어 있는 내용은 상당 부문 연구원에 재직하면서 쌓여진 것이고, 해당 분야에 해박한 전문지식을 갖고 있는 연구원들의 많은 조언을 받았기 때문입니다. 이 자리를빌어 강종희 원장님과 연구원 분들에게도 감사의 말씀을 드립니다.

이 책의 출간을 허락해 주신 블루 앤 노트의 윤관백 사장님과 궂은 일을 마다하지 않은 김지학 팀장님에게도 감사의 말씀을 드립니다. 그리고 이 책이 나오는데 음으로 양으로 도와주신 모든 분들에게 다시 한번 감사의 말씀을 드립니다.

2010년 3월
저자를 대표하여 이정환 드림

# 1 통합해양정책

- 해양 정책
- 해양 행정
- 해양 법률
- 해양 산업
- 해양 안전
- 해양 문화
- 해양 관광

21세기 해양강국으로 가는 길을 묻는대(인천대교)

# 해양 정책
## 21세기 글로벌 화두는 해양 경영

### 1. 해양의 재발견

해양에 대한 평가와 인식이 크게 달라지고 있다. 지금까지 우리는 해양을 주로 평면적으로 이용해왔다. 선박의 운항이나 수산 자원 채취 등 매우 제한적인 범위에서 머물렀다. 그러나 최근 들어 해양을 매우 폭넓게 입체적으로 활용하는 경향이 강해졌다. 여러 가지 이유가 있다. 유엔 해양법 협약 발효 이후 연안국의 해양 관할권이 배타적 경제 수역(EEZ)까지 넓어 진 것이 첫 번째 이유다. 해양 영토를 한 치라도 더 차지하는 것이 새로운 국부를 만들어 내는 데 크게 도움이 되기 때문이다. 중국·인도 등 신흥 경제 성장국가들이 자원 확보전에 뛰어 든 데도 이유가 있다. 자원 보유국을 중심으로 자원 민족주의가 대두되는 가운데, 많은 나라가 부족한 자원을 확보하기 위해 해양자원 개발에 눈을 돌리고 있다.

이 같은 현상은 2008년에 밀어닥친 글로벌 경기 침체와 지구 온난화 문제와도 관련이 있다. 미국이나 영국 등 주요 국가들은 경기 부양 대책의 하나로 녹색성장을 새로운 정책 아젠다(의제)로 들고 나왔다. 산업의 녹색화·생활의 녹색화를 통해 지구도 살리고, 경제도 살리자는 다목적 포석이다. 특히 해양은 흔히 말하는 신 성장 동력을 찾을 수 있는 곳이다. 파력이나 조력 등 해양 에너지 자원뿐만 아니라 최근에는 해조류를 이용한 바이오 연료와 수소까지 생산할 수 있는 기반이 마련됐다. 석유와 천연가스도 풍부하다. 꿈의 연료라고 불리는 가스 하이드레이트와 망간 등 해양 광물자원의 매장량도 엄청나다. 해양 미생물을 이용한 해양생명공학 분야에서도 상당한 진전을 보이고 있다. 이 같은 점 때문에 전문가들은 해양을 지구의 마지막 자원의 보고라고 말한다.[1]

|그림 1-1| 해양의 가치

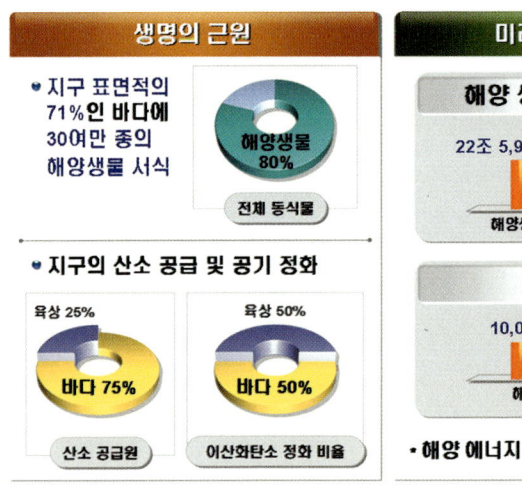

자료 : 국토해양부

## 2. 글로벌 해양 트렌드

### 1) 해양 분야

21세기는 변화의 시대다. 무역 장벽이 허물어지면서 세계화가 촉진되고 있다. 세계의 공장에서 세계의 최대 소비시장으로 떠오른 중국이 미국과 함께 G2 반열에 합류했다. 경제도 노동·자본 중심에서 지식·기술 중심으로 이동하고 있다. 최근에는 기후 변화에 대한 대책의 하나로 녹색성장이 새로운 패러다임으로 자리 잡고 있다. 패러다임 변화는 해양 부문에도 적지 않은 영향을 미치고 있다. 최근 들어 새롭게 등장한 해양분야 트렌드를 추적해봤다.

|표 1-1| 21세기 패러다임의 변화가 해양에 미치는 영향

| 분야 | 20세기 패러다임 | 21세기 패러다임 | 해양에 미치는 영향 |
|---|---|---|---|
| 경제 | 노동·자본 중심 성장 | 지식·기술 중심 성장 | ·해양기술 발달<br>·해양가치에 대한 인식제고 |
| 정치 | 중앙집권화 | 분권화 | ·지방자치단체 중심의 해양정책 및 해양계획안 마련 |
| 민족 | 민족주의 | 신민족주의 | ·해양자원확보를 위한 자원민족주의 도래 |
| 문화 | 폐쇄적 | 개방화 | ·국가 간 해양 협력 강화 |
| 가치 | 물질 | 삶의 질 | ·해양 관광 및 해양 레저산업 발달 |
| 정보 | 일방적 커뮤니케이션<br>아날로그 시대 | 쌍방향 커뮤니케이션<br>디지털 시대 | ·해양 기상예보 등의 분야에서 공급-수요의 쌍방향 커뮤니케이션 시스템 구축 |
| 국제<br>정치 | 군사력 중심<br>고강도 분쟁 | 소프트 파워 중심<br>저강도 분쟁 | ·해양경계획정 및 해양자원 확보를 위한 국가간 저강도 분쟁 확대 |

자료 : 한국해양수산개발원

가장 두드러진 트렌드는 선진국의 해양 러시 정책이다. 이 흐름의 근저에는 해양 영토 확대와 해양자원 개발 가속화, 그리고 심해저 자원개발 및 상용화, 주요국의 태평양 도서국 진출 본격화 등이 버티고 있다. 또한 최근의 기후 변화에 대한 정부와 일반인의 관심을 대변하듯 해양 청정 에너지 개발과 해상 풍력 발전 증가도 트렌드에 이름을 올리고 있다. 이 같은 트렌드는 해양 신 재생 에너지 분야가 새로운 비즈니스로 등장했다는 것을 의미한다. 특히 유럽연합(EU)의 경우 육상 풍력 발전이 용지 부족과 지역 주민의 반대 등으로 한계 상황에 부딪치자 그 대안으로 해상 풍력을 선호하고 있는 것으로 나타났다.

또한 해상 플랜트 개발 등 해양공간의 고부가 가치화도 새로운 현상으로 떠오르고 있다. 해양 환경 협상과 관련된 의제가 다양화 되는 가운데, 공간적으로 해양을 공유하고 있는 인접 국가 사이의 협력도 강화되고 있다. 해양공간의 경우 더 이상 특정 국가가 임의적으로 개발하기에는 한계에 도달했다는 점을 시사한다. 환경 협약의 제정 작업과 이행과 관련해서도 비정부간 민간기구의 참여 확대도 특징적인 현상으로 분석됐다. 이 같은 경향은 해양 이슈가 개별국가 차원을 넘어 지역과 국제사회로 '세계화' 되었다는 점을 의미한다. 이는 환경문제에 있어서는 전 지구적 공동대응이 필요하다는 뜻이다.

### 2) 물류 분야

현재 물류 분야의 가장 큰 현안은 해운경기 회복의 불확실성이다. 2008년 하반기 이후 세계 경제 불황으로 해운 부문과 조선업계는 상당한 어려움을 겪고 있다. 세계 대형 선사인 머스크 라인이나 짐 라인 등은 2009년 들어 엄청난 적자를 기록하고 있다. 일부 선사는 보조금이나 채권을 발행해야 할 정도로 상황이 악화됐다. 전문가들은 이 같은 경기 침체에서 벗어나기 위해서는 적지 않는 시간이 소요될 것으로 분석하고 있다. 우리나라뿐만 아니라 주요국이 해운·조선산업을 지원하기 위해 여러 가지 특단의 대책을 내놨다. 현재의 상황이 심상치 않다는 것을 예고한다.

　　또 하나의 특징적인 트렌드는 물류 경영의 녹색화가 크게 진전되고 있다는 점이다. 해운 부문의 경우 그린 쉬핑이 대세를 이룬 가운데, 항만 지역도 선박이나 컨테이너 트럭에서 배출되는 황 산화물과 질소 산화물, 그리고 미세먼지를 줄이는 다양한 대책이 시행되고 있다. 유황 함량이 낮은 선박 연료유 사용을 의무화하는 한편, 선박이 부두에 들어와 육상 전기를 사용하는 경우 항만 비용을 줄여주는 항만도 등장했다. 항만 장비에 사용하는 동력원을 전기로 교체하는 등 친환경 항만이 대세다. 이 같은 경향은 앞으로도 계속될 것이다. 물류 부문의 저탄소 녹색시대를 정착시키는 것이 중요한 과제로 등장했다. 또한 물류 부문에서 특기할 만한 사항은 소말리아 해적 문제가 국제적인 현안으로 등장함에 따라 안전한 해상 교통로 확보도 주요 이슈로 떠오르고 있다는 점이다.

### 3) 수산 분야

　　수산 부문의 두드러진 특징은 불법 어업에 대한 국제적인 규제가 강화되고 있는 가운데, 세계적으로 해양 생물, 해양 유전자원을 확보하기 위한 경쟁이 매우 치열하게 전개되고 있다는 점이다. 특히 유엔 해양법 협약 발효 이후 10년 이상 경과하면서 공해 어업에 대한 규제가 강화되고 있고, 불법으로 어획하는 것을 막기 위해 어선에 대한 항만국 통제 등 규제가 대폭 강화되고 있다. 이 같은 경향은 앞으로 수산 자원 보호 차원에서 더욱 강화될 것으로 보인다. 또한 연안 수산국은 자국의 어족 자원을 보호하기 위한 수단의 하나로 입어를 제한하는 이른바 자원 내셔널리즘도 나타나고 있다.

또 한 가지 특징은 해조류를 이용하기 위한 다양한 연구가 진행되고 있다는 점이다. 해조류를 이용한 연료 생산이 대표적인 사례다. 바이오 연료와 수소, 비행기 연료까지 생산하는 연구가 진행되고 있다. 기후 변화에 대한 대응도 수산부문의 현안으로 등장하고 있다. 바닷물 온도가 높아지면서 어족 자원의 서식환경이 바뀌는 등 해양 생태계가 크게 변하고 있기 때문이다.[2] 또한 다국적 수산기업들은 수산자원 보유국에 어항 건설과 같은 다양한 혜택을 제공하면서 어장 확보에 나서는 등 환경 변화에 대응하고 있다.

|표 1-2| 글로벌 해양 트렌드

| 분야 | 트렌드 | |
|---|---|---|
| 해양 | 1. 해양자원 개발 광역화·가속화<br>2. EEZ 해양자원 개발·관리 확대<br>3. 심해저 자원 개발 및 상용화<br>4. 해양자원 개발 협력 확대<br>5. 북극해 해양자원 개발<br>6. 해양자원 개발 대기업 참여 확대<br>7. 해양영토 확보 경쟁 심화<br>8. 해양 에너지 개발 지원 강화<br>9. 해상 풍력 발전의 일반화 | 10. 해양 에너지 비즈니스 확대<br>11. 주요국의 해양 파트너십 강화<br>12. 태평양 도서국가 진출 본격화<br>13. 지역해 공동관리 협력체계 확산<br>14. 해양공간의 복합적 이용 증가<br>15. 국제 환경 협상 의제의 다양화<br>16. 환경 협약의 준수 체계 강화<br>17. 해양 문제의 NGO 참여 확대<br>18. 기후 변화 대응조치 도입 확산 |
| 물류 | 1. 세계 해운 경기 불확실성 증대<br>2. 컨테이너 선박의 대형화 진전<br>3. 해양 환경·해양 안전기준 강화<br>4. 해적·테러로 해상 교통로 위협<br>5. 해운 기업의 토탈 물류 서비스<br>6. 항만 지역의 종합 물류 거점화 | 7. 그린 쉬핑·그린 포트 구축 확산<br>8. 물류 보안제도 글로벌화 진전<br>9. 대형 터미널 운영회사의 등장<br>10. 친환경·최첨단 개념 선박 개발<br>11. 고부가가치 해양 플랜트 증가<br>12. 조선소의 글로벌화 전략 추진 |

| 분 야 | 트렌드 | |
|---|---|---|
| 수산 | 1. 세계 해양생물 자원 확보 경쟁<br>2. 해양생물 자원 이용 규제 강화<br>3. 해양 바이오 산업화 지속 추진<br>4. 수산 생태계 변화 가속화 심화 | 5. 불법 어업(IUU)의 규제 본격화<br>6. 연안 국가 자원 민족주의 심화<br>7. 다국적 수산 기업의 글로벌화<br>8. 수산 분야의 신기술 보급 확산 |

자료 : 한국해양수산개발원

## 3. 국내외 해양 정책

　　미국, 영국, 중국, 일본 등 세계 주요 해양국들은 최근 앞 다투어 통합해양정책을 제시하고 있다. EU는 지역 차원의 해양계획을 수립해 지중해와 아프리카 지역까지 영향력 확대를 모색하고 있다. 이는 급변하는 해양환경에 대한 대응이라는 시대적 요구와 함께 각국이 처한 특수한 상황을 반영하고 있다. 우리나라 또한 해양수산 발전 기본계획인 해양한국(Ocean Korea) 21 등을 통해 새로운 해양강국의 비전을 실천하고 있다.

### 1) 해외 사례

| 미국 |　해양 문제에 대한 미국의 인식과 접근 방법이 크게 달라지고 있다. 이에 따라 미국은 앞으로 국제적으로 직면한 해양 문제에 적극 대응하면서 글로벌 해양 패권을 장악하기 위해 가능한 모든 노력을 경주할 것으로 보인다. 특히 미국 오바마 신정부는 1) 지구 온난화로 대변되는 기후 변화 문제와 2) 남극과 북극을 포함한 극지 문제, 3) 해양 신 재생 에너지를 비롯한 녹색 해양 성장 전략, 그리고 4) 유엔 해양법 협약 가입 등과 같은 굵직한 해양 현안을 해결하는데 적극 나설 가능성이 크다. 이 밖에도 미국은 신정

부 출범 이후 새로운 통합해양정책 수립에 착수했다. 현재 중간보고서를 토대로 의견 수렴작업을 거치고 있는데, 머지 않아 최종 보고서가 발표된다.

**부시 행정부와는 다르다**   지금까지 미국의 해양정책은 2000년에 제정한 해양법을 근거로 시행되어 왔다. 이 법률에 따라 미국은 의회 내에 해양위원회를 설치하고, 국가 해양정책을 통합적이고, 장기적인 차원에서 추진해 왔다. 특히 미국은 이 위원회에서 주도적으로 작업한 이른바 '2004년 해양 청사진'을 근간으로 해양전략을 국가 비전으로 채택, 다양한 정책 아젠더를 마련한 것이 특징이다. 버락 오바마 신정부 들어서도 미국의 이 같은 해양정책 기조는 크게 변하지 않을 것이라는데 전문가들은 동의하고 있다. 다만, 그 동안 정책 추진과정에서 소홀해 왔던 사안이나 국제적인 메가 트렌드로 부각된 현안, 그리고 자국의 해양권익을 극대화할 수 있는 사업에 대한 입장을 보다 분명히 할 것으로 보인다.

이 같은 단서는 이미 여러 곳에서 포착되고 있다. 2009년 봄 미국 볼티모어에서 열린 제32차 남극대륙 자문회의가 대표적이다. 이 회의에서 힐러리 클린턴 국무장관은 향후 미국이 추진할 해양정책에 관한 몇 가지 중요한 메시지를 던졌다. 글로벌 해양 전문가·석학 300여 명 이상이 참석한 이 회의에서 클린턴 장관은 앞으로 미국이 유엔 해양법 협약을 비준하는데 최선을 다하겠다고 약속했다. 남극과 북극의 극지 문제에 대해서도 적극 대응한다는 뜻을 밝혔다. 특히 미국은 이날 회의에서 최근 불거지고 있는 남극대륙의 환경오염 문제에 적극 대처하기로 했다는 입장을 분명히 했다. 또한 부시 행정부 당시 미온적인 태도를 보였던 기후 변화 문제에 대해서도 개입할 것이라는 의지를 천명했다.

**해양법 협약 가입 재추진** 미국 신정부는 부시 대통령 시절 이루지 못한 유엔 해양법 협약 가입이라는 난제를 다시 추진하기로 했다. 유엔 해양법 협약은 1982년에 마련되어 1994년에 국제적으로 발효됐다. 현재 가입국 수는 160개국에 달하고 있으나 미국의 경우 협약이 채택된 이후 여러 가지 이유를 들어 가입을 거부하고 있다. 특히 국제협약 가입 승인 권한을 갖고 있는 미국 상원은 유엔 해양법 협약에서 규정하고 있는 몇 가지 조항이 자국의 해양 권익을 침해할 우려가 있다는 이유를 들어 거부권을 행사해왔다. 미국은 심해저 개발 제도와 해양 자원의 개발과 보호, 그리고 해양 안보 등에 대한 불만 때문에 협약 가입에 미온적이었다.

그러나 이 같은 분위기 최근 들어 크게 바뀌고 있다. 우선 오바마 행정부가 협약 가입에 적극적인 태도를 보이고 있다는 점이다. 2009년 1월 인사 청문회에서 힐러리 클린턴 국무장관과 미 의회 외교관계위원장인 존 케리 상원의원은 협약 가입을 신정부가 추진할 정책 우선과제라고 강조했다. 미국은 또한 2009년 4월에 개최된 남극 협약 자문회의에서도 조만간 상원에 협약 가입 동의안을 제출하고, 협조를 구할 방침이라고 밝혔다.

**극지 문제에 대한 발언 강화** 남극과 북극 문제에 대한 미국의 개입도 점차 거세질 것으로 보인다. 미국의 극지 문제에 대한 접근 방법은 크게 두 가지 구분된다. 먼저 러시아·캐나다·노르웨이 등과 관할권 갈등을 빚고 있는 북극 문제를 해결하기 위해 유엔 해양법 협약 가입이라는 카드를 꺼내 들었다. 유엔 해양법 협약

체제 내에서 자국의 이익을 확보하는 것이 보다 유리하다는 판단에 따른 것으로 보인다. 이에 앞서 조지 부시 대통령은 퇴임을 얼마 남겨 놓지 않은 2009년 1월 9일 새로운 북극정책을 담은 대통령 지침(Presidential Directive)을 발표했다. 이는 미국이 유엔 해양법 협약이 발효되던 1994년에 제정한 북극정책을 15년 만에 대체한 것으로, 북극개발 경쟁에 본격 뛰어들 것이라는 점을 의미한다. 이 지침에는 첫째, 국가안보와 해양력 제고, 둘째, 영유권 및 해양 관할권 확보, 셋째, 북극항로(북서항로) 항행의 자유, 넷째, 자원 및 에너지 개발, 다섯째, 환경보호와 과학조사 강화와 다자간 국제협력 차원에서 북극 정책을 추진한다는 내용이 담겨 있다.

한편, 남극 문제에 대해서는 해양 오염 방지와 생태 환경 보호에 초점을 맞추고 있다. 최근 남극 관광이 증가하면서 야기되고 있는 선박 충돌 사고 방지와 선박에서 배출되고 있는 폐기물 규제, 관광객 제한 등이 현재 미국이 추진하고 있는 남극 정책의 핵심이다. 미국은 2009년으로 60년을 맞은 남극 협약의 이행을 강화하기 위해 남극협약 환경의정서를 비준하는 한편, 500명 이상이 승선할 수 있는 유람선에 대해서는 남극 대륙에 상륙할 수 없도록 했다. 또한 상륙 인원도 1회에 100명으로 제한하는 방안을 제안해 통과시켰다.

**녹색 해양 성장정책도 추진** 글로벌 경기 침체 이후 각국이 경쟁적으로 추진하고 있는 녹색 뉴딜 정책도 미국이 관심을 갖고 있는 주요 정책 아젠더의 하나다. 미국 신정부는 부시 정부와는 다르게 지구 온난화 문제에 적극 대응하면서 녹색 뉴딜정책을 새 정부의 정책 우선과제로 선정해 대대적인 투자사업을 진행하고 있다. 미국은 향후 10년 동안 에너지 부문에 150억 달러를 투입, 일

자리를 500만 개 이상 창출하고, 2050년까지 온실가스를 1990년 대비 80%까지 감축할 계획이다.

　　미국의 녹색 뉴딜정책에서 눈길을 끄는 것은 해상 풍력발전 등 해양 신재생 에너지 부문에도 상당한 투자를 계획하고 있다는 점이다. 미국 내무부는 최근 대륙붕의 석유, 가스 및 해양 신 재생 에너지 자원에 대한 219쪽짜리 평가보고서를 발표했다. 이 보고서는 대륙붕 자원에 관한 기존 자료를 보완한 것으로, 향후 미국이 추진할 해양에너지 개발 방향을 담고 있다. 이 보고서에서 관심을 끄는 것은 미국이 해양 신 재생에너지 자원의 잠재력을 높게 평가한 점이다. 풍력의 경우 대서양 연안에서 1,024 기가와트, 태평양 연안에서 902 기가와트의 개발 잠재력이 있는 것으로 분석됐다. 또한 조력 에너지는 미국 동부 연안, 플로리다 남동부 연안이, 파력 에너지는 북서 태평양과 하와이 연안이 최적 개발지로 조사됐다. 미 내무부와 연방 에너지 규제 위원회는 양해각서(MOU)를 체결해 해양 신 재생 에너지 개발을 위한 허가와 규제 등의 업무분장을 명확히 하는 등 해양 신 재생 에너지 개발에 박차를 가하고 있다.

　　**미국 주도 해양질서 개편 예상**　그 동안 미국은 글로벌 해양문제와 지구 온난화 문제 등에 대해 일정한 거리를 두어왔다. 특히 유엔 해양법 협약의 비준이나 교토의정서 가입 등에 대해 미온적인 자세를 취함에 따라 국제적으로도 많은 비판을 받아왔다. 그러나 지금까지 나온 자료와 단서들을 종합해 볼 때 미국 신정부의 해양정책은 기존과는 여러 가지 측면에서 차이가 있다. 특히 현재 미국이 추진하고 있는 유엔 해양법 협약 가입 문제는 미국뿐만 아니라 대외적으로 파급효과가 매우 크다. 국제사회에서 차지하는 영향력을 고려할 때 미국이 앞으로 어떤 정책기조를 견지하느냐에 따라 글로벌 해양질서도 적지 않은 영향을 받게 될 것이 분명하다. 미국 신정부의 진일보한 해양정책에 세계의 이목이 집중되는 것도 이런 이유 때문이다.

전문가들은 미국 신정부가 전임 부시 행정부와는 차별화된 정책을 통해 글로벌 해양 이슈를 주도하면서 해양에 대한 지배력을 강화할 것으로 전망하고 있다. 그리고 그 첫 번째 시도가 유엔 해양법 협약 가입이라는 형태로 나타날 것으로 보고 있다. 미국 신정부는 이 같은 목표를 추진하면서 극지문제와 기후 변화 문제뿐만 아니라 해양자원 개발과 해양안보 등 여러 면에서 입김과 발언권을 강화할 것이 확실하다.

| 영국 | 영국은 2008년 해양법(Marine Bill) 초안을 통해 통합 해양 정책을 마련하기 위한 기반을 다지고 있다. 이 법률안은 해양보존과 에너지 자원 개발을 목표로 해양발전을 위한 새로운 법 체제를 정비한다는 취지로 제정되었는데, 법안의 내용들은 2007년의 해양

세계 해양정책을 이끄는 구심점, 유엔 본부

법 백서(Marine Bill White Paper)에 뿌리를 두고 있다. 영국은 이 법률에서 해양관리기구(Marine Management Organization : MMO)의 설립과 이를 통한 종합적이고 체계적인 해양관리능력 제고, 해양개발과 해양환경의 조화, 해양 서식지를 포함한 해양환경의 보호, 수산관리, 에너지 자원 및 해안 휴양지 개발 등의 세부 목표를 제시하고 있다. 영국의 통합 해양 정책이 수립되면 유럽연합(EU) 활동을 통한 대륙 지향적 정책에서 지정학적 위치에 충실한 해양지향적 정책이 강화될 것으로 예상된다. 또한 해양종합관리기구(MMO)가 설립되어 해양 및 수산분야에서 통합적 관리체제가 도입될 수 있을 것으로 기대되고 있다.

| 중국 | 중국은 2006년 수립한 제11차 5개년(11.5기간, 2006~2010) 국가발전계획에서 처음으로 해양 분야를 별도의 장으로 독립시켜 국가적인 차원에서 해양의 중요성을 강조하고 나섰다. 이는 중국 정부가 사상 처음으로 수립한 해양산업 종합개발계획이다. 또한 중국에서는 현재 해양기본법 제정, 국가 해양발전전략 수립, 해양 관리체제 개혁, 도서 관리법 제정 등 해양강국 도약을 위한 주요의 제들이 논의되고 있다. 여기서 한 가지 눈여겨 볼 것은 중국이 2008년 발표한 '해양발전요강'이다. 이 요강은 중국이 11.5 계획 기간 동안 추진할 해양분야의 발전 방향이 들어 있다는 점에서 중국의 향후 해양정책의 지향점을 엿볼 수 있는 자료다.

| 일본 | 일본 정부는 2008년 3월 18일에 해양기본법(2007년 제정)에 근거해 종합 해양 정책본부가 마련한 해양기본계획을 공포했다. 이 계획에는 앞으로 일본이 5년 동안 추진해야 할 정책과 세부 과제들이 포함되어 있다. 일반적인 해양 정책뿐만 아니라 해양안

보와 해양자원 개발, 해양산업의 육성, 수산자원 관리 등 국가 해양력 강화를 위한 통합 해양 정책 내용을 담고 있다.

특히 일본은 이 기본계획을 수립하면서 '해양의 지속적인 이용과 보전'에 정책의 초점을 맞추고, 배타적 경제수역 등 일본이 관할하는 해역에 대한 관리 강화와 해저 석유와 천연 가스의 상업적 생산에 많은 부분을 할애하고 있다. 또한 안전한 해상 수송로를 확보하기 위해 말라카 해협에 대한 지원을 강화하고, 국제적인 해양안보 협력도 더욱 가속화할 방침이다.[3] 한편, 일본은 최근 들어 국제적으로 해양 자원에 대한 수요가 크게 증가하고 있는 점을 고려해 2009년 3월 해양에너지·광물자원 개발계획을 발표했다.

|표 1-3| 일본 해양기본계획의 주요내용

| 구 분 | 내 용 |
|---|---|
| 총 론 | · 해양과 일본의 관계 |
| | · 일본의 해양정책 추진체제 |
| | · 해양기본계획의 정책목표 및 계획기간 |
| 제1부<br>해양정책<br>기본 방침 | · 해양의 개발 및 이용과 해양환경의 보전과의 조화 |
| | · 해양 안전 확보 |
| | · 과학적인 지식의 충실 |
| | · 해양산업의 건전한 발전 |
| | · 해양의 종합적 관리 |
| | · 해양에 관한 국제적 협조 |
| 제2부<br>중점 추진<br>해양정책 | · 해양자원의 개발 및 이용의 추진<br>- 수산자원의 보존 및 관리, 에너지·광물자원 개발 추진 |
| | · 해양환경 보전 등<br>- 생물다양성의 확보 등을 위한 제도, 환경부하의 저감을 위한 제도<br>- 해양환경보전을 위한 계속적 조사·연구 추진 |
| | · 배타적 경제수역 등의 개발<br>- 배타적 경제수역 등에서 개발 등의 원활한 추진<br>- 해양자원의 계획적 개발 등의 추진 |

| 구분 | 내용 |
|---|---|
| 제2부<br>중점 추진<br>해양정책 | · 해상수송의 확보<br>  - 외항해운업에서 국제경쟁력 및 일본적선 및 일본인 선원 확보<br>  - 선원 등의 육성·확보, 해상수송거점 정비, 해상수송의 질적 향상 |
| | · 해양 안전 확보<br>  - 평화와 안전 확보제도, 해양 기인 자연재해 대책 |
| | · 해양조사의 추진<br>  - 해양조사의 착실한 실시, 해양관리에 필요한 기초정보의 수집·정비<br>  - 해양에 관한 정보의 일원적 관리·제공, 국제연대 |
| | · 해양과학기술에 관한 연구개발의 추진 등<br>  - 기초연구 추진, 정책과제 대응 형 연구개발 추진,<br>  - 연구기반 정비, 연대 강화 |
| | · 해양산업의 진흥 및 국제경쟁력의 강화<br>  - 경영기반 강화, 새로운 해양산업 창출, 해양산업 동향 파악 |
| | · 연안 지역의 종합적 관리<br>  - 육역과 일체적으로 이루어지는 연안 지역 관리, 연안 지역 이용 및 조정<br>  - 연안 지역 관리에 관한 연대체제 구축<br>· 낙도의 보전 등<br>  - 낙도 보전·관리, 낙도 진흥 |
| | · 국제적인 연대의 확보 및 국제협력의 추진<br>  - 해양 질서형성·발전, 해양에 관한 국제적 연대, 해양 국제협력 |
| | · 해양에 관한 국민의 이해 증진과 인재 육성<br>  - 해양에 대한 관심 제고<br>  - 차세대를 담당하는 청소년 등의 해양에 관한 이해 증진<br>  - 새로운 해양입국을 뒷받침하는 인재 육성 |
| 제3부<br>해양정책 추진에<br>필요한 사항 | · 해양 관련 정책의 효과적인 시행<br>· 관계자의 의무 및 상호 연대·협력<br>· 정책 관련 정보의 적극적인 공개 |

자료 : 일본 해양기본계획, 2007. 3

| EU | 유럽연합(EU)은 2007년 통합 해양 정책(An Integrated Maritime Policy for the European Union)과 실천계획(Action Plan)을 통해 유럽 해양 정책의 새로운 비전을 제시하고 있다. 이는 해양 거버넌스 및 지속가능한 개발 관점에서 해양환경, 해양과학, 해양환경, 해운 및 항만, 연안관리 등 해양 관련 모든 분야의 기본 실천계획이다. 또한 최근 유

럽 국가들은 해양자원에 대한 무분별한 개발이 가속화되자 해양공간계획(Marine Spatial Plan : MSP)을 수립, 지속 가능한 해양이용 질서를 추구하고 있다.

### 2) 국내사례

| 우리나라 | 우리나라는 해양과학기술 개발 계획, 해양조사 5개년 기본계획, 해양 심층수 기본계획, 해양생명공학 육성 기본계획 등 해양 각 분야에서 중장기 계획을 마련·시행하고 있다. 이 가운데 해양한국(Ocean Korea) 21로 불리는 해양수산 중장기 발전계획은 21세기 해양한국의 비전을 달성하기 위한 목표와 실천방향을 제시하고 있다.

이 계획은 21세기 국내·외 해양수산 여건 변화에 적극 대응

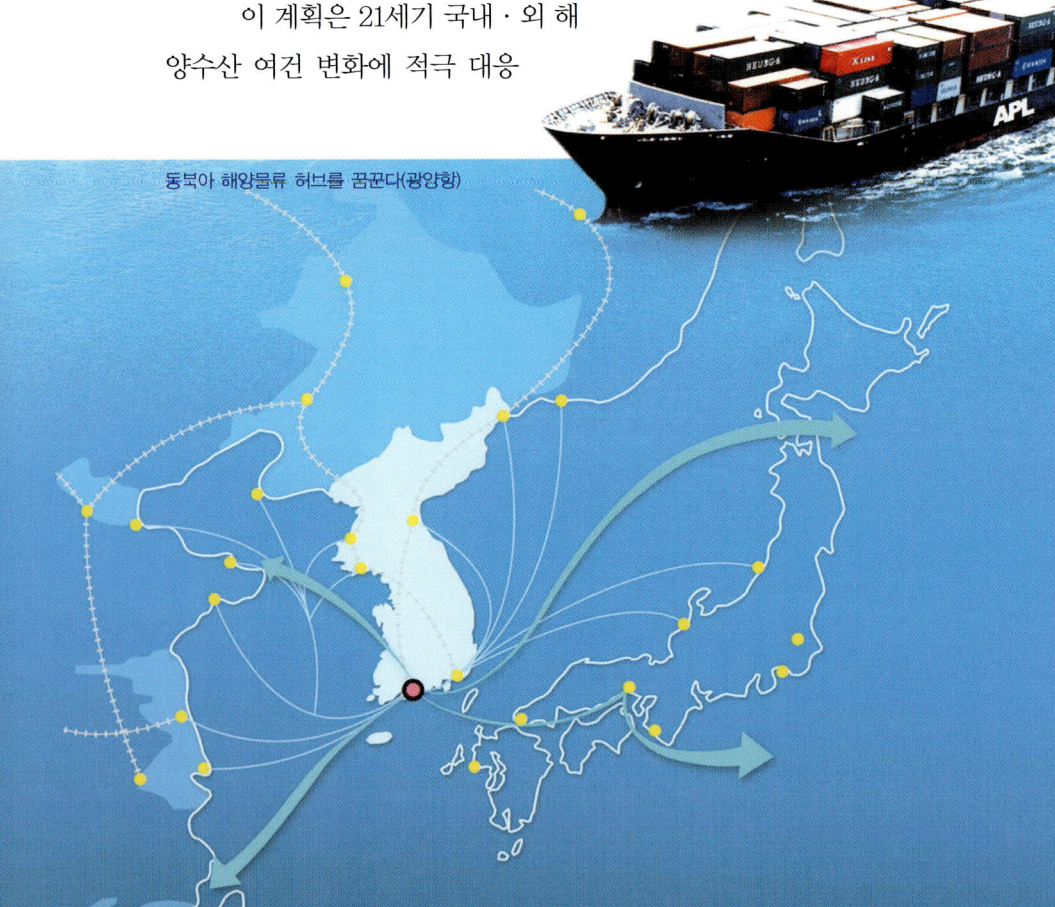

동북아 해양물류 허브를 꿈꾼다(광양항)

하고, 지식화, 정보화, 세계화의 패러다임에 맞게 해양수산 부문의 장기적인 발전방향과 전략을 제시하고 있다. 이 계획은 5년마다 계획의 실천사항을 평가하고, 추후 추진 과제를 보완하는 연동계획이다. 2010년에 새로운 계획이 발표된다.

|표 1-4| 해양수산 중장기 발전계획의 주요 내용

| 항목 | 내용 | |
|---|---|---|
| 추진 목표 | · 생명 · 생산 · 생활의 해양국토 창조 · 깨끗하고 안전한 해양환경 조성<br>· 고부가가치 해양지식산업 진흥 · 세계를 선도하는 해양서비스산업 창출<br>· 지속가능한 어업생산기반 구축 · 해양광물 · 에너지 · 공간자원의 상용화<br>· 전방위 해양수산외교 및 남북협력 강화 | |
| 세부 추진 계획 | 해양영토 | · 해양국토 경영전략 수립<br>· 연안통합관리 실현<br>· EEZ시대에 걸맞는 광역해양 주권 관리 달성<br>· 해양기지, 해외어장, 국적선사 해외전용터미널 등 새로운 해양영토를 지속적으로 확대 |
| | 해양환경 | · 해양환경 회복 · 보전을 위한 전방위 해양환경관리체계구축<br>· 이를 위해 해양수질의 전방위 관리, 해양 생태계의 보전, 해양사고의 통합적 · 예방적 관리체제 구축 |
| | 해양산업 | · 해양수산 정보산업의 고부가 가치화 추진<br>· 해양생명공학 등 해양과학기술의 산업화를 촉진 |
| | 해운항만 | · 해운산업의 구조개혁을 통한 경쟁력 기반의 확충<br>· 신 항만개발 및 거점항만 개발을 통한 동북아 물류중심기지 구축 |
| | 해양 관광 | · 해양 관광산업을 국가 전략사업으로 육성 |
| | 수산 | · 자원관리형 및 자원조성형 어업으로 전환<br>· 어촌특화개발, 다기능 종합어항 개발 등 풍요롭고 살기 좋은 쾌적한 어촌 · 어항 건설 모색 |
| | 해양자원 및 해양에너지 | · 태평양 심해저광물자원 및 배타적 경제수역 내 해양광물의 자원의 상업적 생산 추진<br>· 조력, 파력 등 무공해 해양에너지 자원을 개발<br>· 부유식 인공해상 공간 조성, 해저기지 건설 등으로 해양공간자원 이용의 활성화 모색<br>· 동북아 지역협력네트워크 구축함으로써 해양수산외교의 주도적 지위 확보<br>· 남북한 해양수산협력을 단계적으로 확대 |

자료 : 한국해양수산개발원

## 4. 해양 국가 동맹론

최근 해양 정책의 큰 변화는 두 가지로 집약된다. 나라마다 해양 정책을 강화하고 있는 것이 첫 번째 흐름이고, 두 번째 움직임은 이해관계가 있는 국가 또는 지역끼리 힘을 합쳐 공동 전선을 형성하는 것이 그것이다. 개별국가의 해양 정책 강화는 앞에서 살펴보았으므로 이 곳에서는 국가 사이의 협력 동향에 대해 알아본다. 대표적인 사례는 유럽의 지중해 연합과 미국과 일본의 이른바 해양 국가 동맹이다.

지중해 연합[4]은 2008년 7월 13일 유럽연합과 지중해를 접하고 있는 북아프리카와 중동 지역 국가 등이 참여한 가운데 설립됐다. 유럽연합 27개국, 북아프리카 5개국, 중동 6개국, 동유럽 5개국으로 모두 43개 국가가 참여하는 매머드급 해양 협의체다. 이 연합에는 지중해 국가뿐만 아니라 동유럽 국가도 참여하고 있다는 점에서 '범 유럽 해양 동맹체'라는 성격이 짙다. 지중해 연합의 출범을 선언한 이른바 '지중해 선언(Joint Declaration of the Paris Summit for the Mediterranean)'은 해양자원, 해양환경, 해양안보 및 안전, 해상운송 등의 분야에서 지중해 지역의 해양 전략의 중요성을 강조하는 한편, 연합국 사이의 협력을 촉구하고 있어 눈길을 끌고 있다. 특히 지중해 연합이 결성됨에 따라 2007년에 마련된 유럽연합의 통합해양정책(An Integrated Maritime Policy for the European Union)이 지중해와 북아프리카 중동지역으로 확대될 것으로 보여 향후 이 지역의 해양질서가 유럽식으로 변모될 가능성이 커졌다.

아시아·태평양 지역에서는 미국과 일본의 해양국가 동맹론이 주목받고 있다. 미국과 일본은 2년 전부터 해양 분야에서 협력을 강화하고, 전 지구적 파트너십을 확대하는 이른바 '해양국가 공동체' 설립을 본격 추진하고 있다. 이 회의는 두 나라의 해양 관련 싱크탱크가 공동으로 주도하고 있는 가운데, 주요 오피니언 리더들이 적극적으로 참여하고 있어 관심을 끌고 있다. 일본에서 아소 다로 전 총리와 아베 신조 전 총리가 참여한 바 있고, 미국 측에서는 전 미국방부 차관보 조셉 나이 하버드대 교수, 아미티지 전 대통령 특보 등이 나서고 있다.

양국의 고위 지도자들은 2008년부터 번갈아 가면서 세 차례 일·미 해양력 강화 회의(Japan-US Sea Power Dialogue)를 개최했다. 2009년 4월 동경에서 3차 회의를 개최하고, 공동 선언문을 채택했다. 미국과 일본이 중심이 되어 해양 분야에서 전 지구적 협력 체제를 구축한다는 것이 최종 목표다. 공동선언문에는 현재 지구가 안고 있는 해양 현안이 모두 들어 있다. 해양 안전 보장, 해양경계 획정, 해양자원 개발, 해양환경 보호 등 해양문제 전반에 관해 미국과 일본이 협력을 더욱 강화하자는 내용이다. 두 나라가 세계 해양 패권을 주도하자는 의도로 풀이된다.

지중해 연합이나 미·일의 해양국가 동맹론은 앞으로 세계 해양 질서가 이들 국가에 영향을 받을 가능성이 커졌다는 것을 의미한다. 지중해 연합 탄생에 주목해야 하는 이유는 유럽 해양 정책의 확대·강화뿐만 아니라 이로 인해 각국의 해양 전략에도 적지 않은 영향을 미칠 것이라는 전망이 나오기 때문이다. 최근 주요 해양 강대국들의 해양 정책은 기후 변화, 에너지, 환경 등 국가 간 협력이 필요한 분야와 상호 연관성을 가지고 추진되고 있다. 이 때문에 향후 유럽연합을 중심으로 아프리카-중동을 잇는 대서양 협력체의 힘은 더욱 커질 전망이다.

미국과 일본의 해양국가 동맹론도 지중해 연합과 별반 차이가 없는 것으로 보인다. 두 나라가 해양 분야에서 동맹 체제를 구축하고, 협력을 통해 해양국가로서의 국제적 지위를 선점하려는 의미가 강하기 때문이다. 또한 해양 국가 동맹론에는 미국의 해양 거버넌스 역량과 일본의 해양과학기술의 융합을 통한 해양 지배력 강화와 중국의 대양 진출을 견제하는 의도도 내포되어 있다는 분석이다. 미국과 일본의 지도자들은 해양국가 공동체에 우리나라와 중국, 호주 등도 포함시킨다는 복안을 가지고 있다. 앞으로 태평양 지역 해양질서와 세계 해양질서 재편에 글로벌 양대 슈퍼 파워가 어떻게 영향을 줄지 주목할 필요가 있다.

# 해양 행정
## 강물은 흘러 바다에서 만난다

**1. 해양 행정 현주소**

　　바다를 관리하는 모든 일들이 해양행정이다. 해양행정은 매우 어려운 말이다. 보는 이의 시각에 따라 뜻이 여러 갈래로 달라질 수 있다. 좁은 의미에서 보면, 국토해양부의 해양정책국에서 하는 업무를 해양행정으로 한정할 수 있다. 해양정책국에는 모두 6개 과가 있다. 해양정책과와 해양영토개발과, 연안계획과, 해양환경정책과, 해양보전과, 해양생태과 등이다. 해양정책국 산하에 있는 6개과에서 관할하는 업무가 협의의 해양이며, 이 곳에서 집행하는 업무가 결국은 해양행정인 셈이다.

　　그러나 이 같은 시각에서 벗어나면 모양새가 크게 달라진다. 해운, 항만, 안전 및 물류는 물론 수산업 부문도 포함될 여지가 있기 때문이다. 넓은 의미에서 보면, 해양행정은 협의의 해양뿐만 아니라 바다와 관련된 모든 일들이 이에 포함된다고 새길 수 있다.

2008년 신정부 출범 이전에 해양수산부가 발간한 '미래 국가해양 전략'도 이 같은 원칙에 따랐다. 전체 470면이 넘는 이 보고서는 제6장 '2016 미래 국가해양전략'에서 해양 분야를 모두 10개 항목으로 나눠 구체적인 방안을 제시하고 있다. 수산, 해운, 항만, 해양환경, 해양안전, 해양과학기술, 해양 관광, 해양외교, 조선, 해양의식이 바로 그것이다. 한 가지 특이한 점은 조선도 해양 분야에 포함시키고 있다는 점이다. 현 지식경제부 고유 업무의 하나인 조선정책을 해양에 반영한 것은 해운과 밀접한 연관을 맺고 있기 때문이다. 실제로 조선경기는 해운 시황에 크게 영향을 받는다. 이 뿐 아니다. 선박 안전과 관련된 국제적인 규제 또한 선박의 구조 등 조선과는 뗄 수 없는 불가분의 관계를 맺고 있다.

|표 1-5| 해양행정 8대 정책 영역

| 정책영역 | 주요 업무 |
| --- | --- |
| 해양 정책 | · 해양조사 및 개발  · 해양자원과 에너지의 조사 및 연구<br>· 해양환경 및 생태계의 보전과 연안역의 통합적 관리정책 |
| 수산 정책 | · 수산물의 소비 촉진  · 소비자 보호<br>· 수산물의 수급과 가공 및 수산정책 자금의 운용 |
| 해운 물류 | · 해상 운송사업 및 항만물류산업의 육성과 지원<br>· 국제 물류네트워크 구축 및 해운물류 전문 인력의 양성 |
| 항만 정책 | · 항만기본계획의 수립  · 항만 건설  · 배후단지 및 수송시설 |
| 어업 자원 | · 수산자원의 효율적 이용과 개발<br>· 연근해 어업 진흥 및 어업질서의 확립과 EEZ에서의 어획과 쿼터 배정 |
| 해양 안전 | · 선박시설안전관리  · 해상재해 예방대책 및 해양오염 방제 |
| 국제 협력 | · 수산물 수출입 정책<br>· 수산물 교역 조건 개선과 원양어업 진흥 및 해외어장 개발 |
| 해양 경찰 | · 해양의 경비 및 수색 구조<br>· 해상교통 안전 질서를 유지하고, 해양환경의 오염 방지 집행 |

주 : 1) 해양정책은 협의의 해양정책을 의미한다.
자료 : 해양수산부, 2016년 미래 국가해양전략에서 수정·정리

이에 앞서 해양수산부 출범 직후 마련된 '해양수산 중장기 발전계획(Ocean Korea 21)도 해양과 관련된 모든 정책을 하나의 틀 안에 담고 있다. 이 계획은 해양국토 창조, 지식기반을 갖춘 해양산업 창출, 지속 가능한 해양자원 개발이라는 3대 기본목표를 설정하

울릉도에서 본 일몰

고, 그 동안 각 부처에 흩어져 있던 해양 정책을 통합했다.[5] 이 같은 일들은 2006년 8월 8일 해양수산부가 출범한 이후에 이뤄진 성과다. 전문가들은 해양수산부 출범으로 비로소 우리나라에 통합해양행정 시대가 개막된 것으로 평가하고 있다. 그러나 우리나라 해양행정에 관한 정부 조직은 시대에 따라 부침과 영욕을 거듭해왔다.

### 2. 통합과 분산

우리나라 해양행정의 역사는 1950년대로 거슬러 올라간다. 1955년 2월 2일 법률 제354호로 설립된 해무청이 효시다. 해무청은 수산국과 해운국, 시설국 등 3개 국을 두고, 중앙 수산검사소와 중앙수산시험장을 관장하는 부서로 출범했다. 해무청은 중앙에 본청을 두고, 인천, 장항, 군산, 목포, 여수, 부산, 포항, 제주에 지방해무청을 두고 업무를 처리했다. 해무청은 오늘날 해양경찰업무까지 관장하는 통합행정기구로 기능했으나 명맥을 오래 이어가지는 못했다. 1961년 5·16 군사 정부의 제11차 기구개혁에 따라 해무청이 해체됐기 때문이다.[6]

이에 따라 해무청이 갖고 있던 기능도 각 부처로 분산됐다. 즉, 해운국과 시설국의 표지과는 교통부로 넘어 가고, 조선과는 상공부로 이관됐다. 시설국은 건설부, 수산국은 농림부, 그리고 해양경찰대는 내무부로 흡수·통합됐다. 일원화됐던 해양행정이 다원화되는 조직으로 변한 것이다. 이를 계기로 해운, 조선, 항만이 각각 독자적인 영역을 구축하면서 성장할 수 있는 기틀을 마련했다. 다만, 문제는 기능이 각 부처에 나눠짐에 따라 오늘날 견지에서 보는 통합해양행정을 통한 시너지 효과는 사실상 기대할 수 없게 됐다.

우리나라 해양행정은 1976년에 또 한번 변곡점을 맞게 된다. 각 부처로 분산됐던 기능이 수산청과 항만청으로 부활했기 때문이다. 전자는 농림수산부, 후자는 교통부 외청으로 각각 다시 태어났다. 항만청이 출범할 당시 정부는 항만기능을 특화하는 부서로 꾸릴 계획이었던 것으로 알려졌다. 그러나 해운행정을 항만운영 기능과 분리하는 것은 타당하지 않다는 의견이 제시됨에 따라 교통부가 관장하고 있던 해운국의 기능도 항만청으로 넘어 오게 됐다. 그리고 그 해 12월 정부조직법을 개정해 항만청을 해운항만청으로 변경했다. 본격적인 해운항만청 시대가 열렸다.

1990년대 들어 글로벌 해양질서가 급변하기 시작했다. 유엔 해양법 협약이 1994년 11월에 발효됨에 따라 해양을 선점하기 위한 해양 강대국의 각축전이 치열하게 전개됐다. 유엔 해양법 협약의 시행에 따라 지금까지 공해로 남아 있던 바다의 일정부분이 배타적 경제수역(EEZ)으로 분할됐다. 연안국은 사실상 배타적 경제수역에 대한 거의 독점적인 관할권을 행사할 수 있게 됐다. 이에 따라 해양의 자유이용시대가 종막을 고하게 됐다. 1990년 들어서는 국제적으로 해양환경에 관한 관심도 커졌다. 1992년 리우 환경선언과 아젠다 21의 채택 등으로 연안의 통합관리가 새로운 글로벌 아젠다로 자리 잡았다.

해양수산부 출범은 이 같은 시대 상황을 반영한 것이다. 해양수산부는 각 부처에 흩어져 있던 해양 기능을 물리적인 측면뿐만 아니라 화학적으로도 통합했다는 점에서 의미가 크다. 수산청과 해운항만청 등 두 외청(外廳)의 통합에 그치지 않고, 당시 과학기술

바다의 다양한 이용(함부르크 수산과학연구소)

처의 해양과학 기술과 관련된 연구 개발(R&D) 기능과 당시 산업자원부의 심해저 광물 등 해양자원 개발 기능까지 흡수한 정부 부처로 발족됐다. 또한 산하에 해양경찰청을 설치, 지금까지 경찰청이 담당하던 해양경찰 기능까지 넘겨받았다. 해양행정 기능이 외청에서 벗어나 부 단위로 격상된 것은 이 때가 처음이다.[7] 이 같은 해양수산부는 2008년 이명박 정부 출범 이후 정부 조직 개편과정에서 농림수산식품부와 국토해양부로 각각 기능이 분리됐다. 해양수산부가 출범한 지 11년만의 일이다.

### 3. 외국의 해양행정

우리나라의 해양행정이 이 같은 궤적을 이어 왔다면, 외국의 사례는 어떠한가? 미국의 경우 해양 대기청(NOAA)에서 해양 전반에 관한 업무를 수행하고 있다. NOAA는 1970년 이른바 스트랜 튼 위원회 보고서에[8] 따라 설립된 기관으로 통합해양행정의 정신을 가장 잘 구현한 부처로 평가받고 있다. 미국 내무부의 수산업, 국가과학재단의 시 그랜트 사업, 그리고 상무부의 해양환경 업무를 통합했기 때문이다. 그럼에도 불구하고, 미국 해양위원회는 2004년에 '21세기 해양 블루 프린트'라는 보고서를 통해 NOAA가 당초 설립 의도대로 통합된 해양행정업무를 충실하게 수행하지 못했다고 평가하고, 보다 강력한 해양행정을 펼치도록 주문했다.[9]

|표 1-6| 주요국의 해양행정 담당 기관(부처)

| 국가 | 담당기관 | 비고 |
| --- | --- | --- |
| 미국 | 해양 대기청(NOAA) | 우리나라 기상청 기능도 수행 |
| 영국 | 각 부처에서 소관 해양행정업무 수행 | 해양 관리청(MMA) 신설 추진 |
| 중국 | 국가해양국 | |
| 일본 | 종합해양정책본부 | 2007년 해양기본법 제정·신설 |
| 캐나다 | 수산해양부 | |
| 노르웨이 | 수산연안관리부 | 총리 산하 조직 |
| 타이완 | 해양위원회 | 해양부 설립 예정 |

자료 : 한국해양수산개발원

최근 들어 해양행정을 강화하고 있는 일본의 움직임도 눈여겨 볼 필요가 있다. 일본은 내각에 종합해양정책본부를 설치하는 등 해양행정 조직과 기능을 시스템적으로 통합하는 작업을 동시에 진행하고 있다. 종합해양정책본부는 일본 총리를 본부장으로 하고, 국토교통성 장관(대신)이 장관 직책을 겸하는 가운데, 2007년 7월 20일 공식 출범했다. 이 조직은 각 분야 전문가로 구성된 참여회의

(자문기구)와 8개 관련 성청의 국장급으로 이뤄진 간사회, 그리고 38명의 사무국으로 편성돼 있다. 종합해양정책본부는 여러 부처에 흩어져 있는 해양 정책 업무를 통합·조정하는 기능을 한다.

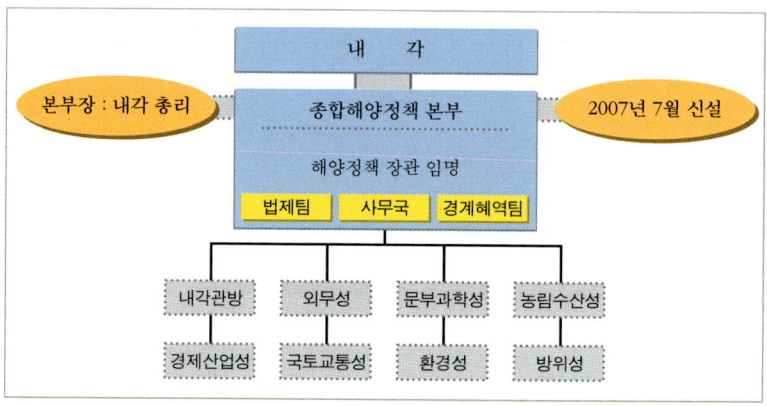

|그림 1-2| 일본의 해양행정 조직

자료 : 한국해양수산개발원

　　영국도 해양행정의 통합을 추진하고 있는 대표적인 나라다. 영국의 해양행정은 본래 각 부처에 분산되어 집행되어 왔다. 예컨대 이런 식이다. 해양 환경과 해양과학 기술에 관한 업무는 환경·식품 및 지역부(DEFRA)와 무역산업부(DTI)에서 공동으로 수행해왔다. 항만 정책은 교통부(DOT)와 무역산업부에서 각각 처리하는 것으로 되어 있다. 해운과 해양안전은 국방부 및 연안경비대에서 관장한다.

　　최근 영국은 해양행정, 적어도 해양생태 및 환경관리를 하나로 통합한다는 방침을 정하고, 관련제도를 정비하고 있다. 영국은 2008년 4월에 2년 전부터 추진해온 해양관리법 초안을 확정했다. 이 법률을 제정하려는 것은 최근 기후변화로 영향을 받고 있는 해양환경을 보전하고, 해양관련 제도를 통합할 필요성이 제기됐기 때문이다. 특히 영국은 항만 및 해양풍력발전소 건설, 어업 면허 등을 간소화하는 등 규제를 대폭 완화하고, 해양관리조직을 신설해 해양관리를 일원화할 방침이다. 해양관리법은 모두 301개 조문으로 이뤄진 방대한 법률인데, 영국이 법안에서 역점을 두고 있는 해양관리 전담조직(MMA)은 38개 조문으로 짜여져 있다. 또한 이 법률에는 해양관리계획의 수립, 각종 인허가 제도의 개선, 해양보호구역의 설정, 어업관리제도, 연안 지역 이용 등에 관한 사항이 들어 있다. 이 법안의 제정 작업을 추진하고 있는 환경·식품·지역부(Defra)는 의회의 일정을 고려하되 조만간 입법 절차를 매듭짓고, 기존의 해양수산기능을 확대·개편하는 해양관리조직을 출범시킨다는 방침이다.

## 4. 바다는 하나다

해양행정에 관한 글로벌 트렌드는 통합이다. 최근 들어 해양정책을 강화하고 있는 나라들은 거의 공통적으로 이 같은 추세를 따르고 있다. 통합적인 견지에서 해양정책을 수립하고, 집행하는 것이 지속가능한 해양관리가 가능하기 때문이다. 그러나 우리나라는 애석하게도 정권교체 시마다 해양행정 조직이 개편 대상에 오르내렸다. 1955년 해무청 설립→1961년 해체→1976년 수산청 및 해운항만청 설립→1996년 해양수산부 설립→2008년 해양수산부의 국토해양부와 농림수산식품부로 기능 이원화가 우리나라 해양행정의 현주소이다. 해양에 대한 국민의 인식도 일단 이 같은 수준에 맞춰져 있는 것으로 보인다. 해양수산부 폐지로 11년 동안 지속된 통합해양행정의 꿈과 비전은 일단 수면 아래로 가라앉았다. 여기 통합 해양행정의 필요성을 강조한 글이 있어 인용한다.

> 1. 해양수산 분야는 작지만 강하고, 우리의 미래 희망입니다. 해운항만산업, 수산업, 해양환경산업은 경쟁력 있고, 잠재력이 높은 強小 산업이지만 지난 30년간 소외되어 왔습니다. 해양수산부는 이 같은 強小 분야의 기능을 통합하여 해양산업이라는 새로운 시장을 만들고, 블루 오션 전략을 도입해 세계를 리드하는 발전 모델을 제시하였고, 우리 민족이 가진 해양DNA를 발현시키고 있습니다. 해양수산부는 '21세기 해양 시대'를 대비하기 위해 우리나라 역사상 처음으로 장기적인 국가전략

국부의 원천인 해양력은 통합행정을 통해 발현된다.(함부르크 항)

을 바탕으로 설립된 선진국 형 통합행정조직입니다. 이것은 새 정부가 지향하는 '미래지향적이고 작지만 강한 정부'를 구현하는데 가장 이상적인 모델입니다.

2. 글로벌 해양 경쟁에서 이겨 내야 하고, 이길 수 있습니다. 중국·일본은 물론 주요 선진국은 해양 주도권을 확대하기 위해 해양 부처를 신설하는 등 해양 영토 관리를 강화하고 있습니다. 갈수록 심해지는 글로벌 해양 경쟁에서 살아남기 위해서는 해양수산부의 기능이 보다 더 통합되고, 확대되어야 합니다. 해양수산부는 육지 면적보다 4.5배나 넓은 우리의 바다를 관리하는 유일한 통합 정부조직입니다. 또한 해양수산부와 해양 수산인은 불과 10년 만에 온 국민의 성원을 모아 세계박람회를 유치하고, 우리나라를 세계 10대 해양강국으로 성장시켰습니다.

3. 바다는 우리나라의 경제의 핵심 성장 동력입니다. 바다는 글로벌 코리아의 비전을 달성할 수 있는 기회의 땅입니다. 해양 자원과 에너지 개발, 해양도시 건설, 동아시아 물류허브 등으로 새로운 국부를 만들어 낼 수 있고, 바다를 통해 국가 경쟁력을 강화할 수 있습니다. 세계 5대 해양강국의 꿈은 국민의 높은 해양인식과 첨단 해양과학기술, 해양 외교력에

바탕을 둔 통합된 힘이 아니고는 실현할 수 없습니다. 또한 74개 연안 도시가 균형적으로 성장하여 국민소득 4만 달러 시대를 이끌어 가는 바다 경영을 실현하기 위해서는 바다에서 세계로 나가는 해양수산 분야의 지속적인 발전이 더욱 필요한 때입니다. 세계의 바다는 이미 무한 경쟁시대에 접어들었습니다. 해양법 협약 발효 이후 세계해양질서가 재편되면서 바다를 장악하는 나라가 세계 경제를 주도하고 있습니다. 1996년 해양수산부 창설은 해양 강국을 만들기 위한 온 국민의 의지를 담은 것이었습니다. 바다를 통한 '글로벌 코리아' 비전을 실현하기 위해서는 통합 해양행정이 필요합니다.

# 해양 법률
## 시대에 따라 해양법도 변한다

### 1. 해양 거버넌스와 해양법

바다는 인류의 모태이자 생명이다. 그리스의 대문호 호머는 기원전 900년에 '바다는 모든 것의 근원(The Ocean, who is the source of all)'이라며 바다를 예찬했다. 인류 생존의 역사는 바다와 함께 했다. 바다를 지배하기 위한 국가 간 갈등과 경쟁도 치열해지고 있다. 바다가 21세기 자원의 보고, 진정한 블루오션이라 인식되면서 해양을 둘러싼 국가들의 힘겨루기가 본격화되고 있다.

바다의 중요성이 커진 만큼 바다를 바라보는 시각도 바뀌고 있다. 과거의 무분별한 개발을 지양하고, 다음 세대에서도 지금과 같은 혜택을 받을 수 있도록 국가들이 해양이라는 틀 내에서 협력을 다지고 있다. 지속가능한 개발개념을 중심으로 해양 거버넌스[10]가 변화하고 있다. 이는 기존의 강대국 또는 정부 주도의 해양 관리(top-down governance)에서 벗어나 다양한 해양 주체들이 해양 관리(bottom-up governance)에 나서고 있음을 의미한다. 또한 군사력 중심의 경쟁과 팽창의 바다에서 협력을 통한 보상의 대상으로 바다에 대한 인식이 변하고 있다.

해양 거버넌스가 변함에 따라 해양법 체제도 변하고 있다. 20세기 이전에는 해상무역을 보호하고, 해전(海戰)을 규율하기 위해 해양법이 발전했다. 20세기 들어서는 강대국의 '공해 자유의 원칙'과 연안국의 '해양 관할권 확대'를 둘러싼 이해관계를 조정하기 위해 해양법이 수정됐다. 제3세계 국가들의 힘이 성장한 1960~70년대에는 '인류의 공동유산'이라는 새로운 개념이 등장하면서 심해저와 같은 새로운 해양 분야를 규율하는 법체제가 필요하게 됐다. 그리고 1994년 유엔 해양법 협약이 발효하게 됨으로써 기존의 해양법 체제가 하나의 통일된 규범으로 흡수됐다. 이에 따라 해양 관할권 이원의 생물자원 보호 및 개발, 심해저 개발·이용, 대륙붕 200해리 이원 지역으로의 확대 등이 새로운 쟁점으로 부각되고, 이를 규율하는 해양법도 변화를 꾀하고 있다.

## 2. 해양법 체제의 진화

해양을 규율하는 국가 간 법체제는 크게 유엔 해양법 협약과 이를 보완하는 다자조약으로 나눠진다. 유엔 해양법 협약은 1982년 12월 119개국이 서명했고, 이후 40여 국가가 추가 서명함으로써 서명 국가는 159개국으로 늘어났다. 이 가운데 60개국이 1993년 11월 16일 비준을 완료함으로써 1994년 11월 16일 역사적

국제법의 아버지라 불리는 그로티우스 동상(로테르담 시청)

인 유엔 해양법 협약 체제가 출범하게 됐다.[11] 2009년 11월 기준으로 총 160개국이 회원국으로 비준 또는 가입했다. 우리나라는 1983년 3월 14일 서명했으며, 1996년 1월 29일 비준했다.

유엔 해양법 협약이 해양을 둘러싼 국가들의 법체계의 큰 그림을 그리고 있다면, 유엔 산하 전문기구들은 협약의 내용을 구체화하는 국제규범을 제정하고 있다. 유해 폐기물의 국가간 이동 및 처리에 관한 국제협약(바젤협약), 해상인명안전협약(SOLAS) 및 의정서, 해상충돌방지협약, 해양오염방지협약, 유류오염손해에 대한 민사책임에 관한 협약 및 개정 의정서 등 다자조약은 협약의 내용을 구체적으로 실천하는 내용을 담고 있다. 또한 최근 소말리아 해적 소탕을 위한 유엔 안보리 결의와 같이 유엔 헌장에 근거한 안보리 결의 또한 해양법 체제를 구성하는 주요 법원(法源)으로 인정받고 있다.[12] 이와 함께 유엔 해양법 협약 체제에서 회원국들의 관심사가 시대에 따라 변하고 있어 다자조약 체결 노력도 증가하고 있다. 즉 유엔 해양법 협약이 국제해양질서를 규율하는 기본법으로서의 성격을 지니고 있다면 다자조약을 통해 해양 분야별로 보다 구체적인 규범체제를 만들어 가고 있는 것이 최근의 추세다.

최근에는 국가 관할권 이원의 해양영역에서 영향력을 확대하려는 선진국과 인류의 공동유산과 지속가능한 개발이라는 개념을 통해 해양이 선진국의 전속적인 관할하에 들어가려는 것을 저지하려는 개도국 사이의 이해관계가 '뜨거운 감자'로 부상하고 있다. 우리나라는 개도국과 선진국 가운데, 어느 한 쪽의 입장을 지지하기에는 부담스러운 면이 있다. 이에 따라 국익 확보차원에서 양자의 이익을 중립적으로 조율하는 방향으로 해양외교를 펼쳐 나가고 있다.

|그림 1-3| 유엔 해양법 협약 당사국 회의

## 3. 우리나라와 인접국의 해양법

　유엔 해양법 협약이 발효되고 협약을 중심으로 해양을 규율하는 법체제가 성립된 후 각국은 이에 맞는 국내 법령을 정비하기 시작했다. 우리나라, EU, 미국을 비롯해 동북아의 일본, 중국 등 주요 해양 강대국은 새로운 해양법 체제에 맞게 국내법령을 제정하거나 개정하고 있다.

　| 우리나라 | 우리나라는 해양수산발전기본법이나 해양환경관리법 등 해양에 관한 여러 분야의 법률을 제정하여 시행하고 있다. 이 가운데 2002년에 제정된 해양수산발전기본법은 우리나라의 주권적 권리가 미치는 해양의 이용과 개발, 보전 등을 포괄하는

법률이다. 이 법률은 기존에 시행되고 있던 해양개발기본법을 전면적으로 개편한 법률로, 해양 및 해양자원의 합리적인 관리·보전 및 개발·이용과 해양산업의 육성 등에 필요한 사항을 담고 있다. 제1장 총칙, 제2장 해양수산정책의 수립 및 추진체제, 제3장 해양개발, 제4장 해양수산발전 기반 및 환경 조성 등 모두 4개 장 35개 조문으로 구성되어 있다. 특히 이 법률은 제정 목적을 효율적으로 달성하기 위하여 10년 마다 해양수산개발계획을 수립하여 시행하도록 의무화하고 있다. 이 법률 이외에도 국토해양부 법령자료에 따르면,[13] 해양관련 법령은 총 32개인데, 주요 법령을 정리하면 아래와 같다.

|표 1-7| 국내 해양 관련 주요 법령

| 법령 | 담당부서 | 최근 개정일 |
|---|---|---|
| 남극활동 및 환경보호에 관한 법률 | 해양영토 개발과 | 2008.2.29 |
| 독도의 지속가능한 이용에 관한 법률 | 해양영토 개발과 | 2008.2.29 |
| 해양과학조사법 | 해양영토 개발과 | 2008.2.29 |
| 해양환경관리법 | 해양환경정책과 | 2008.3.28 |
| 해양 생태계의 보전·관리에 관한 법률 | 해양생태과 | 2008.3.28 |
| 연안관리법 | 연안계획과 | 2008.3.21 |
| 습지보전법 | 해양생태과 | 2008.3.21 |
| 공유수면매립법 | 연안계획과 | 2008.3.21 |
| 2012 여수 세계박람회 지원특별법 | 해양정책과 | 2008.3.14 |
| 해양 심층수의 개발·관리에 관한 법률 | 해양영토 개발과 | 2008.2.29 |
| 한국해양소년단연맹육성에 관한 법률 | 해양정책과 | 2008.2.29 |
| 선박에서의 오염방지에 관한 규칙 | 해양환경정책과 | 2008.3.14 |

자료 : 국토해양부

| 일본 |  일본은 전통적인 어업 국가로 3해리 영해를 유지하

여 왔으나, 1977년 5월 영해법을 제정해 12해리 영해제도를 도입했다. 그리고 1977년 어업수역잠정조치법을 제정하면서 200해리 어업수역을 설치하는 등 신 해양질서에 대비하기 위한 법령 개편에 나섰다.[14]

　　최근 들어서도 일본은 해양 관할권과 관련된 법률을 속속 제정하고 있다. 2007년 해양을 규율하는 기본법인 해양기본법을 제정하고, 이를 바탕으로 '해양입국' 비전 정립을 위한 해양기본계획을 2008년 3월에 마련했다. 뿐만 아니라 해양구축물 등에 관한 안전수역 설정 등에 관한 법률(2007년 4월 제정), 영해 등에서 외국선박의 항행에 관한 법률(2008년 6월 제정) 등을 통해 인근 국가와의 해양 관할권 경쟁에 나섰다.

　　이와 같이 일본이 해양법률을 정비하고 있는 이유는 다음과 같이 크게 3가지로 풀이되고 있다. 첫째, 유엔 해양법 협약의 발효 이후 세계 해양질서가 크게 개편되고 있어 자국의 이익을 최대한 확보할 필요가 있고, 둘째, 우리나라와 중국 등 동북아 지역의 해양경쟁에서 밀릴 경우 향후 해상 안보 및 해양자원 개발 등에서 상당한 어려움이 있을 것이라는 점 때문이다. 그리고 전문가들은 국제정치적인 측면에서 현재 미국·호주·일본을 축으로 하는 해양세력과 중국·러시아를 중심으로 하는 대륙세력과의 대립에서 일본이 우위를 확보하려는 의도도 있는 것으로 분석하고 있다.[15]

| 중국 |　중국이 국제법 체제에 맞게 해양규범을 정비하기 시작한 것은 1949년 이후이며, 1971년 유엔 가입과 심해저기구 참여를 계기로 본격화됐다. 중국은 일찍이 12해리 영해를 주장했으며, 1958년 9월 4일 중화인민공화국 정부의 영해 성명(中和人民共和國

政府關于領海的聲明)을 통해 영해 직선기선을 설정했다.[16] 그 이후 우리나라의 해양환경보호법과 연안관리법에 해당하는 해역사용관리법과 1996년에 제정한 배타적 경제수역법 및 대륙붕법 등을 제정해 국내 해양관련 법률을 정비해 나가기 시작했다. 그리고 통합적 도서관리를 위해 2009년 12월말에 '해도보호법'을 제정했으며, 2010년 3월에 발효될 예정이다. 중국은 몇 년 전부터 이 법률의 제정을 추진해 왔는데, 2009년 7월 31일까지 사회 각계의 의견을 수렴했다. 이 법률은 크게 총칙, 해도보호 계획, 해도생태 보호, 특수용도 해도관리(영해기점, 해양자연보호구, 과학연구용도, 기타 국가지정), 감독검사, 법률책임, 부칙 등 7장 60조로 구성되어 있다. 이 법률을 통해 중국 정부는 해양 에너지 및 자원의 확보, 무인도서의 국가 소유권 확정 및 관리에 주력할 예정이다.

|표 1-8| 중국의 주요 해양 법령

| 법률명칭 | 제정일시 |
| --- | --- |
| 중화인민공화국정부 영해에 관한 성명 | 1958. 9. 4 |
| 중화인민공화국 해양석유자원대외합작에 관한 조례(2001년 9월 23일 수정) | 1982. 1. 30 |
| 중화인민공화국 해양환경보호법(1999년 12월 25일 개정) | 1982. 8. 23 |
| 중화인민공화국 해상교통안전법 | 1983. 9. 2 |
| 중화인민공화국 해양석유개발환경보호관리조례 | 1983. 12. 29 |
| 중화인민공화국 선박해역오염관리조례 | 1983. 12. 29 |
| 중화인민공화국 해양투기관리조례 | 1985. 3. 6 |
| 중화인민공화국 어업법(2000년 10월 31일개정) | 1986. 1. 20 |
| 중화인민공화국 광산자원법(1996년 8월 29일개정) | 1986. 3. 9 |
| 중화인민공화국 선박해체환경오염방지관리조례 | 1988. 5. 18 |
| 해저케이블 부설관리규정 | 1989. 2. 11 |
| 중화인민공화국 해안공정건설항목해양환경오염손해방지관리조례 | 1990. 5. 25 |
| 중화인민공화국 육상기인오염해양환경오염손해방지관리조례 | 1990. 5. 25 |

| 법률명칭 | 제정일시 |
|---|---|
| 중화인민공화국 영해 및 연접구법 | 1992. 2. 25 |
| 전국인민대회상무위원회 〈유엔 해양법협약〉 승인 결정 | 1996. 5. 15 |
| 중화인민공화국 섭외해양과학연구관리규정 | 1996. 6. 18 |
| 중화인민공화국 배타적 경제수역 및 대륙붕법 | 1998. 6. 29 |
| 중화인민공화국 해역사용관리법 | 2001. 10. 27 |
| 중화인민공화국 해양공정오염방지에 관한조례 | 2006. 8. 2 |

자료 : 한국해양수산개발원, 중국의 해양정책 세미나 자료, 2007. 7. 25

## 4. 한반도를 둘러싼 해양법 쟁점

유엔 해양법 협약이 제정되고 동북아 인근 국가의 국내법령이 정비되면서 이를 근거로 각국은 해양에서 보다 많은 이익을 얻기 위해 본격적인 경쟁체제에 들어갔다. 이 같은 경쟁은 기존의 도서 영유권 문제를 포함해 자원개발과 연계된 대륙붕, 배타적 경제수역(EEZ)의 해양경계 획정 문제 등의 분야에서 다양한 갈등을 표출시키고 있다.

우리나라는 주변 중·일과 도서영유권, 해양경계, 해양자원개발, 해양과학조사 등과 관련해 해결해야 할 문제들을 안고 있다. 특히 한·일 독도 문제, 중·일의 조어도(센카쿠 열도) 문제, 러·일의 북방 4개 도서 문제 등 동북아의 도서 영유권 문제는 이미 과거부터 동북아의 협력과 평화를 위협하는 요인으로 지적되어 왔다.

최근 이 모든 도서 영유권 문제의 당사자인 일본은 더욱 더 공세적으로 영유권 주장을 펼치기 시작했다. 일본은 2005년 2월 22일을 '다케시마의 날'로 제정하고, '다케시마 문제 연구회(竹島問題研究會)'를 설립해 독도 문제에 적극 개입하고 나섰다. 또한 해양기본법 및 해양기본계획 추진을 통해 중앙정부와 지방정부를 중심으로 독도에 대한 공세를 강화하고 있다.

조어도(일본명 센카쿠 열도) 문제는 동중국해에 막대한 양의 석유와 가스가 부존되어 있는 것으로 추정되면서 중국과 일본의 갈등이 표면화됐다. 최근 중·일 간 동중국해 자원공동개발에 합의함으로써 양국간 갈등은 일단 봉합됐다. 하지만 기본적으로 도서 영유권과 자원개발은 별개의 문제로 치부하더라도 여전히 갈등의 불씨는 남아있는 상태다. 특히 일본 정부는 2009년 7월 조어도 인근 요나구니 섬에 자위대를 파견할 계획을 수립하는 한편, 하마다 야스키즈 방위상이 참모진을 대동하고 이 섬을 전격 방문해 중국과의 갈등을 고조시키기도 했다.

또한 일본은 북방 4개 도서 반환운동[17]에 박차를 가하면서 러시아와 대립각을 세우고 있다. 이 운동은 1987년 '독도와 북방영토 반환운동 시마네 현민 의회'가 발족되면서 본격화되었으며, 2003년

해양영토 지킴이, 등대(목포 등대)

11월 15일에 일본 정부와 국회의 지원으로 대규모 행사를 개최함으로써 북방영토 반환운동을 확산시켰다. 2009년 7월 3일 참의원은 '북방영토문제 해결촉진 특별조치법'을 통과시켜 러시아와 영토분쟁 중인 에토로후, 구라시리, 시코탄, 하보마이 등 쿠릴열도 4개 도서를 일본 영토로 명시했다. 그리고 10월 17일에는 마에하라(前原誠司) 국토교통성 장관이 홋카이도 북쪽 남쿠릴 4개 섬을 시찰해 이 섬들이 국제법으로나 역사적으로 일본영토라는 점을 재천명했다.

해양 경계 획정과 대륙붕 한계 연장 문제도 주요 현안이다. 한·중·일 3개국의 경우 EEZ 경계 미 획정으로 인해 어업관리 등에 문제점을 나타내고 있으며, 최근 배타적 경제수역 내에서의 불법어업(IUU)[18]과 관련해 한·중, 한·일 간 갈등이 깊어지고 있다.

이와 함께 유엔 해양법 협약 체제에서 연안국에게 인정하고 있는 대륙붕 연장을 통한 해양영토를 확보하기 위해 치열한 경쟁을 벌이고 있다. 동북아에서는 가장 먼저 일본이 2008년 11월 12일에 문서를 제출했고, 뒤이어 우리나라와 중국이 2009년 5월 12일에 예비문서를 제출했다. 이러한 노력은 협약이 보장하는 합법적인 절차이지만, 해양자원의 확보라는 명분과 맞물려 있어 삼국이 만족할만한 해결책을 마련하기는 어려워 보인다. 특히 삼국간 해역이 400해리 미만이라 EEZ 해양경계 획정문제와 연결되어 있어 더욱 그러하다.

또한 중국은 동중국해에서 일본, 대만과 남사군도에서 베트남 등과 자원공동개발을 추진하고 있는데, 우리나라를 배제한 공동개발은 빨대효과로 인한 우리의 자원개발 권익을 침해할 여지가 있다.

이러한 쟁점들이 아직 해결되지 못한 이유는 섬의 지위, 실효적 지배, 영해기점의 선정 문제, 관할권의 근거 등 해양법의 해석과 적용을 놓고 국가 간 상이한 주장을 하고 있기 때문이다. 실제로 우리나라와 중국은 일본이 대륙붕 한계 연장을 위한 기점으로 삼았던 오키노도리시마가 유엔 해양법 협약 제121조 제3항에 근거해 배타적 경제수역이나 대륙붕을 가질 수 없는 암석이라는 이유로 예비문서 제출에 앞서 각각 2009년 2월 27일(MUN/046/09), 2월 6일(CML/2/2009) 일본의 문서제출에 대해 이의를 제기했다. 중국은 나아가 이 문제를 2009년 6월 제19차 유엔 해양법 협약 당사국 회의 의제로 제안하기도 했다.

|표 1-9| 우리나라 관련 주요 협약 쟁점

| 협약상 주요 쟁점 | 주요 내용 |
|---|---|
| · (영해) 인근국가와의 경계획정 위한 영해기점설정문제 | · 한·중·일 경계획정, 서해 NLL |
| · (국제해협) 국제해협의 성격, 통항통항권과 무해통항권 | · 북극해를 둘러싼 연안국의 국제해협과 영해 주장의 대립 |
| · (배타적 경제수영) 자원관리 및 인접국간 경계획정 문제 | · 독도영유권, 자원개발을 둘러싼 주변 중·일과의 EEZ 획정문제, 한일어업협정 개정문제 |
| · (대륙붕) 대륙붕 연장, 대륙붕 개발 | · 2009년 5월 13일까지 대륙붕연장 신청 문서 제출, 대륙붕 자원개발 |
| · (공해) 해적, 국가관할권 이원의 생물다양성 보존, 해상안보, 어업규제 | · 소말리아, 말라카 지역 해적문제, PSI 참여 여부 |
| · (심해저) 선진국 대 개도국 대립 | · 자원개발 및 투자, 탐사기술 개발 |
| · (섬제도) 섬의 법적지위 | · 독도영유권 강화, 무인도서 관리 |
| · (반폐쇄해) 반폐쇄해 국가의 경제획정, 환경보호 | · 서해안을 둘러싼 중국과의 경계획정과 환경보호 공동협력 |
| · (해양환경 보호 및 해양과학조사) | · 한·중·일·러 해양환경보호와 해양과학조사 협력, 일본의 독도 인근 해양과학조사에 대한 대응 |
| · (해양기술의 개발과 이전) 지속가능한 개발·개념에 근거한 환경보호와 자원개발의 조화 | |
| · (분쟁해결) 당사국의 분쟁해결기구 활용 증가 | · 일본의 독도문제 사법기구로의 이송에 대비, 인근 국가와의 분쟁해결을 위한 해결절차 관련 연구 |

자료: 한국해양수산개발원

현재 동북아를 둘러싼 해양 갈등을 일으키는 원인은 복합적으로 얽혀 있다. 식민지배 역사, 해양법의 해석문제, 정치적인 역할관계 등 다양한 원인에 뿌리를 두고 있다. 그 만큼 해결이 어렵다는 말이다. 힘의 역학관계나 역사적인 이유는 갈등의 원인이 되고 있지만, 해결책은 될 수 없다. 따라서 인근 국가와의 해양 갈등을 해결을 위해서는 우리나라의 주장을 뒷받침할 법적 근거를 확보하는 것이 우선 필요하다. 유엔 해양법 협약을 중심으로 이뤄지는 국제 해양질서 변화에 주목하고, 이를 통해 평화적인 협력 방안을 찾아가는 지혜가 필요하다.

# 해양 산업
## 신성장 동력을 바다에서 찾는다

### 1. 해양은 富를 창출하는 기반

| 사례1 | 두 가지 사례가 있다. 먼저 우리나라가 남태평양 해저 열수광상 개발사업에 참여하는 내용이다.[19] 우리나라는 2008년 3월 독점 탐사권을 확보한 통가의 배타적 경제수역(EEZ) 내 (호주 동쪽 약 3,500km 지점) 해저 열수광상 광구 약 2만㎢(경상북도 정도의 면적)에서 민간기업이 참여하여 3년간 본격적인 정밀 탐사와 자원 규모에 대한 평가작업을 시작할 예정이다. 이 사업을 본격적으로 추진하기 위해 별도로 '해저 열수광상 개발사업단'도 설치했다. 해저 열수광상 자원은 수심 2천 미터 정도의 해저 면에서 열수 용액이 분출하여 형성된 광물 덩어리를 말한다. 여기에는 특히 금, 은 등 귀금속이 다량으로 함유되어 있어 경제성이 높은 자원으로 평가되고 있다. 한국해양연구원에 따르면, 개발이 본격적으로 이루어지게

되면, 앞으로 20년 동안 연간 30만 톤 정도의 채광으로 해마다 1억 달러의[20] 수입 대체 효과를 거둘 수 있을 것으로 전망된다.[21]

| 사례 II | 일본 민간기업이 추진하고 있는 해조류를 이용한 바이오 연료 생산이다. 일본 미쓰비시 종합 연구소는 2007년에 이른바 '아폴로 · 포세이돈 구상 2025' 추진계획을 일본 정부에 제출했다. 이 회사는 일본 정부가 야심 차게 추진하고 있는 '이노베이션 25 전략' 의 하나로, 동해 대화퇴 해역에 대규모 인공 해조류 목장(10,000㎢ 규모)을 조성하여 모자반 등 대형 해조류를 재배할 계획이다. 이 곳에서 30만 톤급의 대형 해상 플랜트 시설을 활용하여 메탄올이나 디메틸 에테르(DME)와 같은 탄소 중립적인 액체연료(BTL)를 대량 생산(연간 2025만㎘)하는 한편, 우라늄 등 해수 중의 희귀자원도 아울러 확보하는 방안을 추진하고 있다. 이 사업이 본격 추진되면, 이산화탄소의 일본 삭감 목표량의 1/3에 해당되는 가치는 물론

로테르담 항만의 크루즈 호텔

액체연료로 전력 275만kw를 생산할 수 있다. 해양 정화, 탄소 배출권 확보 등과 같은 직접적인 효과뿐만 아니라 해상 원격탐사, 해상장비 등 연관 산업의 발전을 촉진하는 부수적인 효과도 거둘 수 있다는 평가다.

이와 같이 나라마다 해양자원 개발과 해양 이용에 매달리는 이유는 어디에 있는가? 여러 가지 이유가 있으나 대체적으로 다음과 같은 의견으로 집약된다. 기본적으로 육상 자원이 점차 고갈됨에 따라 그 대안으로 바다 개발에 나서고 있다는 점이다. 대표적인 예가 석유와 가스다. 석유는 세계 총 생산량의 30%가, 그리고 가스는 25%가 바다에서 생산되고 있는데, 육상 채굴량의 감소로 해저 유전 비중이 더욱 커지고 있다. 유엔 해양법 협약의 발효 이후 해양 강국들이 해양영토를 확장하는 과정에서 해양에 대한 관심이 커진 것도 한 몫 했다. 특히 지구 온난화 등으로 각국마다 앞 다투어 녹색 성장전략을 추진하면서 해양 자원 개발에 나서게 됐다. 해저 자원을 개발하거나 채취 또는 활용할 수 있는 해양과학기술과 관련 산업이 크게 발전한 것도 하나의 요인으로 분석되고 있다. 물론 여기에는 육상 자원 가격의 급격한 상승으로 해양 자원의 개발에 따른 경제적 부담을 어느 정도 덜 수 있게 된 점도 작용했다.

## 2. 어디까지가 해양 산업인가?

그러나 무엇보다도 중요한 것은 해양이 아직까지 개발할 여지가 많은 자원의 보고라는 점이다. 일반적으로 많이 인용되는 자료를 찾아보면 이렇다. 네이처(Nature)지는 1997년에 해양 생태계의 연간 총 가치를 22조 5,970억 달러로 분석했다. 육상 생태계의 총 가치 10조 6,710억 달러로 보다 훨씬 크다. 세계 식량농업 기구 (FAO)는 수산자원의 추가적인 잠재력을 2억 4천만 톤~4억 5천만 톤으로 평가했다. 구리, 망간, 니켈 등 전략금속의 매장량도 엄청나다. 육지 매장량의 경우 이용 가능 기간이 40~110년 정도에 불과한 것으로 평가되고 있으나 해양 매장량은 200년에서 1만 년 정도로 추정된다. 거의 무한대라는 얘기다. 조류·조력·파력 등 해양 에너지 자원은 150억kw 정도로 추산되고 있다. 해양 심층수, 가스 하이드레이트 등 잠재적으로 이용 가능한 해양자원 또한 막대하다. 최근에는 해양 유전자원에 대한 관심과 수요도 커지고 있다.

가장 고무적인 현상은 최근 들어 녹색산업이 각광을 받으면서 해양부문도 새로운 부를 만들어 내는 시장으로 부각되고 있다는 점이다. 대표적인 예가 지구 온난화 대응과 관련된 탄소시장이다. 전문가들은 앞으로 온실가스 시장규모만 100억 달러 선에 이를 것으로 내다보고 있다.

청정 에너지 플랜트 수요는 이보다 더 엄청나다. 향후 30년 동안 1,000억 달러의 시장을 형성할 것이라는 분석이 나오기 때문이다. 국제해사기구는 지구 온난화를 막기 위한 대책의 하나로 선박 배기가스 배출 규제협약을 제정해 시행하고 있다. 이 협약에 규정된 여러 가지 규제조치를 이행하기 위해서는 선박에 오염을 줄일 수 있는 장비 등을 설치해야 한다. 선박에서 내뿜는 질소산화물 및 황산화물 배출을 억제할 수 있는 설비다. 전문가들은 이 시장 규모가 2016년까지 38조원대로 성장할 것으로 예상하고 있다. 이는 해양산업을 신규 성장 동력으로 활용할 가능성이 그만큼 크다는 것을 의미한다. 이제 해양은 전통적인 산업의 범주에서 벗어나 새로운 수요와 신기술이 결합한 거대 성장산업으로 변신하고 있다.

|표 1-10| 해양산업의 범위

| 구 분 | 해양공간의 이용 | 해양자원의 이용 | 해양환경의 보전 | 관련기기 및 소재 |
|---|---|---|---|---|
| 전통적 해양산업 | · 해운<br>· 항만개발<br>· 해수욕장 운영 | · 어업<br>· 수산양식 · 종묘<br>· 수산유통 · 가공<br>· 해사(海沙) 채취 | | · 조선(여객선, 화물선)<br>· 어망 · 어구제도<br>· 해상구조물 |
| 새로운 해양산업 | · 해중공원<br>· 낚시공원<br>· 수족관 사업<br>· 해양스포츠 지도 및 장비 대여<br>· 마리나 운영<br>· 크루즈 관광<br>· 유어선 사업<br>· 해상 호텔 · 해상 레스토랑<br>· 해상도시 개발<br>· 해상공항 개발<br>· 해중 · 해저터미널 개발 | · 해저광물 개발<br>· 해저열수광상 개발<br>· 가스 하이드레이트 개발<br>· 해수유용금속 회수<br>· 해수 담수화<br>· 조류 발전<br>· 파력 발전<br>· 해수 온도차 발전<br>· 염분 농도차 발전<br>· 바다목장<br>· 생명공학 이용 어종개량 사업<br>· 해양생물 이용 신물질 추출 · 개발 | · 해양정화 · 방제 사업<br>· 선박환경대책 기술 사업<br>· 해양관측<br>· 파랑 · 조류제어 사업<br>· 해양생물 보호 사업<br>· 인공갯벌 조성 사업<br>· 어장 청소 | · 수상오토바이 제조<br>· 서프보드, 보트 · 요트 제조<br>· 조선(관광잠수선, 초고속 화물선 등)<br>· 잠수관련 기기 제조<br>· 초대형 해상구조물 제조<br>· 해중작업로봇 제조<br>· 해양관련 소재(유 · 무기, 금속)<br>· 해양산업정보 제공<br>· 해양관련 기기 · 부품 제조<br>· 해양관련 기기 소프트웨어 제조<br>· 생분해성플라스틱 제조 |

자료 : 한국해양수산개발원, 정봉민 박사 제공

## 3. 해양 강국의 해양 산업 육성

우리나라 주변에 있는 중국과 일본은 기존의 해양 산업을 어떻게 성장 산업화 하고 있는가? 최근 이들 국가가 취한 몇 가지 조치를 보면, 어느 정도 윤곽을 짚어 낼 수 있다. 먼저 일본이다. 일본은 해양산업 가운데 특히 최근 들어 해양 에너지와 광물 자원

개발 및 상용화에 신경을 많이 쓰고 있다. 국제적으로 자원 가격이 급등하고, 자원 내셔널리즘이 대두되는데 따른 대책이 필요하기 때문이다. 일본은 대외적으로 자원 외교를 지속적으로 펼쳐 나가는 한편, 경제산업성 등이 주축이 되어 2009년 3월에 「해양 에너지·광물 자원 개발 계획」을 마련했다. 해양자원을 본격 개발하기 전단계로 삼차원 물리 탐사선 등을 활용해 배타적 경제수역 등에 있는 자원 분포에 대한 조사도 벌이고 있다. 특히 일본은 이 같은 사업이 민간 기업만으로 수행하는 데는 한계가 있을 것으로 보고, 국가가 주도하는 방안도 강구하고 있다.[22]

중국의 해양산업 청사진은 2008년 2월에 발표된 국가해양

중국 해양산업의 중심 상해

산업발전 계획(강요)에 들어 있다. 이 강요는 11·5 계획 기간 중 (2006~2010) 중국 정부가 사상 처음으로 수립·발표한 해양산업에 관한 종합개발계획이다. 중국은 이 계획에서 해양강국 건설을 목표로 11·5 계획 기간 중 해양산업 발전을 위해 추진할 내용들을 종합적으로 규정하고 있다. 이에 따라 이 곳에는 해양권익의 보호, 해양안전 확보, 해양관리 강화, 해양자원 개발 질서 확립, 해양 생태환경 보호, 해양과학기술의 혁신, 지원능력 강화 등 다방면에 걸쳐 여러가지 산업이 포함되어 있다.

특히 중국은 이를 통해 2010년까지 해양 생산의 총가치를 GDP의 11% 이상으로 끌어올린다는 방침이다. 해양산업 부문에서 일자리도 100만개 이상 신규로 만들어낸다. 영토주권 수호를 위해 관할 해역 순항 감시능력을 대폭 강화하고, 해상 감시 선박 7척을 신조하는 한편, 항공기 3대를 새로 투입한다는 계획이다. 또한 전면적이고, 체계적인 해양 지질조사 및 중점해역에 대한 유전, 가스자원 전략조사를 실시하여 1~2개 중대형 유전, 가스전 탐사 예비구역을 선정하고 있다.

이와 함께 심해저 자원 탐사 능력을 강화하기 위해 7,000미터 급 유인 잠수정 시험 운용을 완료하고, 해수 담수화 및 종합이용을 위한 기술 개발 및 실용화 사업도 추진하고 있다. 남극 내륙에 제3의 과학기지를 건립하고, 극지 과학연구 업무를 강화하는 등 남극 개발에 대한 영향력도 확보하기로 했다. 해양 항해 및 환경보호용 인공위성을 제작·발사하는 것도 중국이 추진하는 해양 개발 전략의 하나다.[23]

## 4. 우리나라는 어떻게 대응하는가?

우리나라는 세계 기준으로 볼 때 12위의 해양력(sea power)을 갖고 있다. 해양 강대국으로 평가되고 있는 미국, 영국, 중국, 일본, 호주 등에 비해서 순위가 낮은 것은 사실이다. 그러나 우리나라의 경우 세계 해양산업을 이끌고 있는 선도 산업분야가 있다. 세계 1위의 조선 산업과 컨테이너 처리량 세계 6위, 컨테이너 선대 세계 12위가 그것이다.

|표 1-11| 우리나라 해양산업 위상

| 분 야 | 위 상 | 국가별 순위 |
|---|---|---|
| 선박건조량(천톤) | 1위('07) | 1위 : 한국(20,593), 2위 : 일본(17,525), 3위 : 중국(10,553) |
| 국가별 컨테이너 처리실적(천TEU) | 6위('06) | 1위 : 중국(84,686), 2위 : 미국(40,875), 6위 : 한국(15,711) |
| 항만별 컨테이너 처리실적(천TEU) | 5위('07) | 1위 : 싱가폴(27,932), 2위 : 상해(26,150), 5위 : 부산(13,270) |
| 선복량 현황(천DWT) | 6위('08) | 1위 : 그리스(175,711), 2위 : 일본(160,722), 6위 : 한국(36,760) |
| 컨테이너 선대(천TEU) | 12위('08) | 1위 : 독일(4,234), 2위 : 일본(1,005), 12위 : 한국(246) |

자료 : 국토해양부

또한 직·간접 효과를 포함해 해양 관련 산업에서 창출되는 연간 부가가치 총액은 2005년 기준 약 59조원이다. GDP 총액의 7.3% 점유하는 막대한 규모다. 해양 관련 산업의 고용창출 효과는 1,388천 명에 달할 정도다. 타의 추종을 불허하는 우리나라의 우수한 IT, BT 기술을 해양산업과 효과적으로 연계할 경우 해양생명산업, 물류정보산업, 해양 관광산업 등 부가가치가 큰 미래 해양산업으로 성장할 가능성도 충분하다.

이제 바다를 단순히 수송에만 이용하던 시대는 지났다. 국가 성장 동력을 바다에서 찾자는 움직임이 구체화되고 있는 것도 이 같은 이유 때문이다. 영국, 미국, 유럽연합(EU)은 물론이고, 우리나라와 바다로 국경을 맞대고 있는 일본과 중국도 바다에 대한 관심과 투자를 확대하고 있다. 중국은 '해양굴기'를 내세우면서 해양산업 육성을 정책 모토로 내걸고 있다. 2010년까지 해양산업이 국가 GDP에서 차지하는 비중을 10%까지 끌어올린다는 야심에 찬 해양 경영 청사진을 갖고 있다. 영국의 해양관리법 제정이나 유럽연합의 통합해양정책 또한 '해양을 이용한 새로운 국부 창출'이 목적이다.

해양산업은 200만 명 넘는 인력이 종사하고 있을 정도로 이미 중요한 산업분야로 자리 잡았다. 이는 해양산업이 우리나라 경제 성장의 한 축을 이끌어갈 핵심 인프라라는 말과 같다. 향후

2012년 여수 엑스포 유치 지원 출정식

해양산업이 뻗어 나갈 분야는 끝이 없을 정도다. 제조업의 성장과 경제 기반 유지를 위한 자원과 에너지 개발은 물론 국제 교역에 필수적인 항로 및 최첨단 고성능 선박 개발 등 많은 분야가 열려 있기 때문이다. 해양 관광, 바이오 에너지와 생명공학 발전을 위한 해양 유전자 자원도 막대한 부가가치를 창출할 수 있다. 특히 우리나라에는 글로벌 선사로 성장한 대형 국적선사가 2곳이나 있다. 남한 육지면적의 4.5배에 이르는 넓은 해양 국토도 해양산업을 더욱 발전시킬 수 있는 기반이 되고 있다. 정부가 추진하고 있는 유라시아 – 태평양 시대도 해양산업의 발전을 전제로 한다. 글로벌 해양 트렌드와 우리나라의 강점을 융합한 새로운 성장 동력을 해양에서 일궈야 한다.[24] 이것이 글로벌 해양 경영이다.

# 해양 안전
## 더 이상 타이타닉 호 사고는 없다

### 1. 되풀이 되는 해양사고

비극이 주는 여운은 오래 가는 법이다. 20세기(1912)초 처녀 항해에 나섰다가 빙산과 충돌해 침몰한 타이타닉 호 사고를 두고 하는 말이다. 이 사고로 1,500명이 넘는 고귀한 인명이 목숨을 잃었다. 그러나 타이타닉 사고는 그 후 몇 차례 영화로 크게 성공했다. 해양안전 개념을 송두리째 바꾸는데도 기여했다. 오늘날 선박이 지켜야 하는 해양 안전 기준인 이른바 '해상인명 안전협약'을 제정하는 직접적인 계기도 제공했다.

이 협약이 나온 이후 정부는 물론 해운회사와 조선소들은 국제 기준에 맞는 선박의 해양안전 조치를 하나하나 갖추기 시작했다. 선박이 지켜야 할 구조와 구명장비, 항해 안전과 충돌예방 규칙 등 여러 가지 사항들이 이 협약에 들어 있다. 이 협약뿐만 아니라 국제해사기구(IMO)와 국제 선급연합회(IACS) 등 많은 국제기구들은 선박의 안전, 즉 해양안전을 확보하기 위한 숱한 조치들을 마련해 시행하고 있다. 험한 바다에서 인명과 재산을 지키고, 해양환경 훼손을 줄이기 위한 간절한 염원과 의지가 담겼음은 더 말할 나위가 없다.

문제는 제도만으로 모든 것을 만족시킬 수 없다는데 있다. 최근에 발생한 해양사고 트렌드는 이를 단적으로 말해준다. 먼저 우리나라 예부터 들어보자. 해양경찰청은 해마다 해양사고 현황 자료를 발간한다. 이 통계에 따르면, 2007년 우리나라의 해상사고 발생 건수는 선박 978척, 인명 5,530명으로 나타났다. 2006년 보다 선박은 133척, 인명은 657명이 각각 늘어난 수치다. 해양 사고가 크게 증가한 데는 어선이 한몫했다. 어선들의 장기 조업에 따른 기관 고장, 영세성 등으로 인한 정비 불량, 야간작업 등 과로가 이 같은 사고 증가를 유발한 원인으로 분석됐다. 1998년부터 2007년까지 10년 동안 해양사고 추이는 이 같은 범주에서 크게 벗어나지

유조선 해양사고는 심각한 해양오염을 야기한다(허베이 스피리트 호)

않고 있다. 연평균 선박 752척이 사고를 당하고, 사람 4,933명이 피해를 입은 것으로 집계됐다. 해양경찰청은 선박 사고의 경우 2001년부터 해마다 60여 척 씩 늘어나고 있다고 분석했다.[25] 인명 사고는 증감 현상이 반복적으로 나타나고 있다.

|표 1-12| 해양사고 발생 현황

| 구분 연도 | 해양사고 계 | | 단순사고 | | 좌초 | | 충돌 | | 화재 | | 전복 | | 침수 | | 기타 | | 구조 | |
|---|---|---|---|---|---|---|---|---|---|---|---|---|---|---|---|---|---|---|
| | 선박 | 인명 | 선박 | 인명 | 선박 | 인명 | 선박 | 인명 | 선박 | 인명 | 선박 | 인명 | 선박 | 인명 | 선박 | 인명 | 선박 | 인명 |
| 1996 | 659 | 4,515 | 311 | 1,982 | 73 | 569 | 99 | 1,145 | 53 | 305 | 24 | 101 | 91 | 398 | 8 | 24 | 521 | 4,343 |
| 1999 | 803 | 4,722 | 398 | 2,382 | 58 | 404 | 129 | 1,044 | 54 | 353 | 64 | 224 | 72 | 268 | 28 | 47 | 644 | 4,571 |
| 2000 | 657 | 4,731 | 298 | 1,723 | 62 | 1012 | 109 | 989 | 49 | 248 | 39 | 161 | 76 | 430 | 24 | 168 | 549 | 4,561 |
| 2001 | 614 | 4,334 | 196 | 1,056 | 52 | 424 | 140 | 1,638 | 75 | 517 | 55 | 230 | 84 | 383 | 12 | 87 | 491 | 4,166 |
| 2002 | 652 | 4,880 | 146 | 1,000 | 58 | 471 | 250 | 2,899 | 43 | 151 | 49 | 106 | 79 | 186 | 27 | 67 | 526 | 4,739 |
| 2003 | 728 | 5,656 | 170 | 850 | 87 | 709 | 231 | 2,911 | 59 | 262 | 52 | 163 | 81 | 138 | 48 | 623 | 622 | 5,526 |
| 2004 | 784 | 5,401 | 299 | 2,076 | 44 | 231 | 201 | 1,730 | 57 | 257 | 51 | 149 | 66 | 242 | 66 | 716 | 682 | 5,246 |
| 2005 | 798 | 4,684 | 376 | 2,237 | 40 | 216 | 123 | 1,128 | 61 | 203 | 52 | 123 | 73 | 214 | 73 | 563 | 691 | 4,464 |
| 2006 | 845 | 4,873 | 585 | 3,099 | 37 | 513 | 66 | 591 | 37 | 188 | 23 | 106 | 69 | 248 | 28 | 128 | 794 | 4,769 |
| 2007 | 978 | 5,530 | 638 | 3,429 | 57 | 345 | 105 | 1,121 | 36 | 124 | 38 | 163 | 82 | 295 | 22 | 53 | 909 | 5,460 |
| 계 | 7,518 | 49,326 | 3,417 | 19,834 | 568 | 4,894 | 1,453 | 15,196 | 524 | 2,608 | 447 | 1,526 | 773 | 2,802 | 336 | 2,476 | 6,429 | 47,845 |
| 평균 | 752 | 4,933 | 342 | 1,983 | 57 | 489 | 145 | 1,520 | 52 | 261 | 45 | 153 | 77 | 280 | 34 | 248 | 643 | 4,785 |

자료 : 해양경찰청, 2007년 해양백서

이 같은 현상은 국제적으로도 큰 변화가 없는 것으로 나타났다. 2008년 3월 국제해상보험연맹(IMUI)[26]이 발표한 바에 따르면, 세계 상선의 전손과 부분적인 손실 비율이 급격하게 증가하고 있고, 이 같은 추세는 한동안 지속될 것으로 분석됐다. 즉, 500톤 (GT) 이상 선박을 기준으로, 2006년에는 전손 선박이 62척에 지나지 않았으나 2007년에는 82척으로 늘어났다. 이 같은 추세로 간다면 전손 선박[27]은 2009년에 112척으로 증가할 것으로 예측됐다. 이에 비례해 중대한 손상이나 부분적인 손실을 입은 선박도 2006년에 727척에서 2007년에는 914척으로 증가했다. 지난 10년 동안 선박 사고가 270% 급증한 셈이다.

## 2. 선박 안전 기준 강화 등 다양한 조치

그렇다면, 해양사고를 줄이기 위해 국제사회는 어떤 노력을 기울여 왔는가? 결론부터 말하자면, 할 수 있는 모든 수단과 노력

타이타닉 호의 침몰(UNESCO 자료)

을 다 해봤다고 해도 지나치지 않다. 지금까지 개별 국가나 지역 또는 국제적인 차원에서 해양안전을 확보하기 위해 여러 가지 조치를 강구해 왔기 때문이다. 이 같은 노력 가운데, 영국 런던에 있는 유엔 산하 전문조직 국제해사기구(IMO)의 활동이 단연 돋보인다. IMO는 1958년에 공식 출범한 이후 해양안전과 해양환경 보호 활동에 탁월한 실적을 쌓아왔다. 주로 국제협약이나 선박 운항에 관한 가이드라인 제정 등과 같은 방법을 통해 해양안전 확보에 이바지해오고 있다. 앞에서 언급한 해상인명 안전협약도 이 분야의 IMO 대표 협약이다.

해양안전은 매우 포괄적인 개념이다. 정의를 어떻게 하느냐에 따라 적용되는 국제규범도 크게 달라진다. 해양수산부가 2007년에 발간한 '미래 국가해양전략'에는 해양안전을 가장 넓은 의미로 해석하고 있다. 즉, 선박, 운항자, 해상 교통 환경을 사고로부터 보호하고, 선박에 의한 해양 오염방지와 오염의 방제까지 해양안전으로 보고 있다. 이 같은 개념에 따른다면, IMO에서 제정한 협약 가운데, 안전과 보안, 선박 기인 해양오염, 유류오염사고 대응 및 협력, 그리고 책임과 보상에 관한 모든 협약이 이 범주에 들어갈 수 있다. 너무 광범위하다. 따라서 범위를 조금 좁혀 보면, 대체적으로 다음과 같은 협약을 해양안전 분야의 협약이라고 해도 무방하다. 즉, IMO의 해상안전위원회(MSC)[28]에서 주요 의제로 다루고 있는 사항이 해양안전과 관련된 현안이라고 보면 거의 틀림없다.

지금까지 IMO 해상안전위원회가 주축이 되어 만든 해양 안전 분야 협약은 대략 8가지다. 선박의 안전에 관련된 부문과 선박의 안전한 운항을 책임지는 선원 등에 관한 사항, 선박에 적재되어 운송되는 컨테이너의 안전 규격에 관한 협약, 그리고 선박의 충돌을 예방하고, 해상에서 사고가 난 경우 수색과 구조 등에 관한 협약이 주종을 이루고 있다. 이 같은 협약 이외에 IMO는 1977년에 어선 안전에 관한 협약도 채택했다.[29] 그러나 이 협약은 30년이 지난 현재까지 발효되지 않아 국제협약으로서의 의미를 사실상 상실했다.

|표 1-13| 해양 안전 관련 국제해사기구 협약

| 협약 이름(영문 약칭) | 제정일 | 국제 발효 |
|---|---|---|
| 1. 해상인명 안전협약(SOLAS 1974) | 1974. 11. 1 | 1980. 5. 25 |
| 2. 선원 훈련, 자격증명, 당직 기준협약(STCW 1978) | 1978. 7. 7 | 1984. 4. 28 |
| 3. 국제 만재 흘수선 협약(LL 1966) | 1966. 4. 5 | 1968. 7. 21 |
| 4. 국제 해상충돌 예방 규칙(COLREG 1972) | 1972. 10. 20 | 1977. 7. 15 |
| 5. 항해 안전에 관한 불법행위 억제 협약(SUA 1988) | 1988. 3. 10 | 1992. 3. 1 |
| 6. 해상 수색 및 구조 협약(SAR 1979) | 1979. 4. 27 | 1985. 6. 22 |
| 7. 어선 안전에 관한 트레몰리노스 협약(SFV 1977) | 1977. 4. 2 | 발효하지 않음 |
| 8. 안전한 컨테이너에 관한 국제협약(CSC 1972) | 1972. 12. 2 | 1977. 9. 6 |

주 : 1) 항해 안전에 관한 불법행위 억제 협약은 2005년에 전면 개정한 의정서가 다시 채택되었으며, 이 협약은 아직 국제적으로 발효되지 않은 상태다.
　　 2) 위 협약들은 처음 제정된 이후 개정의정서 형태로 여러 차례 수정되었는데, 이 표에서는 이 같은 개정의정서 채택과 발효 일정은 별도로 표시하지 않았다.
자료 : 한국해양수산개발원

해양 안전의 확보와 관련해서는 국제노동기구(ILO)의 활동도 빼 놓을 수 없다. 1919년에 설립된 ILO는 노동에 관한 국제기준을 제정하면서 근로자의 이익을 대변하는 한편, 세계 빈곤문제에도 적극 대처해왔다. ILO는 육지에서 격리된, 바다라는 특수한 상황에서 장기간 일하는 선원들의 근로 조건이라든가 선박의 거주 환경, 임금 문제 등에 적극 개입하면서 선원의 권익을 최대한 지켜왔다. 1976년에 제정한 상선의 최저 자격기준 협약, 선원 복지 협약 등이 대표적이다. 이와 같이 그 동안 개별 협약을 제정하는 방식으로 선원의 인권과 근로조건을 보호하던 ILO의 선원정책이 최근 들어 크게 바뀌었다. 2006년에 해사노동협약[30]을 채택한 것이 계기가 됐다. 이 협약은 기존에 산발적으로 시행되던 선원 관련 협약을 통합한 것이 특징이다. 이 같은 조치는 국제적으로 선박의 안전에 관한 기준을 강화하고, 선원의 근로 조건을 개선함으로써 해양사고를 줄이려는 의지의 표현이다.

## 3. 항만국 통제(PSC)로 기준미달선 규제

해양 안전과 불가분의 관계를 맺고 있는 것이 이른바 기준 미달선과 항만국 통제다.[31] 기준 미달선(sub-standard vessel)은 국제해사기구 등 국제기구에서 제정한 여러 가지 협약 기준을 제대로 지키지 않는 선박이다. 불량 선박인 셈이다. 항만국 통제(PSC : Port State Control)는 국제항해에 종사하는 선박이 국제기준을 적합하게 이행하고 있는지 확인하는 절차다. 국제 기준을 지키지 않는 선박은 항만국 통제 규정에 따라 출항금지나 시정 명령 등 여러 가지 제재를 받게 된다.

항만국 통제는 외국 선박을 대상으로 한다. 기준 미달선의 운항으로 피해를 입게 되는 항만국(연안국)이 자구책으로 항만에 들어오는 다른 나라 국적 선박의 이상 유무를 확인하는 것이 이 제도의 골격이다. 항만국은 아무런 근거 없이 이 같은 점검에 나서지 않는다. 국제협약에 정해진 기준과 원칙에 따라 항만국 통제를 실시하도록 되어 있다. 해양안전에 관한 국제협약이나 ILO 선원 관련 근로 협약 등에 각각 항만국 통제 근거 규정을 두고 있다. 이를 흔히 항만국 통제 '관련 협약'이라 한다. 따라서 이 같은 규정에 따르지 않는 항만국 통제는 불법이다. 불법이나 지나친 항만국 통제로 선박 운항에 차질이 빚어지거나 손해가 생기면 항만국은 피해를 배상해야 한다.

선박의 안전성 여부를 점검하는 일은 그 선박이 등록되어 있는 선적국의 고유권한이다. 선박이 기준미달선이건 사고를 내건 말건 그것은 전적으로 선적국이 책임을 지는 것이 일반적인 원칙이다. 그럼에도 불구하고, 외국 선박이 들어가는 항만국이 입항 선박을 점검하는 이유는 어디에 있는가? 선적 국가를 믿지 못하기 때문이다. 특히 1980년를 전후로 한 편의 치적국[32]의 등장이 항만국 통제를 촉발했다. 선박 검사 등을 느슨하게 하는 편의 치적국 선박이 대형 사고를 유발하는 문제점이 나타났다. 국제기구가 선박의 안전 기준을 강화했음에도 선적국이 선박 검사를 등한시함에 따라 자구책의 하나로 항만국이 직접 나선 것이다. 기준 미달선이 대한 통제·점검 권한이 항만국으로 옮겨지게 된 배경이다.

국제사회는 해양안전을 확보하고, 해양환경을 보호하는 제도적인 장치의 하나로 오래 전부터 이 제도를 시행해왔다. 이 제도는 1972년에 호주에서 처음 시작되어 다른 지역으로 확산됐다. 일정한 지역을 하나로 묶는 항만국 통제 제도가 정착된 것이다. 예컨대 지역적으로 이해관계가 깊은 국가가 서로 양해각서(MOU)를 맺어 항만국 통제를 실시하는 것이 그것이다. 현재 전 세계적으로 모두 7개의 지역 항만국 통제 협정이 맺어져 불량선박을 감시하고 있다. 우리나라는 아시아·태평양 지역 항만국 통제 위원회(Tokyo MOU)에 가입해 활동하고 있다. 각 지역의 항만국 통제위원회는 서

해양 기름 유출 제거 작업(부구 작업선)

로 점검한 선박에 대한 정보를 주고 받는다. 이 때문에 한 지역에서 문제점이 드러난 선박은 다른 지역에서 운항하기가 사실상 힘들어 진다. 이는 국제적으로 항만국 통제 망(網)이 짜여지는 것과 같다. 기준미달선이 퇴출될 수밖에 없는 이유가 바로 여기에 있다. 국제사회는 해양안전을 도모하기 위해 사용할 수 있는 모든 카드를 지금 꺼내 들고 있다.

## 4. 보다 깨끗하고, 안전한 바다를 위하여

　다시 해양안전 문제로 돌아가 보면, 결국 항만국 통제도 임시방편일 뿐이다. 다른 나라가 내 나라 선박의 안전을 책임져 주는 것이 현실적으로 불가능하기 때문이다. 최근 국제해사기구도 이같은 점을 고려해 입장을 선회하고 있다. 항만국 통제는 유효한 제도로 그대로 기능하게 하되, 선적국에 대해 선박관리를 강화하는 것으로 입장을 바꿨다. 2006년 6월부터 시행에 들어간 국제해사기구의 '회원국 임의 감사제도'[33)]가 대표적인 사례다. 이 제도는 회원국이 IMO에서 정한 각종 협약 규정을 충실하게 지키고 있는지 진단·평가하는 것을 주요내용으로 하고 있다. 행정관청뿐만 아니라 선박 검사를 실질적으로 수행하고 있는 선급 등에 대해서도 심사대상에 포함시키고 있어 그 효과가 크다. 우리나라의 경우 2007년에 당시 해양수산부가 대책반을 수립하여 대응하는 등 해양 안전을 한 단계 업그레이드 시켰다.[34)]

　　이 같은 제도 말고도 우리나라의 경우 해양안전을 확보하기 위해 여러 가지 제도적인 장치를 갖추고 있다. 예컨대 해양안전에 관한 사항을 집대성한 선박안전법을 시행하고 있을 뿐만 아니라 해사안전 품질시스템(ISO 9001)을 구축했다. ISO의 도입으로 체계적인 안전관리품질을 확보함으로써 해양안전 행정의 신뢰성을 확보하는 한편, 문서화를 통한 업무의 표준화, 기록을 통한 업무의 연속성, 정기적인 성과평가 등으로 지속적인 안전관리품질을 향상시킬 수 있는 기반을 마련했다. 해양안전에 관한 기술을 개발하고, 안전업무 종사자에 대한 교육·훈련도 강화하고 있다. 이 모든 것이 해양사고를 미연에 사전에 방지함으로써 우리의 고귀한 인명과 재산을 보호하고, 미래 세대에 물려줄 해양을 지키려는 노력이다.

# 해양 문화
## 인문학적 상상력을 해양에 접목시켜라!

### 1. 해양 문화의 어제와 오늘

　　동서양은 예로부터 바닷길을 통해 교감을 나눠 왔다. 서양에서는 해양활동을 통해 "바다를 다스리는 자가 세계를 지배한다"는 테미스토클레스의 명제를 실천함으로써 찬란한 해양 문화를 꽃피웠다. 고대에는 에게 해와 지중해를 중심으로 아테네, 페르시아, 스파르타, 로마 등이 해상패권을 다퉜다. 중세에는 지중해와 대서양 연안을 통해 로마, 한자동맹 등의 활발한 해양활동으로 십자군 전쟁이 벌어지기도 했으며, 해운관습이 형성되기도 했다.

　　근세 이후에는 인도양, 대서양, 태평양 등 전 해양을 통해 식민지 개척과 해상 무역로를 확보하기 위한 세계 주요 해양강국들의 경쟁이 치열하게 벌어졌다. 이 시기는 '해가 지지 않는 대영제국'이나 '팍스 아메리카나'와 같은 해양강국의 시대였으며, 해양 영유권 확보를 통한 해양영토 개념이 조금씩 형성되기 시작했다. 이 같은 해양활동은 서양의 문화를 세계 각 지역으로 파급시켰고, 또한 동양의 문화를 받아들이면서 성장했다.

　　동양의 경우도 예외는 아니였다. 나침반과 같은 항해도구는 동양에서 먼저 개발되었고, 명나라 정화의 대원정은 28년에 걸쳐 7차례나 이뤄졌다. 당시 동원된 선박은 그보다 60년 뒤에 인도에 도착한 서양 선박을 압도했다.[35] 수·당 시대에는 국제 교역의 확대로 해상 실크로드를 개척하고, 남방교역을 활발히 전개했다. 송나라 때는 세계 최고 수준의 조선술과 나침반을 활용해 아랍세계까지 그 영향력을 미쳤다. 그러나 명나라 태조 주원장은 자신과 함께 천하 쟁패전을 벌였던 장사성과 밀접한 관계를 유지했던 해양세력을 견제하기 위해 강력한 해금정책을 실시했다. 전형적인 대륙세력이었던 청나라도 해양활동을 천시해 해양으로 향하던 동양의 발길이 잦아들었다. 아이러니컬하게도 서양에서 식민지 개척과 자원 공급처 확보를 위해 해양경쟁이 치열하던 그 시기에 동양에서는 오히려 해양으로 가는 길을 스스로 차단함으로써 서양 열강의 공세에 제대로 대응하지 못했다.

　　우리나라는 지리적으로 대륙의 관문이며, 한민족은 해양활동을 통해 해양의식을 키워온 해양민족에 가깝다. 아니 해양민족이라 불려도 모자람이 없다. 그리고 해양민족으로 높은 수준의 유·무형의 해양 문화를 발전시켜왔다는 사실에 의문을 다는 사람도 없다. 해양의식을 바탕으로 동서양의 문화를 주로 해양으로부터 받아들이면서 고유한 해양 문화를 발전시켜 왔다. 그리고 우리의 해양 문화는 단절된 문화가 아니라 열린 문화이다. 열린 마음으로 바다를 통해 파도를 타고 건너오는 타국의 문화를 자연스럽게

해양 문화는 하루 아침에 이뤄지지 않는다(베네치아 곤돌라).

받아들였다. 우리나라를 둘러싼 해양 환경은 중·일을 포함해 인근 국가의 문화를 자연스럽게 받기에 유리하다. 해안지역을 중심으로 독자적인 해양 문화를 꽃피우고, 나아가 다른 국가의 해양 문화와 조화를 이뤄 발전시켜 나갔다.

역사적으로 우리의 해양 문화는 시대에 따라 꽃피기도 하고 암흑기를 맞이하기도 했다. '주고받기 식'의 해양 문화 교류는 이미 고조선부터 이뤄지고 있었다. 부산, 울산, 대마도 등에서 약 6,000~7,000년 전의 한일 간 교류 흔적이 나오고 있다. 그리고 해양 유적지의 분포로 보아 처음으로 해양 문화를 발전시킨 사람들은 황해에서 거주하고 있던 동이족이다.[36] 이후 고구려, 백제, 신라로 이어진 해양 문화의 교류는 해상교역로 확보를 위한 국가간 경쟁과 어우러지면서 동아시아 해양 문화의 큰 흐름이 되었다. 특히 통일신라 시대 '해상왕' 장보고는 해양을 발판으로 성장했다. 그는 바다를 통해 연결된 거점도시들을 유기적으로 활용했다.

그러나 면면히 내려오던 우리나라의 해양활동이 조선시대에 들어와 크게 위축되기 시작했다. 이는 유교사상을 숭배하던 당시 시대상에 기인한 바 크다. 충효사상을 강조하고 중용을 추구하는 유교사상의 입장에서는 미지의 대상이며, 도전적이고 거친 바다를 껴안을 수 없었기 때문이다. 사농공상의 서열에 따라 뱃사람을 멀리하고 바다에 대한 두려움을 억압을 통해 희석하려는 사회적 분위기가 해양 문화의 쇠퇴를 가져왔다.

우리나라가 해양국가로서의 입지를 다시 정립하기 시작한 것은 일제 강점기를 지나 새로이 대한민국 정부가 수립된 이후부터다. 이후 우리나라는 50년 가까이 세계 제1의 조선국, 세계 10대 해운국으로 확고하게 자리를 잡고 있으며, 수산강국으로서 그 명성을 유지하고 있다. 그리고 21세기 들어 '바다로, 세계로'란 기치를 내걸고 해양의 세계화에 발맞춰 해양 문화를 다시 꽃 피울 계기가 마련되고 있다.

이제 새로운 해양 문화 창출을 위해 한민족의 뿌리 깊은 역사 속에 내재된 해양의식과 해양민족으로서의 비전을 일깨워야 할 때다. 이를 위해서는 현재 우리나라 해양 문화에 잠재되어 있는 해양의식에 대해 바로 아는 것이 중요하다. 해양을 바로 아는 것이야말로 우리 민족의 역사적 정체성을 알 수 있는 지름길이다.

## 2. 해양 문화의 개념 및 범위

해양 문화에 대해 정확하게 정의하기는 힘들다. '해양'의 범위가 너무 넓고, '문화'의 외연 또한 광범위하기 때문이다. 이는 넓은 개념만큼 해양 문화의 영역을 획정하지 못한다는 단점이 있지만, 열린 공간으로서의 바다가 지니는 특성에 맞게 그만큼 다양한 분야를 포용할 수 있는 장점 또한 갖고 있다.

해양 문화는 한마디로 해양과 관련된 인간 활동의 유·무형적 소산이며, 철학·종교·예술·과학 등이 이에 포함된다. 특히 해양 문화는 바다와 관련된 삶의 흔적으로 해양의식과 불가분의 관계에 있다. 해양 문화가 해양의식을 낳고, 해양의식이 다시 해양 문화를 규정한다. 그리고 해양 문화는 구속보다는 자유를 선호하며, 소속보다는 무소속의 성향을 띠며, 고정성보다는 유동성을, 획일성보다는 다양성을, 규율성보다는 무규율성을 특징으로 한다.[37]

그리고 해양 문화의 범위를 살펴보면 바다와 관련된 삶의 다양한 양식이 포함되며, 현대에 와서 해양관련 레저산업이 발전하면서 다양한 해양 문화 컨텐츠가 개발되고 있다.[38] 해양 문화의 외연을 정확하게 규정하기는 어렵지만, 크게 보면 해양의식을 포함해 해양레저, 해양 관광, 해양시설, 해양체험, 해양 문화재, 해양교육 등으로 나눠 살펴볼 수 있다.

|표 1-14| 해양 문화의 종류와 사례

| 종류 | 범위 | 내용 | 사례 |
|---|---|---|---|
| 유형 | 해양레저 | · 유람선, 크루즈선<br>· 해양스포츠 | · 전국 해양스포츠 제전<br>· 부산, 제주 크루즈 전용부두 운영 |
| | 해양 관광 | · 유인등대<br>· 해양유적지 | · 부산 영도 등대<br>· 남해안 관광벨트 개발<br>· 가고 싶은 섬 시범사업 |
| | 해양시설 | · 박물관, 전시관<br>· 항만시설(마리나 항)<br>· 항만친수공간 개발<br>· 해상공원 | · 민속자연사박물관<br>· 제주민속촌박물관<br>· 부산항 북항 재개발<br>· 여수 구항 친수공간 조성사업 |
| | 해양체험 | · 어촌관광체험장<br>· 조개채취어장<br>· 해양축제 | · 제주 성산읍 어촌관광체험장<br>· 제주 종달리 조개채취어장<br>· 제주 자리돔 축제 |
| | 해양 문화재 | · 수중문화재<br>· 해양 문화재 전시<br>· 해양 문화재 홍보 | · 신안군 중도 해역조사<br>· 무안 도리포 수중발굴조사<br>· 국립해양유물전시관 운영<br>· 일요문화유산답사, 바다문화학교 |
| 무형 | 해양의식 | · 굿, 노래, 설화 | · 해녀 노래<br>· 제주 칠머리당 영등굿 |
| | 해양교육 | · 학교해양교육<br>· 사회해양교육 | · 해양교육시범학교 운영<br>· 여름해양학교, 일일명예교사 |

자료 : 한국해양수산개발원

### 3. 해양 문화 발전 조건

현재 우리나라는 대륙으로 진출하는 것보다 대양으로 나가는 것이 용이하다. 휴전선을 중심으로 남북한이 갈려 있기 때문이다. 삼면이 바다라고 하지만, 실제로는 나머지 하나의 길은 결국 바다로만 열려 있는 셈이다. 남북한 통일 이후엔 해양과 대륙의 조화로운 진출이 가능하겠지만, 지금은 대양을 통한 세계로의 진출이 보다 용이하다. 이는 곧 해양을 통한 강대국으로의 도약이 필요함을 의미하며, 이를 위해 해양 문화 발전을 위한 여건조성이 필요하다는 것을 또한 의미한다.

해양 문화 활성화의 전제조건은 우선 우리 민족의 해양 정체성 재확립에 있다. 해양 정체성 재확립은 해양민족의 역사에 내재된 해양의식을 현재 상황에 맞게 재해석하고, 이를 다시 내면화하는 작업을 말한다. 이를 위해서는 우선 바다에 대한 친밀감과 바다의 중요성과 가치에 대한 인식을 가지는 것이 중요하다. 이를 토대로 시대의 상황에 따라 요구되는 새로운 해양의식을 정립하고, 이를 통해 궁극적으로 해양 정체성을 확립할 수 있다.

21세기 해양시대는 해양자원의 개발과 해양 관할권 확대를 위한 경쟁, 그리고 해양환경과 생태계 보전으로 압축된다. 과거 우리의 해양 정체성이 일본, 중국, 러시아와의 관계 속에서 규정된 수동적인 것이었다면 이제는 세계의 대양이 우리가 나아가고 개척해야 할 곳이라는 능동적인 것으로 바뀌어야 한다. 과거 역사 속에 내재된 해양의식과의 교감을 통해 현재를 진단하고, 미래를 변화시켜 나가는 해양 정체성의 확립이 해양 문화의 활성화에 꼭 필요하다.

또한 현재 우리나라 해양 문화 인프라는 질적이나 양적으로 부족한 것이 사실이다. 서양식 해양스포츠와 해양크루즈 등의 도입은 아직 초기 수준에 머물러 있고, 이를 뒷받침해 줄만한 인프라가 부족하기 때문이다. 특히 정부 정책에 의한 투자가 대부분이며, 민간차원에서 해양 분야에서의 투자는 거의 전무한 실정이다.

지역별로 다양한 해양축제가 있으나 이는 바다라는 장소를 이용해 관광객을 유치하는 수준이며, 해양 문화의 활성화와는 거리가 있다. 이에 따라 정부는 국민이 쉽게 찾을 수 있는 문화레저 공간을 확대하는 한편, 친 해양 문화 확산을 위한 해양레포츠·관광 활성화를 지속적으로 추진하고, 해양의식 제고를 위한 해양교육·문화 활성화 기반을 마련하기 위해 노력하고 있다. 이와 더불어 민간에서의 해양박물관 건립, 해양공원조성 등의 투자도 본격적으로 추진되고 있다. 더욱 반가운 것은 2012년 여수 세계 박람회 개최를 눈앞에 두고 있다는 점이다. 이는 국민의 해양의식을 제고하는 한편, 국가의 적극적인 투자를 이끌어낼 수 있는 호재다. 앞

네덜란드 로테르담 항만 박물관

으로 여수 세계 박람회 개최를 계기로 해양 문화 인프라 구축은 더욱 탄력을 받을 것으로 예상된다.

요즘 문화의 주요 화두는 컨텐츠 개발이라고 해도 과언이 아니며, 해양 문화에서도 예외는 아니다. 해양 관광, 레저스포츠에서부터 해양교육에 이르기까지 개발 분야는 다양하며, 삼면이 바다인 우리나라로서는 관심과 투자 여하에 따라 충분히 독자적이고, 경쟁력 있는 컨텐츠 개발이 가능하다.

일례로 스칸디나비아 반도의 북구 유럽은 피요르드와 산림과 빙하, 수량이 풍부한 하천의 아름다운 자연환경을 관광자원화했다. 특히 페리를 운행하면서 피요르드 지형에 의해 형성된 주변 산지와 취락의 아름다운 경관을 하나의 콘텐츠로 개발했다.[39] 노르웨이 역시 바이킹 족으로 불리는 노르만 족의 바이킹 선을 복원해 외국의 관광객을 유치하는 한편, 자국의 역사·문화를 홍보하는 계기로 삼고 있다. 우리나라 역시 남해안 한려수도와 같은 아름

세계 해양 문화유산인 노르웨이 베르겐 한자동맹 거리

다운 자연경관과 거북선이라는 역사적으로 이름 높은 독자적인 조선기술을 가지고 있어 다양한 해양 관광 콘텐츠로 개발할 수 있다. 또한 제주도와 같은 해안지역의 특산물과 연계된 해양축제와 전통 굿과 같은 전통 해양민속 유산 등도 좋은 해양 문화 컨텐츠로 개발될 수 있을 것이다.

### 4. 해양도시를 해양 문화 랜드마크로

우리나라는 전형적으로 내륙 중심의 생활환경이 발달되어 있다. 그리고 여름철 피서를 즐기기 위해 바다를 찾거나 새해에 떠오르는 첫 해를 보기 위해 해안으로 몰려든다. 그러나 우리나라의 경우 계절적인 원인과 인프라 부족으로 365일 해양으로 달려갈 수 있는 요인이 부족하다. 이를 해결할 하나의 대안은 다기능의 국제 해양도시를 개발하는 것이다. 주요 항만도시가 이에 적합한 모델이 될 수 있다. 우선 주요 항만을 대표할 조형물을 건립해 항만도시의 브랜드로 홍보하고, 내외국인을 대상으로 관광자원으로 활용할 수 있다. 시드니항의 오페라하우스, 뉴욕 항의 자유여신상, 시애틀의 스페이스 니들타워 등이 이에 해당한다. 또한 해양 특성, 해양레저·스포츠, 크루즈관광 등을 고려해 동해, 황해, 남해 권역별로 마리나 항을 개발하는 것도 하나의 방안이 될 수 있다.

그리고 국제화 시대에 맞는 시설을 갖추는 것도 다기능 국제 해양도시 마련에 필요하다. 대표적인 예가 약 227만 평방미터의 대지에 건설되고 있는 두바이 해양도시 포트 라시드(Port Rashid)다. 두바이 해양도시는 해양센터 타워, 랜드마크 타워, 해양클럽,

Creek 타워 및 Creek 플라자 등 총 5개 구역으로 나눠 건설 중인데, 2011년까지 개발을 완료할 계획이다. 특히 두바이 해양 도시는 중동의 허브로서의 지리적 위치, 인프라 시설, 기업에게 제공되는 서비스 및 조세제도(법인세 면제) 등을 통해 해외기업을 유치하고 있다. 현재 부산항은 북항의 재개발을 통해 다기능 국제 해양도시로 거듭나기 위해 노력중이다. 두바이 해양도시 모델이 서로 다른 환경과 차이에도 불구하고 발전적인 방향으로 시사점을 줄 수 있을 것으로 보인다. 국제 해양도시의 건설이 본격적으로 진행되면 서울, 대전, 대구 등 내륙 지향적 발전을 지양하고, 국토 균형발전과 지역 활성화를 촉진하는데도 일익을 담당할 것으로 예상된다.

두바이 워터 프런트

# 해양 관광
## 차별화된 컨텐츠가 필요하다

### 1. 해양 관광은 고부가 가치 산업

최근 육지 관광자원 개발이 한계에 부딪히면서 개발 잠재력과 가능성이 무한한 해양 관광산업으로 관심이 이동하고 있다. 특히 바다는 인간에게 동경과 모성애에 대한 원초적 그리움을 주는 대상으로 관광산업과 연계될 경우 그 시너지 효과가 크다. 또한 해양레저활동 역시 소득이 늘어날수록 이에 참여하는 소비자가 더욱 증가할 것으로 예상되고 있어 대표적인 미래 레저활동으로 각광받을 것으로 전망되고 있다.[40]

우리나라의 경우 2009년 현재 1인당 국민소득이 2만 달러를 넘어서고 있어 과거의 수동적 소비패턴에서 벗어나 향후 보다 적극적으로 레저활동을 추구할 것으로 보인다. 그리고 내륙 중심의 관광활동에서 해양공간으로 확산되면서 해양스포츠, 스킨스쿠버, 해양생태체험 등 해양레저활동에 대한 선호도도 증가하고 있다. 특히 주 5일 근무제 도입 이후 해양 관광 수요가 늘고 있으며, 관광지 통계조사자료에 따르면 연안지역 관광지 방문객 증가추이가 상대적으로 높게 나타나고 있다.[41]

　　더욱 더 고무적인 사실은 해양 관광산업이 이전의 성과보다 앞으로의 잠재력이 더욱 크고, 삼면이 바다인 우리나라는 해양 관광 개발을 위한 여건이 어느 정도 충족되어 있다는 점이다. 실제로 향후 해양 관광산업의 성장 추세도 연평균 10% 이상의 고성장을 유지할 수 있을 것으로 전망되고 있다. 그러나 이러한 장밋빛 전망은 육지 중심적인 현재의 관광개발에 대한 인식이 전환되고, 내륙과 연계된 복합관광개발 계획의 수립 하에서 가능하다는 전제를 충족해야만 한다. 또한 소비자의 수요를 충족할 수 있는 해양 관광상품의 개발 및 프로그램 개발과 이에 상응하는 인프라를 구축하는 작업도 선행되어야 한다.

해양 관광의 꽃, 두바이 버즈 알 아랍(Burj al Arad) 호텔

## 2. 해양 관광의 개념 및 유형

해양 관광이란 일상생활에서 벗어나 변화를 추구하기 위하여(목적), 해역과 연안에 접한 단위 지역사회에서 직·간접적으로(행태), 해양공간에 의존하거나 연관해서 일어나는 활동(공간)을 말한다.[42]

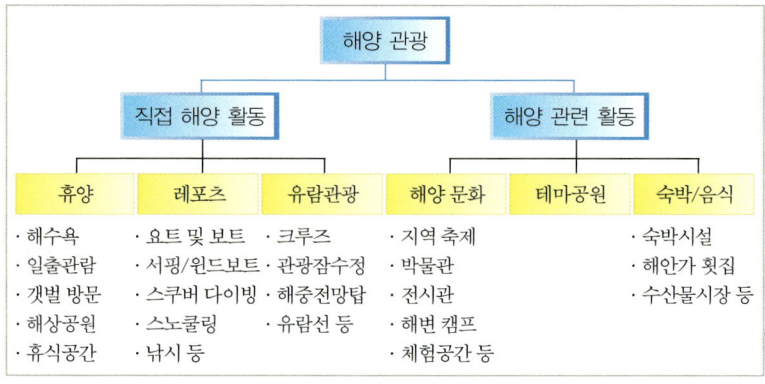

|그림 1-4| 해양 관광 유형

자료 : 해양수산부, 미래 국가해양전략, 2008. 1

해양 관광의 유형으로는 크게 직접 해양활동과 간접적인 해양관련 활동으로 나눠진다. 직접 해양활동은 해수욕, 일출, 갯벌, 해상공원 등의 휴양활동, 요트, 서핑, 스쿠버 다이빙, 바다낚시 등의 레포츠, 크루즈, 관광 잠수정, 유람선 등의 유람관광으로 나눠진다. 반면 해양 관련 활동은 보다 넓은 개념의 해양 관광이라 할 수 있는데, 박물관, 전시관 등의 유형적 요소와 해양의식 등의 무형적 요소로 구성되어 있는 해양 문화, 그리고 해양 관광에 필요한 인프라 시설 등으로 나눠진다.

이 같은 해양 관광은 육지관광과 비교되는 특성을 가지고 있다는데, 해양 관광을 진작시키기 위해서도 다음과 같은 고려가 필요하다. 우선 해양 관광은 육지관광과 비교해 해양으로 나가기 위한 접근성 확보가 중요하다. 오염원의 차단도 중요하다. 해양과 육지의 경계선에서 육지에서 발생하는 오염원과 해양 관광활동으로부터 발생하는 오염원까지를 고려한 환경 관리도 강조되고 있다. 또한 연안의 산업 근거가 주로 어촌임을 고려할 때 해양 관광 개발로 인근 어촌사회에 직·간접적으로 피해를 끼치지 않도록 특별한 고려가 필요하다.

### 3. 해양 관광 개발 사례

세계적으로 관광객 수가 2001년 약 7억 명에서 2010년 10억 5,000만 명, 2020년에는 16억 명 수준으로 증가할 것으로 전망된다. 이에 따라 세계 각국은 관광산업을 21세기 국가의 전략산업으로 육성하기 위해 다양한 관광 상품 및 프로그램을 개발하여 세계 관광객을 유치하고 있다. 일본은 'Welcome Plan 21', 싱가포르는 'Tourism 21 : Vision of Tourism Capital', 호주는 'Tourism : Ticket to the 21st Century', 영국은 'Tomorrow's Tourism : A Growth for Millennium' 등의 관광 진흥 정책을 수립해 관광 선진국의 입지를 제고하고 있다.[43]

이러한 관광산업 경쟁국들의 정책에서 우리나라가 벤치마킹을 할 수 있는 해외 모델이 제시되고 있어 눈길을 끈다.[44] 우선 프랑스는 해안의 무분별한 개발을 규제하면서 개발을 유도하는 연안 통합관리 제도를 제시하고 있다. 일부를 제외하고는 연안에서 2km 이내 개발을 원칙적으로 제한하며, 해변공간의 이용과 보호를 위해 개발지역(Zone)을 설정하는 등 가능한 한 해양환경을 인위적으로 가공하는 행위를 최대한 억제하고, 국민의 바다에 대한 자유로운 접근권을 보장하고 있다. 대표적인 예가 랑그독 루시옹 지역으로 길이 180km, 폭 20km에 해당하는 지역을 해양 관광지역으로 개발했다. 해양휴양공간의 조성과 관련해서는 일본의 '하우스텐보스', 뉴질랜드의 '아벨타즈만 공원', 호주의 '휘트리조트' 등이 대표적인 개발 사례로 손꼽히고 있다. 또한 국제수준의 해양축제로서는 캐나다 '나나이모 축제', 중국의 '청도 축제', 캐나다의 '국제 갑각류 축제' 등이 새로운 해양축제 모델로 각광받고 있다.

|표 1-15| 해양휴양공간의 대표적 개발 모델

| 내용 | Village 형<br>(일본의 하우스텐보스) | 자연국립공원 형<br>(뉴질랜드 아벨타즈만 공원) | 도서 리조트 형<br>(호주 휘트리조트) |
|---|---|---|---|
| 특징 | · 해양휴양도시<br>· 다양한 부대시설 | · 자연환경 보존<br>· 해안선 산책로 | · 섬에 리조트 개발<br>· 판매 관광프로그램과 휴식처 제공 |
| 장점 | · 국내에서 이국적 경험 가능<br>· 편의시설 제공으로 편리함<br>· 정취 감상 | · 자연 그 자체를 감상<br>· 개발에 대한 비용은 적음<br>· 관광개발 위한 자연훼손 적음 | · 고부가가치 선박산업<br>· 도서 생활의 남다른 경험 제공 |
| 단점 | · 용도가 테마공원처럼 변모할 가능성<br>· 대규모 개발하지 않을 경우 수요 집중 우려<br>· 개발 초기비용 부담 | · 영역이 넓어 관리의 어려움<br>· 감시를 피해 공원을 남용 및 오용 가능성<br>· 공원의 일부 부분만 사계절 사용 가능 | · 성수기 이외의 기간에 즐길 수 있는 프로그램 부족<br>· 난개발 가능성<br>· 개발에 따른 비용 부담 |
| 평가 | · 편안한 휴식을 주지만 대규모로 개발하지 않을 경우 대중화에 실패 | · 감시체제 도입 시 자연을 즐길 수 있는 휴양공간으로 지속 활용 가능 | · 4계절 체류가 가능한 도서 개발 필요 |

자료 : 국토해양부

북유럽 피요르드 관광 크루즈

우리나라의 경우 해양개발기본계획에 따르면 2010년 해양 관광 인구 수는 1억 1,643만 명으로 전체 관광인구 수의 31%를 차지할 것으로 전망하고 있다.[45] 그리고 2000년에 1,000명에 0.1대 꼴로 해양레저기구를 보유하지만, 2010년에 이르면 0.45로 약 4.5배 증가하는 걸로 전망되고 있다. 또한 해양 관광 참여인구를 유형별로 보면, 계절별로는 여름 여행이 61%를 차지하여 해양 관광 수요가 여름에 집중되고 있다. 행태별로는 해수욕〉바다낚시〉해양레저 스포츠 등으로 나타나 여전히 해양레저 부분의 수요가 비용문제 등으로 활성화되지 않고 있다.

우리나라 해양 관광 개발 사례를 보면 2006년 기준으로 우선 해수욕장이 356개, 갯벌 및 철새 도래지가 20곳이다. 해양스포

|표 1-16| 해양 관광 인구 및 해양 레저기구 변화 추이

단위: 천명

| 구분 | 1997 | 1998 | 2000 | 2003 | 2010 |
|---|---|---|---|---|---|
| 해양 관광인구 | 74,143 | 72,129 | 84,404 | 92,060 | 116,431 |
| 해양 관광 점유율(%) | 23 | 24 | 26 | 27 | 31 |
| 해양레저기구 보유 척수 (대/천명) | 0.07 | 0.08 | 0.1 | 0.2 | 0.45 |
| 해수욕 인구 | 56,579 | 55,042 | 63,643 | 68,741 | 83,080 |
| 바다낚시 인구 | 5,200 | 5,059 | 5,849 | 6,578 | 8,658 |
| 해양스포츠 인구 | 1,034 | 1,006 | 1,574 | 2,394 | 6,368 |

자료 : 국토해양부, 해양개발기본계획

|표 1-17| 해양 관광 인프라 현황

| 구 분 | | 항 목 |
|---|---|---|
| 자연 자원 | 해양 관광지 | · 해수욕장 : 약 360여개<br>· 어항 : 422개, 항만 : 51개<br>· 등대(유인 : 59개, 무인 : 503개), 무인도서 : 2,679개<br>· 아름다운 어촌 : 100곳<br>· 어촌관광지 및 어촌 체험마을<br>· 해양경관지 : 기암괴석, 일출, 일몰경관<br>· 신비의 바닷길(약 13여 곳), 해안산책로 등 |
| | 해양스포츠 | · 바다낚시, 낚시 어선(약 4,000여 척)<br>· 윈드서핑(동호인 약 3만여 명)<br>· 요트장(8개소)<br>· 해양다이빙 |
| 인문 자원 | 해양 관광 및 교육·홍보 | · 해양수산 박물관·과학관·전시관(14개)<br>· 국토 종단점 |
| | 해양생태 체험 | · 갯벌체험 및 철새탐조(약 20여 곳) |
| | 축제 및 이벤트 | · 지역축제 : 72곳<br>· 해산특산물, 주요 향토 요리<br>· 특수어법, 어부림 및 방풍림(10개 소) |
| | 기타 | · 관광잠수함, 마리나 등 |

자료 : 국토해양부, 해양개발기본계획

츠 공간은 요트장이 전국적으로 8개소가 있으며, 윈드서핑, 해양 다이빙도 전국 해수욕장 및 대표 도서지역에서 이뤄지고 있다. 해양관련 전시시설도 총 14곳(박물관 : 3, 과학관 : 4, 전시관 : 4, 수족관 : 3)이며, 해양 관련 지역축제도 72개 곳에서 매년 개최되고 있다. 이 밖에 항만별 친수 공간 조성계획 25건, 어항의 관광기능 확충 계획 10건 등 항만과 어항의 친수 공간 확보를 위한 사업도 진행되고 있다.

그리스의 세계적인 해양 관광지 산토리니 섬

한편, 해양 관광 개발과 관련된 법률로는 해양수산발전기본법(제28조), 해양수산발전기본법시행령(제19~20조) 등이 대표적이다. 이 밖에 환경부, 농림수산식품부, 문화체육관광부에서도 관련 법률을 통해 해양 관광 개발에 관여하고 있다.

|표 1-18| 해양 관광 관련 국내 법령

| 행정부처 | 기본법 | 기본법 | 기본법 | 기본법 |
|---|---|---|---|---|
| 국토해양부 | 해양수산 발전 기본법 | · 해운법<br>· 개항질서법<br>· 해상교통안전법<br>· 수로업무법<br>· 해양사고조사 및 심판에 관한 법률<br>· 공유수면매립법<br>· 연안관리법 | · 항만법<br>· 수상레저 안전법 | · 해양오염방지법<br>· 해양환경관리법 |
| | 국토기본법 | · 국토의 계획 및 이용에 관한 법률<br>· 산업입지 및 개발에 관한 법률 | · 하천법<br>· 골재채취법 | · 공유수면관리법 |
| 농림수산식품부 | 해양수산 발전 기본법 | | · 수산업법<br>· 어촌 · 어항법<br>· 어업자원 보호법 | |
| | 농업 · 농촌 기본법 | · 농어촌정비법<br>· 산림기본법 | | · 사방사업법<br>· 방조제관리법<br>· 농 · 어업재해대책법 |
| 문화체육관광부 | 관광기본법 | | · 관광진흥법 | · 문화재보호법 |
| 환경부 | 환경정책 기본법 | | | · 자연환경보전법<br>· 환경 · 교통 · 재해 등에 관한 영향평가법<br>· 자원공원법 |
| 행정안전부 | | · 유선 및 도선사업법 | · 도서개발 촉진법 | · 자연재해대책법 |
| 국방부 | | · 해군기지법 | | |

자료 : 신동주, 손재영, '해양 관광발전을 위한 여건분석과 정책과제'(해양정책연구 제22권 2호)자료를 부처조직 개편을 고려하여 재작성

## 4. 향후 전망

국민소득이 증가하면서 해양 관광산업이 중흥기를 맞이하고 있다. 국민들에게는 삶의 질 향상을 위한 생활의 한 부분으로, 국가로서는 경제발전을 위한 미래 고부가가치 산업으로 가치를 더하고 있다. 그렇지만 세계 주요 해양 선진국 또한 해양 관광 활성화를 위해 독자적인 모델을 제시하고 있어 경쟁에서 우위를 점하기 위해서는 현재 해양 관광산업이 처해 있는 장애요인을 제거하는 작업이 선행되어야 한다.

이에 따라 해양 관광산업을 활성화하기 위한 정책 및 사업이 꾸준히 제시되고 있다. 2008년 11월에는 국무총리실에서 해양레저산업 규제 합리화 방안을 마련했다. 이 방안에는 레저선박, 수상교통수단과 관련한 사용료, 취득세 인하 및 상업광고 허용 등이 들어 있다. 2009년 6월 국토해양부는 국가 마리나 기본계획과 마리나 입법을 통한 지원체제 마련을 사업으로 제시했다. 지식경제부는 '해저 레저장비 산업 활성화 방안'을 발표해 해양레저장비사업을 육성산업으로 선정했다. 지방자치단체도 해양 관광사업을 추진하고 있다. 경기도 화성시는 해양복합산업단지 육성을 적극 추진 중이며, 경남 통영시는 해양레저산업 클러스터 단지 구축을 계획하고 있다. 전남 신안군은 압해도에 '요트 시티'를 건설하는 방안을 발표했다.

과거와 비교해 해양 관광산업 발전을 위한 대내외적 여건이 개선되고 있으나, 이를 보다 활성화하기 위해서는 여전히 해결해야 할 문제점도 적지 않다. 우선 해양 관광활동의 계절성을 극복해야 한다. 주로 여름철에 집중되어 있는 해양 관광활동이 연중무휴의 레저산업으로 발전시키기 위한 새로운 콘텐츠를 개발하고, 인프라를 구축하는 것이 중요하다. 또한 해양 관광산업 발전을 위해 국토해양부를 중심으로 해양공간 및 관광개발을 둘러싼 관련 부처 간 협력체제의 구축이 필요하며, 관련 입법을 정비하는 작업도 이뤄져야 한다. 이는 개별 단위사업으로 추진되는 사업들 간 통합적 연계성을 확보하기 위한 전제조건이다. 그리고 무엇보다도 중요한 점은 해양 관광을 해양 문화 발전과 접목시켜 해양의식을 고취하는데 기여해야 한다.

네덜란드 로테르담 운하

1) 해양자원에 대한 분석은 이 책의 해양산업 편에서 자세하게 언급되어 있다.
2) 한국해양수산개발원, 글로벌 해양전략수립연구, 2009. 12.
3) 자세한 내용은 최재선 외 1인, '일본 해양기본계획은 우리에게 무엇인가?', 해양수산 현안분석 2008-6호 참조.
4) 2008년 7월 13일 유럽연합(EU) 27개국 회원국과 북아프리카, 중동 및 동유럽 각 6개국 등 총 44개국, 7억 6,500만 명의 구성원을 지닌 새로운 거대 협력체가 출범했다. 이로써 EU가 추구해온 기존의 지중해 정책을 통합·추진할 수 있는 계기가 조성되었으며, 해상운송, 환경, 어업, 국경관리 및 에너지 네트워크 구축 등 그동안 산재되어 진행되던 현안들이 하나의 큰 틀에서 논의될 수 있는 장이 마련됐다. 나아가 바르셀로나 프로세스(Barcelona Process)라 불리는 유럽-지중해 파트너십(Euro-Mediterranean Partnership : EMP)정책과 유럽 인근 국가 정책(European Neighbourhood Policy : ENP)을 통해 EU가 추구해온 민주주의와 시장경제의 내면적 '심화(deepening)'와 EU 회원국의 외연적 '확대(enlargement)' 정책이 더욱 가속화될 것으로 전망되고 있다.
5) 해양수산부·Arthur D. Little, 2016년 미래 국가해양전략, 2008. 1.
6) 해운항만청, 해운항만청 10년사, 1986. 12. 10.
7) 해양수산부는 2007년 기준으로 1차관보 1실 2본부 3국 8관 49개과(팀)에 49개 소속기관에 정원 4255명으로 성장했으며, 2008년 총 예산(지출예산 기준)은 4조 305억원으로 편성됐다.
8) 이 보고서는 미국의 해양정책이 여러 정부 부처에 분산되어 있고, 권한도 중복되어 있어 정부 부처 간 업무 조정이 곤란하다는 점이 현재 직면한 문제점으로 지적했다(해양수산부, 미래 국가해양전략, 2008).
9) 미국은 오바마 신정부 출범 이후 새로운 해양정책을 수립하기 위해 각계 전문가로 구성된 위원회를 출범시켜 작업을 진행하고 있는데, 조만간에 최종안이 나올 예정이다.
10) 거버넌스(governance)는 영어로 '지배, 통치, 관리'의 의미를 내포하고 있다. 거버넌스의 가장 중요한 특징은 중앙 정부, 지방 정부, 정치적·사회적 단체, NGO, 민간 조직 등의 다양한 구성원들로 이루어진 네트워크 체제를 말한다. 2008년 11월 미국 버클리 대학에서 개최된 해양법연구소 국제학술대회에서 당시 인하대 홍승용 총장은 "전통적인 관리 시스템은 명령과 통제로 이루어졌으나, 거버넌스는 참여와 네트워크로 이루어진다."고 밝힌 후 "해양정책의 목표를 달성하기 위해 정부 시스템 아래에서는 관료들의 직접규제 및 규칙지향적인 관리와 사후조치가 강조되는 반면, 거버넌스 체제 하에서는 고객중심 대응과 목표지향 관리와 예방적인 조치가 부각된다"며, "해양 거버넌스의 성공은 해양정책 결정권자 사이에서의 효과적인 협력과 의사소통에 달려 있다"고 하

여 해양 거버넌스에 대한 견해를 표명한 적이 있다(인하대 홍보자료).
11) 강량 외 2인, '국제사회 힘의 변화와 해양레짐 출현에 관한 소고 : 유엔 해양법 협약을 중심으로', Ocean and Polar Research, 28(3)권, 2006년 9월, p279.
12) 안보리 결의의 경우 유엔 헌장 제25조에 근거해 유엔 회원국에 구속력을 가지므로, 국제사회와 안정을 해치는 국가의 행위나 사건과 관련해서 주요한 국제법 법원(source)으로 인정받고 있는 추세이나, 총회결의의 경우 회원국에게 실질적인 구속력을 가지고 있지 않아 법원성에 대해서는 의견대립이 팽팽하다.
13) 국토해양부 홈페이지 자료.
14) 이석용, '중국과 일본의 해양법과 정책 그리고 전망', 『신해양시대, 신국부론 : 바다를 통한 강한 한국 창조』, 나남출판사(2008).
15) 최재선 외 1인 "일본의 해양기본계획은 우리에게 무엇인가?", 「해양수산현안분석」, 한국해양수산개발원, 2008. 3.
16) 이석용, 위의 논문.
17) 북방영토는 홋카이도의 네무로 반도 북동쪽에 있는 4개 섬으로 에토로후, 쿠나시리, 시코탄 및 하보마이를 일컫는 데, 1945년 2월 얄타 협정에 따라 러시아에 편입됐다.
18) 이는 불법·비보고·비규제 어업(illegal, unreported and unregulated fishing)을 일컫는 말로 주로 공해 상에서 남획을 방지하기 위해 국제사회 차원에서 IUU방지를 위해 노력하고 있다. 우리나라 EEZ에서 중국 불법어선의 나포 수는 2001~2007년 7년 간 2,626척에 달하고 있다(최종화, '한-중 해양경계 획정과 어업협정의 효과', 제2회 해싱치안 컨퍼런스 말표자료(2008년 10월 30일)).
19) 국토해양부 홈페이지(www.mltm.go.kr) 검색 자료(2008년 12월 31일).
20) 2005년 런던 금속거래소(LME) 가격을 기준으로 한 금액.
21) 해저 열수광상 개발에는 우리나라뿐만 아니라 외국 업체도 적극 나서고 있다. 글로벌 해저자원 개발회사인 캐나다 노틸러스 사는 2010년 이후부터 파푸아 뉴기니 해역에서 상업생산을 목표로 현재 영국 SMD(Soil Machine Dynamics)사와 채굴 로봇계약을, 그리고 양광장비는 미국의 Technip사와 계약을 체결했다. 터키 조선소에서는 채광선을 건조하고 있다. 영국의 넵튠 사도 2011년부터 뉴질랜드 EEZ에서 상업생산을 시작한다는 계획을 발표한 바 있다(국토해양부 자료).
22) 최재선·이주하, 일본의 해양계획은 우리에게 무엇인가? 한국해양수산개발원, KMI 해양수산 현안분석, 2008. 3.
23) 한국해양수산개발원, 동북아 주요국의 해양주권 강화와 대응전략, 2008. 12.
24) 강종희, 해양기반 경제성장전략을 추진하자, 한국해양수산개발원, 독도연구저

널, 2008년 가을호.
25) 해양경찰청, 2007년 해양사고 통계연보.
26) 영문 정식 명칭은 International Union of Marine Insurance(IUMI)이다.
27) 전손(total loss)은 말 그대로 선박의 완전히 파괴되어 운항을 할 수 없는 상태를 말한다.
28) 국제해사기구(IMO)에 설치되어 있는 5개 위원회 가운데 하나로, 총회, 이사회와 함께 설립 당시부터 구성됐던 주요기관이다. 이 곳에서 하는 일은 크게 세 가지로 구분된다. 1) 항로 표지, 선박의 설계, 건조, 의장품(선박이 갖추어야 하는 구명 장비 등 각종 설비) 등에 관한 국제적 기준을 제정하여 여객, 화물 및 선박 자체의 안전을 도모한다. 2) 화물의 안전하게 적재하고 다루는데 필요한 국제기준을 제정한다. 최근 일반 화물이 컨테이너로 운송되는 비율이 높아지고, 가스 류와 화학제품 등 위험화물이 해상으로 운송되는 양이 많아짐에 따라 이 분야의 중요성이 더욱 커지고 있다. 3) 선박을 안전하게 항해하는데 필수적인 선원의 훈련과 자격 기준, 해상에서의 선박의 충돌 방지, 그리고 수색 및 구조 등에 관한 규칙 제정 등이 그것이다(최동현・최재선, 한국해양수산개발원, 해사관련 국제기구(I), 1996. 7).
29) 국제해사기구는 어선 보다는 주로 상선(merchant ship)에 관한 국제 기준을 제정하는데 노력해 왔다. 국제교역에서 상선이 차지하는 비중이 워낙 크기 때문이다. 이 협약 이외에 국제해사기구는 어선원의 훈련, 자격증명, 당직 기준협약에 관한 협약(STCW-F)을 1995년에 제정했는데, 아직 발효되지 않았다.
30) Maritime Labour Convention을 의미한다.
31) 유엔 해양법 협약은 선적국(기국), 항만국(기항국), 연안국 별로 법령집행 권한을 나누어서 규정하고 있는 것이 특징이다. 선적국은 자국 선박의 안전관리에 관한 책임이 있다. 연안국은 자국의 영해 내에서는 선박에 대한 관할권을 행사한다. 이에 따라 무해통항을 하는 외국선박이 연안국의 항만이나 정박시설에 입항한 경우 항만국의 자격으로 해당 선박에 대해 해양오염방지나 감항성을 확보하도록 하는 규정을 두고 있다(유엔 해양법 협약 제218조 및 제219조).
32) 해운회사가 법인세 등 조세 부담을 줄이거나 선원 인건비 절감, 안전 규제 부담 등을 줄이기 위해 선박의 국적을 다른 나라에 등록하는 것을 편의치적(flag of convenience)이라 한다. 파나마, 라이베리아, 사이프러스, 마샬 군도 등이 대표적인 편의치적국가다. 최근에는 캄보디아, 몽고 등도 편의치적국가로 이름을 올리고 있다.
33) Voluntary IMO Member State Audit Scheme.
34) 일반적으로 선박 검사를 소홀히 하고 있다는 평가를 받아온 편의치적국도 이 같은 제도에 적극 동참하고 있다. 선박 8,159척이 등록되어 세계 최대의 편의

치적국으로 알려진 파나마는 2008년에 실시된 감사에서 좋은 평가를 받은 것으로 알려졌다(로이즈 리스트, 2008년 12월 23일자).

35) 당시 동원된 선박은 길이 138미터, 폭 56미터, 12장의 돛을 단 9개 돛대, 적재량 1,500만톤, 1,000명 이상 승선 가능한 수백 척으로 알려지고 있다. 이동근 외 2인, "역사와 해양의식 : 해양의식의 체계적 함양방안 연구", 한국해양수산개발원, 기본연구 2003-20, 2003. 12.

36) 윤명철, '바닷길을 통한 한·중·일 문화 교류', 『한반도와 바다』, 국립민속박물관, 2004.

37) 이동근 외 2인, 전게서, p77~80.

38) 예를 들어, 제주도의 경우 국제해양도시에 걸맞는 문화컨텐츠를 개발 중에 있는데, 굿, 축제, 해녀 노래, 영감놀이 등 무형 문화 컨텐츠와 박물관, 해수욕장, 해녀의 집, 어촌관광체험장, 해양마리나 개발 등의 유형 문화 컨테츠 개발에 노력하고 있다.(제주발전연구소, "제주지역 해양 문화 컨텐츠 개발을 위한 기초연구 : 바닷가 마을제의축제를 중심으로", 2006.

39) 경남발전연구원, 해외 사례조사 자료집, 2007.

40) 연구결과에 따르면, 1인당 소득 수준별로 레저활동 패턴이 다르게 나타나는데, 1인당 국민 소득 수준이 7,000~10,000달러의 경우 볼링, 10,000달러 내외의 경우 테니스, 15,000 달러 내외는 골프이며, 15,000달러 이상은 스포츠형 해양레저(요트 등)의 유형으로 나타났다(정우철, '한국의 해양레저 현황과 활성화를 위한 방안', 한국과학기술정보연구원 발표자료, 2008. 4).

41) 해양수산부, '해양개발기본계획' 참조

42) 황기형 외 2인, '국내 해양 관광의 실태분석 및 발전방안 연구' 해양수산개발원 보고서, 1998.

43) 해양수산부, '해양 관광진흥계획' 참조

44) 이하의 내용은 해양수산부, '미래 국가해양전략' p307~315 참조

45) 그러나 2010년에는 전체 관광 인구의 40%를 차지할 것으로 예상하고 있는 보고서(정우철, 위의 자료)도 있어 그 수치에 차이를 보이고 있다.

# 2 해양영토관리

- 유엔 해양 협약
- 해양 영토 확장
- 한일 독도 갈등
- 무인도서 관리
- 세계 해양 분쟁
- 해상 테러리즘
- 소말리아 해적

# 유엔 해양 협약
## 이제 바다는 이 협약으로 통한다

### 1. 바다 '대헌장'의 탄생과 시행

　1994년 11월 16일부터 바다에 관한 새로운 역사가 쓰여 지고 있다. 이날 이후 강대국과 개발도상국 사이에 처절한 힘의 논리가 지배되던 해양의 질서가 공존과 평화의 바다로 자리 잡고 있다. 1982년 12월 10일 자메이카에서 채택된 유엔 해양법 협약(UNCLOS)이 국제적으로 공식 발효되면서 신 해양질서가 형성되고 있다. 유엔 해양법 협약이 제정되기 이전까지 바다에서 생기는 모든 국가의 권리와 의무는 기본적으로 '해양에 관한 국제 관습법'이 지배했다. 네덜란드의 그로티우스가 주장한 '자유해론'을 비롯해 영해의 거리를 3해리로 한정한 '착탄 거리설' 등이 이 같은 해양 관습법에 뿌리를 두고 있다. 영해 거리를 3해리로 제한한 국제 관습법은 20세기 중반까지 이어졌다.

유엔 해양법 협약은 해양에 관한 권리장전이다.(해양 강국 싱가포르의 상징-머라이언)

제1차 세계 대전이 끝난 이후 해양 관습법을 성문화하려는 노력이 이뤄졌다. 1930년에 주요 국가들이 네덜란드 헤이그에서 만나 해양에 관한 문제뿐만 아니라 다른 국제법에 관한 사항을 논의한 것이 해양법을 성문화하는 첫 시도였다. 이 회의는 아무런 성과를 내지 못하고 결렬됐다. 그 후 제2차 세계 대전이 끝나면서 유엔 해양법 협약 제정 작업이 본격화됐다. 1958년에 개최된 제1차 유엔 해양법 회의에서는 오늘날 유엔 해양법 협약의 근간을 이룬 4가지 중요한 합의가 도출됐다. 1) 영해와 접속수역에 대한 협약, 2) 공해 협약, 3) 어업과 공해 생물자원 보존 협약, 4) 대륙붕 협약이 그것이다.

그러나 이 회의에서 각국의 입장이 첨예하게 대립된 영해의 폭에 대해서는 합의를 이끌어 내지 못했다. 어업이 발전하고, 해운 세력이 강한 나라들의 경우 3해리 설을 주장한 반면, 다른 나라들은 가능하면 영해의 거리를 늘리려는 입장을 표시했기 때문이다. 이 문제를 해결하기 위해 1960년부터 다시 제2차 해양법 회의가 개최됐으나 이 회의 또한 3해리와 6해리, 12해리를 주장하는 국가들의 의견이 나누어지는 바람에 결론을 이끌어내지 못했다.

|표 2-1| 유엔 해양법 협약 제정 경과

| 구 분 | 주요내용 |
| --- | --- |
| 1930년 헤이그 국제 회의 | 해양문제를 포함한 국제회의를 개최했으나 성과 없음 |
| 1958년 제1차 해양법 회의 | 영해와 접속수역에 대한 협약 등 4종류의 협약 제정 |
| 1960년 제2차 해양법 회의 | 영해의 폭 설정에 관한 회의 개최했으나 이견만 확인 |
| 1973년 제3차 해양법 회의 | 9년 만에 12해리 영해를 포함, 유엔 해양법 협약 채택 |

자료 : 한국해양수산개발원

이 논의 이후 해양에 관한 새로운 관행도 형성되고 있다는 인식이 확산됨에 따라 1973년부터 제3차 해양법 회의가 시작됐다. 제3차 해양법 회의는 무려 9년 동안 마라톤 회담을 계속하면서 오늘날 바다의 헌장 또는 바다의 권리장전이라고 하는 유엔 해양법 협약을 만들어 냈다. 거의 10년 동안의 논의를 거쳐 제정된 유엔 해양법 협약은 그 보다 더 많은 기간을 보낸 후에 비로소 국제규범으로 빛을 보게 됐다.[1] 협약이 국제적으로 발효된 1994년 11월부터 새로운 바다의 시대가 시작된 셈이다.

## 2. 유엔 해양법 협약에 들어 있는 것

유엔 해양법 협약은 현재 발효되고 있는 국제협약 중에서 가장 방대한 협약이다. 전문을 포함, 모두 17개 부, 320개 조항으로 이루어져 있다. 부속서도 무려 9개나 된다. 협약이 이와 같이 길어지게 된 이유는 해양에 관한 모든 사항을 담으려는 노력과 함께 실제 협약의 실행에 반드시 필요하지 않는 규정까지 포함했기 때문이다. 관습법으로 통용되던 규정까지 협약에 모두 삽입해야 한다는 의견이 거듭 제기되는 바람에 협약이 필요 이상으로 커지게 됐다.

그러나 규모가 어떻든지 간에 유엔 해양법 협약은 새로운 해양질서를 만들어 가는 중요한 내용을 담고 있다. 유엔 해양법 협약은 제1부 총칙에 이어 제2부 영해 등 모두 17개부에서 해양에 관한 포괄적인 규정을 두고 있다. 국제해협의 통항 문제, 군도 수역 문제, 배타적 경제수역(EEZ), 심해저 개발 제도, 해양과학조사, 그리고 해양분쟁 해결제도 등이 포함됐다. 또한 유엔 해양법 협약을 실질적으로 집행할 수 있는 기구로 국제 심해저 기구와 국제 해양법 재판소, 유엔 대륙붕 한계 위원회 등이 설치되어 활동하고 있다.

|표 2-2| 유엔 해양법 협약의 주요 내용

| 구 분 | 주요내용 |
| --- | --- |
| 제1부 총칙 | 용어의 사용과 적용 범위 |
| 제2부 영해와 접속수역 | 총칙, 영해의 한계, 영해의 무해통항, 접속수역 |
| 제3부 국제항해 해협 | 총칙, 통과 통항, 무해통항 |
| 제4부 군도국가 | 군도 국가의 영해, 접속수역, EEZ와 대륙붕 폭의 측정 등을 규정 |
| 제5부 배타적 경제수역 | EEZ에서의 연안국의 권리와 관할권, 의무, 인공섬, 시설, 생물자원 보전 |
| 제6부 대륙붕 | 대륙붕의 정의, 시추, 대향국간의 경계획정, 굴착 등을 규정 |
| 제7부 공해 | 공해의 자유, 항해의 자유, 선박의 국적, 기국의무, 노예수송 금지, 해적행위, 공해 무허가 방송, 임검권, 추적권, 해저 전선 부설권 및 공해 생물자원 관리·보전 |
| 제8부 섬 제도 | 섬 제도에 관한 일반규정 |
| 제9부 폐쇄해·반폐쇄해 | 정의 및 폐쇄해·반폐쇄 해 연안국간 협력 |
| 제10부 내륙국의 해양출입권과 통과의 자유 | 해안이 없는 국가가 해양 출입권을 행사하는데 필요한 규정 |
| 제11부 심해저 | 총칙, 심해저를 규율하는 원칙, 심해저 자원 개발, 해저기구, 분쟁해결과 권고적 의견 |
| 제12부 해양환경의 보호와 보전 | 총칙, 지구적·지역적 협력, 기술지원, 감시와 환경평가, 해양오염의 방지 등 |
| 제13부 해양과학조사 | 총칙, 국제협력, 해양과학조사의 수행과 촉진, 해양환경내의 과학조사 시설 및 장비, 책임, 분쟁 해결과 잠정조치 |
| 제14부 해양기술의 개발과 이전 | 총칙, 국제협력, 국내·역내 해양과학기술연구소, 국제간 협력 등 규정 |
| 제15부 분쟁의 해결 | 총칙, 구속력 있는 결정을 수반하는 절차, 제2절 적용의 제한과 예외 |
| 제16부 일반 규정 | 신의 성실과 권리 남용, 해양의 평화적 이용, 정보의 공개, 해양에서 발견된 고고학적·역사적 유물, 손해배상책임 |
| 제17부 최종 조항 | 협약의 서명과 비준, 가입 발효 등 절차적인 규정 |

자료 : 유엔 해양법 협약에서 정리

유엔 해양법 협약에서 가장 두드러진 특징은 연안국에 대해 대륙붕 제도나 EEZ 설정 등을 통해 상당히 넓은 해역까지 주권적인 권리나 배타적인 관할권을 부여하고 있다는 점이다. 즉, 이 협약에 따라 연안국은 주변 200해리(370.4Km)는 물론 대륙붕 한계를 연장하는 경우 최대 350해리(648.2Km)까지 관할해역으로 둘 수 있게 됐다.

이와 같이 연안국이 영해(12해리, 22.2Km) 측정 기선으로부터 200해리까지 배타적 경제수역(EEZ)을 설정할 수 있도록 하고, 이와 더불어 대륙붕 한계 또한 연장할 수 있도록 규정한 유엔 해양법 협약은 연안국의 해양영토 확장 경쟁을 촉발시켰다. 전문가들의 의견에 따르면, 세계 150개국이 모두 EEZ를 선포할 경우 세계 해양 면적의 35%는 연안국의 관할권에 포함되는 것으로 나타났다.[2] 또한 주요 어장과 해저 석유 부존량의 90%가 이 해역에 들어 있는 것으로 분석돼 연안국의 해양양토 확장은 더욱 치열해질 수밖에

유엔 해양법 협약 가입국은 160개국이 넘었다(국제해양법 재판소 내 건물 조형물).

없다. 유엔 해양법 협약은 2009년 12월 현재 모두 160개국이 비준·가입했다. 우리나라는 1996년 1월 26일, 일본은 같은 해 6월 20일에 각각 가입했다.

### 3. 발효 10년 유엔 해양법 협약 평가

2004년을 넘기면서 유엔 해양법 협약이 발효된 지 10년이 지났다. 국내외 전문가들의 의견을 종합하면, 10년이 흐르는 동안 새로운 해양질서가 구축됐다는 말로 집약된다. 유엔 해양법 협약을 제정하는데 단초를 제공한 영해의 폭이 결정되고, EEZ와 대륙붕 제도 등이 새로 도입됨에 따라 연안국의 끝없는 해양영토 확장 경쟁은 일단 표면적으로는 마침표를 찍게 됐다. 새로운 협약 체제가 형성되어 연안국의 관할 해역이 분명해진 것이 유엔 해양법 협약 제정이 가져온 가장 큰 이점이다.

둘째, 해양 오염원을 6가지로 유형화하고,[3] 오염방지를 위해 연안국 및 국제사회가 적절한 대책을 수립하도록 한 것도 괄목할 만한 업적으로 평가된다. 특히 유엔은 이 협약을 제정하면서 산하 전문기관인 국제해사기구(IMO)에 이 같은 업무를 적극 추진하도록 권한을 부여한 것도 해양오염을 방지하는데 큰 도움을 주고 있다.

셋째, 심해저 자원 개발에 대한 명쾌한 규정과 가이드라인을 정함으로서 기술 및 자본 선진국과 후진국이 동등한 처지에서 심해저 광물 및 자원을 개발하고, 활용할 수 있는 체제가 확립된 것도 긍정적인 면으로 평가되고 있다.

넷째, 해양을 둘러싸고 분쟁이 일어나는 경우 이를 해결할 수 있는 메카니즘을 도입한 것도 국제 분쟁의 평화적인 해결에 도움이 되고 있다. 유엔 해양법 협약은 제15부와 부속서에 해양 분쟁의 평화적 해결에 필요한 국제 해양법 재판소(ITLOS)를 설치하도록 규정하고 있다. 1996년 10월에 설립된 국제 해양법 재판소는 지금까지 모두 15건의 해양 분쟁 사건을 처리했다. 이 같은 사건의 대부분은 즉시 선박 석방과 잠정조치에 관한 것으로 나타났다.[4]

## 4. 유엔 해양법 협약 관련 최근 동향

유엔 해양법 협약이 시행된 지 10년이 지나면서 협약 이행과 관련된 국제 환경도 크게 바뀌고 있다. 특히 세계 해양에 관한 거의 모든 문제들이 유엔 해양법 협약 체제로 수렴되면서 해마다 열리는 협약 당사국 회의에서 기존 문제들이 논의되고 해결되는 모습을 보이고 있다. 특히 최근 들어 해양 분쟁의 평화적인 해결 문제, 유엔 대륙붕 한계위원회 활동, 테러리즘 예방과 관련된 해양안보 문제, 해양생물 다양성 문제 등이 주요 현안으로 부각되고 있다. 이 같은 쟁점 가운데서도 섬 영유권 문제와 해양 경계 획정 문제가 유엔 해양법 협약뿐만 아니라 21세기 해양의 가장 중요한 현안이다.

2008년 6월 13일부터 미국 뉴욕 유엔 본부에서 열린 제18차 유엔 해양법 협약 당사국 회의 내용을 보면, 협약을 둘러싼 이슈가 무엇인지, 당사국들이 무슨 생각을 하고 있는지 그 속내를 짐작할 수 있다. 제18차 회의에서는 국제 해양법 재판소(ITLOS), 국제 심해저기구(ISA), 유엔 대륙붕 한계 위원회(CLCS)의 지역별 의석 재

배분과 연안국의 대륙붕 연장 문서 제출 문제, ITLOS 재판관 선거 등이 주요 의제로 다뤄졌다.

CLCS 위원 및 ITLOS 재판관의 지역별 의석 재 배분 문제에 대해서는 회의 막판까지 당사국들의 이해가 첨예하게 대립했다. 여러 차례 합의점을 찾기 위해 노력했으나 합의를 도출하는 데는 실패했다. 이에 따라 당사국들은 타협점을 찾기 위해 1년 간 더 의견

유엔 산하 선은 국제기구의 협약제정 활동(로데르담 협약 세미나 모습)

을 수렴한 뒤, 2009년 19차 당사국 회의에서 최종 결정하기로 합의했다. 그러나 제19차 당사국 회의에서도 최종 결정을 내리지 못하고, 또 다시 연기됐다. 또한 2009년 5월 13일로 예정된 대륙붕 연장 문서제출 시한 연장과 관련해 연안국이 시한 내에 '예비 정보(preliminary information)'를 제출하면 협약에 규정된 제출 시한을 충족한 것으로 의견을 모았다. 결론적으로 2008년 회의는 해양생물 다양성, 해양환경 보호, 공해 상 불법어업 방지 등 해양 전반에 걸쳐 국제협력에 대한 당사국 간 컨센서스가 이뤄진 것이 큰 수확으로 평가되고 있다. 다만, 특정한 현안을 둘러싸고 이해 당사국 사이의 이견 대립이 커지고 있는 점이 앞으로 풀어야 할 과제로 대두됐다.[5)]

# 해양 영토 확장
## 국가 명운을 건 마지막 한판 승부

### 1. 총성 없는 해양 영토 경쟁

해양을 둘러싼 강대국과 주변국의 행보가 심상치 않다. 바다를 갖고 있는 거의 모든 나라가 해양 영토를 한 치라도 더 확보하기 위해 치열하게 경쟁하고 있다. 이 같은 움직임은 세계 곳곳에서 감지되고 있다. 북극과 남극은 물론 한반도 주변 수역 등에서 동시 다발적인 현상으로 나타나고 있다. 전문가들은 2009년 5월 13일로 대륙붕 한계 연장 신청이 일단 마감됨에 따라 앞으로 글로벌 해양영토 확보경쟁이 더욱 본격화될 것으로 내다보고 있다.

이 같은 글로벌 해양 영토 전쟁은 2007년 러시아가 북극해 해저에 국기를 설치하면서 촉발됐다. 이 일이 있은 후 북극해를 둘러싼 영유권 분쟁이 가시화됐다. 남극 주변 해역을 차지하기 위한 강대국 및 주변국의 움직임도 빨라지고 있다. 영국이 2007년 이 해역에 대한 관할권을 주장한데 이어 호주는 2009년 4월 남한 면적의 40배 해당하는 250만 평방킬로미터의 해양 관할권을 확보했다.

유엔 대륙붕 한계위원회(CLCS)에 따르면, 2009년 12월 현재 대륙붕 연장을 위한 문서제출을 한 국가는 80여개국에 달하며, 문서제출 의도를 가지고 있는 국가도 20여 개국이 넘는 것으로 나타났다. 바다에 국가의 미래가 달려있기 때문에 너나 할 것 없이 거의 모든 나라들이 해양 영토를 넓히기 위해 혼신의 노력을 경주하고 있는 셈이다. 각국의 해양 영토 팽창전략은 이것으로 그치지 않는다. 미국이 2004년에 '21세기 해양전략'을 발표한 이후 최근 들어 중국·일본·유럽연합도 같은 대열에 합류했다.

## 2. 동북아는 일본이 기선 제압

옛 지도에 나타난 독도

일본의 경우 2007년 4월에 해양기본법을 제정한 이후 종합해양정책본부를 설치하고, 해양기본계획을 수립하는 등 국가 해양력 확충에 나서고 있다. 중국 또한 사상 처음으로 11차 5개년 경제 개발 계획(11.5 계획)에 해양 발전 청사진을 제시한 이후 2008년 초 해양영토 확장과 해양자원 개발 등을 핵심으로 하는 '해양산업 발전 요강'을 확정했다. 유럽연합도 2008년 10월 통합 해양 전략을 수립, 최근의 해양환경 변화에 적극 대처하기 시작했다. 영국은 2008년 4월 초에 해양관리법 초안을 확정하고, 의견 수렴 작업을 거쳐 해양수산조직을 확대·개편하는 등 국가 해양력(sea power)을 한데 모으고 키워 나간다는 계획이다.

이 같은 현상은 1994년에 발효된 유엔 해양법 협약이 세계 해양질서를 개편하는 국제 규범으로 자리 잡으면서 나타났다. 협약 발효 이후 10여 년이 지나면서 각국이 해양 관련 법률과 조직을 정비하는 등 내부역량을 강화한 뒤 자국의 해양 주권과 해양 관할권을 확립하는 조치를 취하고 있다. 이 같은 경향은 최근 유가 급등과 국제 원자재 가격 폭등, 자원 확보경쟁 등과 겹쳐 더욱 가열되고, 노골화되고 있다.

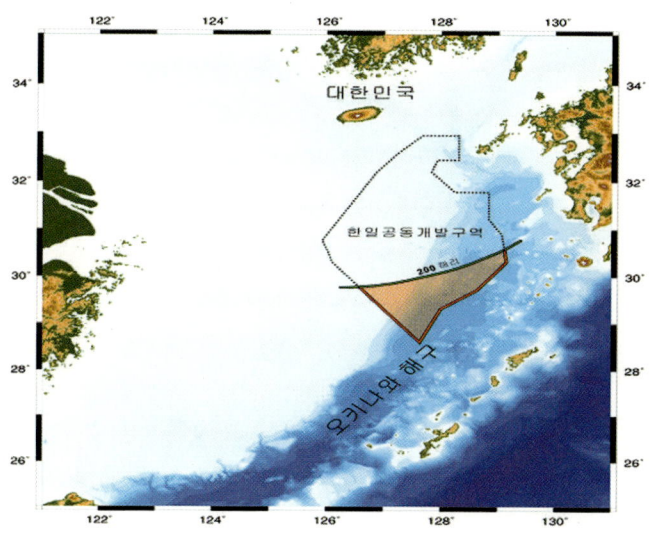

한·일 대륙붕 공동 개발 구역

현재와 같은 제도에서 해양 영토를 확보할 수 있는 방법은 여러 가지가 있다. 무주지 선점과 할양, 도서 영유권 분쟁 등에서의 승소, 해양 경계가 서로 중첩되는 지역의 경계 획정, 그리고 유엔 해양법 협약 제76조에 규정된 대륙붕 한계의 연장 등이 모두 넓은 의미에서 해양 영토를 넓힐 수 있는 방법이다.

이 가운데 무주지 선점은 '지리적 발견'이 다 끝난 오늘날에는 사실상 가능하지 않다. 할양의 경우도 전쟁 패배에 따른 항복 조건 등으로 부수될 수 있으나 전쟁 자체를 불법화하고 있는 국제법의 입장에서는 타당한 방법이 아니다. 결국 유엔 해양법 협약에 명시된 나머지 3가지 방법이 해양 영토를 확장할 수 있는 거의 유일한 대안이다. 특히 대륙붕 한계 연장을 통한 해양 영토 확장이 현재 활용할 수 있는 마지막 카드라고 해도 과언이 아니다.

### 3. 대륙붕 한계 확장이 핵심

유엔 해양법 협약에 따르면, 연안국은 자국의 대륙붕에 대한 주권적 권리(sovereignty rights)를 향유할 수 있다. 다만, 영해 기선으로부터 200해리 이원으로 대륙붕을 연장할 경우 연안국은 유엔 해양법 협약 제2부속서 제4조에 따라 이를 입증할 수 있는 과학적·기술적 자료를 유엔 대륙붕 한계 위원회에 제출하고 심사를 받아야 한다. 이와 관련, 2009년 5월 13일까지 신청서를 제출한 국가는 모두 77개국이다. 이 가운데 정식 문서를 제출한 국가는 일본을 비롯한 39개국(제출 문서 51건)이며, 예비문서를 낸 나라는 우리나라를 포함해 모두 38개국(제출 문서 43건)이다.[6]

2009년 5월 13일 이전에 문서를 제출한 11개국 가운데, 최근 아일랜드와 호주 등이 제출한 문서 8건이 최종 심사를 통과했다. 호주의 경우 총 250만 평방킬로미터의 대륙붕 연장을 승인받았다. 2000년 20일에 처음으로 문서를 제출한 러시아는 유엔 대륙붕 한계위원회 심사에서 내용이 정확하지 않다는 권고가 나옴에 따라 추가 자료를 제출하도록 되어 있다. 일본은 2008년 11월에 태평양 지역의 도서 4곳을 중심으로 자국 국토면적(37만 8000㎢) 보다 넓은 38만 ㎢에 대해 대륙붕 연장 신청을 했다. 당초 일본은 한반도 전체 면적(22만㎢)의 3배에 해당하는 65만㎢의 해양 영토를 확보한다는 계획이었으나 최종 단계에서 이와 같이 결정한 것으로 알려졌다.

일본이 대륙붕 경계를 연장 받기 위해 문서를 제출한 곳은 태평양 쪽으로 미나미도리시마(南鳥島)와 오키노도리시마(沖ノ鳥島)가 포함되어 있다. 이 곳은 우리나라와는 직접적인 이해충돌이 일어나지는 않는다. 다만, 일본이 태평양 해저의 대륙붕 연장을 추진하는 과정에서 적용한 유엔 해양법 협약의 해석과 원칙·절차 등이 앞으로 우리나라는 물론 국제 해양법 질서에 적지 않은 영향을 줄 것으로 보인다.

한편, 유엔 대륙붕 한계 위원회에 신청한 문서는 내부 처리 규정에 따라 심사에 들어간다. 통상 문서에 대한 심사는 해당 국가가 정식 문서를 제출한 이후 3개월 동안의 공개 기간을 거쳐 논의를 진행한다. 지금까지 심의를 종료한 8건의 유엔 대륙붕 한계 위원회 심의 결과 약 2년 동안 총 4회의 심사시간을 거쳐 최종 권고가 이뤄지는 것으로 나타났다. 그리고 문서가 복잡한 경우는 2회 정도의 회기가 추가되어 3년 만에 심의가 끝난 사례도 있다.

이 같은 업무 처리 관행으로 미루어 볼 때 2009년 5월 13일까지 제출된 문서를 모두 심의하는 데는 28년 정도의 기간이 걸릴 것으로 예상된다. 그 이후에는 예비문서가 정식으로 제출되는 경우 순서에 따라 30년 동안의 심사 기간을 거쳐 2067년 경에는 모든 작업이 끝난다는 것이 유엔 대륙붕 한계 위원회 의장단의 판단이다.

## 4. 국가 해양력 강화가 시급

이 같은 각국의 해양 영토 확보 경쟁 등에 우리나라는 어떤 자세를 견지해야 하는가? 국가의 해양력을 키우는 것이 무엇보다 급하다는 판단이다. 중국과 일본 등 주변국은 물론 미국·영국 등

무인도서 개발을 통한 해양영토 확보사례가 늘고 있다(독일의 Helgoland 섬)

해양 선진국은 최근 들어 해양 러시정책을 추진하면서 국가 해양력 강화에 거의 올인하고 있다. 숨 막히는 해양 경쟁에서 우리나라는 지금 어디로 가고 있는가? 우리나라의 통합 해양행정 체제는 10년 시험으로 끝난 것으로 보인다. 신정부가 출범하면서 기존의 해양수산부의 기능은 국토해양부와 농림수산식품부 등으로 분산되어 집행되고 있다. 기존의 기능은 그대로 각각 수행하고 있으나 정책의 통합·조정 기능은 미약해졌다는 평가가 나오고 있다. 특히 해양부문의 경우 조직의 기능을 강화하고 있는 중국이나 일본과는 다른 길을 걷고 있다는 분석이다.

|표 2-3| 주요국의 해양 영토 관리 역량 강화 동향

| 국 가 | 주요내용 |
|---|---|
| 미국 | 유엔 해양법 협약 가입 추진, 새로운 해양정책 수립(2009년 중) |
| 중국 | 국가해양국 조직 개편(2008), 해도보호법 제정(2009년 12월) |
| 일본 | 해양기본법 제정 및 종합해양정책본부 신설(2007), 해양기본계획 수립(2008), 해양에너지·광물개발 계획수립(2009), 낙도관리지침 제정(2009년) |

자료 : 한국해양수산개발원

이에 따라 일부 전문가 그룹에서는 기존의 조직을 그대로 둔다는 전제 하에 일본의 경우처럼 각 부처에 분산되어 있는 해양정책을 총괄·조정하는 기능이 필요하다는 주장도 제기하고 있다. 예컨대 국무총리가 위원장이 되는 해양정책위원회를 설치·운영하는 방안을 검토할 필요가 있다는 것이다. 타이완의 경우 독립적인 해양수산부를 신설하는 전 단계로 국가해양위원회를 2009년 봄에 설치했다. 타산지석으로 삼을 일이다.

#  한일 독도 갈등
## 일본의 제국주의적 탐욕이 문제

### 1. 독도 영유권 갈등의 기원

799-805. 독도의 공식 우편번호다. 울릉도에서 동남쪽으로 약 87.4km 떨어진[7] 경상북도 울릉군 울릉읍 독도리에 있는 독도는 동도와 서도를 포함, 모두 91개 섬으로 이루어져 있다. 독도의 지목은 임야와 대지, 잡종지 등이다. 2008년 4월 경북 울릉군이 한국감정원과 공동으로 산정한 공시지가에 따르면, 독도의 공시지가는 8억 4,824만 7,000여 원이다. 독도의 땅값은 처음으로 공시지가가 산정된 2000년 6월에는 2억 6,000여만 원이었으나 꾸준히 올라 8년 만에 5억 8,000여 만 원이 상승했다.[8]

이 같이 우리나라 독도가 최근 일본의 거센 도전을 받고 있다. 일본 시마네 현이 2005년 2월 22일을 '다케시마의 날'로 제정해 한국과 일본의 두 나라 관계를 급속도로 냉각시켰다. 또 시마네 현은 다케시마 연구회 등을 설립, 독도에 대한 영유권 조기 확립을 일본 정부에 청원하는 등 선제공격에 나섰다. 일본 정부도 2008년 3월 외무성 이름으로 독도 홍보자료를 공식 발간함으로써 시마네현의 주장에 호응하고 나왔다. 일본의 문부과학성도 한 몫 거들고 있다. 문부과학성은 2008년 7월 14일 중학교 사회과 신 학습지도요령 해설서에 '북방 4개 도서와 마찬가지로 독도가 일본의 고유영토' 라는 점을 명시하기로 확정했다.

|그림 2-1| 우리나라 독도와 주변지역 거리

자료 : 경상북도 사이버 독도 홈페이지

이 같은 발표가 나온 후 회복 국면에 접어들던 한일관계가 다시 빙점 아래로 떨어졌다. 일본에 대한 비판적 여론이 비등한 가운데, 주일대사가 사실상 소환되고, 정부의 '독도 수호 대책'이 2008년 7월 20일 발표됐다. 독도에 대한 실효적인 지배를 확실히 한다는 차원에서 독도의 유인화(有人化) 사업 등 여러 가지 대책이 마련됨으로써 일단 급한 불은 끄게 됐다.

독도 영유권 문제를 놓고, 두 나라가 본격적으로 갈등관계에 빠져 든 것은 1950년대로 거슬러 올라간다. 1952년 1월 18일 이승만 대통령은 '인접 해양의 주권에 대한 선언'을 선포했다. 우리나라의 배타적 관할수역인 '평화선' 안에 독도가 포함된 것을 일본이 반발하고 나섬에 따라 독도 영유권 논쟁이 촉발됐다. 일본은 같은 해 1월 28일 우리나라에 보낸 구술서에서 독도에 대한 우리나라의 영유권을 인정할 수 없다는 입장을 표시했다. 이후 양국은 여러 차례 구술서를 주고받았으나 끝내 합의점을 찾지 못하고, 독도 영유권을 둘러싼 갈등이 더욱 확대 재생산되어 오늘에 이르고 있다.

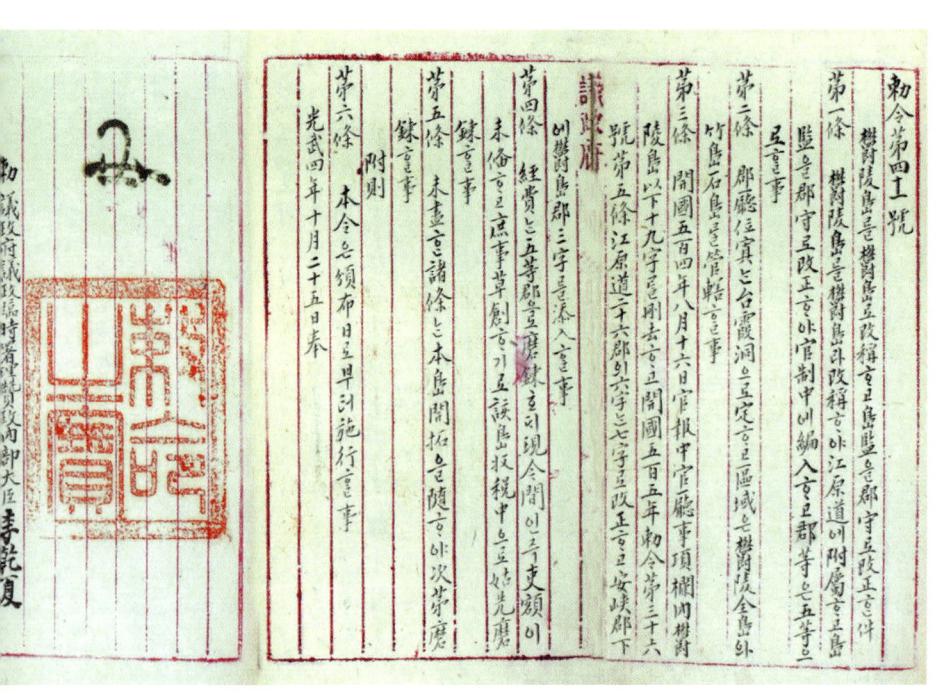

대한 제국 칙령 제41호

## 2. 독도 문제를 둘러싼 쟁점

한일 간에 얽혀 있는 독도 문제를 정확하게 이해하기 위해서는 양국의 입장을 파악하는 것이 중요하다. 일본은 독도 영유권 논쟁이 불거진 이후 구술서 등을 통해 독도가 자국 영토라는 점을 주장해 왔다. 이 같은 일본의 의견을 최종적으로 반영한 것이 2008년 3월 일본 외무성이 펴낸 독도 홍보자료 '다케시마(竹島, 독도의 일본식 표기) 문제를 이해하기 위한 10가지 포인트'다. 이 자료는 일본이 독도가 일본 영토라는 점을 외무성 홈페이지를 통해 공식적으로 처음 밝혔다는 점에서 비상한 관심을 불러일으켰다. 그 동안 일본의 독도 연구결과와 논리를 모두 담고 있어 일본이 독도 영유권을 주장하는 근거를 분석할 수 있는 가장 최근의 자료로 평가되고 있다.

일본은 이 자료에서 1) 독도가 일본의 고유 영토라는 점은 역사적·국제법적인 근거가 있다, 2) 우리나라가 독도를 불법적으로 점유하고 있고 있어 항의하고 있다, 3) 일본이 독도 영유권 문제를 해결하기 위해 국제사법재판소에 회부할 것을 제의했으나 우리나라는 이를 거부하고 있다는 점을 집중적으로 강조하고 있다. 일본이 이 같은 입장을 갖고 있는 것은, 첫째 우리나라보다 독도의 존재를 먼저 알고 있었다는 전제 하에 1905년 시마네 현의 고시를 통해 자국 영토에 편입시켰을 뿐만 아니라, 둘째 1952년에 체결된 샌프란시스코 강화조약에서 일본이 포기해야 할 섬에는 독도가 들어 있지 않다는 이유 때문이다.

이에 대해 우리나라는 일본의 독도 편입 결정은 제국주의적 침략 행위의 연장선상에서 이루어졌고, 1945년 해방과 더불어 한국 영토로 회복됐다는 점을 내세우고 있다. 독도가 우리나라 고유

영토라는 점은 세종실록 지리지 등 여러 문헌에 나타나 있다. 특히 1900년에 나온 대한제국 칙령 제41호는 독도가 울릉도의 관할 구역이라는 점을 분명히 밝히고 있다. 일본 또한 17세기와 19세기에 독도가 우리나라 영토라는 점을 공식적으로 인정했다. 1696년의 다케시마 일건(竹島 一件)과 일본 최고 통치기관인 1877년 태정관(太政官) 문서 등이 대표적이다.

일본은 1876년 내무성 지시에 따라 전국 각 현의 지적 조사사업을 벌이게 된다. 그 당시 시마네 현은 '竹島 外 一島'[9]를 현에 포함시킬지 여부를 내무성에 질문하게 된다. 이에 따라 내무성은 죽도 일건 등의 기록을 조사한 끝에 이 섬은 조선령이며, 우리나라(일본)와는 관련이 없다는 결론을 내렸다. 당시 일본 내무성은 이 사안이 중요하다고 판단해 태정관에 처리 방안을 질의한 바 있는데, 태정관은 자체 조사를 진행한 후에 1877년 3월에 내무부의 입장을 인증하는 문서를 내려 보내게 된다. 이것이 일본이 17세기와 19세기에 걸쳐 독도를 우리나라 영토라는 점을 공식 인정하게 된 경위다.

|표 2-4| 일본 입장에서 본 독도 영유권 쟁점

| | 일본 외무성 주장 | 우리나라의 반론 |
|---|---|---|
| 1 | 일본은 예로부터 다케시마의 존재를 인식하고 있었다. | 일본은 1877년의 태정관 지령에서 독도는 일본영토가 아님을 분명히 했다. |
| 2 | 한국이 예로부터 다케시마의 존재를 인식하고 있었다고 하는 근거는 없다. | 한국의 고문헌, 지도에 있는 「우산도」는 독도를 가리킨다. |
| 3 | 일본은 울릉도에 건너갈 때의 정박장 또는 어채지로서 다케시마를 이용하여 늦어도 17세기 중엽까지 다케시마의 영유권을 확립했다. | 일본은 도해 면허를 교부하고 울릉도에서의 어로를 허가했다. 울릉도와 그에 부속된 독도를 해외로 인식하고 있었기 때문이다. |
| 4 | 일본은 17세기말에 울릉도에의 도항을 금지했으나 다케시마 도항을 금지하지 않았다. | 독도는 울릉도에 부속되는 섬. 울릉도에의 도해금지령에는 당연히 독도도 포함된다. |
| 5 | 한국이 자국령이라고 주장하는 근거로 쓰는 안용복의 공술에는 많은 의문점이 있다. | 2005년에 오키에서 발견된 사료에 의해 안용복의 진술의 신빙성은 높아졌다. |

|   | 일본 외무성 주장 | 우리나라의 반론 |
|---|---|---|
| 6 | 일본 정부가 1905년에 다케시마를 시마네현에 편입하고 다케시마 영유 의사를 재확인했다. | 1900년의 대한제국 칙령 제41호에서 울도군의 관할구역으로 기록된 「석도」가 독도이다. |
| 7 | 샌프란시스코 평화조약의 기초과정에서 한국은 일본이 포기해야 할 영토에 다케시마를 포함하도록 요청했으나, 미국은 다케시마가 일본의 관할하에 있다고 거부했다. | 샌프란시스코 평화조약에서 독도의 조항이 삭제된 것은 미국과 소련의 대립구도가 형성되어 미국이 일본을 포섭할 필요가 있었기 때문이다. |
| 8 | 다케시마는 1952년에 재일미군의 폭격훈련구역으로 지정되었으며, 일본영토로서 취급된 것은 분명하다. | 미국이 독도를 폭격 연습장으로 지정한 연합군 최고사령부 훈령은 행정명령에 지나지 않으며, 영유권과는 관계가 없다. |
| 9 | 한국은 다케시마를 불법점거하고 있으며 일본은 엄중히 항의하고 있다. | 이승만 라인의 설치와 그 주권행사가 국제법적으로 정당한 것은 비판의 여지가 없다. |
| 10 | 일본은 다케시마 영유권 문제를 국제사법재판소에 부탁하는 것을 제안하고 있으나 한국은 거부하고 있다. | 이 제안은 일본의 정치적 주장을 법적 권리로 행사하고자 하는 시도이다. 영유권이 확립된 우리나라의 영토를 국제 재판할 이유가 없다. |

주 : 우리나라의 반론은 한국해양수산개발원 독도·해양영토 연구센터의 자료를 근거로 정리했다.
자료 : 일본 산음중앙신보, 2008년 6월 13일자

## 3. 독도를 탐내는 일본의 속셈

　　일본의 독도 영유권 주장은 최근 들어 치밀한 시나리오에 따라 진행되고 있다. 일본이 독도 도발을 더욱 노골화한 것은 2005년부터다. 즉, 일본 시마네 현이 이 해 2월에 '다케시마의 날'을 선포한 이후 일본의 독도 도발과 해양 영토 확장 전략은 보다 구체화되고 있다. 한국해양수산개발원이 분석한 바에 따르면, 일본의 독도 도발은 일부 의회 의원이 적극 지원하고 있는 가운데, 일본 시마네 현이 전면에 나서고, 외무성과 문부과학성 등이 필요한 조치를 하는 방식으로 진행되고 있다.

　　최근 들어 일본에서 독도 영유권을 확보하기 위해서는 보다 강력한 정책을 추진해야 한다는 주장이 자주 제기된 것도 이런 이유 때문이다. 이 같은 주장은 그 동안 독도 영유권 문제에 대해 지속적으로 이의를 제기해왔던 시마네 현과 일본 정부 차원에서 공통적으로 나타나고 있다. 특히 시마네 현은 이른바 '다케시마의 날'을 제정한 이후 여러 가지 방법을 통해 독도 영유권을 주장하는 활동을 해 온 독도 도발의 전위대다.

특히 시마네 현은 2007년 8월 홈 페이지에 'Web 다케시마 문제 연구소'[10]를 공식적으로 출범시켜 독도에 대한 홍보 활동을 더욱 강화하면서 중앙 정부에 대해서는 독도 영유권을 확보하기 위한

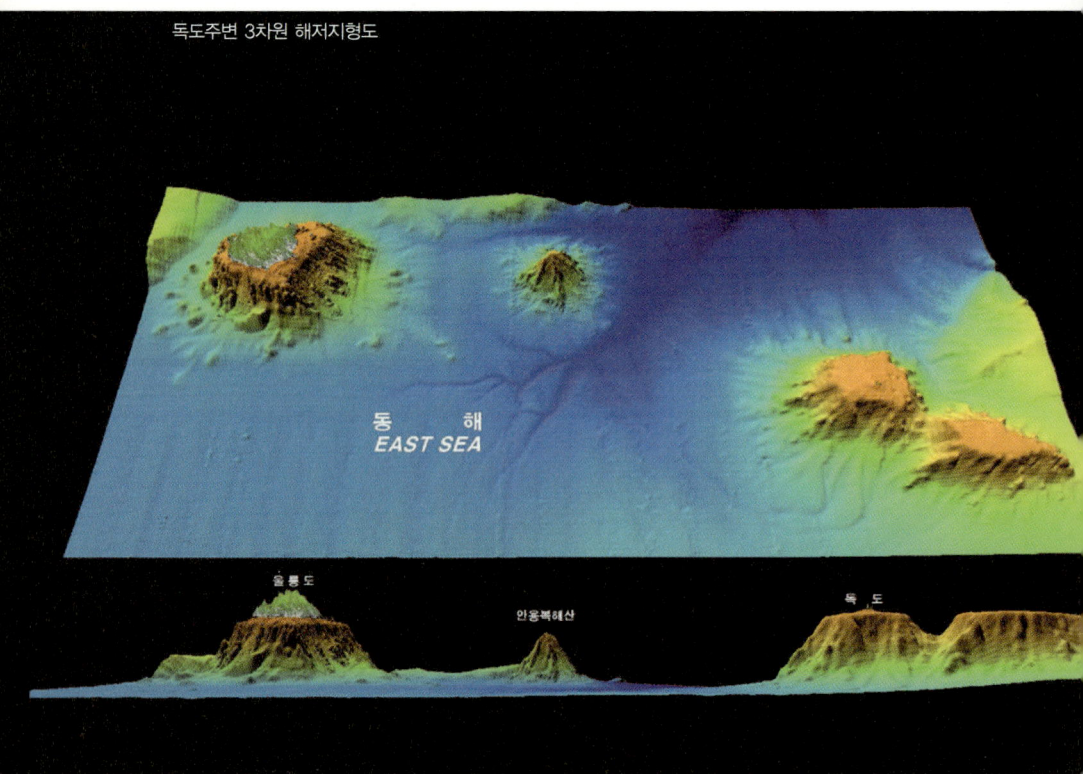

독도주변 3차원 해저지형도

특단의 대책이 마련되어야 한다고 주장하고 있다. 또한 일본 정부에 대해 우리나라가 '독도를 불법적으로 점유'하고 있으므로 강력하게 항의하도록 요구하는 한편, 독도 영유권을 확보하기 위해 국제사법재판소에 제소 등 다각적인 외교 노력을 전개하도록 촉구했다.

지방 정부뿐만 아니다. 일본의 국토교통성 등 중앙 부처도 해양기본법의 제정과 해양기본계획의 수립 등을 통해 독도 영유권과 해양 영토 확장을 적극 추진하고 있다. 해양기본법을 제정한 2007년 4월을 전후로 동북아 해양 주도권을 확보하기 위해 강력한 '해양 드라이브 정책'을 시행하고 있다. 이와 함께 일본은 내각 총리대신을 본부장으로 하는 종합해양정책본부를 설치하는 등 해양행정 조직도 크게 강화했다.

2008년 2월에는 그 동안 준비해온 해양기본계획을 발표, 해양 강국을 실현하기 위한 새로운 비전도 마련했다. "정당하게 영유권을 갖고 있는 영토의 보전에도 적극 나선다."는 것이 일본 정부의 공식 입장이다. 최근 들어서는 해양 영토 관리도 강화하고 있다. 해양기본계획에 배타적 경제수역(EEZ) 등 주변 해역에 대한 관리 강화방안을 포함한데 이어 2008년 7월 1일부터는 '영해 운항 외국선박 단속법'을 제정, 영해를 운항하는 외국 선박에 대한 통제도 강화하고 있다. 일본은 독도뿐만 아니라 중국과 영유권 문제 등으로 갈등을 빚고 있는 센카쿠 제도(尖閣諸島, 중국 명 댜오위다오)와 오키노도리시마 등에 대한 실효적인 지배 조치도 강화하고 있다.

국제 정치 역학적인 측면에서 일본은 최근 한국과 중국을 분리, 우리나라를 외교적으로 고립시키는 전략도 엿보인다. 그 동안 중국과 갈등을 빚어왔던 동중국해 가스전을 공동개발하기로 한 데 이어 사상 처음으로 일본 해상 자위대 구축함이 중국 광동성에 기항하는 등 새로운 협력관계를 구축하고 있다. 우리나라 독도는 영토 가치뿐만 아니라 가스 하이드레이트 등 해양자원이 풍부하고, 군사적인 측면에서도 전략적 가치가 매우 높다. 미국과 손잡고, 러시아의 남진정책을 저지할 수 있는 요충지이기 때문이다. 일본이 독도에 대한 도발 의지를 꺾지 않는 이유 중의 하나다.

## 4. 독도 문제에 관한 미국의 역할

최근 일본 교과서 독도 표기 사태는 뜻하지 않게 미국으로까지 확산됐다. 미국의 지명위원회가 독도를 주권 미 지정 지역으로 표기했기 때문이다. 이 사태는 한국과 미국 간의 외교적인 접촉을 통해 원상회복하는 것으로 일단 봉합됐다. 다만, 문제는 이 사태를 계기로 독도 문제가 한일 두 나라 사이에 놓여 있는 현안일 뿐만 아니라 국제적인 이슈로 등장할 수 있다는 점을 확인시켜줬다는 점이다. 특히 독도 문제 해법을 찾는데 미국의 역할이 무엇보다 중요한 변수로 등장했다는 점에 관심을 가져야 한다.

미국은 해방 전후부터 지금까지 독도 문제에 직·간접적으로 관여하면서 독도 지위에 일정한 영향을 미쳤다. 미국은 포츠담 선언에서 우리나라의 독립을 재확인했고, 연합국과 함께 전후 일본의 영토처리 방침을 정했다. 미국이 사실상 주도한 연합국 최고사령부는 1946년 1월 20일 훈령(일명, SCAPIN) 제677호를 통해 독도를 일본의 통치·행정상의 관할권에서 분리시켰다. 1951년 샌프란시스코 평화조약 또한 미국이 주도했다. 조약의 제5차 초안까지 독도는 명시적으로 우리나라의 영토로 표기되어 있었다. 그러나 시

볼트(William J. Sebald) 주일 미 정치고문의 로비 등으로 최종본에서 '독도' 조항이 삭제되어 오늘날 독도를 놓고 한일 사이에 대립하는 불씨를 남겼다.

독도를 주일 미군의 폭격 연습장으로 지정하고, 이같은 사실을 일본 어민에게 통보한 1952년 SCAPIN 제2160호에도 미국은 독도를 '리앙쿠르 록스'라고 지칭했다. 독도 폭격 연습은 우리나라의 강력한 항의를 받은 미군 당국이 추후 중지를 통고해 옴으로써 일단락됐다는 점을 상기할 필요가 있다.

미 지명위원회 사태는 독도 문제가 한일 간의 당사자 문제로 끝나지 않을 수도 있다는 점을 시사한다. 향후 독도 문제가 국제 분쟁화하지 않도록 하는 노력과 함께 독도에 관한 미국의 역할을 재정립할 필요가 있다.[11]

|표 2-5| 독도 관련 주요 국제문서와 미국의 입장

| 일시 | 독도관련 주요 국제문서 | 미국의 입장 |
| --- | --- | --- |
| 1945. 7. 26 | 포츠담 선언 | 일본의 전후 영토 처리에 관한 방침 천명 |
| 1946. 1. 29 | SCAPIN 제677호 | 독도를 일본의 통치 행정상의 관할권으로부터 분리 |
| 1951. 9. 8 | 샌프란시스코 평화조약 | 독도에 대한 입장 유보 |
| 1952. 9. 15 | SCAPIN 제2160호 | 주일 미군 폭격 연습장으로 독도 지정<br>독도를 '리앙쿠르 록스'로 지칭 |

자료 : 한국해양수산개발원

## 5. 독도 문제 대응 방향

앞으로 우리나라가 독도 문제에 대한 대응방안을 짜는 데는

일본의 독도 영유권 주장을 봉쇄하는 것이 시급하다.

　일본의 의도를 보다 분명하게 읽고, 그에 대한 국민의 경각심을 높이는데 초점을 맞춰야 한다. 혹시라도 국민의 일부가 일본의 영유권 주장을 연례적으로 되풀이 되는 해프닝으로 보거나 정부의 대책을 일회성으로 평가절하 할 경우 앞으로 우리와 우리 다음 세대가 지어야 할 부담이 너무 커질 수 있다.

　　전문가들은 우리나라의 향후 독도 대책으로 다음과 같은 사항을 주문하고 있다. 첫째, 독도 문제를 국제 분쟁화하려는 일본의 의도에 말려드는 것을 경계해야 한다. 현실적으로 독도는 우리나라가 실질적으로 점유하고 있어 우리나라가 동의하지 않는 한 국제재판에 붙일 수 없게끔 되어 있다. 그러나 뜻하지 않게 독도 주변 해역에서 선박 나포 등과 같은 해양 분쟁이 발생할 경우 '분쟁의 팩키지 해결' 차원에서 독도 문제가 국제 분쟁으로 휘말릴 가능성이 전혀 없는 게 아니기 때문이다.

　　둘째, 국제사회에서 독도 영유권에 대한 우리나라의 주장이 설득력을 가질 수 있도록 보다 분명한 논리 개발과 자료 확보가 시급하다. 이 같은 관점에서 본다면, 앞으로 독도 연구는 일본의 주장을 비판하는 논리 개발과 함께 일본의 주장에 오류가 있다는 점을 부각시키는 노력이 필요하다. 독도가 우리나라 고유 영토임에도 불구하고, 아직 '2%'가 부족한 부분이 있다. 이 문제를 중점 해결할 수 있는 추가 연구와 사료 발굴 작업이 이뤄져야 한다.

셋째, 일본이 독도 영유권 주장을 포기하거나 국제사회가 우리나라의 주장을 지지할 수 있는 기반을 구축하는 노력도 중요하다. 국제법이나 해양법 연구자를 중심으로 한 전문가 네트워킹 사업과 독도 전문 영문 홈페이지의 개설 등을 통한 연구 자료 제공

독도는 대한민국 고유 영토이다.

및 독도 바로 알리기 사업 등도 검토할 필요가 있다. 일본의 경우 최근 유 튜브나 인터넷을 통해 독도가 자국 영토라는 점을 적극 홍보하고 있다. 이 같은 일본의 움직임을 차단하기 위해서는 정부 차원에서 독도 홍보 전략을 수립하고, 조직적으로 차근차근 대응하는 모습을 보여줘야 한다.

# 무인 도서 관리
## 바다 국경선을 지키는 최후의 보루

### 1. 무인도서는 버려진 땅이 아니다

| 사례 | 오키노도리시마. 일본은 이 곳을 섬(시마는 일본어로 섬을 뜻함)이라고 한다. 하지만 실상은 환초 바위 덩어리(암석)에 지나지 않는다. 이 섬의 둘레는 11킬로미터에 달하나 만조 시에 암초 몇 개만 수면 위에 드러나 일본의 애를 태우고 있다. 특히 최근 들어 지구 온난화 등으로 해수면이 높아지면서 이 섬이 점차 수몰 위기에 처하자 일본 정부에 비상이 걸렸다. 1980년 대 말부터 예산을 대대적으로 투입, 암초 주변에 콘크리트 호안을 설치하는 등 섬 유실 방지에 적극 나서고 있다. 헬기 착륙장도 만들었다. 2006년부터는 오키노도리시마 활용 프로젝트로 추진하는 등 산호초를 이용한 섬의 보호와 어장 개발사업을 추진하고 있다. 조력발전이나 해양 심층수 이용사업 등도 이 프로젝트에 포함했다. 일본은 2010년부터 이곳에 대형 항만과 공항을 건설

하고, 해상 지위대도 주둔시킨다는 계획을 최근 확정했다.

　　　일본이 이 섬의 보전에 심혈을 기울이는 이유는 간단하다. 섬이 갖는 영토적 가치와 해양 안보라는 군사 전략적 가치가 너무 크기 때문이다. 이 암석이 유엔 해양법 협약에 따라 섬으로 인정되면, 일본 전체 육지면적(38만km²) 보다 넓은 200해리의 배타적 경제수역(40만km²)을 갖게 된다. 또한 일본은 이를 기점으로 대륙붕 한계도 연장한다는 계획이다.[12] 이 암초는 태평양과 남중국해 사이에 위치하고 있어 군사적인 가치도 매우 크다. 중국의 이 지역 진출을 차단할 수 있는 요충지라는 이점도 있다. 중국이 이 섬의 지위를 놓고 일본과 국제사회에 항의하고 있는 이유도 여기에 있다.

|그림 2-2| 오키노도리시마 위치도

자료 : 한국해양수산개발원

최근 들어 무인도서[13]에 대한 관심과 가치가 커지고 있다. 영토적 가치뿐만 아니라 무인도서가 안고 있는 여러 가지 문제점도 동시에 해결하면서 국토의 이용과 보전을 극대화해야 한다는 공감대가 형성됐기 때문이다. 그 동안 무인도서를 관리하는 데는 여러 가지 문제가 많았다. 사람이 거주하지 않는다는 제약뿐만 아니라 규모가 작고, 연안에서 멀리 떨어져 있는 경우도 있어 행정력이 미치지 않기 때문이다. 또한 최근 들어서는 유인도가 무인도 화하는 현상까지 가세했다. 정주 여건이 열악한 소규모 유인도서에서 살던 사람들이 다른 지역을 빠져 나가면서 유인도서의 무인도화가 급속도로 진행되고 있다.

이와 반대되는 현상도 나타났다. 국민들의 소득 수준이 높아지면서 무인도서를 활용한 관광사업도 관심의 대상으로 떠오르고 있다. 일부 지방자치단체는 쓸만한 무인도를 일반에 매각하는 사업도 벌이고 있다. 무인도서는 새로운 해양 관광지로 개발될 가능성이 크다. 인도양의 천혜 해양 관광지인 몰디브는 지구 온난화로 해수면이 높아지면서 무인도서를 포함한 섬 전체가 수몰 위기에 처했다. 이와 같이 무인도서는 여러 가지 이점과 함께 문제점도 동시에 안고 있다. 우리나라에는 모두 2,675개의 무인도서가 있다. 일본과 중국은 각각 6,847개와 6,500개가 있는 것으로 알려졌다.[14] 이들 국가들은 최근 무인도서 관리에 온 힘을 쏟고 있다.

## 2. 일본과 중국의 무인도서 '애착'

일본은 2008년 초 새로운 해양정책을 내놨다. 같은 해 5월부터 본격적으로 시행에 들어간 해양기본계획이 바로 그것. 이 계획은 2007년 7월부터 시행되고 있는 해양기본법에 따라 마련된 일본의 중장기 해양 전략과 비전을 담고 있다. 이 계획을 보면, 일본이 무인도서를 포함한 낙도(離島) 관리에 얼마나 심혈을 기울이고 있는지 엿볼 수 있다. 이 계획에서 일본은 낙도 관리 대책을 크게 둘로 나눠 제시하고 있다. 유인도서의 경우 정주 여건 개선에 정책의 초점을 맞춘 반면, 무인도서는 해양 정책상의 지위를 확실히 하겠다는 복안이다. 이는 무인도서에 대해서는 해양 영토 관리 측면을 더욱 중시하겠다는 뜻으로 받아들여진다.

일본은 이 같은 정책 기조를 바탕으로 '해양 관리를 위한 낙도 보전 및 관리 기본 지침'을 정해 시행하기로 했다. 기본 방침에는 낙도에 대한 보전·관리체제 및 대책, 중장기 추진일정 등이 포함된다.[15] 2009년 12월에 발표된 이 지침에 따르면, 항공기와 인공위성 등을 이용해 낙도를 관리한다는 내용까지 들어 있다.

중국은 2001년부터 무인도서 관리에 적극 나서고 있다. 중국에서 해양문제를 총괄하는 국가해양국은 무인해도의 보호와 이용에 관한 관리규정을 제정해 무인도서를 관리하고 있다. 국가 해양국이 이 같은 규정을 제정한 것은 무인도서 개발과 관련된 정책이 없어 무인도서와 주변해역의 환경이 크게 훼손되고 있다는 판단에 따른 것이다. 이 규정에 따르면, 무인도서나 그 주변해역을

최근 섬의 중요성이 더욱 커지고 있다.

개발할 때는 해양환경보호법 등 관련 법률을 준수하도록 규정하고 있다. 또한 모든 무인도서에 대해서는 이름을 부여하고, 특별히 보호할 가치가 있는 섬에 대해서는 보호지역으로 지정하여 관리하도록 하고 있다.

중국은 또 이 같은 규정을 토대로 새로운 법률을 제정하는 작업도 추진하고 있다. 현재 중국의 조직인민 대표자 대회에 제출되어 있는 '해도 보호법'은 2009년 말에 법률도 최종 확정됐다. 이와는 별도로 중국은 2007년 8월에 국가 해양국에 무인도서 업무를 전담하는 조직을 신설했다. 중국이 무인 도서를 어느 정도 중시하는지 엿볼 수 있는 대목이다.

|표 2-6| 중국 해도보호법의 주요 내용

| 구분 | 구성 | 주요 내용 |
| --- | --- | --- |
| 제1장 | 특수용도의 해도관리 (35~42조) | · 입법취지: 해도생태시스템 보호, 자연자원의 합리적인 개발이용, 주변해역 생태균형 유지<br>· 보호원칙: 과학적 계획과 우선 보호, 합리적인 개발과 지속 가능한 이용, 생태보호 및 무인도서 이용 규범화<br>· 무인도서의 소유 : 국가소유 |
| 제2장 | 해도보호계획 (8~16조) | · 전국과 연해지역 해도보호계획과 이용 가능한 무인도서 보호 및 이용계획 등으로 구성된 해도보호 계획체계를 수립하고 계획의 원칙, 내용, 편제, 심사허가, 수정, 공고 및 효력에 대해 규정 |
| 제3장 | 해도생태보호 (17~34조) | · 해도생태 보호강화 및 생태환경 파괴 방지가 주 목적으로 해도건축물 및 시설구축에 대한 엄격한 제한, 석재와 해사채취, 벌목 등 금지<br>· 해도보호 전용자금 조성, 해도보호 및 생태보호에 사용 |
| 제4장 | 특수용도의 해도관리 (35~42조) | · 영해기점 소재 해도, 해양자연보호구내 해도, 과학연구용 해도 등에 대한 다양한 보호조치 규정 |
| 제5장 | 감독검사 (43~47조) | · 중앙 및 지방 해양행정기관의 감독 검사 의무사항 |
| 제6장 | 법적책임 (48~57조) | · 본 법 위반행위에 따른 처벌사항 |
| 제7장 | 부칙 (58~60조) | · 본 법에서 규정한 용어의 의미와 시행일자 |

자료 : 한국해양수산개발원

## 3. 우리나라는 무인도서 관리법 시행

우리나라가 무인도서 관리업무에 관심을 갖게 된 것은 2002년부터다. 그 무렵 우리나라 무인도서 업무는 국유재산을 관리하는 재정경제부와 도서 개발 및 진흥정책을 시행하는 행정자치부와 해양수산부, 환경부·문화재관리청 등으로 분산되어 있었다. 이같은 분산 정책으로 인해 무인도서 관리는 사실상 제대로 이뤄지지 못했다. 무인도서가 염소 방목장으로 방치되는가 하면, 그 수효조차 정확하게 파악되지 않은 상태였다. 무인도서 이름이 틀리고, 위치가 지번과 일치하지 않는 경우도 허다했다. 관리 부실로 생태계 훼손은 물론 해양 안보상의 문제를 야기할 가능성도 있는 것으로 분석됐다. 당시 해양수산부가 2007년 7월에 무인도서의 보전 및 관리에 관한 법률을 제정한 것은 이 같은 문제점이 직접적인 계기가 됐다. 이 법률에 따르면, 우리나라는 무인도서 전체에 대한 실태조사에 착수해 그 결과를 바탕으로 '무인도서 종합관리 계획'을 수립해 기본정책방향과 관리유형을 정하도록 했다.[16] 이 법률은 무인도서를 4가지 유형으로 구분하여 관리하도록 규정한 것이 특징이다. 즉, 실태조사를 기반으로 무인도서를 절대보전, 준보전, 이용가능 및 개발가능 무인도서 등 4가지로 유형화 한 뒤 유형별로 적정한 관리방안과 개발이 이뤄지도록 했다.

이에 따라 보전가치가 매우 높은 '절대보전 무인도서'는 일정한 행위를 제한하거나 상시적으로 출입을 제한하게 된다. 보전가치가 높은 '준보전 무인도서'는 일정한 행위를 제한하거나 일시적으로 출입을 제한할 수 있게 된다. 또한 '이용가능 무인도서'에 대해서는 무인도서의 형상을 훼손하지 않은 범위 안에서 사람의 출입과 활동을 허용하고, 해양레저나 탐방 등이 가능하도록 했다. 특히 '개발가능 무인도서'에 대해서는 해양 관광 활성화를 위한 해양 관광시설 조성 등 일정한 개발을 허용할 수 있도록 했다.

이 법률에서 특히 관심을 끄는 것은 해양 영토의 근거가 되는 '영해기점 도서'를 지정하여 관리하도록 하고 있다는 점이다. 이를 위해 정부는 모습이 훼손되거나 훼손될 우려가 있는 경우에 특별관리계획을 수립해 훼손방지 등 필요한 조치를 할 수 있게 했다. 이 규정을 마련한 것은 유엔 해양법 협약 발효 이후 일본·중국 등 주변국이 해양 영토 확대 전략을 적극적으로 추진함에 따라 이에 대응하기 위한 조치로 풀이된다.

### 4. 제도 시행에 따른 보완장치 필요

우리나라의 무인도서 관리 역사는 매우 짧다. 그 동안 사실상 방치되다가 2000년 들어 비로소 관심을 기울이고 있기 때문이다. 여론과 전문가들의 요구에도 불구하고, 무인도서 관리법은 2007년 7월

우리나라 연안의 아름다운 섬

에야 국회를 통과했다. 입법 작업이 늦어짐에 따라 무인도서를 관리하는데 필수적인 실태 조사사업 또한 최근에 착수했다. 이를 근거로 우리나라는 무인도서 관리계획을 수립한다는 방침이다.

　　　문제는 우리나라에서 무인도서 관리업무가 정책 우선순위에서 밀려 있다는 점이다. 이에 따라 법률 제정과 실태조사에도 불구하고, 무인도서 관리제도가 제 자리를 잡는 데는 적지 않은 시간이 걸릴 것으로 보인다. 중국과 일본이 해양 영토 확장 전략의 하나로 무인도서를 전략적으로 접근하고 있다는 사실을 염두에 두고, 보다 적극적인 무인도서 관리 정책을 추진하는 것이 필요하다.

　　　특히 무인도서에 대한 정확한 실태조사를 신속하게 매듭지어 법률에 나와 있는 4가지 용도를 지정·고시하는 작업을 서둘러야 한다. 무인도서 관리법은 이와 관련, 모두 무인도서를 4가지 유형으로 구분하여 고시하도록 되어 있는데, 이를 실행하는 과정에서 이해관계자들의 적지 않은 반발도 예상되고 있다. 우리나라 무인도서의 절반 이상이 국유재산으로 관리되고 있으나 민간 소유의 무인도서를 절대 보전지역 또는 준 보전지역으로 고시하는 경우 소유자들의 거센 항의에 직면할 가능성도 있다. 이 같은 가능성에 대비한 갈등 조정 등 사전 준

비작업도 있어야 한다.

　　둘째, 영해기점 무인도서에 대한 정부 대책을 명확히 설정할 필요가 있다. 우리나라의 경우 동해와 서해, 그리고 남해를 중심으로 일본과 러시아, 중국 등과 도서 영유권 등과 관련해 갈등을 빚고 있는 지역이 있다. 독도와 이어도 등이 대표적이다. 영해기점 도서의 훼손에 대한 대책뿐만 아니라 우리나라의 지배를 보다 공고히 할 수 있는 방안도 아울러 마련돼야 한다. 최근 들어 중국이 무인도서 관리 부서를 신설하고, 일본이 무인도서를 포함한 낙도(이도) 관리 지침을 마련한 것 등 주변국의 정세 변화를 눈여겨 볼 필요가 있다. 이들 국가들은 무인도서의 생태 환경 보호와 합리적인 이용 차원을 넘어 해양 권익과 안보 차원에서 포괄적으로 무인도서의 가치를 재인식하고 있다. 무인도서는 더 이상 방치할 수 없는 영토 주권을 수호하는 생명선이다.

|그림 2-3| 일본의 도서 관리 방향

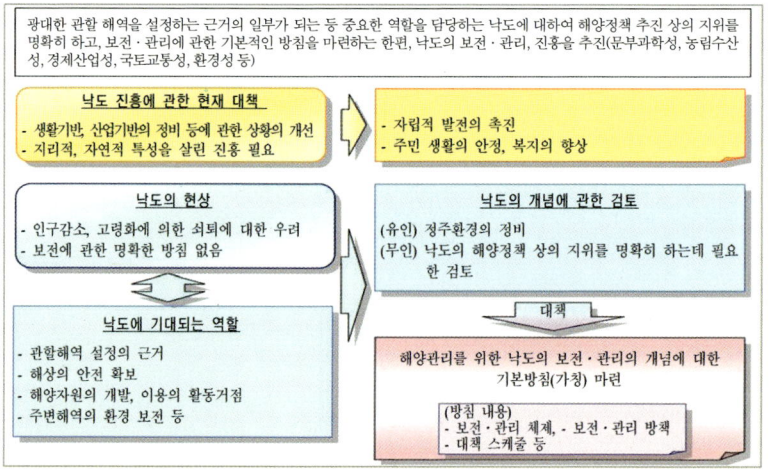

자료 : 일본 해양기본계획

# 세계 해양 분쟁
## 일촉 즉발, 430건의 '해양 갈등'

### 1. 해양 분쟁은 현재 진행형

| 사례 |  국제사법재판소는(ICJ) 2008년 5월 23일 싱가포르와 말레이시아 사이의 도서 영유권 분쟁 사건과 관련해 두 나라의 손을 각각 들어 주었다. ICJ는 '페드라 브랑카' 도서 분쟁사건에 대해 문제가 된 3개의 섬 가운데 페드라 브랑카는 싱가포르에, 미들 락은 말레이시아에 영유권이 있다고 판시했다. 사우스 레지는 두 나라의 영해 경계획정 결과에 따르는 것으로 최종 결정했다.

싱가포르 동쪽에서 24해리, 말레이시아 조호르 주 남쪽에서 7.7해리 떨어진 곳에 있는 페드라 브랑카는 길이 137미터, 폭 68미터의 무인도다. 미들 락과 사우스 레지는 이 섬에서 2.2해리 거리에 있는 암석이다. 특히 페드라 브랑카는 싱가포르 해협의 선박 통항로에 자리 잡고 있어 재판 결과를 둘러싸고 관심을 모아왔다.

페드라 브랑카는 본래 말레이시아의 조호르 술탄 왕국이 소유하고 있었다. 이 섬은 영국과 네덜란드가 이 지역을 분할·통치하는 과정에서 영국 식민 당국으로 넘어갔다가 독립 이후 싱가포르가 실질적으로 지배하고 있다. 말레이시아가 1979년에 영유권을 주장하면서 지도를 발간하자 국제분쟁으로 비화됐다. 양국은 5년이 넘는 기간 동안 협상을 벌였으나 해결책을 찾지 못하고, ICJ에 판결을 맡겼다.[17]

|그림 2-4| 페드라 브랑카 위치도

자료 : 한국해양수산개발원

세계 바다에 격랑이 일고 있다. 곳곳에서 한 치 양보도 없는 해양 영토 분쟁이 일어나고 있다. 미국의 중앙정보국(CIA)이 발간한 자료('The 2008 World Factbook')에 따르면, 전 세계에는 모두 430건의 해양 분쟁이 잠재되어 있다.[18] 일부는 분쟁이 가시화되어 당사자 간에 합의점을 모색하고 있거나 페드라 브랑카 사례와 같이 국제법정에 사건을 의뢰한 경우도 상당수다.

일반적으로 영토 분쟁(territorial dispute)은 영유권 분쟁과 국경 분쟁, 두 가지다. 전자는 영토의 귀속과 배분을 둘러싼 분쟁을 의미하고, 후자는 국경지역의 경계선 획정을 둘러싼 다툼을 뜻한다.[19] 이 같은 원칙을 바다에 적용하게 되면, 해양 영토 분쟁은 도서(섬) 영유권 분쟁과 해양 경계 획정 분쟁으로 구분할 수 있다. 해양 경계 획정은 유엔 해양법 협약에 규정된 대향 또는 인접하고 있는 연안국들이 영해와 대륙붕, 배타적 경제수역(EEZ) 등을 어떻게 획정할 것인지를 둘러싸고 빚어지는 분쟁이다. 이 같은 분쟁에는 영해보다는 대륙붕과 EEZ 획정과 관련된 분쟁이 더 많다.

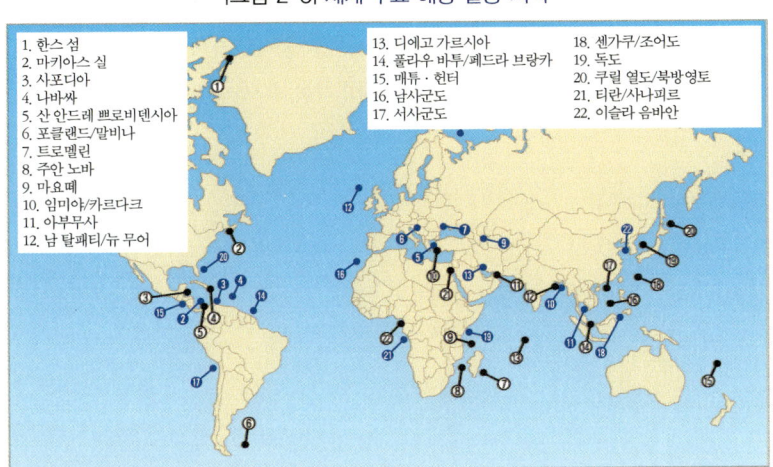

|그림 2-5| 세계 주요 해양 갈등 지역

자료 : International Boundaries Research Unit
주 : 국제경계연구센터는 독도를 분쟁 지역으로 표시하고 있으나 '분쟁지역'이 아니라는 것이 우리나라의 공식 입장이다.

## 2. 가열되는 섬 영유권 분쟁

해양 분쟁 가운데, 도서 영유권 분쟁[20]이 최근 가열되고 있다. 그 동안 수면 아래로 가라 앉았던 문제점들이 부각되고, 자원 부족 현상이 심화됨에 따라 석유·가스 등 해양 자원의 개발 가능성이 더욱 커졌기 때문이다. 지구 온난화도 도서 영유권 분쟁을 부채질하고 있다. 특히 북극해의 빙하가 급속도로 녹으면서 도서 영유권 분쟁을 포함한 여러 가지 해양 분쟁을 불러오고 있다. 그 동안 만년설로 뒤덮였던 북서 항로와 북동 항로가 부분적으로 열리면서 선박 통항과 해상안전 문제, 주변 해역의 환경보호 문제까지 제반 문제가 불거지고 있다.

　　　　한국해양수산개발원이 조사한 자료에 따르면, 세계 곳곳에서는 수많은 도서 분쟁사건이 도사리고 있는 것으로 나타났다. 이 가운데, 북극과 동중국해 남사군도 도서 분쟁 등 20여 건이 가장 심각한 갈등을 빚고 있다. 북극해는 섬은 아니지만 러시아를 비롯한 캐나다,

러시아의 북극해 탐험

덴마크, 노르웨이, 그린랜드 등 6개국이 영유권 갈등을 벌이고 있는 가운데, 주변 해역에 있는 한스 섬(Hans Island)과 스발바르 군도 등의 영유권 문제가 최근 주요 관심사로 떠올랐다. 북극해에서 기후 변화로 새로운 섬이 발견되고 있는 점도 향후 도서 영유권 분쟁을 촉발할 가능성이 있다. 예컨대 미국 탐험가 데니스 슈미트(Dennis Schumit)는 2007년 말 북극해에서 700킬로미터, 그린랜드에서 4킬로미터 떨어져 있는 길이 40미터의 섬을 발견했다. 떠돌이 개 웨스트(Stray Dog West)로 명명된 이 섬을 놓고도 주변 국가들이 서로 영유권을 주장하고 있다.[21]

북극해 쇄빙선(미 Healy호)

도서 영유권 갈등은 동아시아 지역에서 특히 심화되고 있다. 북방 4개 도서와 독도 문제,[22] 센카쿠(조어도) 분쟁, 남사군도 분쟁 등 휘발성이 매우 강한 도서 갈등이 이 곳에 밀집되어 있다.

북방 4개 도서의 경우 러시아와 일본이 대립하고 있다.[23] 에토로후(擇捉) 등 쿠릴 열도에 있는 4개 섬은 본래 1855년 체결된 러·일 통상 우호 조약에서 일본 영토로 확인됐다. 그러나 2차 세계 대전을 치르면서 이 같은 합의는 없던 일로 돼버렸다. 1943년 포츠담 선언에서 러시아에 되돌려 주기로 결정한 이후 1945년 종전 직전 당시 소련이 점령했다. 일본은 1951년 샌프란시스코 강화 조약에 따라 북방 4개 도서가 자국 영토로 인정됐다고 주장하고 있으나 러시아는 이를 일축하고 있다.

러시아는 이 조약의 당사자가 아니기 때문에 인정할 수 없다는 입장이다. 두 나라는 1993년 동경 선언에서 이 문제를 해결하기 위해 '영토 문제 해결을 통한 평화조약 조기 체결'에 합의한 이후, 1997년 이른바 크라스노야르스크 선언을 통해 2000년까지 협정을 체결하기로 했으나[24] 현재까지 아무런 진전을 보지 못하고 있다. 이런 가운데 일본이 최근 북방 4개 도서가 자국 영토라는 '북방영토 문제 해결 촉진 특별 조치법'을 개정하면서 두 나라의 갈등은 더욱 첨예화하고 있다.

일본과 중국·타이완 사이의 갈등이 심화되고 있는 센카쿠(조어도) 분쟁도 심각하다. 센카쿠는 타이완 동북쪽으로 190킬로미터, 중국에서 350킬로미터, 일본 오키나와에서 480킬로미터 떨어져 있는 5개의 작은 무인도와 3개의 암초로 이루어져 있다.[25] 센카쿠 열도는 현재 일본이 점유하고 있으며, 행정구역상 오키나와 이시가키 시에 편입되어 있다. 일본은 센카쿠 열도를 1885년부터 수차례 현지 조사를 실시한 뒤 무인도 선점 방식으로 1895년 1월 내각회의를 통해 자국 영토에 포함시켰다는 입장을 견지하고 있다. 이에 반해 중국은 역사적 자료 등을 제시하며 센카쿠 열도는 옛날부터 자국의 고유 영토라고 주장하고 있다.

스프래틀리(Spratly) 군도를 포함한 남중국해의 영유권 분쟁도 치열하다. 남중국해는 남 수마트라 지역과 칼리만틴 지역 사이 남위 3도 지역을 남쪽 경계로 하고, 타이완의 북쪽 끝에서 중국의 푸지엔 해안에 이르는 타이완 해협을 북쪽 경계로 하는 지역을 말한다. 현재 중국, 타이완, 베트남, 말레이시아, 필리핀, 부르나이 등이 이 해역 전체 또는 일부에 대해 영유권을 주장하고 있다. 이 해역에서는 바다의 명칭, 스프래틀리 군도[26] 및 기타 도서의 영유권, 인근 해역의 석유 시추 사업의 인허가와 관련된 관할권 문제 등이 복잡하게 얽혀 있다.

최근 들어 도서 영유권 분쟁이 가열되고 있는 것은 영토적 가치 외에도 관련 국가들이 해양자원에 눈독을 들이고 있기 때문이다. 미국 지질조사소(USGS)의 발표에 따르면, 북극해의 경우 900억 배럴의 원유가 매장되어 있는 것으로 추정됐다. 지구 전체가 3년 동안 쓸 수 있는 막대한 양이다.[27] 천연가스도 세계 전체 매장량의 30%(47조 3000억 입방미터) 정도 묻혀 있다. 센카쿠 열도가 있는 동중국해 지역도 250억 톤의 석유와 2,000억 입방미터의 천연가스가 매장되어 있다.[28] 이 지역은 1968년 유엔 아시아 극동경제위원회(ESCAP)가 자원조사를 실시하고, 막대한 양의 에너지 자원이 매장된 것으로 발표하면서 갈등이 표면화됐다. 남사군도 또한 석유와 천연가스의 개발 가능성이 커지자 영유권 분쟁을 불러왔다.

## 3. 해양 경계 분쟁도 뜨겁다

도서 영유권 분쟁과 해양경계 분쟁은 사실상 서로 맞물려 있는 경우가 많다. 영유권의 귀속과 배분 여부에 따라 해양 경계가 다시 획정될 가능성이 크기 때문이다. 도서 또한 유엔 해양법 협약에서 정한 섬인지 아니면 단순한 암석인지 여부에 따라 해양 경계가 달라지는 사례도 적지 않다. 사람이 독자적인 생활을 지탱할 수 있는 섬인 경우 영해는 물론 대륙붕 및 배타적 경제 수역 등을 가질 수 있다. 이에 비해 단순한 암석인 경우에는 협약에서 섬으로 인정되지 않는다. 12해리 영해만 설정할 수 있을 뿐이다.

해양경계 획정을 둘러싼 문제는 인접국이나 마주 보고 있는 국가 사이에서 빚어진다. 영해의 한계(제15조)와 배타적 경제수역(제74조), 대륙붕의 경계 획정 원칙(제83조)을 규정한 유엔 해양법 협약이 이에 대해 명문의 규정을 두고 있다. 영해의 경우는 중간선을 기준으로 하고, 배타적 경제수역과 대륙붕은 국제법에 기초한 공평한 해결 원칙으로 한다는 점이 바로 그것이다.

문제는 이 같은 규정에도 불구하고, 나라마다 워낙 이해 다툼이 심한 탓에 적지 않은 해양 경계 분쟁이 일어나고 있다. 최근 러시아가 잠수함을 보내 국기를 꽂은 북극해 문제를 비롯해 베네수엘라 오리노코 강 유역 분쟁, 서아프리카 기니만 분쟁, 이란과 아랍에미리트의 아부무사 섬 분쟁 등이 대표적이다. 동아시아의 경우도 앞에서 언급한 일본과 중국 사이의 동중국해 문제, 우리나라와 일본의 배타적 경제 수역 획정 문제 등 적지 않은 현안이 잠재되어 있다. 일본이 인공적으로 보호조치를 하고 있는 오키노도리시마 또한 일본과 중국 사이에 갈등이 표면화됐다.

2007년 8월에 발행된 미국의 포린 폴리시(Foreign Policy)는 북극해와 동중국해, 남미 베네수엘라 오리노코 강 유역, 아부무사, 기니 만이 세계에서 가장 자원적 가치가 높은 분쟁 지역으로 분류했다.

이 같은 분쟁 가운데 특히 관심을 끄는 것은 남미 베네수엘라 오리노코 강 유역분쟁과 오키도리시마를 둘러싼 중국과 일본의 대립이다. 전자의 경우 이 지역에 매장되어 있는 석유 자원의 개발권을 놓고 미국, 보다 정확하게는 석유 메이저 그룹인 엑슨과 코노코필립스 등이 치열한 공방전을 벌이고 있다. 오리노코 강 유역에는 사우디아라비아와 캐나다 보다 많은 2,700억 배럴의 기름을 뽑아 낼 수 있는 오일 샌드(유암)가 분포되어 있다. 좌파 정권인 베네수엘라의 휴고 차베스 대통령이 2007년 석유사업의 국영화를 추진하면서 기존에 투자하고 있던 석유 메이저들과 관계가 틀어졌다. 베네수엘라 정부는 국영화 조건으로 투자 지분의 60%(250억 달러)를 장악한 반면, 기존의 두 회사는 소액 투자가(지분 60억 달러)로 전락하게 되자 보상을 요구하면서 갈등이 표출됐다. 기존의 쉐브론과 토탈 등은 베네수엘라의 국영화 조건을 수락했다.

오키노도리시마 사례는 유엔 해양법 협약에 규정된 섬의 지위와 관련된 해양경계분쟁이다. 오키노도리시마(북위 20도 25분, 동경 136도 05분)는 이오지마(유황도)에서 서남쪽으로 720킬로미터 떨어져 있는 가지 모양의 암석(환초)에 지나지 않는다.[29] 일본은 지구 온난화로 해수면이 높아져 이 섬이 수몰 위기에 처하자 1989년 들어 섬 암초 주변에 콘크리트 호안을 설치한데 이어 2006년부터 '오키노도리시마 활용 프로젝트'를 추진하는 등 산호초를 이용한 섬의 보호 및 어장 개발사업에 나서고 있다. 일본이 오키노도리시마에 대해 이와 같이 실효적인 지배를 강화하고 나선 것은 이 암석을 토대로 해양 영토와 관할권을 확대하기 위한 전략이다. 이 암석이 유엔 해양법 협약에 따라 섬으로 인정되면, 일본 전체 육지 면적(38만㎢)보다 넓은 200해리의 배타적 경제수역(40만㎢)을 갖게 되기 때문이다. 그러나 중국은 일본의 이 같은 의도에 쐐기를 걸고 나왔다. 오키노도리시마가 섬이 아니라 국제법상 배타적 경제 수역을 설정할 수 없는 암초에 지나지 않는다고 비판하고 있다. 중국은 오키노도리시마가 일본의 계획대로 섬으로 인정되게 되면, 태평양으로 진출하는 자국의 해상 교통로가 차단되는 등 해양 안보에 엄청난 장애가 되는 것을 우려한다.

## 4. 해양법 협약과 해양 분쟁 해결

섬 영유권 분쟁이나 해양 경계획정 등과 관련된 분쟁을 해

우크라이나와 루마니아 해양경계 분쟁 대상이었던 뱀섬(Serpent Island)

결하는 방법은 다양하다. 두 당사국이 합의하거나 중재재판, 사법 재판 등을 통해 해결할 수 있다. 통상적으로 합의가 이뤄지지 않는 사건은 국제 중재재판소나 국제사법재판소를 활용한다.

이 밖에도 바다에서 일어나는 분쟁 중에는 유엔 해양법 협약을 집행하거나 이행하는 과정에서 일어나는 사건도 있다. 앞에서 예로 들은 도서 영유권 분쟁이나 해양 경계 획정을 둘러싼 분쟁[30] 이외에 유엔 해양법 협약과 관련된 분쟁은 협약에 정해져 있는 분쟁 해결 방안과 절차에 따라 처리된다. 즉, 제15부에 분쟁해결에 관한 일반적인 원칙과 부속서에 조정과 국제 해양법 재판소, 중재재판 등 분쟁 해결방법과 재판기관 등이 규정되어 있다.

특히 국제 해양법 재판소는 협약이 제정되면서 새로 설치된 재판 기관으로, 해양법 분야에서 능력이 인정된 전문가 중에서 선출된 21명의 재판관으로 구성된다. 재판관의 임기는 9년이며, 연임이 가능하다. 국제 해양법 재판소는 협약에 따라 재판부에 회부

국제해양법재판소 재판정 모습

된 모든 분쟁과 재판소에 관할권을 부여하는 다른 협정에 규정된 사안을 관할한다. 재판소의 재판정은 11인의 재판관으로 구성하는 것이 원칙이다. 다만, 이 같은 일반 재판정과 달리 심해저 개발 및 이용과 관련해 발생하는 사건을 처리하기 위해 역시 11인의 재판관으로 구성된 해저분쟁재판부를 둘 수 있다. 또한 일반 분쟁과 해저분쟁 사건과 관련된 특정 분쟁[31]을 처리하기 위해 3인으로 만들어진 특별 재판정을 구성하는 것도 가능하다.

  국제 해양법 재판소는 협약이 발효된 지 1년이 지난 1995년 8월에 설립됐는데, 독일 함부르크에 있다. 재판소는 설립 이후 2008년 9월 현재까지 모두 15건의 해양 분쟁 사건을 처리했다. 재판소에서 다룬 사건은 잠정 조치와 나포된 선박의 신속한 석방에 관한 사건이 전부인 것으로 나타났다. 이는 국제 해양법 재판소의 설립 목적이 주로 해양 분쟁의 신속한 처리를 염두에 두었기 때문이다.

# 해상 테러리즘
## 아직 끝나지 않은 테러와의 전쟁

### 1. 9·11 이후 '해상 테러리즘 경계령'

| 사례 | 2007년 1월 인도 첸나이 경찰은 스리랑카 타밀 타이거 조직원 5명을 포함해 폭발물 부품 밀수혐의로 모두 9명을 체포했다. 이들은 폭탄 부품으로 사용될 수 있는 지름 8mm의 볼 베어링 2,000kg을 부대에 담아 인도 투티코린 항만을 통해 스리랑카로 밀반입하려다 경찰에 적발됐다. 이에 앞서 인도 경찰은 투티코린 근처의 한 가정집을 수색해 볼 베어링이 각각 50kg씩 들어 있는 부대 60자루를 압수했다. 볼 베어링은 컨테이너 용기에 담겨 선박 편으로 스리랑카로 밀반입될 예정이었다. 타밀 타이거는 전형적인 테러조직으로 오래 전부터 스리랑카 분리 운동을 펼치면서 과격한 투쟁을 일삼아왔다. 타밀 타이거 반군은 최근 스리랑카 정부에 투항했다. 이에 따라 30년 넘게 지속된 타밀 타이거의 분리 독립운동

은 사실상 실패로 끝났다.

2001년 미국에서 발생한 9·11 항공기 테러 이후 세계 각국에 테러리즘 비상령이 걸렸다. 주요국이 테러를 예방하는 조치를 속속 도입하고 있는 가운데, 국제기구도 이에 발을 맞추고 있다. 유엔뿐만 아니라 세계관세기구(WCO)나 세계 표준화 기구(ISO) 등 민간 국제기구 등이 테러 예방에 관한 여러 가지 제도를 시행하고 있다. 이와 함께 최근 들어서는 해상 테러리즘을 방지하기 위한 노력도 가시화되고 있다. 미국이 주도하고 있는 대량살상무기 확산 방지 구상(PSI)이나 국제해사기구(IMO)를 중심으로 한 해상 테러 예방 조치들도 양산되고 있다.

특히 최근의 해상 테러리즘 예방은 물류보안제도(supply chain security)와 맞물리면서 최대 전성기를 맞았다. 이에 따라 물류보안이 새로운 글로벌 메가 트렌드로 자리 잡았다. 2001년 9·11 항공기 테러 이후 각국과 국제기구에서 선박과 항만 등 물류 부문의 테러 예방을 강화하면서 이 같은 현상이 나타나고 있다. 9·11 항공기 테러의 직접적인 피해국인 미국뿐만 아니라 다른 나라에서도 물류보안과 관련된 여러 가지 제도와 조치들을 도입해 시행하고 있다.

나라마다 너나없이 해상 테러리즘을 차단하기 위해 적극 나서고 있는 이유는 어디에 있는가? 9·11 테러가 항공기로 있어났으므로 다음은 선박 차례라는 점이다. 선박이나 항만을 대상으로 한 테러가 일어날 가능성이 크다는데 인식을 같이 하고 있다. 특히 전문가들은 선박을 이용한 3가지 테러 시나리오에 주목하고 있다. 즉, 유조선이나 크루즈 선 등 선박이 테러의 타깃이 될 가능성 있다는 점이다. 둘째는 선박 자체를 테러 수단으로 악용할 수 있다는 견해도 내놓고 있다. 소형 보트 등에 폭탄을 적재하고 인구가 밀집한 항만이나 다른 선박을 공격할 수 있기 때문이다. 2003년 예멘 항만에서 일어난 프랑스 유조선 림버그 호나 중동 지역에 기항하고 있던 미 군함 콜(cole) 호가 이 같은 테러 공격으로 큰 피해를 입었다. 마지막으로 선박을 이용해 테러물자를 밀반입하거나 테러리스트를 밀입국 시킬 가능성도 있다. 컨테이너 박스 속에 대량 살상 무기(WMD)를 숨겨 들여올 수도 있다. 또 테러리스트가 선원으로 신분을 세탁하고, 타국에 입국하는 것도 충분히 가능한 방법 중의 하나다. 현재 국제적으로 나오고 있는 이른바 물류보안제도는 세 번째 가능성에 무게를 두고 마련된 조치들이 대부분이다.

## 2. 해상 테러리즘과 대책

최근 들어 해상 테러리즘이라는 용어가 자주 사용되고 있다. 그러나 그 의미에 대해서는 제대로 알려진 게 없다. 다만, 일반적인 용어 해석에 따를 경우 테러는 "특정한 정치적 목적을 달성하기 위하여 직접적인 공포 수단을 이용하는 행위 또는 주의나 정책"으로 보는 경향이 짙다. 이 같은 의미에 비춰볼 때 해상 테러리즘은 선박 운송(해운)이나 해양에서 일어나는 모든 형태의 테러라고 보면 된다.

아시아·태평양 보안협력 위원회(CSCAP)[32]는 해상 테러리즘을 "해양 환경의 범주에서, 해상 또는 항만에서 선박 또는 플랫폼을 이용하거나 이에 대하여, 또는 여객이나 사람에 대하여, 관광시설, 항만 및 항만과 인접한 도시를 포함한 해상 시설물에 대하여 행하는 일체의 폭력행위"라고 밝히고 있다. 이 규정에 따르면,

1985년에 팔레스타인 해방전선 조직원이 이탈리아 선적 여객선 아킬레 라우로 호의 여객을 잔혹하게 살해한 사건이나 2003년 예멘 항에서 일어난 유조선 림버그 호 폭탄테러가 가장 대표적인 해상 테러다.

문제는 해상 테러리즘과 비롯한 유형의 범죄가 해상에서 일어나고 있어 자주 혼란에 빠지는 경우가 있다는 점이다. 해적(piracy)과 해상 무장 강도(armed robbery against ship)가 바로 그렇다. 유엔 해양법 협약(UNCLOS)을 보면, 해적은 "사적인 목적을 위하여 민간 선박의 승무원 또는 승객이 공해 또는 어떤 국가의 관할권 밖의 지역에서 다른 선박, 승선원 또는 재산에 대하여 자행하는 모든 불법적인 폭력, 구금 또는 약탈행위"다.[33] 이에 반해 어떤 국가의 영해 내에

해적 퇴치 국제회의(말레이시아 쿠알라룸푸르)

서 일어나는 불법적인 폭력이나 구금, 약탈행위는 해상 무장 강도로 구분하고 있다. 해적과 해적 무장강도는 본질적으로 다른 셈이다.

그렇다면, 해상 테러리즘을 줄이기 위해 국제사회는 어떠한 대책을 내놓고 있는가? 유엔 해양법 협약은 해적 행위를 진압하기 위한 국가 간의 협력의무(제100조)와 공해와 국가 관할권 밖에 있는 해적선을 나포하고, 체포 · 처벌(제106조)할 수 있는 규정을 두고 있다. 유엔 차원에서는 해상 무장강도에 대해서는 마땅한 제재방안이 없다.

이 같은 문제점 때문에 유엔 산하기구인 국제해사기구(IMO)는 최근 해상 테러리즘을 처벌하는 국제 협약을 만들었다. 2005년 10월 국제해사기구(IMO) 외교회의에서 채택된 항해 안전에 대한 불법행위 억제협약(2005년 개정의정서)이 그것이다.[34] 이 협약은 아킬레 라우로 후 사건 이후 제정한 같은 제목의 협약을 전면 개정한 것으로, 해상안전을 위협하는 테러뿐만 아니라 9 · 11 테러 이후 국제적인 관심사로 등장한 이른바 대량살상무기(WMD)를 불법으로 운송하는 행위를 처벌 대상에 포함했다.

특히 이 협약은 9 · 11 테러 이후 미국이 주도하고 있는 테러와의 전쟁 부산물로 탄생한 대량살상무기 확산방지 구상(PSI)[35]을 사실상 명문화했다. PSI 제도는 테러와의 전쟁을 위해 불법무기나 대량살상무기를 운반하거나 운반하는 것으로 의심되는 항공기나 선박을 공해에서 압수 · 수색할 수 있도록 하자는 내용을 담고 있다. 이 제도는 2003년 5월 미국 주도로 영국 호주 프랑스 일본 등 11개 나라가 참가한 가운데 공식 발족됐다. 2008년 6월 현재 PSI에 가입한 국가는 80개국이 넘는 것으로 알려졌다. 이 제도는 공해상일지라도 테러 지원과 관련됐다고 의심될 경우 해당 선박을 수색할 수 있기 때문에 국제법상 공해 통항의 자유를 위협하는 초법적인 구상이라는 비판도 제기됐다. 특히 PSI는 당시 부시 미 행정부가 지칭한 '악의 축' 국가의 하나인 북한을 겨냥한 것이라는 점 때문에 한반도 안보에 상당한 영향을 미칠 것이라는 평가도 나왔다.

### 3. 물류 보안, 글로벌 컨테이너를 지켜라

해상 테러는 선박뿐만 아니라 국제적으로 이동하는 컨테이너와 선박의 주요 교통로에도 적지 않은 영향을 미치고 있다. 세계 교역화물의 대부분이 선박으로 운송되고 있어 주요 항로나 항만에 테러를 가하게 되면, 수출입 화물 운송에 엄청난 충격을 줄 수 있기 때문이다. 특히 보안 전문가들은 컨테이너 안에 위험화물이 적재되고, 이것이 테러 수단으로 악용될 가능성을 우려하고 있다. 해상 교통로 가운데, 동 지중해와 페르시아 만 걸프, 말라카 해협 등이 테러 가능성이 높은 곳이다.

|표 2-7| 테러 가능한 주요 세계 해상교통로

| 동지중해 및 페르시아 만 | 동남아 | 유럽 | 아프리카 | 미주지역 |
|---|---|---|---|---|
| 보스포루스, 단달레스 해협, 수에즈 운하, 호르무즈 해협 | 말라카 해협, 순다 해협, 롬복 해협, 루손 해협, 싱가포르 해협, 마카사르 해협 | 그레이트 벨트, 키엘 운하, 도버 해협, 지브롤타 해협 | 모잠비크 통로 | 파나마 운하, 캐봇 해협, 플로리다 해협, 유카탄 통로, 윈즈 워드 통로, 모나 통로 등 |

자료 : 한국해양수산개발원

이 같은 해상 교통로가 테러 등으로 차단되거나 항만이 봉쇄되는 경우 물류 부문에 다양한 피해가 나타날 것으로 보인다. 2004년 11월 이집트 구에즈 운하 선박 충돌사고로 일부 항로가 폐쇄되었을 때, 5일 동안 100여 척의 선박이 발이 묶기는 피해를 입었다. 1일 동안 손실액이 1,000만 달러를 넘었다. 2002년 미 서부 항만 근로자 파업으로 11일 동안 항만 운영에 차질이 빚어졌다. 이 때 선박 200척이 피해를 입었다. 컨테이너 30만개가 운송이 지연되고, 4억 6,690만 달러 손실이 발생한 것으로 추정됐다. 테러 등으로 항만 운영이 중단되는 경우 피해액은 47억 달러로 증가하고, 아시아 지역 GDP 성장률이 0.4% 하락한다는 워 게임 시나리오도 나왔다.

컨테이너도 테러에는 매우 취약하다. 2007년으로 탄생 50년을 맞은 컨테이너는 오늘날 복합운송을 완결하는 대명사로 알려

중국 상해 양산항 터미널 게이트

져 왔다. 금액 기준으로 세계 교역량의 50%, 물동량을 기준으로 90% 이상이 컨테이너로 운송되고 있어 글로벌 교역의 핵심으로 자리 잡은 지 이미 오래다.

　　세계적인 해운 컨설팅 기관인 드류리(Drewry) 통계에 따르면, 2005년 기준 세계 컨테이너 물동량은 1억 1,250만 TEU(20피트 컨테이너 1개 단위)로 해마다 10% 가량 늘어나고 있다. 이 같은 컨테이너가 보안에서 핵심요소로 등장하고 있는 것은 물류(공급사슬)에서 많은 취약점을 노출시키고 있기 때문이다. 컨테이너는 제조업체(화주)에서부터 최종 소비지에 이르는 과정까지 여러 가지 운송 단계를 거치는데, 이 과정에서 물류 시스템의 가동이 중단되는 테러와 같은 변수가 발생할 가능성이 크다.

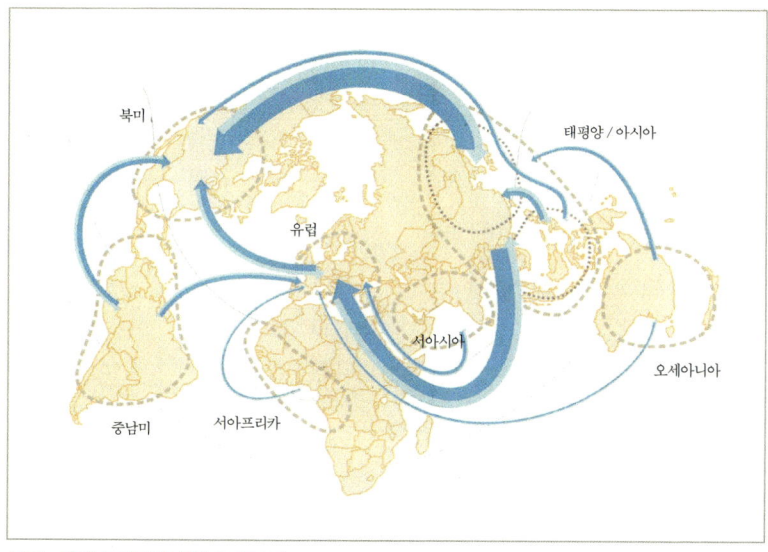

|그림 2-6| 국제 컨테이너 화물 운송 흐름

자료 : 유엔 무역개발기구(UNCTAD)

국제사회의 해상안보 공조가 강화되고 있다.

이에 따라 컨테이너 보안 협정(CSI)[36]이나 물류보안 인증제도[37] 등 현재 시행되고 있는 상당수의 물류 보안 강화조치는 컨테이너와 컨테이너를 수송하는 선박의 보안을 강화하는 쪽으로 초점이 맞춰져 있다. 컨테이너 안에 대량 살상 무기를 밀반입시켜 테러에 악용할 수 있으며, 원유와 LNG 또는 LPG를 실은 선박을 테러 목적으로 탈취하거나 공격함으로써 항로나 항만지역의 기능을 일시에 정지시킬 수 있다는 시나리오 때문이다.[38] 이에 따라 보안 전문가들은 위험화물을 적재한 선박을 "떠다니는 시한폭탄(Floating Bomb)"이라 한다.[39]

## 4. 우리나라가 도입한 조치

우리나라는 9·11 테러 이후 해상 테러에 대한 우려가 높아지고, 국제적으로 여러 가지 제도가 도입됨에 따라 대책을 마련하고 있다. 기존 제도를 보완하는 작업도 추진하고 있다. 대책의 큰 흐름은 두 가지다. 대량살상무기의 공해상 임검 및 나포 제도의 수용과 컨테이너 화물의 안전을 보장하는 물류보안제도의 이행이다.

전자의 경우 가장 먼저 언급된 것이 미국의 PSI 제도에 동참하는 방안이다. 노무현 정부 시절에는 이 제도가 북한을 자극한다는 비판론이 강하게 제기됨에 따라 참여에 매우 소극적인 자세를 견지했다. 현 정부 들어서도 일각에서는 참여를 적극 검토해야 한다는 주장이 제기됐으나 휘발성이 매우 강한 사안인 만큼 PSI에 본격적 참여는 하지 못했다. 그러나 북한이 2009년 들어 2차례 핵 실험을 감행한 이후 우리나라는 PSI 전면 참여를 선언했다.

2005년 국제해사기구(IMO)가 제정한 '항해 안전에 대한 불법행위 억제협약(2005년 개정의 정서)'에 대한 비준 작업은 지지부진한 상태다. 우리나라는 본래 이 협약에 가입하는 것에 미온적이었다. 이 협약에 앞서 제정된 1988년 협약(1992년 3월 발효)을 비준하고, 국내에서 시행에 들어간 것이 발효 이후 10년이 지난 2003년 5월의 일이다.[40] 2005년 개정 의정서 또한 우리나라가 비준하는 데는 상당한 시간이 걸릴 것으로 관측된다. 대량살상무기(WMD) 운반 선박을 공해에서 수색하는 내용을 담고 있는 조항이 걸림돌로 작용할 가능성이 크다는 우려 때문이다.

|표 2-8| 우리나라의 컨테이너 물류보안제도

| 부처 별 | 주요 제도 |
| --- | --- |
| 국토해양부 | 1. 국제선박 및 항만시설 보안 법률 제정(2008년 5월 14일)<br>2. 컨테이너 100% 검색 시범사업 추진<br>3. 항공안전 및 보안에 관한 법률 시행<br>4. 내륙 교통부문 보안제도 도입 추진 |
| 관 세 청 | 1. 미국과 컨테이너 보안 협정(CSI) 체결·시행<br>2. 유럽연합 일부 국가와 화물추적 시범사업 협정 체결<br>3. 물류보안 인증제도(공인 사업자 수출입 안전관리 우수 공인업체 지정) 도입 |

자료 : 한국해양수산개발원

이에 비해 컨테이너 화물의 안전을 보장하기 위한 이른바 물류보안제도는 착실히 추진되고 있다. 국토해양부와 관세청에서 일정한 제도를 도입해 시행하고 있기 때문이다. 예컨대 선박과 항만을 테러에서 예방하기 위한 국제선박 및 항만시설 보안에 관한 규정(ISPS 코드)을 국내에서 이행하기 위해 관련 법률을 제정했다. 2008년 5월 부터 시행되고 있는 국제선박 및 항만시설 보안에 관한 법률이 그것이다. 미국과는 컨테이너 화물 사전검색 제도를 시행하는데 필요한 협정도 2003년에 맺었다. 또한 관세청은 국제관세기구(WCO)가 제정한 물류보안 인증제도를 도입하기 위해 관세법을 개정하고, 2008년 하반기에 시범사업에 착수하는 등 테러 예방에 만전을 기하고 있다.

해상 테러리즘 방지를 위한 해상훈련

# 소말리아 해적
## 세계를 향해 총을 겨누다

### 1. 독립 후 실패국가로 전락

소말리아가 문제다. 아프리카 최빈국의 하나가 국제사회의 골칫거리로 등장하고 있다. 바로 해적 때문이다. 미국 중앙 정보국(CIA) 자료에 따르면, 소말리아는 참담하다. 1인당 국민소득이 600달러에 지나지 않고, 제대로 된 중앙 정부조차 없다. 1979년 합법정부가 붕괴된 이후 끊임없는 내전과 부족들 사이의 갈등으로 국민들은 살 길을 찾아 뿔뿔이 흩어졌다. 전체 인구 980만(일설에 의하면, 770만 명) 가운데, 110만 명이 난민으로 추정된다. 그러나 이 같은 인구 통계도 사실은 신빙성이 없다. 1975년에 조사된 기록일 뿐만 아니라 산업 기반시설이 붕괴됨에 따라 유목민이 증가하고 있고, 난민 수용소를 찾는 인구가 계속 늘어나고 있기 때문이다.

1960년 영국에서 독립한 소말리아는 대부분의 아프리카 국가들이 걸어온 길을 그대로 걸어왔다. 수많은 종족 갈등과 사회주의 체제 경험, 반정부 시위 격화로 인한 체제 전복과 또 다른 통치 조직의 등장 등 전형적인 아프리카 국가 모델을 답습해왔다. 1969년 군사 쿠데타로 소말리아를 장악한 모하메드 시아드 바레 사회주의 정권이 1991년 초 붕괴된 이후 이 나라의 정치 상황은 급속도로 악화됐다. 데모와 종족 사이의 갈등이 심화되는 가운데, 1991년 5월 소말리아 북서 지역을 웅거하고 있던 부족들이 소말리아 공화국을 선포하고 나섰다. 북동 쪽에서 기회를 엿보던 또 다른 부족들은 1998년에 주변 세력을 규합, 푼트란드 자치정부를 창설했다.

2004년 9월 소말리아에 잠정 연방 정부(TGF)가 들어선 이후에도 이들은 현재까지 소말리아를 분할·통치하고 있다. 이 가운데 특히 푼트란드 자치정부 지역에 있는 에일은 소말리아 해적의 강력한 전진기지로 지목받고 있다. 미국은 이 지역에 대한 군사작전도 한때 검토했던 것으로 알려졌다.

2009년 2월 인접 국가 지부티에서 새로운 잠정 연합정부가 수립되고, 새로운 대통령으로 세이크 샤리프 세이크 아메드가 선출됐어도 소말리아의 앞날은 여전히 순탄하지 않다. 10개가 넘은 종족과 종파들이 서로 주도권을 장악하기 위해 이합집산하고 있고, 이 지역에 대한 영향력을 행사하려는 외세의 움직임도 만만치 않기 때문이다. 더 큰 문제는 사법 시스템이 붕괴되고 있고, 적용하는 법률도 각각 달라 경찰·사법권이 제대로 작동되지 않는다는 점이다. 영국 식민지 시절부터 통용됐던 보통법 체제가 강력하게 기능하고 있는 가운데, 이탈리아 법률과 이슬람 샤리아, 소말리아 관습법 등이 뒤섞여 있어 혼란을 더욱 가중시키고 있다. 해적을 체포해도 소말리아가 아닌 케냐에서 처벌하는 이유도 바로 여기에 있다.

## 2. 그들에게 해적은 비즈니스

이 와중에서 소말리아 국민들의 삶은 더욱 고달퍼졌다. 1인당 국민소득이 600달러가 안되는 이 나라의 산업비중은 농업과 산업·서비스가 각각 71%와 29%이다. 농업은 바나나와 코코넛, 옥수수 재배와 양과 염소, 어업이 대부분을 차지하고 있다. 이 같은 작물들을 수출해서 연간 벌어들이는 외화 총액은 3억 달러에 지나지 않는다. 산업 부문도 열악하기는 마찬가지다. 설탕 생산과 섬유 등 경공업이 주종을 이루고 있기 때문이다. 척박하고 열악하고, 강

프랑스인을 인질로 잡고 있는 소말리아 해적들

력한 중앙정부 조차 없는, 실패한 국가 소말리아에서 해적이 발호하고, 노략질이 횡행하는 것은 어찌 보면 자연스런 현상이다.

소말리아에서 해적들이 준동하는 데는 지역 주민들의 해적에 대한 온정주의도 한 몫하고 있다. 해적을 죄악시 하지 않는 분위기가 그렇다. 2009년 5월 말레이시아에서 열린 '해적 대책 국제회의'에 참석한 소말리아 대표는 이런 발언을 했다. '우리는 해적이 아니다. 소말리아 해역에 오염된 폐기물을 불법적으로 투기하고, 수산물을 싹쓸이 해가는 세력에 대한 대응이다' 따라서 이들의 논리대로라면, 선박이나 선원을 납치해 몸값을 받는 것은 범죄가 아니라 벌금에 해당된다.

이와 관련해 2009년 7월 7일 영국에서 발행되는 한 해운 전문지는 소말리아에 근거지를 두고 활동하는 고위급 해적 간부와 인터뷰를 한 적이 있다. 가라드 모하메드라고 이름을 밝힌 이 사람은 로이즈 리스트와의 단독 인터뷰에서 "나는 내 자신을 해적이라고 여기지 않는다. 소말리아 연안 경비대라고 생각한다."고 밝혔다. 그는 또 이 인터뷰에서 '소말리아는 지난 20년 간 중앙정부를 갖지 못했다. 그 동안 미국, 아프리카, 아랍연맹 등은 물론 세계가 우리나라를 배반했다' 고 비난하면서 다른 나라들이 소말리아를 처벌한 것처럼 우리도 그들을 처벌할 계획이라고 강조했다. 모하메드는 또 해적을 비즈니스라고 주장하면서 납치된 선박의 회사가 자신들이 요구한 몸값을 즉시 지급해주면 선원들을 잘 대우해 주겠지만, 그렇지 않으면 심하게 매질하는 등 처벌이 불가피하다고 덧붙였다.

소말리아 해적들이 해적 행위를 비즈니스라고 여기는 이유는 납치의 목적이 몸값용이라는데 있다. 아덴만 등 소말리아 연안에서는 2008년에 모두 111건의 해적 사건이 일어났다. 그동안 세간의 이목을 집중시켰던 초대형 유조선 시리우스 스타 호나 탱크 등 군수물자를 선적했다 해서 비상한 관심을 끌었던 파이나 호 납치 사건 등이 모두 이 지역에서 발생했다.

그런데 이렇게 많은 선박 납치사건이 발생했음에도 불구하고, 해적들에게 살해나 부상을 당하는 인명피해를 입은 선원들은 거의 없다는 점이다. 물론 해적에게 억류된 선원들의 정신적 고통은 말할 수 없지만, 납치 선원들이 저항하지 않는 경우 소말리아 해적들은 해치지 않는다는 원칙을 갖고 있다. 본래 납치가 몸값을 겨냥한 것이므로 선원들을 해코지해서는 득이 되지 않기 때문이다. 이렇게 해서 그들은 2008년에 1억 5000만 달러가 넘은 수익을 올렸다. 소말리아 1년 수출 총액의 50%가 넘는 막대한 금액이다.

### 3. 나라에서 공인한 해적도 존재

해적이 비즈니스가 된 것은 소말리아만의 일이 아니다. 로마시대에 키케로가 해적은 '인류 공통의 적'이라고 주장했으나 사실 해적의 본래 의미는 오늘날처럼 그렇게 험악하지 않았다. 해적을 의미하는 파이러트(pirate)의 어원은 라틴어의 피라타(pirata)에 있다. 투자가라는 말이다. 또 역사를 거슬러 올라가면 해적은 국가에서 공인한 일종의 대외 교역

해적이 사용한 무기들

사업이었다. 이른바 사략선 제도에서 그 증거를 찾을 수 있다. 사략선이 역사상 처음 등장한 것은 13세기쯤이다. 영국의 헨리 3세 (1216년~1272년) 시대에 사략선 제도가 처음으로 도입된 이후 16세기에 접어들어 지중해와 대서양에서 40년 동안 가장 왕성하게 활동했던 것으로 알려져 있다.

즉, 영국 국왕은 자신이 소유한 자국 선박의 선장에 대해 평소 통상이나 교역 업무에 종사하도록 하면서 항해 중에 적국인 스페인이나 프랑스 선박과 조우하는 경우 공격하여 적재 화물을 빼앗아도 된다는 인가장(letter of marque, 타국 선박 나포 면허장)을 발행했다. 그 대가로 선장은 탈취한 재물의 일부를 국왕에게 바치도록 했다. 현재 기록에 남아 있는 가장 오래된 해적 인가장은 1293년 영국 해군장관 명의로 발행된 것이다. 문제는 인가장을 발급받으면서 선장이 일정한 보증금을 지불하고 출항을 했기 때문에 항해 도중 선박의 재물을 탈취하지 않으면, 그 만큼 손실이 발생하는 구조로 되

해적의 상징인 깃발들

어 있었다는 점이다. 이 때문에 적대국 선박에 대한 공격으로 그치는 것이 아니라 수익 구조를 맞추기 위해 비 적대국 선박을 공격하고, 재물을 약탈하는 일도 비일비재하게 일어났다. 이는 사략선의 목적이 적국의 무역을 저지한다는 본래 취지에서 벗어나 선원 급여 마련 등 점차 사업화됐다는 것을 의미한다.

영국의 엘리자베스 여왕 1세는 사략선 제도를 이용해 국고를 채운 대표적인 인물로 평가되고 있다. 엘리자베스 1세는 영국 선박이 외국 선박을 습격하도록 장려하면서 약탈한 재물의 20% 정도를 챙겼다고 한다. 당시 세계 해양 주도권을 놓고, 스페인과 치열하게 경쟁을 벌이던 영국은 해적을 하나의 비즈니스로 공식 허용하면서 해군을 보조하는 수단으로 삼았다. 당시 사략선은 영국뿐만 아니라 주변에 있는 프랑스, 네덜란드 등에서도 광범위하게 허용됐다. 이들 국가들은 바하마나 앤틸러스 제도 등에 본거지를 두고, 중남미에서 유럽으로 금·은 보화를 운반하던 스페인이나 포르투갈 선박을 습격해 재물을 강탈했다. 보물섬이나 로빈슨 크루소 등과 같은 해적 소설은 이 같은 시대 상황을 배경으로 하고 있다. 특히 1719년 다니엘 디포가 쓴 로빈슨 크루소가 사략선 선원이었던 셀커크를 모델로 했다는 점은 널리 알려진 사실이다.

이 같은 사략선은 17세기 이후 점차 규제를 받게 된다. 프랑스 루이 14세 때 재무 담당관이었던 콜베르가 사략선의 인가장을 발행하면서 명확한 조건을 기입한 것이 계기가 됐다는 분석이다. 콜베르는 인가장에 일반적으로 습격을 해도 좋은 해역과 기간, 그리고 적국의 이름까지 자세하게 조건을 붙였다. 이 조건에 따르는 사략선은 사실상 군사 활동으로 분류되어 국제법상 군함에 준해 처리됐다. 1856년 파리 선언은 이 같은 내용을 보다 구체화하면서

영화처럼 낭만적인 해적은 없다.

사략선 제도를 금지하기에 이르렀다.

여기서 한 가지 재미있는 사실은 유럽 대부분의 국가가 파리 선언에 참여했으나 미국은 이에 서명하지 않았다는 점이다. 이 때문에 소말리아 해적 문제가 불거져 나왔을 때 미국에서는 해적인가장을 원용해 해적문제를 해결할 수 있다는 주장이 제기되기도 했다. 사실 미국은 영국과의 독립전쟁 당시 해적의 일종인 사략무선을 이용해 해상을 장악하기도 했다.

## 4. 소말리아는 해적으로 오염

다시 화제를 소말리아로 돌려보자. 먼저 소말리아 해적 문제가 어느 정도 심각한지 알아볼 필요가 있다. 지금까지 전통적으로 현대 해적들의 주무대는 동남아시아였다. 특히 말라카 해협을 중심으로 인도네시아와 말레이시아 연안과 섬 사이에서 해적들이 자주 출몰했다. 해적 발생건수를 놓고 보면, 한 동안 이 지역이 매번 수위를 차지했다. 2003년부터 2006년까지 동남아 지역이 아프리카 보다 많이 발생했다. 그러나 이 같은 수치는 2007년 들어 역전됐다.

국제적인 해적 감시기구인 국제 해사국(IMB) 자료에 따르면, 아프리카 지역의 해적사건은 2007년 120건으로, 전년에 비해 거의 100%나 늘어났다. 특히 나이지리아와 소말리아에서 각각 42건과 31건이 발생, 250%와 210%가 증가한 것으로 집계됐다. 아덴만을 포함한 소말리아는 2008년에 모두 111건의 해적 습격사건이 일어나 이 지역은 해적의 소굴로 변했다. 탱크 등 군수품을 실은 선박(파이나 호)은 물론 30만 톤이 넘은 초대형 유조선(시리우스 스타 호)도 이 지역에서 납치됐다가 풀려났다.

|표 2-9| 연도별·지역별 해적 발생 추이(2003~2008년)

| 연 도 | 동남아 | 극 동 | 인도양 | 중남미 | 아프리카 | 기 타 | 합 계 |
|---|---|---|---|---|---|---|---|
| 2003 | 170 | 19 | 87 | 72 | 93 | 4 | 445 |
| 2004 | 158 | 15 | 32 | 45 | 73 | 6 | 329 |
| 2005 | 102 | 20 | 36 | 25 | 80 | 13 | 276 |
| 2006 | 83 | 5 | 53 | 29 | 61 | 8 | 239 |
| 2007 | 70 | 10 | 30 | 21 | 120 | 12 | 263 |
| 2008 | 54 | 11 | 23 | 14 | 189 | 2 | 293 |

자료 : 국제 해사국(http://www.icc-ccs.org/) 자료 종합

이 같은 양상은 2009년 들어서도 그대로 이어지고 있다. 5

월 말 현재 아덴 만과 소말리아 동해안에서 발생한 해적 습격 사건은 모두 135건으로, 지난해 전체 발생건수(습격 111건, 납치 42척)를 이미 넘어 섰다. 해적들에게 납치된 선박(29척)도 지난해 절반 수준을 크게 상회하고 있다. 특히 2009년에 소말리아 해적들은 지난해보다 총기를 더 많이 사용(2008년 39척→2009년 5월 54건)하는 등 흉포화되고 있다. 해적 발생건수가 늘어남에 따라 피랍된 선원 수도 478명으로 전년 수치(815명)의 절반을 넘기고 있다.

보안회사 리스크 인텔리전스는 몬순 시즌이 끝나는 8월부터 해적 습격이 다시 늘어 2009년에 모두 314건의 해적 사건이 발생할 것으로 예측했다. 2009년 들어 소말리아 해역에서 발생한 해적 사건을 분석해보면, 항해 안전구역이 설정되고, 연합군 해군이 파견되어 활동하고 있는 아덴만 지역의 해적 발생건수는 줄어들고 있는 것으로 나타났다. 그러나 상대적으로 감시가 느슨한 소말리아 동해안과 인도양, 세이셸 군도 등은 늘어나고 있다. 흔히 말하는 '풍선 효과'가 해적 문제에서도 그대로 적용되고 있는 셈이다.

## 5. 치고 빠지는 전략으로 무장

해적 사건이 자주 일어나는 곳은 정해져 있다. 지리적인 요건뿐만 아니라 사회·환경적인 영향, 그리고 국제 정치학적인 역학관계까지 복잡하게 얽혀 있는 지역이 대부분이다. 기본적으로 해적은 선박 통항량이 많은 지역에서 자주 발생한다. 이 때문에 대륙과 대륙, 대양과 대양을 연결하는 글로벌 해상 교통로가 해적들의 타깃이 된다. 소말리아 동해안과 아덴 만 지역은 유럽과 아시아를 잇는 길목에 위치하고 있어 해적들이 습격대상 선박을 물색하는데 유리하다. 선박의 종류도 컨테이너 선, 벌크 선, 유조선, 유엔의 구호물자 운반선 등 다양하다. 해적을 단속하거나 처벌할 수 있는 강력한 중앙 정부도 없다. 이런 점에서 볼 때 소말리아 해역은 해적이 창궐할 수밖에 없는 천혜의 조건을 다 갖추고 있다.

게다가 소말리아 해적들은 전략·전술에서도 능할 뿐만 아니라 정규군 못지않은 무기로 무장하고 있다. 소말리아 해적이 전형적인 해적과는 크게 다르다는 것도 이 같은 이유 때문이다. 이들은 고도로 조직화되고, 신속한 기동성을 갖추고 있다. AK-47과 같은 개인화기, M-60과 같은 중화기와 프로펠러 추진 수류탄(RPG), 106㎜ 무반동총으로 중무장하고 있는 것은 물론 GPS나 해외 정보원을 통해 선박의 운항 정보를 손쉽게 입수하는 것으로 알려졌다. 일부 해적들은 습격하기 전에 선박의 운항일자, 운송화물, 정박·묘박 일정 등의 정보를 파악하고 있을 정도로 정보전에도 뛰어나다. 추적을 피해기 위해 바다 한 가운데 모선(mother ship)을 띄우고, 견착식 미사일 발사기를 탑재한 초고속 소형 보트(RIG)를 이용해 선박을 습격하거나 선원을 납치해 영해로 도주하는 것도 이제는 흔한 일이 됐다.

특히 최근의 해적은 단순한 해적에서 벗어나 '신디케이트 해적'이라고 부를 정도로 무장 범죄조직으로 변했다. 실제 소말리아 해적들은 전직 어부들이 대부분이나 종교 부족이나 인근 국가 이슬람 군벌조직과 연계돼 국제조직으로 탈바꿈하고 있다는 주장도 있다. 전문가들은 현재 소말리아 해적 조직으로 푼트란드 그룹, 소말리아 머린, 마르카 그룹, 그리고 국가 의용 해안경비대 등을 꼽고 있다. 이 가운데 소말리아 머린의 경우 조직원이 13만 명 정도로 규모가 가장 큰 것으로 알려지고 있으나 소말리아에서 해적 활동에 적극 가담하고 있는 조직은 20개 단체에 2,000명 정도로 추정되고 있다.

　　소말리아 해적들은 위장 전술에도 탁월한 실력을 보이고 있다. 습격용 보트를 어망과 어구를 갖춘 어선으로 꾸미고 있을 뿐만 아니라 검문·검색에서 무기가 발견되는 경우에도 '해적 방어용'이라고 주장하고 있어 사실상 현행범이 아니면 처벌이 곤란하다. 소말리아 해적들의 활동 반경도 넓어지고 있다. 초기의 아덴만 지역에서 벗어나 먼 바다까지 세력권에 들어갔다. 초대형 유조선 시리우스 스타 호의 경우 케냐에서 450 마일 가량 떨어진 해상에 피랍됐다. 최근에는 연합 해군의 작전지역에서 벗어나기 위해 소말리아 동해안이나 인도양까지 진출하고 있다. 연합해군의 단속에도 아랑곳 하지 않고, 대범하게 활동무대를 넓히는 것이 오늘날 소말리아 해적의 실제 모습이다. 세계에 맞서고 있는 것은 오직 소말리아 해적뿐이다.

### 6. 피해는 선사와 선원들이 부담

　　소말리아 해적들이 극성을 부리면서 그 피해는 거의 전적으로 해운업계가 감당하고 있다. 해운회사와 선원이 가장 큰 피해자이고, 소말리아 난민들도 어려움을 겪고 있다. 해적들의 습격으로 한동안 유엔의 구호물자 수송에 차질이 빚어지는 등 식량이 제때 지원되지 않은 까닭이다. 유엔이 결의를 통해 소말리아 해적소탕작전에 나선 이유 중의 하나도 바로 여기에 있다. 그러나 이 같은 상황을 떠나 보면, 선박을 운항하는 해운업계야 말로 소말리아 해적의 최대 희생양이다. 해적들의 습격으로 이 지역을 통한 교역 질서와 선원 고용 패턴이 바뀔 정도로 해운업계는 직격탄을 맞았다. 특히 이 지역을 운항하는 선박이 연간 2만~3만 척에 달하고 있어 선박의 국제적 운항을 둘러싼 영향이 가장 크다. 해운회사의 입장에서는 해적 위험 예방 및 내용에 따른 비용 부담이 점차 커지고 있고, 보험업계나 해상 보안 측면에서는 새로운 해적 관련 비즈니스도 만들어지고 있다.

소말리아 해적으로 인한 가장 큰 피해는 선박이 피랍되고, 선원이 몸값 지불용 인질로 잡혀 간다는 점이다. 2008년 이 지역에서는 선박 49척이 납치되고, 800명이 넘는 선원들이 억류를 당했다. 이 때문에 25개 선사가 지불한 인질 석방금은 1억 5천만 달러를 넘는 것으로 추정되고 있다. 소말리아가 해적들의 소굴로 변

노르웨이 바이킹 박물관

하면서 인질 금액도 높아졌다. 1990년 중반까지 이 곳에서 납치된 어선이 풀려나는 대가로 지불한 금액은 척당 5만 달러에 불과했다. 이 금액이 2008년에는 평균 90만 달러에서 120만 달러 수준까지 폭등한데 이어 2009년에는 150만~170만 달러로 치솟았다는 전언이다. 최근 보험업계에서는 300만 달러까지 올라갔다는 주장도 제기되고 있다.

두 번째 피해는 선박 운항 루트 변경이다. 해운회사들은 기존에 유럽과 인도양 또는 아시아를 연결하기 위해 활용하던 수에즈 운하 대신 남아프리카 희망봉 지역으로 선박을 우회하는 사례도 있다. 해적들의 습격을 자주 받고 있는 벌크 선박 운영회사들이 이 같은 방법을 활용하고 있다. 선박이 우회하는 경우 통상 운항비가 30% 증가(2만~5만 달러)하고, 화물 인도기간 또한 2주 정도 지연된다. 선박의 배선 스케줄이 변경되는 피해도 있다.

소말리아 해적 준동은 해상보험업계에도 영향을 주고 있다. 아덴만 지역을 운항하는데 필요한 보험료가 크게 인상되고 있는 것이 원인이다. 아덴만 항해의 경우 10%의 보험료 인상 요인이 발생하는 것으로 전문가들은 전망하고 있다. 예컨대, 2008년에 항차 당 500달러에 지나지 않던 보험료가 2만 달러로 인상된 것이 이 같은 현상을 반영한 대표적인 사례다. 이에 그치지 않고, 선박에 비 살상 무장 경호원을 고용하는 비용도 1인당 3만 달러 정도 들어간다. 보험업계에서는 소말리아 사태가 장기화될 경우 연간 4억 달러 가량의 비용이 추가적으로 지출될 것으로 보고 있다.

소말리아 해역을 운항하는 선박의 선원에 대해 위험수당을 지급하기 시작한 것도 새로운 현상이다. 프랑스 선사 CMA CGM은 선원 기본급의 100%에 해당하는 금액을 해적 위험수당으로 지급하고 있다. CMA CGM은 이 지역을 운항하는 선박 65척의 선원에 대해 위험수당 외에 해적의 공격을 받아 사망하거나 부상을 입은 경우에도 기존보다 2배 이상 높은 보상비를 지급한다는 방침을 정했다. 이 회사는 컨테이너 하나에 4.25달러에 달하는 '소말리아 해역 보안할증료'를 부과해 비용을 충당하고 있다. 이 회사는 2010년 1월부터 이 같은 보안할증료를 컨테이너당 23달러로 인상했다. 세계 2위 컨테이너 회사인 MSC사도 소말리아 보안할증료를 받는다는 방침을 정했다. 행선지마다 보안할증료는 차이가 있으나 TEU 당 40달러 수준이다.

### 7. 유엔 개입으로 해적 소탕전 전개

소말리아 해적을 퇴치하기 위한 국제사회의 노력도 다각적이고, 치밀하다. 유엔은 지금까지 소말리아 해적 결의안을 10개이상 채택할 정도로 적극 대응하고 있다. 국제적인 공조체제도 강화되고 있다. 말레이시아에서 2009년 5월 개최된 국제 해적회의에 참가한 66개국 대표들은 소말리아 해적을 전담하는 유엔군을 창설하고, 해적 처벌제도도 개선해야 한다고 요청했다. 이에 앞서 소말리아 인근의 7개 아랍 국가들은 국제해사기구(IMO)의 지원 하에 지역 해적 협정을 체결하고, 해적신고센터를 설치했다. 소말리아 잠정 정부는 연안경비대를 설치해 달라고 국제사회에 호소하고 나섰다. 연합군 해군으로는 충분하지 않기 때문에 해적을 퇴치하고, 자국 해양과 어민을 보호하기 위해서는 연안경비대가 꼭 필요하다는 주장이다. 이탈리아도 유럽연합과 소말리아 인근 국가가 비용을 절반씩 부담하는 조건으로 연안경비대 창설을 촉구했다. 체포한 해적을 처벌하기 위해 국제 해적법정을 설립해야 한다는 의견도 힘을 얻고 있다.

현재 소말리아 해적 소탕작전은 유엔 결의에 따라 연합군 해군이 주도하고 있다. 미국과 유럽연합 등이 선박을 호위하기 위해 '항행 안전 구역'을 설정·운영하는 한편, 군함과 항공기 등을 파견, 선박 호송 서비스와 해적 퇴치 활동에 나서고 있다. 지금까지 이 곳에 군대를 파견한 국가는 15개 나라가 넘고 있다. 동북아시아에서는 중국이 2008년 12월 24일 사상 처음으로 구축함 2척과 보급선 1척으로 구성된 병력을 소말리아에 파견한데 이어 우리나라와 일본도 가세했다. 일본은 구축함뿐만 아니라 해상 자위대 항공기까지 파견, 항공감시활동을 강화하고 있다.

국제적인 노력과 함께 해운회사도 자위책을 마련해 대처하고 있다. 일본 해운회사 NYK는 해적이 선박에 침입하는 것을 방지하기 위해 선박 외부에 고압 전선을 가설하거나 강력한 서치라이트를 설치했다. 최근에는 무장 경비원을 선박에 승선시키자는 의견이 나오고 있는 가운데, 일부 해운회사들은 보안업체와 계약을 체결, 자사 선박의 호위 서비스에 들어갔다. 세계에서 가장 큰 해운회사인 머스크 라인은 연합군이 설정한 항해안전지역을 운항하도록 하는 한편, 장거리 소음 발생기 등 보안장치를 선박에 설치했다. 프랑스 선사 CMA CGM은 위험 지역을 운항할 때는 해적의 추적을 따돌리기 위해 20노트 이상으로 선박을 운항하도록 하는 지침을 내리는 등 선사마다 여건에 맞는 대안을 시행하고 있다.

해적 전문가들은 이 같은 방법 외에도 해적이 점차 군대식 공격 양상을 보임에 따라 이에 맞는 맞춤형 대응방식을 갖추어야 한다고 조언하고 있다. 예컨대, 해적이 선박에 올라타지 못하도록 가시 철망이나 전기 방책을 설치하고, 총탄이나 로켓 관통을 피할 수 있도록 선원 주거시설의 창문을 5미리 미터 이상의 강판으로 보강할 것을 권장하고 있다. 또한 해적이 선박을 점거하는 경우에도 연합군 해군이 출동할 때까지 문을 걸어 잠그고 있는 것도 효과적인 대처 방안이라고 제언하고 있다.

    문제는 이 같은 대응이 최적의 대안될 수 있느냐 하는 점이다. 소말리아 내정과 경제 문제를 해결하지 않고, 치안력을 확보하지 않는 한 해적 활동을 막을 길이 별로 없다는 우려 때문이다. 연합국 해군이 소말리아 해적 소탕작전에 나서고 있으나 이는 일시적으로 해적 활동을 억제하는 효과가 있을 뿐이라는 의미다.[41] 이에 따라 최근에는 소말리아의 정치적인 안정과 경제 회복대책을

해적퇴치를 위한 해상훈련 중요성이 높아지고 있다.

동시에 마련해야 한다는 주장이 설득력을 얻고 있다.

## 8. 선박 무장화가 유일한 대안인가?

소말리아 해적 문제를 해결하는 마지막 대안 중의 하나는 선원이나 선박의 무장화 허용 여부다. 이 문제는 지금 국제사회에서 뜨거운 감자로 떠오르고 있다. 상당수의 해운 관련기구가 선박의 무장화에 반대하는 가운데, 미국은 이를 밀어붙이고 있다. 미 하원 프랭크 로비오도 의원(뉴저지 주, 공화당)은 선원과 선박에 대해 공격하는 해적 등에 대해 자위권을 행사해도 처벌하지 않는 것을 주요내용으로 하는 '미국 선원·선박 보호법안'(H.R. 2984)을 의회에 제출했다. 미국이 이 같은 법률 제정을 추진하는 것은 2009년 4월 미국적 선박 머스크 알라바마 호가 해적의 공격을 받고, 선장이 납치되는 피해를 입었기 때문이다. 이 사건 이후 미국은 자국 선박을 보호하기 위해 연안경비대를 중심으로 '해적 대응 지침'을 제정하는 등 강력하게 대처하고 있다. 이번에 제출된 법률안은 미국이 최근 추진하고 있는 해적 대책을 뒷받침하는 정책으로 평가되는 이유가 여기에 있다.

이 법률안에서 특히 관심을 끄는 것은 지금까지 국제사회에서 거의 금기시했던 선원이나 선박 무장화를 공식화하고 있다는 점이다. 즉, 이 법률안은 미국 선박이나 선원에 대해 무기를 탑재하거나 휴대하는 것을 허용하는 것은 물론 총기를 이용해 해적을 살상하는 경우에도 면책권을 부여하고 있다. 선박 무장에 그치지 않는다. 그 무기를 사용해 해적에게 피해를 입히는 경우 자위권 행사로 인정해 처벌하지 않는다는 것이 미국의 생각이다. 또 이 법률안은 연안경비대에 대해 선박에 승선하는 보안요원을 훈련하고, 증명서를 발급하는 권한까지 부여하고 있다. 연안경비대 무장경호팀의 상선 승선도 허용하고 있다. 미국은 1819년 이전까지 미국 선박에 대해 자위권을 부여하고 있었으나 총기를 싣고 다니는 것을 인정하지 않았다. 그러나 머스크 알라바마 호 사건 이후 이 같은 상황이 크게 변하고 있다.

미국의 다음 행보도 관심거리다. 미국은 이 법률을 제정한 다음 국제해사기구(IMO)를 통해 동일한 내용의 국제협약을 제정하도록 한다는 입장이다. 그 동안 국제사회는 '선박의 무장' 문제를 놓고 상당한 논란을 빚어 왔다. 국제해사기구가 선박의 무장화에 대해 공식적으로 반대하고 있으나 일부 해운단체는 이를 허용해야 한다는 의견을 강력하게 제시하고 있다.[42]

2009년 5월 말레이시아에서 열린 해적 국제회의에서는 선박의 살상무기 보유는 폭력의 악순환을 초래할 뿐 선박의 피랍방지에 큰 도움을 주지 않는다는 의견도 나왔다. 미국에서 발행되는 물류전문지 아메리칸 쉬퍼는 2009년 6월 30일자 '선박 무장화가 더 나쁜 이유'라는 기명 칼럼에서 이렇게 썼다. '해적에 대한 비 살상 대응 조치는 국제해사기구의 가이드라인에도 맞을 뿐 아니라 폭력은 또 다른 폭력을 불러온다. 선박에 무기를 탑재하는 것이 소말리아 해적문제를 해결하는 대안이 될 수 없다.' 이 같은 사실을 잘 아는 미국은 그럼에도 불구하고, 법률 제정을 추진하고 있다. 앞으로 한동안 국제사회는 소말리아 해적문제 해결이라는 '대안 없는 대안 모색'과 더불어 '선박 무장화'라는 고민도 떠안게 됐다.[43]

1) 유엔 해양법 협약이 발효가 늦어진 또 다른 이유 중의 하나는 제11부에 규정된 심해저 자원 개발 등을 둘러싸고, 선진국과 개발도상국 사이의 견해 차이가 심화됐기 때문이다. 협약 제정 당사국들은 이 문제를 해결하기 위해 별도의 이행 협정을 만들어 협약 발효를 촉진시켰다. 그럼에도 불구하고 미국은 제11부의 심해저 제도가 자국의 해양 권익을 침해한다는 이유 등을 들어 유엔 해양법 협약을 비준하지 않고 있다.
2) 김재철, 박춘호, 이정환, 홍승용 공편, 『신해양시대 신국부론』, 2007년, 나남.
3) 유엔 해양법 협약에서 정하고 있는 6가지 해양오염원은 육상 오염원, 국가관할권 하의 해저활동에 의한 오염, 심해저 활동 오염, 투기 오염, 선박 오염, 대기오염 등이다.
4) 국제 해양법 재판소 홈페이지(www.itlos.org) 검색, 2008. 8. 5.
5) 김민수, "제18차 유엔 해양법 협약 당사국 회의 결과 및 시사점", 해양수산동향, 한국해양수산개발원, 제1274호, 2008. 7. 2.
6) 2009년 5월 13일에 예비문서를 제출한 쿠바는 2009년 6월 1일에 정식문서를 제출했다.
7) 독도에 가장 가까운 거리에 있는 일본 시마네 현의 오키 섬은 독도에서 157.5km 떨어져 있다.
8) 경상북도는 최근 일본의 독도 영유권 주장이 자꾸 제기됨에 따라 독도의 공시지가를 대폭 인상하는 방안을 검토하고 있는 것으로 알려졌다.
9) 이 문서에서 죽도는 오늘날 우리나라의 울릉도이며, 외 일도는 마쓰시마(松島)로 문서에 나와 있는 위치 및 형상 등을 통해 볼 때 독도를 지칭한다.
10) 일본은 2005년 2월에 이른바 '다케시마의 날'을 제정하면서 2년 동안의 활동기간을 정한 다케시마문제 연구회를 동시에 출범시켰는데, 이 연구회의 후신이 web다케시마문제 연구회이다. 일본은 2009년 9월에 다시 이 연구회를 부활시키는 등 독도 영유권 주장을 강화하고 있다.
11) 한국해양수산개발원, KMI 독도·해양영토 브리핑, 제30호, 2008. 8. 4.
12) 유엔 해양법 협약은 대륙붕 한계위원회를 설치해 200해리 대륙붕을 지나 일정한 지리·지형적인 조건을 충족하는 경우 350해리까지 대륙붕 한계를 연장할 수 있도록 허용하고 있다. 유엔은 이 같은 대륙붕 한계 연장 신청을 2009년 5월 13일을 기준으로 일단 마감했다.
13) 우리나라에서 무인도서는 바다로 둘러싸여 있고, 만조 시에 해수면 위로 드러나는 자연적으로 형성된 땅으로서 사람이 거주(정착하여 지속적으로 경제활동을 하는 것을 말한다. 이하 같다)하지 아니하는 곳을 말한다. 다만, 등대관리 등 대통령령으로 정하는 사유로 인하여 제한적 지역에 한하여 사람이 거주하는 도서는 무인도서로 본다(무인도서의 보전 및 관리에 관한 법률).

14) 이 같은 수치는 면적이 500㎡ 이상의 모든 섬을 기준으로 한 것이며, 이 가운데 유인도서는 433개이므로 중국의 무인도서 수는 6,100개 정도에 이를 것으로 추정된다.
15) 이와 별도로 일본은 이도관리법을 시행하고 있으나 이 법률은 주로 유인도서의 개발 및 지원에 관한 사항을 담고 있다.
16) 해양수산부(당시) 홈페이지 검색자료, 2007. 7.
17) 한국해양수산개발원, 독도연구센터, 독도·해양영토 브리핑, 2008년 5월 26일자.
18) 미국 플로리다 대학교 폴 헨슬(Paul Hensel) 교수가 구축·운영하고 있는 ICOW (The Issue Correlates of War) 데이터에 따르면, 총 413건의 영토분쟁 사례가 있는 것으로 조사됐다(배진수·윤지훈, 세계의 영토분쟁 DB와 식민 침탈 사례, 동북아역사재단, 2008. 3).
19) 최근 태국과 캄보디아 사이에 벌어진 프레아 비헤아르 사원 분쟁이 대표적인 국경 분쟁 사례이다.
20) 도서 영유권 분쟁은 섬의 성격에 따라 배타적 경제 수역 등 해양 경계획정과 중복되어 있는 사례도 상당수에 달하고 있다.
21) 한국해양수산개발원, 독도연구저널, 제6호, 2008년 1월 7일자.
22) 한·일 간에 영유권 갈등을 빚고 있는 독도 문제의 경우 우리나라는 '분쟁이 없다'는 것이 공식 입장이다. 이 점에 대해서는 이 책 다른 곳에서 별도로 언급했다.
23) 북방 4개 도서는 하보마이(齒舞), 시코탄(色丹), 구나시리(國後), 에토로후(擇捉) 등 일본과 러시아 사이의 도서(영토) 분쟁지역을 말하는데, 쿠릴(일본 명 지시마〈千島〉)열도 4개 섬을 의미한다. 쿠릴 열도는 러시아 동부 사할린과 홋카이도 사이에 있는 화산 열도로 30개 이상의 도서로 이루어져 있다.
24) 한국일보, 2000년 9월 4일자.
25) 5개의 섬은 조어도(釣魚島), 북소도(北小島), 남소도(南小島), 황미도(黃尾島), 적미도(赤尾島)를 말하는데, 도서 영유권 분쟁과 주변 해역의 가스 개발 등 해양자원 개발을 둘러싼 분쟁도 중첩되어 있다.
26) 스프래틀리 군도는 235개의 섬과 암초, 모래사장으로 이루어져 있는데, 토착민이 있거나 사람이 거주가 가능한 섬은 거의 없는 실정이다. 브루나이를 제외한 5개 나라가 곳곳에 군대를 파견, 자국의 영유권을 주장하고 있다.
27) 북극해에는 기존 석유회사들이 확인한 매장량까지 합할 경우 총 4,120억 배럴의 원유와 천연 가스가 부존되어 있는 것으로 추정되며, 가스 하이드레이트 등 해양 광물자원까지 포함하면 이 지역은 미래 에너지 보고로 평가되고 있다.

28) 일본과 중국은 2008년 6월 동중국해 가스전을 공동으로 개발하기로 합의함으로써 그 동안 논란을 빚었던 도서 영유권 분쟁(배타적 경제수역의 획정 문제도 포함)을 일단 수면 아래로 밀어 넣은데 성공했으나 분쟁의 불씨는 여전히 남아 있다. 이 합의 이후 최근 중국은 이 지역의 가스전을 단독으로 개발하는 방안을 추진하고 있어 일본과의 갈등이 다시 증폭될 가능성이 매우 크다.
29) 이 섬은 둘레가 11 킬로미터에 달하나, 만조 시에는 암초 몇 개만 수면 위에 드러나는 문제점을 안고 있다.
30) 이와 관련된 분쟁은 네덜란드 헤이그에 설치되어 있는 국제사법재판소(ICJ)에서 처리하고 있는데, 최근 ICJ는 싱가포르와 말레이시아 사이의 도서 영유권 분쟁인 페드라 브랑카 사건을 처리했다.
31) 제11부 심해저기구 및 이와 관련된 부속서의 해석 또는 적용에 관한 당사국 사이의 분쟁의 경우 어느 한 당사자의 요청이 있는 경우가 이에 해당된다.
32) Council for Security Cooperation in the Asia Pacific이 영문 명칭이다.
33) 세계상공회의소(ICC) 산하 국제 해사국(IMB)은 해적을 '절도 또는 다른 범죄를 범할 의도를 가지고 선박에 침입해 폭력을 행사하거나 협박하는 모든 행위'로 광범위하게 정의하고 있다. 즉, 그 같은 범죄 행위가 일어나는 곳이 공해이거나 연안이냐를 따지지 않는 것이 IMB의 태도다.
34) 이 협약은 항해의 안전을 저해하는 모든 불법적인 행위를 방지하고, 이 같은 행위를 저지른 자를 처벌하는데 필요한 내용을 담고 있는데, 선박뿐만 아니라 대륙붕에 있는 고정된 해상 플랫폼도 적용 범위에 포함시키고 있다.
35) Proliferation Security Initiative의 약자로, 대량살상무기(WMD)를 운송하는 것으로 의심되는 선박을 공해나 가입국의 영해에서 검색하는 제도를 말한다. 우리 나라는 북한이 2009년에 2차례 핵실험을 감행한 이후 PSI에 전면 적으로 참여 한다는 입장을 밝혔다.
36) 미국에 수입되는 컨테이너 화물은 수출국가의 항만에서 검사하는 제도로 2003년에 처음으로 도입됐다. 현재 이 제도를 시행하고 있는 곳은 전 세계 58개 항만이다.
37) 일정한 물류보안기준을 정해 놓고, 이 기준을 통과한 회사에 대해 인증증서를 준 다음 수출입 화물 운송에 혜택을 부여하는 제도로 역시 미국에서 2003년부터 시행하고 있다. 현재는 국제관세기구(WCO) 등 여러 국제기구에서 이 같은 제도를 받아 들여 시행하고 있다.
38) 2002년 이탈리아 조이야 타우로 항에서는 침대와 음식물, 화장실까지 설치된 컨테이너가 적발된 사례도 있으며, 최근 홍콩 항만 당국은 미그 19기 본체가 적재된 컨테이너를 압수하기로 했다.
39) 북대서양 조약기구(NATO)는 지중해 지역을 중심으로 운항하고 있는 '우려 선

박 50척(50 Ships of Concern)'이 테러리스트와 연계되어 있는 것으로 보고, 지속적으로 활동을 감시하고 있다.

40) 우리나라는 이 협약을 시행하기 위해 선박 및 해상 구조물에 대한 위해 행위의 처벌 등에 관한 법률을 제정했다.

41) 실제로 2009년 하반기부터는 연합 해군의 해적 소탕 작전이 벌어지는 소말리아 인근 해역보다는 이곳에서 1000km 이상 떨어진 세이셸 군도 부근에서 피랍되는 사례가 자주 나타나고 있다.

42) 최근 들어 스페인 등 일부 국가에서는 선박에 무장 경호원들을 태우는 것을 허용하고 있다. 스페인은 2009년 10월 2일 어선이 소말리아 해적에 납치 당하자 이에 대한 후속 조치로 관련 법률을 개정해 무장 경호원의 스페인 국적 선박의 승선을 허용했다. 덴마크의 해운회사 클리퍼 그룹은 소말리아 해역을 운항하는 선박에 러시아 해군 6명을 승선시켰다.

43) 이 글은 계간 『해양과 문화』(2009, 가을호)에 발표한 내용을 수정·보완한 것이다.

# 3
## 해양이용개발

- 해양 자원 개발
- 해양생물 다양성
- 해양 심층수 개발
- 공해 불법 어업
- 바다목장 개발
- 해양 바이오산업
- 해양 친수 공간
- 해양 플랜트 산업
- 해저 유물 탐사
- 첨단 항만 개발
- 블루 이코노미

# 해양 자원 개발
## 인류의 미래가 그 곳에 있기에

### 1. 자원 민족주의

자원 민족주의가 강화되고 있다. 자원을 확보하기 위한 경쟁도 가열되고 있다. OPEC(석유생산국기구) 회원국이 세계 석유 공급량의 41%를 장악하고 있는 가운데, 2047년 경에는 석유가 고갈될 것이라는 전망이 대두되고 있다.[1] 천연가스는 2067년, 석탄은 2122년에는 바닥 날 것이라는 분석도 나오고 있다. 여기에 자원을 바탕으로 한 신민족주의(네오 내셔널리즘)가 대두되면서 우리나라와 같이 자원의 대외 의존도가 높은 나라는[2] 자원 확보가 국가 생존 문제로 부각되고 있다.

현재 에너지와 식량 등 자국의 자원을 지키려는 자원 보유국과 이를 확보하려는 강대국 간 밀고 당기는 줄다리기가 계속되고 있다.

자원의 확보는 국가의 생존문제이다.

우선 세계 자원민족주의가 확산되고 있는 경향에 대해 살펴보자.[3] 유럽에서는 러시아가 가스프롬 등 국영기업을 대형화하고 있으며, 가스 카르텔 결성을 추진 중이다. 나아가 구 소련국가 및 유럽에 대한 에너지 공급을 줄이거나 중단할 계획을 세우고 있다. 중국은 해외기업이 자국 기업을 M&A 하는 것을 규제하면서 해외 자원에 대한 투자를 크게 확대하고 있다. 또한 철광석과 고철 수출을 규제하고 있다.

아프리카는 자원과 관련된 국영기업의 권한을 강화하고 있다. 차드는 새로운 국영 석유기업을 설립했다. 또 나이지리아와 적도기니 등은 국영업체 지분확대를 추진하고 있는 것으로 알려졌다. 남미의 경우 좌파 정권의 대두[4]를 배경으로 자원민족주의가 강화되고 있다. 베네수엘라는 32개 석유광구에 대해 정부가 60% 이상의 지분을 확보했다. 볼리비아는 국영업체 지분확대 추진과 천연가스에 대한 세금 인상으로 자국 자원에 대한 지배력을 강화하고 있다.

한편, 신 거대 게임[5]이 벌어지고 있는 카스피 해 지역의 경우 카자흐스탄은 원유 수출세 신설, 선취매권을 통한 국영기업의 지분확대, 유전계약에 대한 의회 승인을 추진하고 있다. 아제르바이잔은 국영기업이 신규개발 유전 지분의 절반 이상을 소유할 수 있도록 허용했다. 이러한 자원을 무기로 한 신민족주의 경향에 대한 대응도 만만치 않다. 미국, 영국 및 유럽국가와 중국, 일본 등 주요 강대국들은 외교전략 강화, 공기업 민영화 및 공적개발 원조(ODA) 등을 통한 자원 확보 등 국가별로 차별화된 전략으로 맞서고 있다.

우리나라 또한 자원외교에 총력을 기울이고 있다. 그러나 경쟁국과의 치열한 자원 확보 경쟁에서 이니셔티브를 쥘 수 있는 카드는 그리 많지 않다. 그럼 다른 주요국과 비교해 차별화된 전략은 없는 것일까? 해답은 바로 해양자원 개발에 있다. 우리나라는 삼면이 바다다. 등잔 밑이 어둡다는 옛 속담과 같이 아직 우리가 가진 해양 잠재력을 극대화시키지 못하고 있다. 향후 지금보다 더 강력하고, 더 적극적인 해양자원 개발 드라이브가 필요하다. 자원 민족주의가 강화되는 지금 이미 육지를 통한 자원경쟁에서 주도권을 쥐지 못했다면, 해양국가로서의 이점을 최대한 살려 해양자원 개발에 적극 나서야 한다.

## 2. 잠재력이 높은 해양자원

그렇다면 해양자원에는 어떤 것일 있을까? 우선 좁게는 해양 생물자원과 비 생물자원(광물자원)으로 나눌 수 있으며, 넓게는 에너지 자원과 공간 자원이 이에 포함된다. 해양 생물자원은 기본적으로 어업을 중심으로 한 식량자원을 일컫는다. 최근에는 심해저 생물자원을 이용하여 신약 물질을 개발하는 사례도 많이 나타나고 있는 등 그 활용범위가 확대되고 있다. 비 생물자원은 석유와 천연가스가 주를 이룬다. 심해저 망간단괴의 니켈, 코발트 및 해저열수광상의 유화광물이 새롭게 주목받고 있다.

EEZ를 포함한 대륙붕에는 세계 석유와 천연가스 매장량의 3분의 1이 부존되어 있을 것으로 추정되고 있다. 그러나 석유는 41년, 천연가스는 60년 정도 후에 고갈될 것으로 예측되면서 이를 대체할 안정적인 에너지 확보에 국가들은 역량을 집중시키고 있다. 이에 따라 가스 하이드레이트가 대체 에너지로 각광을 받고 있다. 현재까지 알려진 가스 하이드레이트 매장량은 10조 톤이 넘는다. 그리고 심해저 개발 기술의 발달과 함께 해저 망간단괴와 열수광상에서의 광물 채굴이 과거에 비해 탄력을 받고 있다.

이러한 해양자원의 주요 특징으로는 자원의 유한성(有限性)을 들 수 있다. 자원의 유한성에 대한 인식은 '지속가능한 개발(sustainable development)'과 '인류의 공동유산(common heritage of mankind)' 개념 등을 통해 구체화됐다. 현재 세대뿐만 아니라 미래 세대까지도 지금의 자원을 통해 누리는 혜택을 그대로 누릴 수 있도록 하자는 국제사회의 컨센서스가 이뤄져 있다.

그러나 최근 생물자원 분야에서는 불법 비보고 비규제(illegal, unreported, unregulated : IUU) 어업이 국제사회의 골치거리로 등장하고 있다. 일부 연안국과 원양어업 국가의 남획이 생태계 자체를 위협하고 있어 국제사회는 이에 적극적으로 대응하고 있다. 2009년 6월 뉴욕에서 개최된 제19차 유엔 해양법 협약 회의에서도 이 문제가 주요 의제로 논의됐다. 또한 국제 심해저 기구(International Seabed Authority)는 심해저 생태계 보존과 광물자원 개발과의 조화를 위해 많은 노력을 기울이고 있다. 국제 심해저 기구 법률 기술위원회는 카플란 프로젝트(Kaplan Project)[6]의 후속 조치로 생태계 보전과 균형을 유지하기 위해 태평양 주요 단괴(main nodule) 지역에서 심해저 개발을 유보하는 방안을 적극적으로 검토하고 있다.

한편, 해양자원은 유한성에도 불구하고, 육지 자원과 비교해 개발 잠재력이 무궁무진하다. 최근 자원개발과 이용으로 인한 환경문제가 제기됨에 따라 무공해 대체 에너지로 눈을 돌리고 있고, 상당 부분 실용화되고 있다. 조력, 파력, 풍력 및 해류 발전을 통한 에너지는 미래의 주요 에너지가 될 것이라는 전망이다. 특히 해양 신 재생에너지는 지구의 70%가 해양이라는 측면을 고려해보면 개발 여하에 따라 지속적으로 공급받을 수 있는 에너지 원일뿐만 아니라 인류가 꿈꾸는 친환경 그린 에너지다. 세계적으로 기후변화에 대응하고, 청정에너지 개발을 위해 2025년까지 총 45조 달러가 투자될 것으로 예상되고 있다.[7] 이는 해양자원에 대한 잠재력이 그 만큼 크다는 것을 의미한다.

### 3. 동북아 해양자원 '삼국지'

각국은 자원 확보를 위해 '소리 없는 전쟁'을 치루고 있다. 이제 격전장이 해양으로 확대되고 있다. 미국, EU 등 해양 강대국들은 해양 신 재생에너지를 포함한 해양자원 개발 계획을 적극 추진하고 있다. 자국의 EEZ 및 대륙붕뿐만 아니라 해외 해양자원 확보에 사활을 걸고 있다. 최근 200해리 너머 대륙붕을 확보하기 위해 2009년 12월 현재 80개국 이상이 51건의 최종문서와 43건의 예비문서를 제출했다. 그러나 남사군도, 포클랜드 지역과 같이 도서 영유권 분쟁이 있거나 해양 경계 미 획정지역에서는 연안국 간 갈등의 불씨가 꺼지지 않고 있다.

| 중국 | 동북아로 눈을 돌리면 우리나라를 포함해 중국·일본 역시 동북아 삼국지라고 불릴만한 치열하게 자원 확보 경쟁을 벌이고 있다. 중국은 근해와 대륙붕 지역의 석유 매장량이 250억 톤, 천연가스 매장량이 14조$m^3$에 달하는 것으로 조사됐다. 지역으로는 발해만과 동중국해 및 남중국해 북부 해역을 중심으로 석유

및 천연가스 개발에 박차를 가하고 있다. 이런 가운데 해양경계 획정을 놓고 갈등을 빚고 있는 중국과 일본은 2008년 6월 동중국해의 핑후, 춘샤오, 텐와이텐 지역의 자원 공동개발에 합의했다. 가스 하이드레이트는 남중국해 북부 지역에서 185억 톤의 석유와 맞먹는 생산 잠재력이 있는 것으로 조사됐다. 2015년까지 상용화를 목표로 개발이 진행되고 있다. 중국은 프랑스, 러시아, 일본, 인도에 이어 다섯 번째로 국제 심해저 개발국으로 등록됐다. 현재 남태평양 클라리온-클리퍼톤 구역에 7만 5,000km²의 배타적 탐사권과 우선 상업 채굴권을 획득했다. 상해 양산항 동해대교 인근지역에 해상풍력 발전단지를 건설하는 등 해양 신 재생 에너지 개발에도 박차를 가하고 있다.[8]

해외 해양자원개발은 시노펙, 페트로차이나, 중국해양석유공사 등 3대 국영기업을 중심으로 동부 아프리카, 앙골라, 나이지리아, 인도네시아, 미얀마, 호주 등의 EEZ에서 해저석유자원을 공동으로 개발하고 있다.

|그림 3-1| 일본 주장 해양 관할권

자료 : 일본 해상보안청 해양정보부

| 일본 | 일본은 자국 육지 면적의 12배에 해당하는 총 447만 평방킬로미

터에 대한 해양 관할권을 주장하고 있다. 면적으로 볼 때 세계에서 여섯번째로 넓은 해양영토를 갖고 있는 셈이다.

　　일본의 해양자원 개발은 다른 국가보다 더욱 체계적이다. 2007년 4월 해양기본법을 제정했고, 2008년 3월에는 해양기본계획을 수립했다. 2009년 3월에는 '해양 에너지·광물자원 개발계획'도 발표했다. 특히 종합해양정책본부라는 총괄기관을 통해 경제산업성 및 관계 기관의 이해관계를 조율하고 있다. 일본의 해양자원 개발은 EEZ 내 석유 및 천연가스 개발에 초점이 맞춰져 있으며, 가스 하이드레이트 및 해저열수광상 광물에 대해서는 향후 10년 후 상업화를 목표로 개발이 진행되고 있다.

|그림 3-2| 일본의 해양자원 개발 계획

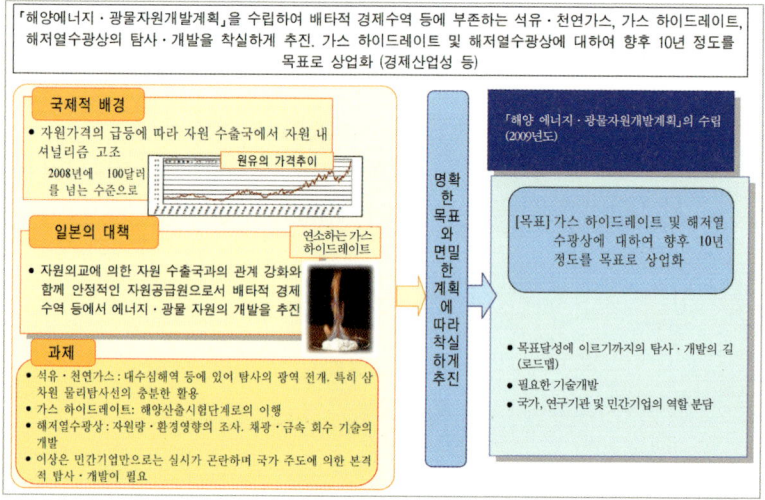

자료 : 일본 종합해양정책본부

　　일본은 해양 청정 에너지 개발에도 적극 나서고 있다. 해양기본법과 해양기본계획에 따라 지구 온난화 대책과 함께 에너지 자급률을 높이기 위해 해상풍력, 온도차, 파력, 조력, 해양 바이오매스 등과 같은 신 재생에너지 개발에 박차를 가하고 있다.

한편, 막대한 해양자원이 묻혀 있는 남태평양 도서국에 대한 협력과 지원도 남다르다. 2009년 5월 22일에 개최된 제5회 '태평양·섬 정상회담'에서는 '태평양 환경 공동체' 설립을 선포하고, 3년 동안 태평양 도서국들에게 500억 엔을 지원하기로 결정했다. 이 가운데 68억 엔은 기금을 조성해 태양광 발전 시설 및 해수 담수화 장치 등을 남태평양 도서국에 설치하는 것으로 되어 있다.

| 우리나라 |   우리나라는 '해양자원개발 중·장기 실천계획'에 따라 EEZ와 해외에서 해양광물자원과 가스 하이드레이트 개발에 나서고 있다. 지식경제부는 2009년 2월 '제1차 해저광물자원개발 기본계획('09~'18)'을 수립했다. 이는 국내 대륙붕에 부존하는 석유·천연가스 등을 효율적이고 합리적으로 개발하기 위한 10년 계획이다. 1970년 '해양광물자원개발법' 이래 처음으로 국내 대륙붕 개발을 체계적으로 추진하기 위해 수립된 종합계획이라는 점에서 의미가 크다.

국토해양부와 한국해양연구원은 국내 EEZ 해양광물자원 조사를 1997~2008년까지 제1단계, 2009~2015년까지 제2단계 사업으로 진행하고 있다. EEZ 해양광물자원 매장량을 확인하고, 이를 효율적으로 개발·관리하기 위한 DB 구축과 기술개발을 목표로 하고 있다. 2007년 12월 기준으로 우리나라는 해외에 10개의 생산광구, 3개의 개발광구, 26개의 탐사광구, 14개의 운영권 사업 및 8개의 공동운영광구를 갖고 있다. 심해저 분야에서 우리나라는

1994년에 세계에서 7번째로 국제 심해저 기구로부터 태평양 공해 상의 클라리온-클리퍼톤(Clarion-Clipperton) 지역에 15만 평방킬로미터에 이르는 광구를 인준 받았다. 2008년 3월에는 남태평양 통가의 EEZ에서 약 2만㎢의 해저 열수광상 독점 탐사권을 확보했다. 개발이 본격화될 경우 앞으로 30년 동안 연간 30만 톤 정도의 광물을 채굴해 연간 1억 달러의 수입대체 효과를 거둘 수 있을 것으로 전망된다. 이를 위해 2009년 3월 민관 합동 '해저 열수광상 개발 사업단'을 발족해 3년간 240억을 투자하기로 했다.

|그림 3-3| 우리나라 해외 석유개발 광구현황

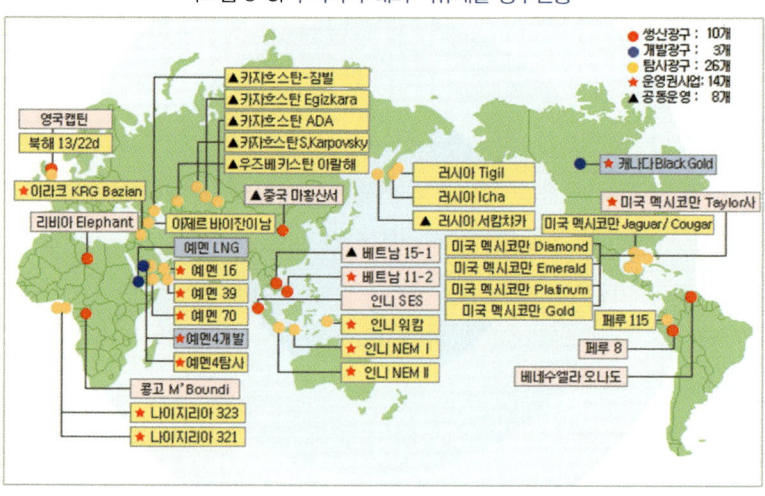

자료: 한국석유공사 홈페이지

## 4. 한·중·일 자원 개발 협력

해양자원 개발과 관련해 동북아 3국의 이해관계가 가장 첨예하게 대립하고 있는 곳은 동중국해 지역이다. 이 곳의 추정 원유 매장량은 250억 톤이다. 이는 2007년 우리나라가 수입한 전체 원유량 8억 7,000만 배럴의 216배인 1,833억 배럴에 해당한다. 또한 우리나라가 확보한 가채 매장량 22억 5,000만 배럴의 81배가 넘는 규모다. 이라크 전체 매장량 1,150억 배럴보다 훨씬 많다. 이 지역의 주요 원유 및 가스 생산지역은 핑후(平湖), 춘샤오(春曉), 텐와이텐(天外天) 일대다. 중국은 1994년 핑후 지역에서 처음으로 석유생산에 착수한데 이어 2005년과 2006년에 춘샤오와 텐와이텐에서 각각 생산에 들어갔다.

중국은 2000년대 들어 동중국해에서 원유 및 천연가스를 본격적으로 채취하면서 1,200km의 해상 파이프라인을 통해 상하이까지 운반하고 있다.[9] 최근 이 지역에 대해 중국과 일본이 공동 개발에 관한 합의에 도달함으로써 본격적인 개발이 이뤄질 전망이다. 문제는 이 지역의 공동개발에 우리나라가 배제되어 있다는 점이다. 이 때문에 중·일 공동 개발사업은 한·일 남부 대륙붕 공동 개발구역(JDZ) 및 대륙붕 제주도 남단의 제7광구에 대한 우리나라 관할권을 침해할 가능성이 높다. 앞으로 이 지역에 대한 갈등 수위가 고조될 것이라는 전망이 나오는 것도 이 때문이다. 이 지역은 중국을 비롯한 한 나라의 전속적 관할지역이라기 보다 한·중·일 삼국의 협력이 필요한 지역이다. 배타적 경제수역을 포함한 해양 경계 문제가 해결되고 있지 않은 이유도 협력보다는 자국 이익을 우선시 하고 있기 때문이다. 해양영토 확대에 대한 각국의 정책이 불협화음을 이루고 있지만, 다음과 같은 이유로 경쟁보다는 협력이 필요하다.

우선 해양자원은 육지자원과 환경조건이 상이하다. 한 나라의 대륙붕 석유개발은 타국 대륙붕의 석유자원에 영향을 미칠 수 있다. 특히 동중국해 롱징(龍井)의 경우 빨대효과에 따라 한·일 남부 대륙붕 공동개발구역(JDZ) 및 대륙붕 제주도 남단의 제7광구의 자원유출 가능성을 완전히 배제할 수 없다. 즉, 한 곳에서의 과도한 개발이 타국의 자원을 빼앗아가는 제로섬적 조건이라 부를 만하다. 따라서 동북아에서 삼국의 협력이 필요하다. 또한 자원개발이 환경변화에 미치는 영향이 크므로 오염방지를 위해 국가 간 협력도 반드시 필요하다. 마지막으로 막대한 개발비용, 과학조사 자료의 공유, 공동개발 및 투자를 통한 이익공유를 위해서도 동북아 지역에서의 3국간 협력이 절실하다.

노르웨이 국영에너지 기업 스타토일

# 심해 생물 자원
## 함께 지켜야 할 인류의 공동유산

### 1. 논의 배경

해양을 둘러싼 국제사회의 행보는 아이러니하게도 '경쟁'과 '협력'이라는 큰 틀 속에서 이뤄지고 있다. 1982년 유엔 해양법 협약이 채택된 이래 기존의 영해와 더불어 배타적 경제수역(EEZ), 대륙붕 등으로 확대된 국가 관할 영역 내에서의 '경쟁'과 공해와 심해저라는 국가 관할 영역 밖 지역에서의 '협력'이 글로벌 해양시대의 두 축을 형성하고 있다.

글로벌 해양시대에서 해양을 바라보는 시각 또한 변하고 있다. '무한경쟁을 통한 국익 확보'에서, '지속가능한 개발을 통한 국제사회 공익 확보'로 해양개발 추세가 이동하고 있다. 특히 심해저 유전자원 개발, 기후 변화에 대응하기 위한 이산화탄소 해양 처리기술 개발 등이 대표적인 사례다. 이와 더불어 국가 관할권 이원 지역[10]에서의 해양생물 다양성을 보호하기 위한 국가들의 협력도 강화되고 있다.

　　해양 생태계는 건전한 지구환경 유지와 이를 기반으로 한 인간의 풍요로운 삶에 지대한 영향을 미친다. 하지만 최근 인간의 무분별한 개발과 활동이 증가함에 따라 해양 생태계는 몸살을 앓고 있다. 문제는 국가 관할권 내 해양 생태계는 연안국의 보호가 어느 정도 이루어지고 있으나, 국가 관할권 이원의 경우 무관심으로 크게 망가져 가고 있다는 사실이다.

　　최근 국제사회는 심해저 해양 생물 다양성 보호에 많은 관심을 보이고 있다. 국가 관할권 이원에서의 해양 생물 다양성 보호 문제는 2004년 제5차 유엔 해양법 협약 당사국 비공식 회의를 통해 처음으로 논의된 이후, 국제 해양문제의 주요 이슈로 부각됐다. 그리고 현재는 실질적인 문제 해결을 위한 워킹그룹이 운영되고 있다.

|표 3-1| 유엔 해양법 협약 당사국 비공식 회의[11] 의제

| 회기 | 기간 | 주요 의제 |
| --- | --- | --- |
| - | 1999.11.24 | 유엔 총회 결의 54/33의 채택으로 비공식회의 설립 |
| 1차 | 2000.5.30~6.2 | 어업, 해양오염 |
| 2차 | 2001.5.7~11 | 해양과학기술, 해적과 해상 무장강도 퇴치를 위한 국제협력 |
| 3차 | 2002.4.8~15 | 해양환경보호 |
| 4차 | 2003.6.2~6 | 항행 안전, 해양 생태계 보호 |
| 5차 | 2004.6.7~11 | 국가 관할권 이원의 심해저 생물다양성 보호와 관리 |
| 6차 | 2005.6.6~10 | 지속가능한 개발 개념에서의 어업, 해양 폐기물 |
| 7차 | 2006.6.12~16 | 해양 생태계 관리 |
| 8차 | 2007.6.25~29 | 해양 생물 유전자원 |
| 9차 | 2008.6.23~27 | 해양 안보와 해양 안전 |
| 10차 | 2009.6.17~19 | 비공식회의를 중심으로 한 10년 활동 평가 |

자료 : 한국해양수산개발원

워킹그룹은 첫째, 유엔 및 관련 국제기구의 공해 해양생물 다양성의 보존과 지속가능한 이용을 위한 연구, 둘째, 과학·기술, 법·경제, 사회·환경 등 통합적 관점에서의 현안 검토, 셋째, 중요한 연구과제 선정과 이에 대한 로드맵 작성, 넷째, 국가와 국제사회의 실천 가능한 방안 모색에 대해 주로 논의하고 있다. 워킹그룹은 2006년 2월에 첫 번째 회의를 개최한 이후 1) 유엔 해양법 협약의 역할 제고, 2) 사전 예방적 생태계 접근방식 도입, 3) 이를 위한 가장 효율적인 과학방법 및 사전 환경영향평가 도입, 4) 불법·비보고·비규제 어업(illegal, unreported, unregulated : IUU) 방지, 5) 해양보호지역(MPA)과 같은 지역관리방안 마련 등을 핵심 이슈로 논의했다.

논의 결과, 국가 관할권 이원 해양지역의 관리가 필요하며, 유전자원을 비롯해 해양생물 다양성의 법적 지위에 대한 보다 깊이 있는 연구가 시급하다는 결론을 내렸다. 또한 이 지역에서의 생물다양성 보존과 지속가능한 이용을 위한 국가간 협력과 조정이 필요하다고 보았다. 따라서 현재 이 문제에 대한 국제사회의 주요 관심은 국가 관할권 이원 지역에서의 해양생물 다양성에 대한 인간의 활동이 환경에 미치는 영향을 검토하고, 이에 대한 최적의 관리방안을 찾는 데 초점이 맞춰지고 있다. 또한 국가 관할권 이원 지역의 해양유전자원을 효율적으로 관리하기 위한 국제 규범 마련도 중요한 과제로 등장하고 있다.

## 2. 해양 생태계 통합 관리 필요성

해양 생태계에 대한 인간 활동은 지속가능한 개발과 사전예

심해 생물자원 보호는 인류의 당면 과제다(갯민숭 달팽이류).

방원칙에 따라 중장기적인 관점에서 접근해야 한다. 그러나 최근 인간 활동은 무계획적이고, 무차별적으로 이뤄지고 있다. 현재 불법·비보고·비규제 어업을 포함한 남획, 선박 폐기물 등으로 야기된 해양오염, 해양광물탐사 및 개발, 기후변화, 외래종의 유입, 해양소음, 해양유전자원을 포함한 해양과학조사, 파이프 라인의 건설 등으로 야기된 인간 활동은 해양생태 환경을 더욱 악화시키고 있다. 물론 연안국을 중심으로 해양 생태계의 중요성을 인식하고, 통합적 해양 정책을 제시하면서 이에 대한 해결책을 마련하고 있으나 역부족이라는 평가가 나오고 있다.

　　　　해양은 원래부터 경계가 없었다. 국가들이 임의적으로 자신의 영토로서의 해양과 그렇지 않은 해양을 경계 지은 것뿐이다. 국가들이 영해와 EEZ를 중심으로 자국의 관할권 내 해양 생태계 보호에 심혈을 기울인다고 해서 글로벌 해양 생태계의 파괴와 이로 인한 영향에서 자유롭지 못하다. 국가 관할권 이원 지역에서의 국가간 노력이 중요하고, 통합적인 해양 생태계 관리 보호가 필요한 이유가 여기에 있다.

　　　　최근 원유 및 원자재 가격이 급등하면서 국가들은 해양자원개발을 위해 너나 할 것 없이 해양자원 개발에 뛰어들고 있다. 특히 대륙붕과 심해저를 중심으로 한 자원을 개발하기 위해 국가 간 경쟁이 본격화되고 있다. 이 같은 개발로 자연이나 해양 생물종이 훼손될 가능성 또한 커지고 있다. 2008년 6월에 개최된 유엔 해양법 협약 당사국 회의에서 사티야 난단(Satya Nandan) 국제해저기구 사무총장은 제14차 회의 결과와 활동현황을 보고하면서 향후 원자재 가격 상승에 따라 심해저에서 상업적인 광물자원 개발이 활발하게 이뤄질 것이라고 내다봤다. 그는 그 근거로 최근 다금속 단괴(polymetallic nodules)를 개발하기 위해 민간기업이 두 건의 사업승인을 신청했다고 밝혔다. 그리고 심해저 개발로 인한 해양 생물 다양성 보존을 위해 카플란 계획(Kaplan Project)이 진행되고, 국제 심해저 기구 법률기술 위원회를 중심으로 태평양 주요 단괴(main nodule) 지역에서 심해저 자원의 개발을 유보하는 방안을 면밀히 검토하고 있다고 밝혔다.

### 3. 관련 쟁점

국가 관할권 이원 지역에서의 해양생물 다양성 문제의 주요 쟁점은 크게 4가지다. 첫째, 인간 활동이 국가 관할권 이원의 해양 생물 다양성 환경에 어떠한 영향을 미치는지에 대한 분석이 필요하다는 점이다. 앞에서 언급한 카플란 계획은 최근까지 심해저 광물자원 개발로 인해 잠재적으로 생물 종에 미치는 영향과 단괴(nodule) 지역 내 종의 지리적 분포에 대한 구체적인 연구가 필요하다는 인식에서 시작됐다. 연구에 참여한 전문가들은 영향을 분석하는데 필요한 심해 생물의 표본이 부족하고, 이를 통합적으로 분석하는 연구기법에 문제가 있다는 점을 지적했다. 특히 기존 연구 방법이 DNA 분석법보다 형태학적(morphological) 방법을 선호함에 따라 영향을 분석하는 데 한계가 있었다고 지적했다.[12] 이 문제를 해결하기 위해서는 환경 영향 평가(Environmental Impact Assessment : EIA) 모델 개발을 통한 체계적 적용이 선행되어야 하며, 표준화된 모델을 통한 국가 간 환경 영향 평가 정보를 공유할 수 있어야 한다.

둘째, 지역 기반 관리체제(Area-Based Management Tools : ABMT)에 근거한 대응방안 마련 여부다. 이러한 관리체제는 해양활동 관리를 위한 사전 예방원칙(precautionary principle)과 해양보호구역(Marine Protected Areas:MPA)의 설정을 주요 내용으로 한다. 카플란 계획에서도 분석 대상지역인 클라리온-클리퍼톤 지역에서 심해저 광물자원 개발이 가속화될 경우 해양 생태계가 크게 훼손될 것이라고 전제한 뒤 이를 방지하기 위해 사전 예방원칙에 따라 해양보호구역을 설정해야 한다고 결론을 내렸다. 현재 국제해사기구(IMO), 국제심해저기구(ISA), 지역어업관리기구(RFMO) 등이 해양보호구역을 설정하기 위해 노력하고 있다. 그러나 해양보호구역이 해양 생태계를 보호하는데 실효적인 방안이 되기 위해서는 지역간 해양보호구역을 조정할 수 있는 네트워크의 수립하는 한편, 보호구역 설립에 따른 어업과 자원개발 위축에 따른 우려 해소가 선결과제로 대두되고 있다.

셋째, 국가 관할권 이원의 해양생물 다양성 보존과 관리를 위한 국가 간 협력과 조정문제다. 현재 유엔을 중심으로 지역어업관리기구, 북동대서양 해양환경 보호위원회(Commission for the Protection of the Marine Environment of the North-East Atlantic:OSPAR), 북동대서양어업위원회(North East Atlantic Fisheries Commission:NEAFC) 등이 국가 차원에서 협력사항을 조율하고 있다. 이들 국가간 기구는 특히 심해저 탐사 등 해양과학 연구에 있어 국가간 능력의 차이를 고려해 선진기술을 후진국에 이전하는데 초점을 맞추고 있다. 그러나 지역기구를 중심으로 한 협력은 비용과 업무의 비효율성 문제를 야기할 수 있어 유엔 등 보편적인 기구를 중심으로 논의를 이끌어 나가야 한다는 비판도 제기되고 있다.

넷째, 국가 관할권 이원의 해양생물 다양성 보호를 위한 국제사회의 법제도 정비문제다. 남극의 경우 심해저와 마찬가지로 인

말미잘에 의지하고 있는 흰동가리돔 I (필리핀 아닐라오지역)

류 공동 유산(Common Heritage of Mankind) 개념이 도입되어 국가의 영유권 주장이 동결됐다. 그리고 물개 보존협약(CCAS), 남극 광물자원활동의 규율에 관한 협약(CRAMRA), 남극 해양생물자원보존위원회(CCAMLR)와 같이 생물자원에 대한 보호협약[13]이 체결되어 있다. 심해저 해양자원을 보호하기 위해서는 이 같은 법적 장치가 필요하다는 주장이다. 전문가들은 따라서 원자재 가격 급등과 희귀자료 부족으로 심해저 자원개발이 가속화 될 것으로 보여 남극에서와 유사하게 심해저 생태계 보호에 관한 법제도 정립 작업이 시급하다고 지적하고 있다.

그러나 생태계 자원 보호와 자원개발 사이에 본격적인 힘겨루기가 시작되면 국제법 체제 정비는 당분간 힘들 것이라는 전망도 나오고 있다. 2008년 4월에 열린 해양생물 다양성 보존에 관한 실무작업반 회의에서도 국가 관할권 이원지역의 해양생물 다양성

말미잘에 의지하고 있는 흰동가리돔 II

보존 문제와 심해 해양 유전자원의 처리문제가 주요 의제로 상정됐다. 여기서 미국, 일본, 노르웨이 등은 공해자유의 원칙에 따라 해양탐사 활동과 개발의 자유가 허용되어야 한다는 입장을 강력하게 주장했다. 이에 반해 개발도상국들은 심해 광물자원과 유전자 자원 등은 인류 공동 유산이므로 탐사와 개발로 인한 정보와 이익이 공유돼야 한다는 입장을 표시했다.

### 4. 향후 과제

남극과 달리 심해저에 대한 해양 생태계 보존 논의는 비교적 최근에 시작됐다. 기후변화가 해양 생태계에 미치는 영향이 크다는 우려가 확산됐기 때문이다. 이에 따라 국제사회는 심해저 자원 개발로 인한 해양 생태계 파괴가 현실화되기 이전에 협력과 공동대응이 절실하다는데 인식을 같이 하게 됐다. 이를 위해서는 우선 국가 관할권 이원 지역의 해양생물 다양성 보존과 지속가능한 이용과 관련한 국제규범을 제정해야 하고, 또한 효율적인 이행 수단을 마련해야 한다. 이를 토대로 효율적인 환경영향평가 실시, 해양보호구역(MPA)의 설정, 지역 기반 관리체제(ABTMs) 개발과 같은 문제들에 대해 국가들이 지혜를 모아 해결책을 내놓아야 한다. 선진국과 개도국 사이에 가로놓여 있는 첨예한 이해관계를 조정하고, 개도국에 대한 해양과학기술 이전 문제도 시급히 해결해야 할 과제다. 우리나라 역시 심해저 해양유전 자원 문제와 생명공학(MT), 그리고 심해저 광물 개발사업 등에 이해 관계가 얽혀 있다. 향후 국제사회의 논의에 우리나라의 입장을 지속적으로 반영하는 것이 중요하다.

# 해양 심층수 개발
## 나를 더 이상 물로 보지 마라

### 1. 커지는 물 산업

　최근 들어 해양 심층수가 각광받고 있다. 지자체들이 경쟁적으로 해양 심층수 개발에 뛰어들고 있다. 해양 심층수로 만든 음료수 병을 하나씩 들고 다니는 광경은 이제 낯설지 않다. 해양 심층수 개발이 서서히 궤도에 오르고 있는 것이다.

　과거 대동강 물을 팔았다는 봉이 김선달 얘기를 하나의 우숫개 소리로 치부하던 시대는 지났다. 이제 물을 팔아 장사를 하는 '블루골드' 시대에 접어 들었다. 세계적인 물 부족 현상과 수질오염 악화로 식수난이 계속되면서 사람들이 안심하고 먹을 수 있는 물 확보가 국가의 생존을 결정짓는 중요한 변수로 떠올랐다. '물 안보' 시대가 도래한 것이다. 이는 바꿔 말하면 물 전쟁이 시작되었음을 의미한다.

유엔 자료에 따르면, 세계 물 부족 인구는 2004년 기준으로 10억 명에서 2025년에는 30억 명, 2050년에는 50억 명에 이를 전망이다. 세계 대도시의 물 인프라 노후화는 특히 심각하다. 중국, 남미, 동유럽 국가들은 산업화에 따른 산업폐수 및 생활하수 등의 수질 악화를 경험하고 있다.[14]

세계 물 포럼(World Water Forum)에 따르면, 전쟁으로 인한 사망자의 10배에 해당하는 500만 명 이상이 매년 수인성 질병으로 사망하고 있다. 이에 따라 깨끗한 식수를 확보하는 것은 개인의 문제가 아니라 국가의 문제로 대두됐다. 이것이 바로 전 세계적으로 물 산업이 발전할 수 있는 주요 동력이 된 이유다. 2007년 현재 세계 물 산업의 시장규모는 약 2,745억 달러에 이르는 것으로 추산되고 있다. 연평균 6% 안팎의 성장을 거듭해 2010년에는 그 규모가 3,181억 달러로 커질 전망이다.

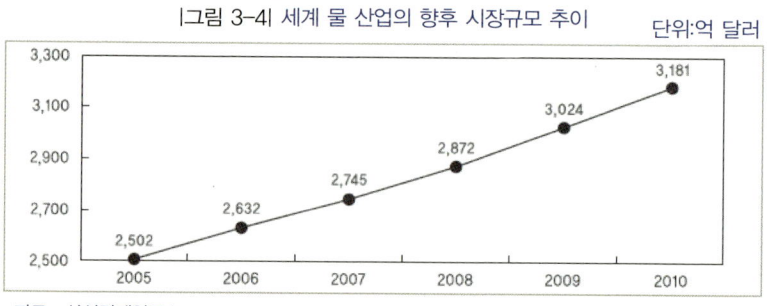

|그림 3-4| 세계 물 산업의 향후 시장규모 추이

자료 : 삼성경제연구소

우리나라의 경우 1995년 먹는 샘물의 시판을 허용한 이래 수질오염 악화 및 수돗물에 대한 불신으로 물 산업 규모가 매년 10% 이상 성장하고 있다. 정부는 현재 세계적 수준의 물 산업 강국

구현이라는 비전 아래 2005년 기준 약 11조원 정도인 국내 시장 규모를 오는 2015년까지 20조원 이상으로 키운다는 방침이다. 또한 세계 10위권에 드는 기업을 2개 이상 육성한다는 내용 등을 담은 '물 산업 육성 5개년 세부 추진 계획'을 2007년 7월에 발표했다.

## 2. 해양 심층수

새로운 물 산업의 블루칩은 단연 해양 심층수(deep sea water)다. 일반적으로 해양 심층수로 인정받기 위해서는 다음의 요건을 갖춰야 한다. 우선 표층수가 아닌 일정 수심 이하에 존재하는 바닷물이어야 한다. 둘째, 인류에 필요한 에너지 및 각종 유용한 물질이 일정 수준 이상 함유하고 있어야 한다. 셋째, 인류에게 효용성을 가

해양 심층수 취수 방법

져다 줄 수 있는 유용한 자원이어야 한다.[15] 이러한 요건에 따라 해양 심층수를 정의하면, 광합성에 필요한 태양 광선이 닿지 않는 약 200미터 이하의 깊은 수심에 있어야 하고(1 요건), 수온이 연중 2℃ 이하로 안정되어 있는 청정한 해수를 말한다. 인체의 필수 영양분인 마그네슘, 칼슘 등 미네랄이 풍부하게 포함하고 있어(2 요건) 미래 물 부족문제를 해결해 줄 수 있는 대안으로 떠오르고 있는(3 요건) 해저 깊은 물로 요약할 수 있다.

해양 심층수는 그린랜드 근처의 빙하가 녹으면서 밀도가 커진 물이 해저로 가라앉아 대서양, 인도양, 태평양을 순회하는 것으로 알려져 있다. 우리나라의 경우 동해는 표면적이 30만 평방킬로미터에 달하며, 평균 수심이 1,500미터로 깊은 반면, 대양과 연결된 곳은 좁은 그릇 모양의 바다이다. 이에 따라 북태평양으로부터 해양 심층수가 유입될 뿐만 아니라 동해 내부에서 순환하는 형태를 띠고 있다.[16] 해양 심층수는 아래 표와 같이 표층수에 비해 상대적으로 저온이며, 안정적이고 영양이 풍부할 뿐 아니라 청정한 해수로서의 특성을 갖고 있다.

|표 3-2| 해양 심층수의 특성

| 구 분 | 특 성 |
| --- | --- |
| 저온안정성 | · 태양 광선이 도달하지 않는 심해저에 위치하고 있어 수온이 안정되어 있음 |
| 부영양성 | · 해양 생산력의 기본인 초산염, 인산염 등 무기영양염이 풍부함 |
| 청정성 | · 대장균 및 일반세균에 오염되어 있지 않음<br>· 해양성세균수도 표층수와 비교해 아주 적으며, 육지수 및 대기로부터 화학물질에 의한 오염에 노출될 기회도 적음 |
| 숙성성 | · 수압 20~30 기압 이하에서 오랜 기간 형성되어 성질이 안정됨 |
| 미네랄특성 | · 필수 미량원소 및 다양한 미네랄이 균형적으로 포함되어 있으며, 해양 심층수 특유의 용존상태에 원소도 규명되어 있음 |

자료 : 김정봉 외, '해양심층수 개발 및 활용을 위한 법제화 검토연구', 한국해양수산개발원, 2003. 12

해양 심층수는 그 활용 분야도 다양하다. 물 자체로는 수산, 에너지, 농업, 미용 및 의료분야에 사용될 수 있다. 해양 심층수 추출물을 식품, 미용, 의료, 건강식품 등에 활용하고 있는 것도 이 때문이다. 앞으로 많은 기업들이 해양 심층수 개발에 참여할 것으로 예상됨에 따라 이러한 활용분야는 더욱 다양해질 것으로 기대되고 있다.

|표 3-3| 해양 심층수의 형태별 이용 분야

| 구 분 | | 분 야 |
|---|---|---|
| 물 자체 이용 | 원수 | · 수산 : 사육수 수온조정, 냉각수, 제빙<br>· 에너지 : 목욕수, 취사<br>· 농업 : 시설재배, 온도제어, 영양액 재배<br>· 의료 · 미용 · 건강 : 아토피성 피부염, 화장수, 해양요법 |
| | 농축액 | · 식품 : 발효식품, 염건품 등<br>· 의료 · 미용 · 건강 : 화장품, 해양요 |
| | 탈염수 | · 식품 : 미네랄워터, 청량음료, 발효식품, 염건품<br>· 의료 · 미용 · 건강 : 화장수, 생리활성수 |
| | 고미네랄수 | · 수산 : 어획물의 선도유지, 얼음<br>· 농업 : 영양액 재배, 토양개량, 토양 냉각<br>· 식품 : 각종음료, 발효식품, 두부<br>· 의료 · 미용 · 건강 : 화장품, 제약 |
| 추출물질 이용 | 소금 | · 식품 : 가정용식염, 발효식품, 염건품, 절임, 과자용<br>· 의료 · 미용 · 건강 : 화장수, 해양요법 |

자료 : 김정봉 외, '해양심층수 개발 및 활용을 위한 법제화 검토연구', 한국해양수산개발원, 2003. 12

## 3. 외국의 개발 사례[17]

해양 심층수의 원조는 미국이다. 1972년 카리브 해의 센트 크로이 섬 수심 870미터에서 하루 360톤의 해양 심층수를 취수한 것이 효시였다. 처음 시작은 1970년대 후반 석유 위기에 대한 대체

해양 심층수 산업은 '블루 골드' 라 불린다

에너지 개발 차원에서 진행됐다. 그 후 1990년대 들어 일본을 중심으로 식품이나 화장품 등으로 연구가 확대·진행됐다. 현재 해양 심층수 개발에 성공한 나라는 우리나라를 포함해 미국, 일본, 노르웨이, 대만 정도로 알려지고 있다. 이는 해양 심층수 개발에 고도의 해양과학 기술이 필요하기 때문이다.

일본의 해양 심층수 개발은 1976년 해양과학기술센터의 기술개발에서 출발한다. 이후 1984년에 육상형·해상형 등의 해양 심층수 이용 기술의 개념 검토가 이뤄졌다. 1986년부터는 과학기술청 주관으로 '해양 심층 자원의 유효 이용 기술 개발에 관한 연구'가 5개년 계획으로 시작됐다. 일본 해양 심층수 사업의 특징은 중앙 정부 내지 지방정부는 물론 지역시민의 적극적인 참여를 통해 산학이 연대해 지역 활성화를 도모했다는 데 있다.

일본에서의 해양 심층수 연구를 추진 단계별로 구분하면, 초기단계, 기초 연구단계, 실용화 연구 단계 및 성과 확산 단계로 구분된다. 전반적인 연구 및 개발의 흐름은 초기단계에서는 중앙 정부 주도에 의한 연구에서, 실용화 단계가 고도화함에 따라 지방 정부 주도로, 그리고 민간으로 연구개발이 이전되어 가는 형태를 띠고 있다. 일본에서 해양 심층수가 처음으로 음료수로 개발된 것은 1996년이다. 당시 고치현은 일본 후생성에서 식품첨가물로 허가를 받아 음료수로 개발했다. 2002년 12월에는 공정거래위원회가 음용 해양 심층수의 표시에 대한 법규를 제정했다.

미국은 오일 쇼크 이후 대체 에너지 개발을 위해 1974년 하와이 자연에너지 연구소(Nature Energy Laboratory of Hawaii : NELH)를 설립했다. 이 연구소는 1990년에 하와이 자연에너지 연구기구(Nature Energy Laboratory of Hawaii Authority : NELHA)라는 새로운 조직으로 탈바꿈하면서 해양 심층수 상용화에 적극 나섰다. 이때부터 해양 심층수를 이용한 새우, 전복 등의 수산양식, 미세 조류 배양에 의한 유용물질의 생산, 건강식품 개발 등 13개 기업이 사업화에 성공했다. 이 같은 제품에서 연간 약 200억 원 이상의 수익을 거두고 있다. 미국의 해양 심층수 연구는 초기에는 온도 차에 대한 연구가 주를 이뤘으나, 현재는 상업적 규모의 수산양식 사업과 미세 조류배양 사업 분야에 연구가 집중되고 있다. 또한 신약 및 생리 활성물질 추출에 성공함으로써 다양한 제품이 생산되어 시판되고 있다.

노르웨이는 주로 피요르드 해양에 서식하는 생물자원의 생산을 늘리기 위해 해양 심층수 개발에 착수했다. 해양 심층수를 이용해 대구와 연어, 송어, 광어 등의 안정적인 사육과 사육 효율화를 도모한다는 것이다. 특히 베르겐 대학 해양 생물학부와 국립 해양 연구소를 중심으로 수심 35미터 지점에서 발견된 저층 해수가 해양 심층수와 동일한 특성(수온 7~8℃, 염분 농도 3.4%로 안정, 병원균이 적고 영양염이 많음)을 보이고 있어 이를 활용하는 연구에 집중하고 있다.

### 4. 우리나라 개발 사례

현재 국내 해양 심층수 산업의 시장규모는 2010년 기준으로 약 5,700억원이다. 생산 유발효과, 부가가치 유발효과, 취업 유발효과까지 고려하면 그 규모는 각각 1조 556억원, 4,379억 원, 9,311명으로 커진다.[18] 앞으로 물 산업이 발전하면서 이러한 시장규모는 더욱 확대될 전망이다. 우리나라의 해양 심층수 개발은 해양수산부(현 국토해양부)를 중심으로 이뤄졌다. 해양수산부는 2001년 당시 강원도 고성군 앞바다에서 해양 심층수 개발에 들어갔다. 이 곳에 해양 심층수 시범산업단지를 조성했다. 또한 산·관·연이 합동으로 '해양 심층수 사업화 협의회'를 구성하는 등 정책적인 차원에서 해양 심층수 개발을 적극 지원했다. 이에 따라 2007년에 8개의 식품, 주류 및 제약회사들이 해양 심층수 시장 선점을 위해 제품을 개발하고, 일부는 시판에 들어갔다.

한편, 우리나라는 2007년 '해양 심층수 개발 및 관리에 관한 법률'을 제정(2008년 2월 일부 개정)하는 등 해양 심층수 개발에 관한 제도적 장치도 마련했다. 이 법률은 총 8장 58개조로 구성되어 있는데, 5년마다 해양 심층수 기본계획을 수립하도록 규정하고 있는 것이 특징이다. 또한 해양 심층수 개발이 해양환경 보호에 미치는 영향을 고려해 국토해양부장관이 일정한 요건 하에 개발을 제한하

해양 심층수 제품 전시장

도록 하고 있다. 또한 지정된 취수해역 안에서의 해양 심층수 개발 면허와 개발계획을 국토해양부장관에게 인가를 받도록 규정하고 있다.

　　2009년 9월 국토해양부는 이 법률을 일부 개정하기 위해 입법예고 했다. 경쟁 관계에 있는 먹는 샘물에 대한 수질개선 부담금이 대폭 인하됨에 따라 부담금 간 형평성을 유지하기 위해 해양 심층수의 개발 및 관리에 관한 법률 시행령을 개정하려는 것이 주요 이유다. 2007년 발표된 '물 산업 육성 5개년 세부 추진계획'도 해양 심층수 개발에 도움을 주고 있다. 이 계획에 따라 우리나라는 2008~2012년까지 해양 심층수에 대한 기능성·안전성 등에 대한 조사·연구를 강화하는 한편, 관련된 기술 개발을 지원하고 있다. 또한 해양 심층수에 대한 별도의 수질 기준을 마련하고, 해양 심층수의 조기 산업화를 촉진한다는 계획이다.

# 공해 불법 어업
## 임자 없는 물고기가 어디 있으랴!

### 1. 공해 어장 축소

1994년 유엔 해양법 협약의 발효로 연안국의 관할수역이 크게 확대됐다. 상대적으로 공해수역은 대폭 줄어 들었다. 배타적 경제수역(EEZ)의 도입으로 연안국의 어업수역은 200해리로 넓어진 반면, 공해의 어업활동 영역은 그만큼 줄어들게 됐다. 이는 곧 공해에서의 한정된 어업자원을 놓고 국가 간 치열한 경쟁을 한다는 것을 의미한다. 이에 따라 남획이라는 국제사회의 골치거리가 등장했다. 이런 의미에서 일명 IUU 어업이라고 불리는 공해에서의 불법·비보고·비규제 어업(illegal, unreported and unregulated fishing) 규제를 위한 국제사회의 노력이 보다 활발히 이뤄지게 됐다.

IUU 어업에 대한 규제는 1970년대부터 시작됐다. 어업자원 고갈이 주요 현안으로 등장했기 때문이다. 세계식량농업기구(FAO)

외국 선박의 불법 조업

에 따르면, 지구 해양생물 자원의 50%가 고갈된 것으로 나타났다. 나머지 25%는 과도 개발되었으며, 또 다른 나머지 25%는 적정수준 보다 높은 어획 압력을 받고 있는 것으로 조사됐다.[19] 이는 남획방지뿐만 아니라 지속가능한 개발 개념에 입각해 공해 어업자원을 체계적으로 관리해야 하는 필요성을 보여주는 것이다.

이후 공해 생물자원·생태계 관리라는 보다 폭넓은 범위에서 IUU 어업 규제문제가 FAO에서 본격 논의되기 시작했다. FAO는 1965년에 수산위원회(COFI)를 설치해 농업뿐만 아니라 수산분야에서도 가장 권위를 인정받고 있는 국제기구로 국제수산규범을 창설하는데 앞장 서 왔다. 특히 FAO는 IUU 어업이 수산자원을 고갈시키는 주요 원인이라는데 인식을 같이하고, 1995년 책임있는 수산업 행동규범(Code of Conduct for Responsible Fisheries)을 제정했다. 2001년에는 불법어업방지를 위한 국제행동계획(International Plan of Action-Illegal, Unreported, Unregulated)을 제정하는 등 IUU 어업규제에 적극 나서고 있다. 지역 차원에서는 EU가 IUU 어업 방지에 많은 노력을 기울이고 있다. EU는 IUU 어업을 효과적으로 통제하기 위해 2010년 1월 1일부터 어획인증서(catch certification)를 부착한 수산물만 수입할 수 있도록 결정했다.[20]

## 2. IUU 어업의 의미

IUU 어업에는[21] 3가지 의미가 들어 있다. 불법(Illegal) 어업은 지역 수산기구 내에서 협약을 지킬 의무가 있는 회원국이 관련 의무를 위반하는 조업 형태를 말한다. 비보고(Unreported) 어업이란 협약상의 보고사항을 보고하지 않거나 허위로 보고하는 조업을 의미한다. 비규제(Unregulated) 어업은 협약의 규제를 받지 않는 비회원국의 어업활동을 가리킨다.[22]

이 문제는 1995년 수산업 규범과 유엔 공해어업 협정이 채택된 이후 1997년 남극 해양생물 자원 보존위원회 상임위원회의 의제 중 하나로 다뤄지기 시작했다. IUU 어업 개념의 등장은 불법 어업 등으로 전 지구적으로 자원관리가 불가능해지고, 어족자원의 고갈이 심화되고 있다는 인식에 따른 것이다. 이것은 다시 말하면, 국제사회가 불법 어업뿐만 아니라 비보고, 비규제 어업도 불법어업과 마찬가지로 자원의 지속적인 이용에 장애를 초래하고 있으며, 규제의 대상으로 인식하였다는 것을 보여주는 것이다.[23] 그리고 이러한 노력은 2001년 FAO의 'IUU 어업 방지 및 근절을 위한 국제행동계획'(이하 국제행동계획)으로 결실을 맺게 됐다. 이 계획은 체약국의 자발적인 이행을 전제로 각국으로 하여금 국가이행계획(NPOA)을 수립해 시행할 것을 의무화하고 있다. 또한 국제수산기구가 강행규범으로 도입하면 그 자체로서 강제력을 갖게 되는 것이 큰 특징이다.[24] 국제행동계획은 모두 7개 부분 93개 조문으로 되어 있는데, 핵심적인 부분은 IUU 어업 방지를 위한 이행조치와 연안국 및 기국의 책임에 관한 내용이다.

## 3. IUU 어업 방지 대책

'국제행동계획'의 핵심은 앞에서 예로 든 것처럼 모든 국가의 책임(all state responsibilities), 기국 책임(flag state responsibilities), 연안국의 조

치(coastal state measures) 및 항만국 조치(port state measures), 국제 시장 관련 조치(internationally agreed market-related measures) 등을 규정한 데 있다. 즉, IUU 어업에 대한 규제조치를 관련 국가별로 구체적으로 규정함으로써 IUU 어업 근절에 대한 실효성 있는 이행방안을 마련했다.

이 계획은 제4조에서 '자발적(voluntary)'이라는 단서를 달면서 각 국가의 이행을 법적으로 강제하지는 않았다. 다만, 이 계획은 각국이 FAO의 수산 관련 국제협정을 비준하고, IUU 어업 규범을 국내 입법하도록 권고하고 있다. 나아가 3년 안에 자체 이행계획을 세우도록 명시하고 있다. 이는 비록 각국에 강제력을 부여하고 있지 않았지만, 그 권고의 내용이 매우 구체적이고, 이에 대한 이행계획까지 마련하도록 하고 있다는 점에서 자발적인 이행이 불가피한 측면이 있다. 특히 항만국이 입항하는 타국의 어선에 대해 자국 수역 밖에서 일어난 IUU 어업 문제로 승선 및 검색을 할 수 있도록 한 것은 매우 이례적이다. 왜냐하면 국제법의 관할권 이론에 비춰보면 타국 국적을 갖고 있는 어선이 제3국 수역에서 행한 IUU 어업에 대해 항만국은 관할권을 갖지 못하기 때문이다.[25]

우리나라도 이 계획에 대한 구체적인 이행조치를 마련하는 한편, 제25조의 이행권고에 따라 2005년에 국내이행계획을 수립했다. 또한 이러한 IUU 어업 방지 규범 강화 및 재정비를 바탕으로 FAO 및 지역 수산기구와의 협력과 네트워크를 더욱 강화해야 한다. 특히 글로벌 수산기지 건설을 통해 해외어장에 진출하기 위해서는 IUU 어업 방지를 위한 국제 규범과 진출국의 국내 규범에 대한 이해도를 높여야 한다. 또한 진출국에 대한 어업 인프라 구축, 전문인력 양성 등을 위한 지원 프로그램 마련이 필요하다.

|표 3-4| 국제행동계획의 주요 이행조치

| 주 체 | 협정 조문 | 주요 내용 |
|---|---|---|
| 모든 국가 | 제10~33조 | · 국제협정에의 비준 및 가입<br>· IUU 어업규범의 국내이행 입법 조치<br>· 국내 이행계획의 수립<br>· 무국적선 어업에 대한 조치<br>· IUU 어선의 감시 및 통제<br>· 국가 간 협력<br>· 국제행동계획 이행을 위한 기술 확보 |
| 기국 | 제34~50조 | · 자국어선 및 용선의 IUU 어업종사 금지<br>· 선박등록 및 허가<br>· 어업 기록 |
| 연안국 | 제51조 | · 타국 및 지역 수산관리기구와의 협력<br>· EEZ 내에서의 어업활동 감시 및 통제<br>· 자국 연안 선박 내 어업허가증 발급<br>· IUU 어업 어선의 자국 영역 내 입어 방지 |
| 항만국 | 제52~64조 | · 입항 선박의 IUU 어업종사여부 확인 위한 정보요구 및 승선·검색<br>· 기타 연안국과 지역 수산기구와의 협력<br>· IUU 어업을 통한 어획물의 양륙과 전재를 금지 |
| 국제시장참여국 | 제62~76조 | · IUU 어업물의 자국 내 수입 및 유통 금지<br>· 어류 및 어류제품의 추적을 위한 시장 투명성 유지<br>· IUU 어선과의 시장거래 금지<br>· 어류 및 어류제품에 대한 국제표준 마련 |
| 지역수산기구 | 제74~84조 | · IUU 어업 혐의 비회원국 어선 시정조치 권고<br>· 비회원국들의 지역 수산기구와의 협력 |

자료 : 세계식량농업기구(FAO), 국제행동계획

## 4. 우리나라 대응

우리나라는 2005년 당시 해양수산부(현 국토해양부)가 국제적인 불법어업 규제 노력에 적극 참여하기 위해 2001년 3월 국제식량농업기구(FAO)가 채택한 IUU 어업을 방지하기 위한 국제행동계획(IPOA-IUU)을 수용했다. 정부 계획에 따르면, 구체적으로 IUU 어업을 효과적으로 근절시키기 위해 제재기준을 엄정히 집행하고, 처벌 기준의 적정성을 주기적으로 검토해 실효성을 높일 계획이다. IUU 어선에서 어획물의 전재를 금지하는 등 IUU 어선을 효과적으로 제재하기 위해 국제수산기구와도 협력을 강화해 나가기로 했다. 아울러 우리나라 항만에 입항하는 어선에 대해 IUU 어업의 가담 여부를 확인·감독하기 위해 항만국 통제를 실시할 수 있는 근거를 마련하고, 불법 어획물의 국내 반입을 제한하는 등 적극 대처하기로 했다.

우리나라를 비롯한 많은 국가들이 이 계획에 따라 이행조치를 마련함으로써 IUU 어업을 뿌리 뽑기 위한 첫 단추는 잘 꿰어졌다. 남획으로 인한 어업자원의 고갈 문제가 이미 한 국가의 문제에서 국제사회의 문제로 인식되고 있는 현실에서 IUU 어업 규범의

선박의 불법 행위 방지 활동

등장은 반가운 일이다. 그러나 IUU 어업의 가능성을 전제로 한 이행조치는 정상적인 어업활동까지 영향을 미칠 수 있어 어선 어업의 위축으로 이어질 우려도 있는 게 사실이다. 이에 따라 우리나라의 이행조치는 앞으로 일어날 수 있는 불이익을 사전에 차단하는 방향으로 운영되어야 하며, 주기적인 재검토가 필요하다.

특히 최근 IUU 어업 방지 노력은 지역 수산기구에서 더욱 강화되고 있다. 2009년 11월에는 남태평양 주변 국가들이 IUU 어업 방지를 위해 자국 EEZ 내의 자원을 보호하고, 연안국의 어업관리체제를 수립하기 위해 '남태평양 공해 수산자원 보존관리협약'을 채택했다. 이러한 지역 수산기구들을 통한 IUU 어업의 통제는 바람직하나 자칫 지역 이기주의로 흘러 지역 간 경쟁을 촉발할 가능성도 높다. 따라서 이러한 지역간 IUU 어업 규제 네트워크를 유기적으로 조정하는 중재자로서의 FAO의 역할이 더욱 커지고 있다.

# 바다 목장 개발
## 양식 어업의 마지막 프론티어

### 1. 1998년, 경남 통영

바다목장은 '물고기 호텔'이다. 어류가 좋아하는 환경을 조성하는 기술을 개발하는 것이 바다목장의 핵심이다. 바다목장에 대한 논의는 1970년대 일본에서 '해양목장'이라는 용어가 등장하면서부터다. 우리나라에서는 1994년부터 바다목장 조성을 위한 예비 실태조사에 착수했다. 본격적인 바다목장 조성 사업은 1998년 경남 통영에서 시작됐다. 현재 바다목장은 어업자원뿐만 아니라 연안지역의 친수 공간 개발 측면에서도 각광을 받고 있다.

바다목장은 세계적인 식량자원 부족을 극복할 수 있는 하나의 대안이 될 수 있다. 현재 지구 온난화에 따른 기후변화로 농경지의 사막화가 가속화되고 있으며, 최근에는 바이오 연료개발에 따른 곡물가격의 상승이 식량 부족을 더욱 부추기고 있다. 어업도 마찬가지다. 기후변화와 해양환경 오염, 남획 등으로 어족자원이 점차 고갈되고 있다. 이러한 식량 부족 문제를 해결하는 대안으로 바다목장이 제시되고 있다.

우리나라는 중국, 일본과 인근 바다에서 서로 많은 양의 어업자원을 차지하기 위해 치열한 경쟁을 벌이고 있다. 최근 중국 어선이 우리나라 영해를 침범해 어업활동을 벌이는가 하면 우리나라 어선이 신 한일어업협정 상 중간수역을 벗어나 일본의 대화퇴까지 들어가 조업하는 사례도 있다. 유엔 해양법 협약 발효 이후 국가들의 어업자원 관할권이 배타적 경제수역인 200해리까지 확대됨에 따라 원양어업도 상대적으로 위축되고 있다. 또한 해양 생물종 보호를 위해 어획할 수 있는 어종도 제한되고 있다. 국제사회는 공해에서 이뤄지는 불법·비보고·비규제 어업(IUU 어업)을 강력하게 규제하고 있다. 결국 인근 어업국과의 한정된 자원을 둘러싼 경쟁의 심화, 변화하는 국제환경에 따른 어선 어업의 위축 등이 '바다목장'을 통해 새로운 대안을 찾고 있다.

이러한 환경 변화와 더불어 바다목장에 대한 관심이 증가하게 된 주요 이유는 바다목장을 통해 인간의 삶의 질을 풍요롭게 할 수 있기 때문이다. 물고기가 아닌 인간의 삶의 질을 향상시킬 수 있다는 말은 언뜻 이해가 되지 않지만, 바다목장이 추구하는 면면을 살펴보면 고개를 끄덕거릴 수 있다. 바다목장은 수산물 생산이라는 목적 외에 연안해역의 관리를 통한 지역 관광개발 등 환경 친화적인 공간을 조성하는 목적도 갖고 있다. 사람이 즐길 수 있는 레저산업과 접목된 바다목장이 최근 어촌관광의 화두로 등장하고 있는 것도 이런 이유가 있기 때문이다.

## 2. 바다목장이란 무엇인가?

바다목장은 가축을 키우는 목장의 개념에서 착안한 것이다. 그러나 여전히 바다목장에 대한 개념은 세계적으로 통일되어 있지 않다. 바다목장이 추구하는 목적에 따라 식량으로서의 어업량을 확보하려는 목적과 관광지 조성을 통한 어촌경제 활성화라는 목적이 공존하고 있기 때문이다. 이를 고려해 바다목장의 개념을 넓게 정의하면, '① 일정한 연안 어장에 인공 구조물(인공어초 등)을 투하해 수산자원의 산란 및 서식장을 조성하고, ② 건강한 종묘를 방류해 자원증대를 도모하는 한편, ③ 합리적인 이용관리 체제를 적용함으로써 어업소득의 향상은 물론 ④ 국민들의 연안공간 이용 욕구를 충족시키기 위한 미래지향적이고, 종합적인 어업관리 시스템임인 동시에 연안 입체 공간 활용 시스템'이라 할 수 있다.[26]

|표 3-5| 바다목장의 성격

| 구분 | | 어로어업 | 양식어업 | 자원조성 | 바다목장 |
|---|---|---|---|---|---|
| 자원배양 | 환경용량조절 | 자연적 | 자연적 | 인위적 | 인위적 |
| | 자원첨가 | 무 | 유 | 유 | 유 |
| | 양성방법 | 자연적 | 인위적, 자연적 | 자연적 | 인위적 |
| 자원이용 관리 | 대상수역 | 대 | 소 | 중 | 중 |
| | 이용주체 | 불특정 다수 | 특정인 | 불특정 다수 | 특정화가능 |
| | 관리주체 | 개인 | 개인 | 공공기관 | 공공기관 |
| | 사업비규모 | 소규모 | 소규모 | 중규모 | 대규모 |
| | 투자회수기간 | 단기 | 단기 | 중기 | 장기 |
| | 어획량조절 | 불가능 | 가능 | 불가능 | 상당히 가능 |

자료 : 류정곤, '통영 바다목장의 사회경제적 평가', 한국해양수산개발원, 월간 해양수산, 통권 제194호, 2000

통영해역 바다목장 조감도

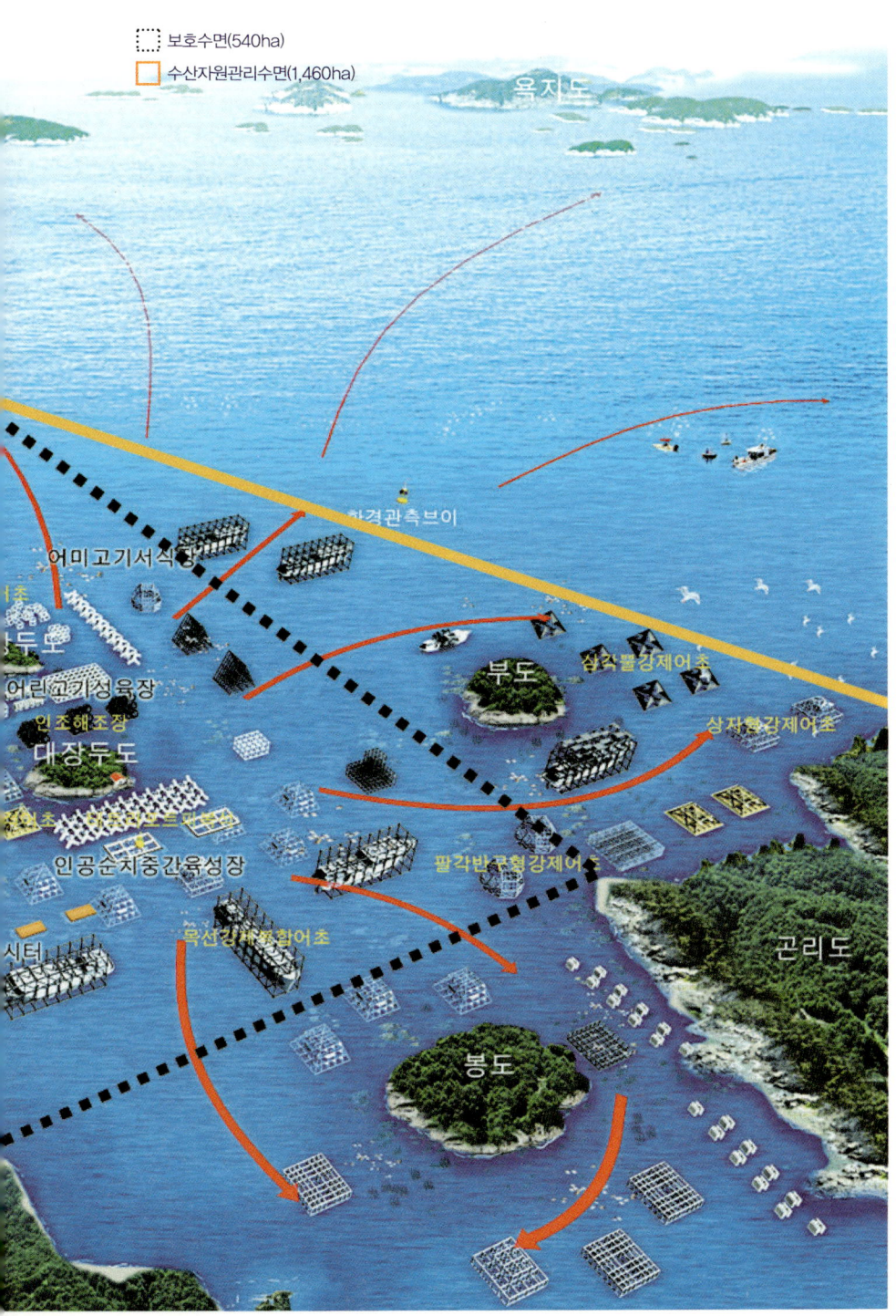

우선 식량으로서 어업량 확보와 관련된 특징을 살펴보자. 이와 관련해 바다목장은 자원 배양, 양식, 어장관리, 어획의 4단계를 거치면서 기존의 어업자원 이용과 비교할 때 어획을 통한 자원 약탈적 산업에서 환경 친화적 산업으로, 어획 통제 불능 산업에서 어획 통제 가능 산업이라는 특징을 갖고 있다. 이는 어업자원의 '최대 허용 가능성'에 기반을 두고, 자원의 지속가능한 개발 개념을 적극 도입한 것으로 이해된다.

또한 바다목장은 어업활동 측면과 함께 환경 친화적인 공간 조성을 통한 관광형 목장으로서의 기능도 갖고 있다. 바다가 주는 관광자원의 가치는 크다. 이를 적극 활용해 친수공간 개념의 환경 친화적인 상품개발이 가능하다. 바다목장은 이를 위한 하나의 모델을 제시하고 있다. 우리나라가 추진하고 있는 바다목장 연구사업 가운데, 동해는 통영과 전남의 경우와 달리 울진 지역을 중심으로 육지 관광지와 연계된 관광형으로 개발되고 있다. 청정바다와 주변 관광자원을 연계한 체험 관광형 바다목장의 조성이나 레저시설과의 결합을 통한 해양지향적 친수공간에 대한 이해가 높아지면서 앞으로 이 같은 바다목장 개발이 더욱 늘어날 것으로 보인다.

### 3. 외국 바다목장 사례[27]

현재 바다목장 사업은 일본, 노르웨이, 중국, 미국 등 선진 수산국가들을 중심으로 활발히 이뤄지고 있다. 세계 각국이 바다목장에 주목하고 있는 이유는 자연 생태계를 적극적으로 보전하면서 어업 생산량을 극대화하는 등 어업을 지속적으로 관리할 수 있기 때문이다.

　　일본은 우리보다 앞선 1960년대에 이미 바다목장 개발사업에 착수했다. 이 사업에 일찍이 눈을 뜸에 따라 현재 오이타현 가미우라 해역 등 20여 곳에서 바다목장이 운영되고 있다. 일본은 1960년대부터 적극적인 자원 배양형 어업개발을 시작해 바다목장을 추진할 수 있는 기반 기술을 축적했다. 1980년대 이후에는 연근해 유용 생물자원의 배양을 위해 바다목장 기술개발 연구계획을 수립하고, 실험 및 운영에 들어갔다. 2002년부터는 바다목장 기술과 재배어업 기술을 접목한 자원 회복계획이 추진되고 있으며, 2005년을 기준으로 18종을 대상으로 자원 회복계획을 세워 놓고 있다.

　　노르웨이는 세계적인 수산국가로서 바다목장사업과 유사한 사업을 1992년부터 1998년까지 정부 주도로 추진했다. 수산종묘 방류 및 채포 조사를 핵심으로 하는 'Sea Ranching 사업'이 그것이다. 현재 바다가재 목장을 중심으로 바다목장 연구가 진행되고 있다.

　　중국은 1982년부터 현재까지 감성돔, 참돔, 능성어, 숭어, 넙치 등의 품종에 대해 종묘 방류 사업을 실시하고 있다. 그 가운데 가장 성공적인 사례는 새우가 잡히지 않는 동해구 북부 절강성 연안과 상산항 주변 해역의 대하 방류사업으로 알려지고 있다. 중국은 1982년부터 1995년까지 해마다 5,000~20,000만 마리의 새우 난치어를 방류했다. 현재 동해구 절강 연해에서 새우 자연군집이 형성되고 있어 바다목장 사업이 성공한 것으로 평가하고 있다.

　　미국은 1980~1990년대 사이에 많은 인공어초를 전해역에 투하했다. 이에 앞서 1984년 연방 의회에서 미국어업진흥법이 통과됨으로써 인공어초사업을 촉진하기 위한 연방차원의 법규가 마련됐다. 또한 1987년 메인 주에 처음으로 연어 부화장이 설립된 이후 많은 지역에서 대구, 넙치, 명태 등 자어를 수백만 마리 방류했다. 현재 미국은 참다랑어 목장 사업을 중점사업으로 추진하고 있다.

캐나다는 비영리 단체인 인공어초협회가 인공어초 사업을 진행하고 있다. 이 사업의 목적은 우리나라나 일본처럼 자원 증대를 통한 상업적인 이윤을 꾀하는 것이 아니라 주로 레저활동 차원에서 이뤄지고 있다는 점에서 차이가 있다. 이 협회는 인공어초 사업을 통해 경제적인 효과와 함께 생태관광과 관련된 부대 산업의 활성화도 기대하고 있다.

### 4. 우리나라 사례

우리나라는 1970년대부터 연안의 수산자원을 조성하기 위한 방안으로 인공어초 시설과 수산종묘 방류사업을 실시하고 있다. 1985년에 '연안 어장 목장화 계획'을 수립해 연안 어장을 종래의 생산중심에서 관리중심으로 전환했다. 이러한 연안 자원조성 방안 중 가장 환경 친화적이고, 생태 보존적인 동시에 대규모 첨단 기술을 도입한 사업이 바로 바다목장이라고 할 수 있다.[28] 그리고 이 사업을 제도적으로 뒷받침 하기 위해 2007년 6월에 국립수산과학원 훈령 제426호로 '바다목장사업 운영·관리규정'을 마련해 시행하고 있다. 국토해양부에 따르면, 2010년까지 해역별 특성에 적합한 바다목장 5개소(통영, 전남 다도해, 서해, 동해, 제주)를 개발하고, 중·장기적으로 전 연안에 아쿠아 벨트(Aqua Belt)를 조성할 계획이다.

|그림 3-5| 우리나라 바다목장 위치도

자료 : 한국해양연구원

    1998년부터 시작된 바다목장 사업에는 1,589억의 예산이 투입된다. 한국해양연구원에 따르면, 5개 바다목장 사업은 크게 3단계로 분리되고 있는데, 1단계는 바다목장 기반 조성, 2단계는 바다목장의 조성, 3단계는 바다목장의 사후 관리 및 효과 분석에 초점을 맞추고 있다. 이러한 목표를 위해 각 해역의 지리·환경 특성에 맞는 생태계 파악 및 모델화, 어장 조성기술 분야, 자원증대 기술 분야 및 이용관리 분야로 나눠 사업을 추진하고 있다.

    통영과 전남의 경우 주변의 많은 섬과 어업자원을 활용해 어민 소득을 향상시키는 어업형으로, 동해는 앞서 살펴본 바와 같이 울진 지역을 중심으로 육지 관광지와 연계한 관광형으로, 제주도는 어민이나 국민들이 연안 바다를 직접 느낄 수 있는 체험형으로 개발되고 있다. 서해안은 태안반도를 중심으로 갯벌과 연계된 갯벌형 바다목장으로 개발한다는 계획이다.

　　바다목장은 삼면이 바다인 우리나라의 미래형 '가치창출 산업'의 하나로 손꼽히고 있다. 바다목장 사업이 성공적으로 이뤄지기 위해서는 어업인을 포함한 국민들의 지속적인 관심이 필요하다. 또한 바다목장 사업은 해양복합 이용 기술의 발전과 더불어 진화한다. 따라서 바다목장 조성 사업의 성패는 국가의 지원, 국민의 관심, 그리고 바다목장 조성지에 대한 생태 특성 평가, 어장 조성, 자원 조성 및 이용·관리를 위한 기술 발전 등이 얼마나 잘 어우러지느냐에 달려 있다.

바다목장은 대표적인 어업관리 정책의 하나이다.

# 해양 바이오 산업
## 21세기 꿈의 '해양 연금술'

### 1. 1,400만 생물 종

생물자원은 육상·해양 동식물을 포함해 미생물, 곤충 및 어업자원을 포함하는 개념이다. 최근에는 바이러스 및 DNA 연구를 통해 새로운 영역의 생물자원 확보·개발·관리가 이뤄지고 있다. 통계에 따라 차이가 있지만, 농촌진흥청에 따르면 일반적으로 지구상의 생물종은 1,400만 종으로 추정되고 있다. 이 가운데 해양생물은 지구 생태계를 구성하는 근간으로 이에 대한 유전자 연구는 지구 생태계 보존을 위해 필요하다.

현재 해양의 생물 다양성을 확보하고, 유전자원을 분리해 활용할 수 있는 기술이 개발되고 있다. 이 같은 기술을 이용해 연안, 연근해, 퇴적물, 염전 등 다양한 해양환경에 서식하는 해양 생물에 대한 연구가 활발히 이뤄지고 있다.

특히 최근에는 해양 미생물, 그 중에서도 남극을 포함한 극지와 심해저 미생물 개발이 새로운 해양 바이오 산업의 장밋빛 미래를 제시하고 있다. 극지 바다의 생물들은 약 2,000만 년 이상 빙점 이하의 차가운 환경에서 적응하고 진화해 왔기 때문에 지구상 다른 곳에서 찾기 힘든 귀중한 자원으로 인식되고 있다. 이 같은 미생물은 생명공학에 필요한 바이오 소재의 새로운 원천으로 주목받고 있다. 최근 들어서는 유전자 연구기술의 발전으로 극지 생물자원에 대한 관심이 더욱 커지고 있다.

심해저 지역도 마찬가지다. 지구의 70%를 차지하는 바다, 그 중의 대부분이 수심 1,000미터가 넘는 심해 지역이다. 심해가 가지는 안정적인 저온 환경으로 미생물을 포함한 다양한 유전자원이 풍부하게 존재하고 있다. 지구상에 있는 세균과 바이러스의 50% 이상이 해양에 분포하고 있는 것으로 추정되는데, 그 가운데 상당수가 심해저에 집중되어 있다. 심해에서 발견되는 수 많은 미생물은 새로운 효소와 바이오 소재를 개발하는 회사와 연구소의 관심을 끌고 있다. 심해에서 분리된 저온 미생물은 생물 정화, 정밀 화학소재 합성, 바이오 센서, 식품산업, 생물공정에 이용될 수 있는 저온 바이오 소재로 각광받고 있다.[29]

그러나 심해저를 포함한 극지의 생물 자원은 분포가 극히 제한되어 있다. 특정 국가의 주권이 미치지 않은 국가 관할권 이원 지역에 많이 분포하고 있어 이 지역의 생물 및 유전자 자원을 선점하기 위한 선진국들의 경쟁이 치열하게 이뤄지고 있다. 이러한 경쟁은 해양 바이오 산업이 급성장할 수 있는 원동력이 되기도 하지만 인류의 공동유산의 훼손이라는 부정적인 효과도 낳을 수 있어 개발에 따른 우려도 만만치 않다.

한편, 우리나라는 다양한 해양생물 정보를 수집하기 위해 해양생물의 종 목록을 정리한 '한국 해양생물 다양성 정보시스템'을 구축했다. 이 사업은 '해양생물 다양성 보전 대책 연구'의 하나로 이뤄졌는데, 해양생물 전체의 종 목록을 체계적으로 정리하고, 이를 인터넷으로 제공하는 최초의 시스템이라는데 의미가 있다.[30]

## 2. 해양 바이오 시장 규모

해양 생물자원을 이용하기 위한 끊임없는 노력은 오늘날의 해양 바이오 산업을 이뤄냈다. 해양 바이오 산업은 해양 생물체의 시스템, 구성 성분, 과정 및 기능을 활용한 제품과 서비스를 생산하는 산업을 의미한다.[31] 해양 바이오 산업은 초기에는 단순 채집 기술을 바탕으로 한 가공하지 않은 제품의 생산에 초점을 맞췄다. 이후 산업화 시대에 접어들면서 기계를 이용해 가공과정을 거치고, 기능성 물질을 이용하는 기술을 사용하기 시작했다. 이러한 과정을 거쳐 해양 바이오 산업은 최신 바이오 기술(Biotechnology : BT)과 정보통신기술(Information Technology : IT)을 접목한 해양과학기술(Marine Technology) 시대로 접어들고 있다.

국토해양부에 따르면, 세계 생명공학 분야 시장규모는 2007년 1,728억 달러에서 2011년 2,714억 달러로 예상되고 있으며, 연평균 12%의 성장률을 나타낼 것으로 예측되고 있다. 이에 따라 각국은 생명공학산업을 국가 전략산업으로 육성하고 있다. 또한 세계 해양 바이오 산업의 시장 규모는 1998년 8억 달러에서 연평균 29% 성장해 2010년에는 163억 달러에 이를 전망이다. 그리고 1996~

2005년 10년 간 세계적으로 해양생명공학기술의 특허는 모두 2,241건으로 조사됐다. 이 가운데 미생물, 유전공학과 생물 의약 분야의 특허가 각각 624건, 609건으로 전체의 55%를 차지했다.[32]

|표 3-6| 세계 해양생명공학산업 시장규모 전망    단위: 억 달러, %

| 구분 | 2001년 | 2003년 | 2005년 | 2007년 | 2010년 | 연평균 성장율 |
|---|---|---|---|---|---|---|
| 시장규모 | 17 | 28 | 46 | 77 | 163 | 28.5 |

자료 : 국토해양부, 해양생명공학 육성 기본계획, 2008

해양 바이오 기술은 현재 유전체 등의 생물정보를 통해 해양 생체 기능 활용 기술을 바탕으로 산업 신소재, 식량자원, 에너지, 환경 보호, 건강 및 보건 분야에 이르기까지 그 범위를 확대해 나가고 있다. 특히 최근 삼성경제연구소가 발간한 자료[33]에 따르면, 바이오 기술을 응용한 사례는 매우 다양하다. 미래의 청정 에너지로서 바이오 에탄올, 해양 미생물을 이용한 대기 및 수질 오염물질 제거장치인 바이오 필터, 미생물을 이용한 토양 및 해양의 기름오염을 제거하는 기름오염 복구제, 피부친화적 생체물질을 함유한 바이오 화장품, 그 외 바이오 디스플레이, 바이오 센서 등 해양 바이오 기술의 응용 사례는 더욱 확대되고 있다.

우리나라의 경우 형질 전환, 분자 육종기술, 생물공정 등 전통 생명공학기술은 선진국 수준이다. 그러나 여전히 많은 분야에서 국내 원천기반 기술이 부족하고, R&D 투자가 미흡해 체계적인 연구가 진행되고 있지 않는 점이 풀어야 할 숙제로 대두되고 있다.

| 표 3-7 | 국내 해양 바이오 산업 SWOT 분석

| 강점(Strength) | 약점(Weakness) |
|---|---|
| · 해양자원 확보 관련 원천기술 보유<br>· 형질전환, 분자육종기술, 생물공정 등 전통 생명공학기술이 선진국 수준<br>· 국내외 고급인력 확보 가능<br>· 해양은 전 세계 생물종의 80%가 서식하며 신소재 창출 및 산업화 가능성이 육상생물보다 높음 | · 특정분야 전문인력 부족<br>· 연구개발투자 부족<br>· 해양생물은행 등 종합적 연구지원 인프라 부족<br>· 해양유전체 등 국내 원천기반기술 확보 취약<br>· 국책 생명공학연구사업으로 추진되지 않고 국내 연구기관에서 산발적으로 연구 진행 |
| 기회(Opportunity) | 위협(Threat) |
| · 선진국과 비교 기술격차가 적은 부분이 많아 경쟁력 조기 확보가 용이<br>· 국내 생명공학 전반에 대한 관심 고조 및 중요성 증대<br>· 유용물질 탐색 대상이 육상생물에서 해양생물자원으로 이동 | · 선진국의 지적재산권 강화 추세<br>· 경쟁력 저하시 선진국의 국내시장 잠식 우려<br>· 대규모 인프라 투자에 대한 정부의 확신 부족<br>· 외국으로의 인력유출 가능성<br>· 유전자 변형체(GMO) 안전성 논쟁 등으로 투자 위축 우려 |

자료 : 한국해양연구원, 해양과학총서, 2005

## 3. 해외 해양 바이오 산업

해외 해양 바이오 산업은 미국, 유럽을 중심으로 성장했다. 최근 들어 일본, 중국 등이 본격적으로 가세하면서 세계적인 블루칩 산업으로 성장하고 있다.

| 미국 |  미국은 1988년 생물공학 경쟁 조정법을 제정하고, 1992년 21세기 생물공학 주도정책을 수립하면서 바이오 산업을 육성하고 있다. 특히 국립 해양대기청(NOAA)을 중심으로 300여 관련 기관이 참여해 30개의 연구과제를 수행했다. 이를 위해 1995~2002년까지 7년 동안 8,600만 달러가 투자됐다. 2006년 미국의 전체 생명공학 산업 분야 총수입은 588억 달러 규모였고, 특히 해양 바이

해양 선진국은 경쟁적으로 해양 바이오 산업을 육성하고 있다.

오 산업에서만 1천 여 건의 신약 물질 특허를 보유하고 있는 것으로 알려져 있다. 그리고 약 100여 개의 해양 바이오 벤처 기업이 활동하고 있다.[34]

| 유럽 |  유럽은 2002년 1월 '생명과학과 생물공학-유럽의 전략(Life Science and Biotechnology-A Strategy for Europe)'을 수립하는 등 바이오 산업을 적극 육성하고 있다. 2007년 기준으로 유럽 바이오 산업 수입은 134억 유로였으며, 1,740여 개 기업이 참여하고 있다.[35] 개별 유럽 국가로는 네덜란드, 덴마크, 독일, 프랑스 등 북유럽을 중심으로 해양 바이오 산업이 활발하게 이뤄지고 있다. 2004년 기준으로 395종의 해조류가 식용(43%), 공업용(42.8%), 의약품(7.7%), 사료용(6.5%)으로 이용되고 있다.[36]

| 중국 |  중국은 최근 높아진 해양에 대한 관심을 산업으로 전환하기 위해 노력하고 있다. 특히 많은 인구의 먹거리를 해결하기 위해 해양 바이오를 통한 수산 식량 확보에 주력하고 있다. 이를 위해 제1단계 사업(1996~2000)으로 9,750만 위안(약 159억원)을, 2단계 사업(2001~2005)에는 2억 위안(약 330억원)을 투자했다. 중국은 2005년에 이른바 11·5 계획이라 불리는 경제개발계획을 수립해 해양 전략을 독립된 장으로 편성했다. 여기서 해양 바이오 개발기술이 해저자원 개발기술, 해양환경 관측기술과 더불어 3대 중점기술로 선정됐다. 2008년 2월에는 국가 해양산업 발전요강을 발표해 2006~2010년 동안 중국의 해양산업발전을 위한 로드맵을 제시했다. 여기서 해양생물자원의 개발에 박차를 가하고, 해양 바이오 기술을 이용해 산업화를 적극 추진하는 것을 목표로 하고 있다.

| 일본 | 일본은 2008년 제정된 해양기본계획에서 지구 온난화에 대응하면서 해양산업의 진흥 및 국제 경쟁력 강화를 위해 해양 바이오 기술을 적극 개발하고, 이를 위해 산·관·학이 협력할 것을 제시하고 있다. 2020~2030년 실용화를 목표로 해양 바이오 에너지 개발을 위해 해초의 생리 활성물질 분리 및 메탄 발효 기술에 국가 예산을 투입하고 있다. 일본 수산청의 경우 2008년부터 해조에서 바이오 에탄올을 생산하는 기술연구에 들어갔으며, 5년 안에 기술을 확보하는 것을 목표로 하고 있다. 일본의 경우 특히 두드러지는 것은 정부뿐만 아니라 민간기업의 활동이 적극적이라는 점이다. 가장 대표적인 것이 미츠비시 종합연구소가 추진하고 있는 '아폴로&포세이돈 구상 2025'이다. 이는 미츠비시 종합연구소가 주체가 되어 교토 해양센터 및 도쿄 해양대학이 공동으로 동해 EEZ의 3분의 1에 해당하는 해역에 6,500만 톤의 해조류 양식장을 만들어 2025년까지 바이오 에탄올과 우라늄 등 희귀금속을 채취한다는 계획이다.[37]

## 4. 우리나라 해양 바이오 산업

우리나라는 '마린 바이오 21 사업'을 통해 해양 바이오 산업 발전방안을 찾고 있다. 국토해양부에 따르면, 2004~2013년까지 10년 동안 세계 해양 바이오 산업시장의 5%(연 1조원)를 점유할 수 있는 핵심기술과 특화기술을 확보하는 것을 목표로 삼고 있다. 이와 더불어 생명공학기술을 활용해 해양생물로부터 유용한 신물질을 추출·개발해 해양생물자원의 부가가치를 높인다는 계획이다. 우리나라는 이 사업에 2009년 이후부터 2,427억원을 집중 투자하기로 했다. 2006년 추진 실적에 따르면, 해양생명공학 연구개발 투자 규모는 152억원이었다. 또한 국내외에 66건의 특허를 출원했으며, 논문은 총 134편이 발표됐다. 3건의 기술이전으로 모두 12억 3,000만원의 기술료를 받았다. 그리고 해양 미생물을 이용한 비만 치료제를 개발해 국제 특허로 출원했으며, 매생이 고형분을 이용한 간 보호 기능식품도 개발했다. 특히 유전정보 등록 시스템인 '머린 바이오 베이스(MarineBioBase) 시스템'을 구축해 향후 지속적 연구성과를 도출해 낼 수 있는 기반을 다졌다는 평가를 받고 있다.

|표 3-8| '마린 바이오 21' 사업

| 개 요 | 내 용 |
|---|---|
| 사업목적 | · 세계 바이오 산업시장의 5%를 점유할 수 있는 핵심기술 확보<br>· 해양생물자원의 고부가가치화 실현 |
| 사업기간 | · 2004~2013년 |
| 사업개요 | · 해양 바이오 유전체 및 단백질체 개발 및 해양 바이오 산업 촉진<br>   - 해양유전자원 기능분석과 극한생물 생명현상 규명 및 활용기술 개발<br>   - 신기능성 해양생물개발 및 소재산업화 기술 연구<br>· 신의약 · 신소재 개발 및 보건용 물질 및 산업용 인프라 구축<br>   - 해양유해 건강 · 보건용 물질 및 산업용 신소재 개발<br>· 연근해, 갯벌 등 연안 해양환경에 서식하는 해양생물을 대상으로 신물질을 추출하거나 대량생산 공정 개발<br>   - 신의약품 및 건강식품, 신소재 등 개발 |
| 기대효과 | · 세계 해양 바이오 산업시장 5% 점유<br>· 해양 바이오 산업시장은 2010년 국내 바이오 산업 시장의 10% 이상 점유<br>· 해양생물자원의 지속가능한 이용 실현<br>· 수산물 생산량 증가 및 국민의 식량문제 해결로 국가안보 강화<br>· 해양 바이오 산업 인프라 구축 및 해양 바이오 벤처 150개 이상 활성화 |

자료 : 국토해양부, 2007년도 해양수산발전시행계획 보고서, 2007

우리나라는 앞으로도 해양 바이오를 신 성장 동력으로 집중 육성할 계획이다. 이를 위해 2008년 10월 해양 생명공학 육성 기본계획을 수립했다. 여기서 실천계획으로 미래 원천기술의 조기 확보, 첨단 주력 고부가가치 산업 확대, 인프라 확충 및 체계 고도화, 국제협력 및 네트워크 강화를 제시했다. 그리고 연구개발(R&D) 확대를 위해 해양생물 기반기술, 해양생물 생산기술, 해양 신소재 개발기술, 해양 생태환경 보전기술 분야를 적극 육성하기로 했다.

|표 3-9| 해양 생명공학 육성 실천계획

| 실천계획 | 주요 내용 |
| --- | --- |
| 미래원천기술의 조기확보 | · 해양생명공학 기초역량의 선진화 추진<br>· 해양생명자원 발굴을 위한 기반기술 확보<br>· 해양생명자원을 통한 원천기술 개발 강화<br>· 미래 유망기술 선점을 위한 학제간 연구 활성화 |
| 첨단주력 고부가가치 산업 확대 | · 미래 융합기술 기반의 신산업 발굴 및 육성<br>· 해양 생명자원의 산업화 기술 고도화<br>· 해양 생명공학기업의 경쟁력 제고 및 세계화<br>· 해양 생명자원의 지식재산권 강화 |
| 인프라 확충 및 체계 고도화 | · 해양 생명자원의 확보종합관리 및 공동활용 체계 구축<br>· 해양 생명공학을 위한 연구시설장비 기반 강화<br>· 해양 생명공학 분야의 개방형 전문인력 양성<br>· 해양 생명공학 분야의 전략적 투자 강화<br>· 효율적인 전주기적 R&D 지원체계 고도화<br>· 해양 생명자원 및 바이오 안전성 법 · 제도 정비<br>· 해양 생명공학에 대한 과학문화 확산 |
| 국제협력 및 네트워크 강화 | · 해양 생명자원 산업화 연계체제 강화<br>· 해양 생명자원 확보를 위한 국제협력 강화<br>· 실질적 국제공동연구의 확대 |

자료 : 국토해양부, '해양 생명공학 육성 기본계획', 2008

그러나 이러한 정부의 노력에도 해양 바이오 산업은 여전히 가야 할 길이 멀다. 표면적으로는 선진국에 뒤지지 않는 추진력을 가지고 있지만, 실제 기술은 선진국의 57.5%에 불과한 것으로 평가되고 있기 때문이다.[38] 또한 미국, 일본, 중국 등과 비교해 해양 관련 예산이 3분의 1 수준에 그치고 있어 해양 바이오 산업에 투자되는 역량도 선진국에 못 미치고 있는 실정이다. 따라서 해양 바이오 산업을 21세기 신 성장 동력으로 육성하기 위해서는 중장기적인 계획 아래 정부와 민간이 협력해서 강력한 추동력을 확보할 필요가 있다.

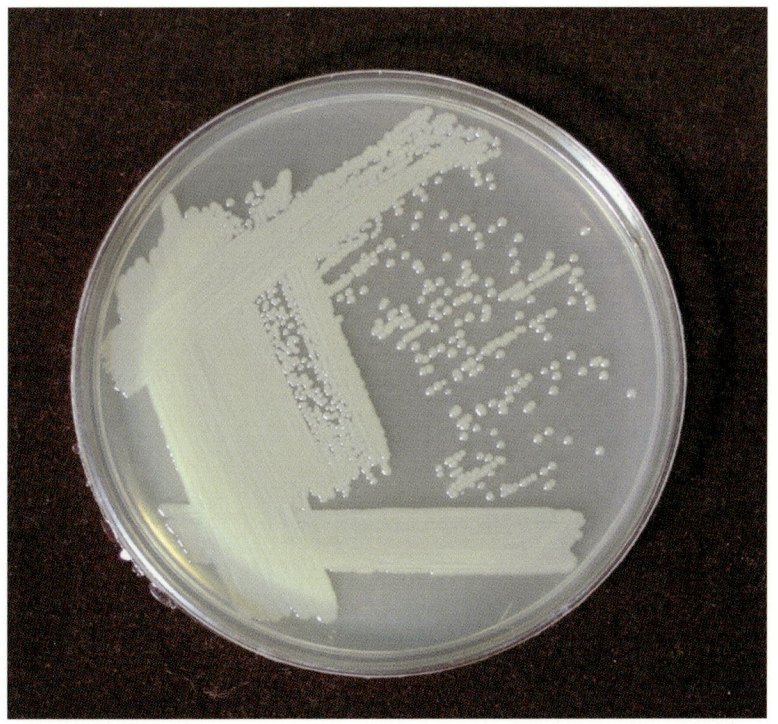

해양 바이오 산업은 첨단 고부가 가치 산업이다(독도 미생물(Dokdonella Koreensis) 배양 사진).

# 해양 친수 공간
## 인류와 바다가 교감하는 '머린토피아'

### 1. 해양의 친환경 이용

| 사례 | 일본 고베항이 주목받고 있다. 새로운 친수공간인 피셔리나[39]로 거듭나고 있기 때문이다. 어촌의 배타성을 극복하고, 활기찬 어촌의 청사진을 제시하고 있다. 고베항은 피셔리나 사업을 통해 배후 지역에 상업시설인 아울렛 몰, 해양목장, 수산체험학습관, 인공해수욕장을 건설해 수익성을 높이는 한편, 친수공간의 활용도를 극대화하고 있다.

고베항의 피셔리나는 워터프론트라 불리는 해양 친수공간 개발의 대표적 사례다. 육지와 바다의 경계를 허물면서 새로운 공간을 창출하고, 잠재력을 극대화하고 있다. 최근 연안 및 어촌의 새로운 개발 모델로 해양 친수공간 개발이 세계적으로 주목받고 있다. 우리나라도 해양 친수공간 개발에 대한 관심이 높다. 특히

우리나라는 수심 20미터 내의 수역이 국토 면적의 21%(2만 1,000평)를 차지하고 있어 해양 친수공간 개발을 위한 천혜의 조건을 갖추고 있다.

해양 친수공간이 필요한 이유는 크게 세 가지로 요약된다. 과다한 개발로 활용할 수 있는 육지 공간이 줄어들면서 해양공간 활용에 눈을 돌리기 시작했다는 점이다. 인구가 계속 증가하면서 일인 당 생활 면적이 축소되는 반면, 쾌적한 환경에서 살고자 하는 인간의 욕망이 과거보다 더욱 커졌기 때문이다. 특히 국민소득 수준이 점차 높아지면서 개발을 모티브로 한 과거의 생활 방식에서 벗어나기 위한 욕구가 커졌다. 최근 불어 닥친 슬로 라이프(slow life) 물결에 따라 해양을 가까이 할 수 있는 새로운 생활 및 레저 공간도 필요하게 됐다. 이는 해양이 가지고 있는 친수성(親水性)에 기대고 싶은 욕망이 그 만큼 더 커졌다는 것을 의미한다.

둘째로 물류 경쟁력 제고 측면에서도 해양 친수공간 개발이 이뤄지고 있다. 21세기 들어 국제교역에서 물류 경쟁력이 더욱 중요하게 인식되고 있다. 우리나라는 21세기 동북아 물류 허브국가를 건설한다는 계획을 추진하고 있다. 이와 함께 물류 경쟁력의 핵심이라고 할 수 있는 항만과 공항이 통합연안관리와 연계된 워터프론트의 한 분야로 개발되고 있다. 앞으로 연안을 포함한 해양공간의 개발이 국가 경제 발전의 중요한 요소로 자리매김할 것으로 보인다.[40]

마지막으로 해양 에너지 개발과 육지와의 연계성을 최대한 확보하기 위해 해양 친수공간 개발이 추진되고 있다. 화석연료를 사용하는 기존의 발전 방식이 환경오염의 주범이라는 인식이 팽배해지면서 연안의 조력이나 파력 발전 등 청정 에너지에 대한 관심

노르웨이의 해양 친수 공간 개발사례

이 증가했다. 또한 인근 연안에서 석유나 가스 개발이 활발히 이뤄지면서 연안개발이 활성화 되고 있으며, 새롭게는 간척지 사업 등을 통해 해양과의 연계성을 높이고 있다.

## 2. 해양 친수 공간의 개념

해양 친수 공간은 해양을 통해 인간이 물과 친밀해지고 물을 즐길 수 있는 공간을 확보하고, 이를 통해 인간의 삶의 질을 향상시키는 지역을 의미한다. 육지에 대한 지나친 의존에서 벗어나 공간 수요를 충족하고, 여가활동에 필요한 공간을 마련하기 위해 인공섬, 해양도시, 친수성 항만,[41] 인공 해저터널,[42] 해상 공항,[43]

오슬로 아케브르게 해양 친수 공간

해상 공원, 해상 콤비나트(Kombinat),[44] 신 해양기술도시,[45] 메가 플로트(Mega Float)[46] 등이 건설되고 있다.

해양 친수 공간의 상당수는 수송 기능, 정보 교류 기능 및 레크리에이션 기능을 함께 갖추고 있다.[47] 우선 공항, 항만, 육상 터미널의 일체화를 통해 수송기능이 확보되어야 하며, 정보 교류 기능을 충족시키기 위해서는 여러 종류의 컨벤션 센터를 마련해 인적·물적 정보, 경제·금융의 복합 교류가 이뤄질 수 있어야 한다. 또한 쾌적하고 질 높은 서비스를 제공할 수 있는 기반 시설 마련을 통해 레크레이션 기능도 갖추고 있어야 한다. 하지만 해양 친수 공간의 개발을 위해서는 다음의 표와 같이 에너지와 용수 확보, 교통망 및 통신망 확충, 환경 보호, 법·제도적 뒷받침 등 일정한 조건이 충족되어야 한다.

|표 3-10| 해양 친수 공간 개발을 위한 조건

| 조 건 | 내 용 |
|---|---|
| 에너지 확보 | · 바다에서 에너지 확보<br>· 조류나 온도차발전, 조력, 파력발전, 태양열, 풍력 발전 등 |
| 용수 확보 | · 해수의 담수화 기술을 통한 용수 확보 |
| 교통망 및 통신망 확보 | · 해저터널, 육교 및 선박 통한 육상과의 교통망 확보<br>· 육상과 동일한 수준의 통신망 구축 |
| 환경 보호 | · 수질 및 자연경관을 포함한 환경 보호<br>· 연안 주민들의 생활권 보호 |
| 법·제도적 뒷받침 | · 통합연안관리 차원에서 해양 친수 공간 확보를 위한 법·제도적 장치 확보 |

자료 : 한국해양수산개발원

## 3. 외국의 개발 사례

미국과 유럽에서는 부유식 인공섬에 해상공항과 해상도시를 건설하는 기술이 발전했다. 30년 전부터는 항만을 재개발해 항만구역에 친수공간을 조성해 왔다. 그 대표적인 예가 미국 볼티모어 내항 지구 재개발, 호주 시드니항 달링하버 재개발 사업, 영국 템즈강을 탈바꿈한 런던 도크랜드 재개발 사업 등이 있다.[48]

일본의 경우 1975년 오키나와에서 개최된 해양박람회에서 선보였던 소규모 해양도시은 '아쿠아폴리스(Aquapolis)'가 대표적이다. 이 사업은 플랜트를 해상 기지화하려는 전형적인 사례로 당시 거주지 확보와 공해 문제가 심각했던 일본이 내놓은 획기적인 해양공간 이용 카드였다. 1980년대 이후에는 동경, 오사카, 고베, 요코하마 등에서 도시공간 확보와 항만 건설을 위해 해안 매립 작업이 이뤄졌는데,[49] 여기에 여러가지 친수공원과 친수시설이 만들어

두바이 인공섬 개발 조감도

졌다. 최근에는 다목적 해양 구역(Marine Multi-Zone) 계획에 따라 항만 구역에 친수공간을 조성하고 있다. 특히 일본은 어항을 요트 선착장 등 다목적으로 활동하는 이른바 피셔리나(fisherina) 개발사업이 한창이다. 2008년 말 현재 완공된 피셔리나는 37개소이며, 5개소가 건설되고 있다.

최근에는 신 개념의 해양 친수 공간도 들어서고 있다. 발상의 전환으로 세계를 깜짝 놀라게 한 두바이 해양도시(Dubai Maritime City)가 그것이다. 이는 '중동의 경제성장=오일'이라는 기존 관념을 획기적으로 바꾸기 위해 야심 차게 진행되고 있는 사업이다. 두바이를 국제해양 허브로 육성하는 것을 목표로 이 사업을 추진하고 있는데, 이를 지원하기 위해 2007년 두바이 해양도시법[50]이 제정됐다. 두바이 해양도시는 포트 라시드(Port Rashid)와 두바이 드라이 독 사이의 약 227만 평방미터의 대지에 건설되고 있는 다목적 해양도시며, 총 5구역(해양센터 타워, 랜드마크 타워, 해양클럽, Creek 타워 및 Creek 플라자)으로 나눠 건설되고 있다. 이 사업은 현재 두바이 월드(Dubai World)가 추진하고 있는데, 개발기금은 두바이 홀딩스 파이낸스(Dubai Holding Finance)라는 두바이 계열회사가 100% 조달하고 있다. 두바이 해양도시는 2011년까지 개발을 완료할 계획이지만, 부분적으로 완공되면서 기업의 입주가 이뤄지고 있다. 두바이 해양 도시의 가장 큰 매력은 중동의 허브로서의 지리적 위치, 인프라 시설 및 기업에게 제공되는 서비스 및 면세제도 등이다.[51]

## 4. 우리나라 사례

우리나라에서는 지금까지 군산항, 통영항, 장항항 등에 해양 친수 공간이 조성됐다. 현재 부산항, 인천항, 제주항 등에서도 친수공간 조성사업이 진행되고 있는데, 정부는 2020년까지 기존 항만과 신항만에서 모두 25건의 친수공간을 개발한다는 계획이다.[52] 특히 정부는 부산 신항만이 새로 건설됨에 따라 도심과 붙어 있는 부산 북항을 재개발해 기존의 물류항만 기능에서 복합적 기능을 지닌 친수 항만으로 개조하는 사업을 추진하고 있다.

|표 3-11| 부산항 북항 재개발 사업의 개발규모 및 유치시설

| 구 분 | 규 모 | 유치시설 |
|---|---|---|
| 계 | 43.0만평 | 기존부지 : 15.0만평, 매립부지 : 28.0만평 |
| IT·영상·전시지구 | 3.7만평 | 쇼핑몰, 복합영상관, 야외공연장, 방송국 |
| 복합도심지구 | 4.9만평 | 실버타운, 근린상업시설, 외국인학교, 테마레스토랑 |
| 해양 문화지구 | 4.8만평 | 예술의 전당, 해양테마파크, 해양 문화관, 오션돔 |
| 공공시설용지 | 26.3만평 | 여객터미널, 헬기장, 해양공원, 보관창고 등 |
| 국제교류·업무지구 | 3.3만평 | 랜드마크 빌딩 2동, 국제무역센터, 초특급호텔 |

자료 : 이영호, '항만 워터 프론트 개발에 대한 제언', 2007

경상북도 울진군도 대규모 친수공간을 준비하고 있다. 울진군은 근남면 엑스포 공원 내에 약 100억원의 예산을 들여 왕돌초와 울진 대게를 주제로 한 울진 해양 생태관을 건립할 계획이다. 해양

생태관이 건설되면, 근처에 있는 생태 체험관과 연계해 해수면과 내수면, 왕피천 하천생태 등을 총망라하는 국내 최대 체험장으로 활용된다. 울진군은 2009년 7월에 개최된 울진 세계 친환경 농업 엑스포를 앞두고, 동해안에 해양 친수 공간을 조성함으로써 2009년을 '해양도시 건설 원년의 해'로 알린다는 계획을 추진해 왔다.

한편, 2012년 5월 12일부터 8월 12일까지 3개월 동안 여수시 신항 지구에서 개최되는 여수 세계박람회를 통해 새로운 친수 공간이 마련될 수 있을 것으로 전망되고 있다. 현재 총 141만 1천㎡의 부지에 박람회장과 엑스포 역, 운영인력 숙박단지 및 수변공원까지 조성되고, 부지 중 일부는 해양에 부유식 구조물 시설로 확보할 예정이다. 개최 후에는 미래형 관광·레저 항만단지로 개발해 남해안 관광 거점으로 육성된다. 이렇게 되면 여수시가 새로운 해양 친수 공간으로 거듭나게 되는 것이다.

네델란드 암스테르담 운하

# 해양 플랜트 산업
## 해양 국부를 창출하는 '블루오션'

### 1. 불황을 모르는 해양 플랜트 산업

우리나라는 자타가 공인하는 조선 강국이다. 수년째 세계 조선 1위 자리를 지켜왔다. 그러나 최근에 이 아성이 무너졌다. 2009년 10월 들어 중국이 선박 수주 잔량에서 선두에 올라섰다. 해운 불황이 심화되는 가운데, 중국 정부가 선박 건조를 자국 조선소에 몰아주었기에 가능했다는 분석이 나왔다. 이와 관련해 강덕수 STX 그룹 회장은 '과거와 같은 조선·해운 호황이 가까운 미래에는 다시 오지 않을 것이다. 조선·해운 부문에 편중된 사업구조에서 탈피, 미래 성장 동력으로 새로운 사업을 적극 육성해야 한다'고 강조했다.

강덕수 회장이 제시한 미래 성장 동력은 해양 산업 플랜트, 자원 개발, 태양광·풍력 등 신재생 에너지 사업이다. 일례로 삼성중공업은 수심 15,000미터가 넘는 깊은 해저에 구멍을 뚫어 원유나 가스를 시추하는 극지용 드릴십(drill ship)을 세계 최초로 건조해 발주처인 스웨덴 스테나 사에 인도했다. 이 시추선은 척당 가격이 6,000 억원이 넘는 고부가가치 선박이다. 앞으로 우리나라 조선선업을 먹여 살릴 대표적인 블루칩이라는 평가가 나오는 이유다.

과거 세계 조선 산업은 우리나라를 선두로 일본·중국이 뒤를 쫓는 1강 2중 체제였다. 지금은 점차 우리나라와 중국의 양강 체제로 재편되는 분위기다. 특히 중국은 풍부한 인력을 바탕으로 선진 조선기술을 습득해 2015년에는 한국을 제치고, 세계 제1의 조선국으로 도약하겠다는 포부를 대외적으로 천명한 상태다. 우리나라의 1위 자리를 위협받게 됐다. 이 같은 상황에서 중국의 조선 산업 1위 탈환은 우리에게 충격을 안겨 주었다.

그러나 그 속내를 들여다 보면, 아직까지 이러한 걱정은 기우에 불과하다. 여전히 우리나라 조선소가 고부가가치 선박을 포함해 해양 플랜트 수주에 있어 중국을 멀찌감치 앞서고 있기 때문이다. 2008년 상반기 해외 플랜트 수주실적을 살펴보면, 전년 동기 대비 30.5% 증가한 231억 달러를 기록했다. 고유가로 인한 자원 확보 경쟁에 힘입어 심해저 시추선, 드릴십, 심해용 부유식 생산저장 설비 등 해양 플랜트 수주가 크게 증가했다. 해양 플랜트 부문 수주액은 89억 달러로 전년 동기 대비 141% 증가해 전체 실적에 견인차 역할을 하고 있다.[53] 이러한 실적은 고유가로 인해 산업이 전반적으로 침체기에 접어든 가운데 거둔 것이어서 그 의미가 더욱 크다.

최근 국제 유가 상승으로 해양 유전 시추설비 사업이 각광을 받으면서 국내 조선업산업이 한 단계 업그레이드 될 것이라는 분석도 나오고 있다. 우선 기존의 해양 유전 시추설비가 거의 20~25년 전에 설치된 것이고, 2004년 이후 심해 시추설비가 풀가동되고 있는 상황이어서 노후시설 대체를 통한 엄청난 수요가 예상되고 있기 때문이다. 실제로 우리나라 조선업계는 지난 3년간 세계에서 발주된 드릴십 14척을 모두 따냈다. 최근 LNG 운반선 수요가 급증하면서 국내 조선소에 대한 발주도 증가하고 있다. 특히 2020년 세계 LNG 교역량은 2003년의 3배 이상으로 증가할 것으로 보여 발주량은 더 늘어날 전망이다.

이 처럼 해운시장의 침체 지속, 중국 조선소의 급속한 성장으로 우리나라 조선소의 신규 수주 물량이 줄어 들고, 선가 하락 압박이 거세지고 있다. 그러나 이러한 가운데 해양 플랜트 산업은 국내 조선 산업의 새로운 동력이자 침체 국면에 빠진 우리나라 경제를 뒷받침할 든든한 버팀목이 될 것으로 기대되고 있다.

## 2. 해양 플랜트 개념 및 종류

해양 플랜트는 간단히 말해 해양자원을 개발·채취·운송하기 위해 사용되는 해양 구조물을 일컫는다. 해양 구조물과 관련된 해양자원은 광물자원, 해수-에너지 자원 등이 있으나, 석유 및 가스자원이 가장 큰 관심대상이다. 해양 구조물의 대부분은 석유와 가스 확보를 위한 도구로 사용된다. 특히 해양 구조물의 역사는 해저 유전개발과 맥을 같이 하고 있다. 최근에는 대기환경규제로 해저 LNG 및 가스 하이드레이트 시추 등에 대한 수요가 증가하고 있다.[54]

이처럼 해양 플랜트[55]는 광의로는 천연가스, 원유와 같은 에너지 자원을 육지가 아닌 해양에서 채굴하기 위한 시추선 등의 특수한 선박이나 해상 발전소, 유류 저장시설 등에 이르는 유사 설비를 모두 일컫는다.56) 협의로는 석유 및 가스 자원을 시추·생산하거나 생산된 에너지 자원을 저장하고, 처리하는 해상설비를 말한다. 그리고 통상 설치형태에 따라 해저에 기초를 두는 중력식(Gravity Type)과 고정식(Fixed Type), 해수면에 떠 있으면서 계류장치를 이용해 위치를 고정하는 부유식(Floating Type)으로 나누어진다.57) 또한 이러한 해양 플랜트는 크게 심해 해양 구조물과 연안 해양 구조

삼성중공업이 세계 최초로 건조한 극지(極地)용 드릴십(스테나)

물로 나누어지며, 드릴십, 심해용 부유식 생산·저장설비, 해양 시추설비 및 심해 석유생산구조물인 FPSO(Floating Production Storage and Off-loading)와 부유식 해양구조물인 FSRU(Floating Storage, Re-gasfication and Offloading Unit) 등이 대표적인 시설이다.

|표 3-12| 해양 구조물의 종류 및 특징

| 종류 | | 특징 |
|---|---|---|
| 심해 해양 구조물 | 반잠수식 시추선<br>SEMI (semi-submersible) | · 시추용에서 생산용으로 용도가 전환되면서 대형화<br>· 위치 유지에 방사형 계류시스템 사용 |
| | 드릴십<br>(drill ship) | · 시추 전용<br>· 선박과 같은 형태의 시추선으로 이동성이 좋음 |
| | 부유식 원유생산설비<br>(Tension Leg Platform : TLP) | · 반잠수식과 유사<br>· 인장각(tension leg)식 계류시스템 채용<br>· SPAR, FPSO 출현으로 경쟁력 상실 |
| | 부유식 석유생산구조물<br>FPSO(floating production storage and off-loading) | · 부유식 생산, 저장, 하역 시설<br>· 심해 생산 플랫폼 중에서 가장 주목받는 구조물<br>· 멕시코만 투입 예상 등 시장 확대 전망<br>· 2005년 7월 기준 148기<br>· LPG/LNG FPSO |
| 연안 해양 구조물 | 갑판 승강형 구조물<br>(Jack-up) | · 작업수심이 평균 150미터<br>· 통상 시추용으로 사용되나, 생산플랫폼 기능도 가능 |
| | 고정식 해양시추 구조물<br>(Jacket) | · 원통형 강관으로 제작된 타워형 구조물<br>· 수심 300~412미터까지 설치<br>· 해저부에 깊이 관입하는 안정적인 구조물 |
| | 부유식 LNG 저장 플랜트<br>(FSRU) | · 시장 잠재력 풍부<br>· 개념설계 수행 단계 |
| | GBS<br>(Gravity Base Structure) | · 자체 중력을 이용한 콘크리트 구조물<br>· 북해 및 노르웨이 유전에 많이 투입 |
| | 대형 부유식 구조물 VLFS<br>(Very Large Floating Structures) | · 해상항만, 공항 등 해상공간 활용 목적으로 개발<br>· 일본의 경우 실증 구조물의 설계, 건조 및 운용 경험 축적 |

자료 : 한국산업기술평가원(ITEP), '차세대 부유식 해양구조물'(2005. 11), 홍성인, 해양구조물 분야의 시장 확대와 대응전략, 산업연구원(2006년 7월)에서 재인용

## 3. 국내외 해양 플랜트 산업

　해양 플랜트 산업은 기본적으로 세계 에너지 수요, 특히 석유 및 천연가스의 수요와 밀접한 연관성을 지니고 있다. 고유가에도 불구하고 오히려 자원 소비량이 증가하고 있는 만큼 현재 해양 플랜트 산업은 미 신대륙 개척 초기의 골드러시를 방불케 할 만큼 새로운 블루칩으로 떠오르고 있다.

　해양 플랜트 산업은 심해지역에서 유전개발을 위해 시추설비가 설치된 1970년 초부터 본격적으로 태동됐다. 이후 다기능 해양 플랜트 시장이 확대되면서 심해저에서 시추가 가능한 반잠수식 시추선, 드릴십을 비롯해 심해에서 원유생산 및 저장이 가능한 FPSO 등에 대한 관심이 높아지기 시작했다. 심해 유전개발에 이용되는 시추설비인 드릴십의 경우 최근 모두 풀가동 중인 것으로 알려지고 있다. 다만, 150미터 정도의 연근해 지역의 시추에 주로 사용되는 갑판 승강형 구조물(Jack-up)의 수요는 2006년 최고치에 이른 후 수요가 점차 감소하고 있다. 이는 최근의 해양유전 개발 추세가 연근해에서 심해로 이동 중이기 때문인 것으로 분석되고 있다.[58]

　한편, 세계 수요 중 가장 높은 비중을 차지하고 있는 시추설비는 부유식 원유생산・저장・하역시설인 FPSO이며, 그 다음이 반잠수식 시추선, TLP(Tension Leg Platform) 순이다. 또한 최근 LNG 수요 급증과 함께 부유식 LNG 저장 플랜트(FSRU)의 수요도 증가하고 있다.

　우리나라는 앞서 언급한 바와 같이 FPSO는 물론 드릴십 분야와 반잠수식 시추설비 시장에서 높은 점유율과 경쟁력을 갖추고 있다. 업체별로는 삼성중공업이 드릴십 분야, 대우조선해양이 반잠수식 시추선 분야에서 가장 높은 경쟁력과 시장 점유율을 보이고 있다. 현대중공업은 잭업(Jack-up)을 비롯한 모든 분야에서 경쟁력을 가지고 있는 것으로 평가되고 있다.[59]

특히 21세기 들어 세계 드릴십 시장에서 73%의 높은 점유율을 차지하고 있는 삼성중공업은 2009년 11월 극지용 해저 드릴십[60]인 '스테나 드릴막스'를 세계 최초로 건조했다. 이 선박은 높이 8,848미터인 에베레스트 산 보다 더 깊은 해저 11km까지 드릴 장비로 내려갈 수 있고, 높이 16미터의 파도와 초속 41미터의 강풍에서도 일정 지점을 유지할 수 있는 최첨단 위치 제어기술을 적용하고 있다. 특히 영하 40도의 혹한 속에서도 작업이 가능해 시추 환

해양 정유 플랜트

경이 나쁜 북극해의 원유 및 가스 시추작업에 투입될 것으로 알려지고 있다.[61] 한편 STX 그룹은 2007년에 고부가가치 특수 설비인 '해저 파이프 설치 플랜트'[62]를 2억 2,000만 달러에 처음으로 수주하면서 해양 플랜트 산업에 뛰어들었다.[63]

|표 3-13| 해외 기술개발 동향

| 종 류 | 개발단계 | 주요 개발 내용 | 개발 주체 |
| --- | --- | --- | --- |
| LNG-FPSO | 기술검토 및 시범사업 | · Topslide plant 엔지니어링 기술<br>· 리스크기반 통합 설계기술<br>· 동적위치보조용 터렛 계류시스템 기술 | · 네덜란드<br>· 미국, 일본<br>· 노르웨이 |
| 해상 LNG 터미널(FSRU) | 기술검토 | · LNG FSRU 설계 엔지니어링 기술<br>· FSRU 구조물 계류시스템 설계기술<br>· FSRU-LNGC 접안 감시제어기술 | · 노르웨이<br>· 미국<br>· 이탈리아 |
| 연근해 시추기기 : 드릴십, 반잠수식, TLP 등 | 상용화 | · 선체 설계 및 생산기술<br>· Topslide 위험성 평가기술<br>· 동적위치 구동용 트러스트 기술<br>· 유탄성 해석기술 | · 싱가포르 |
| | 상용화 및 시범사업 | · Topslide 엔지니어링 기술<br>· 계류 및 동적 위치제어 기술<br>· 이중물체 운동해석 기술 | · 노르웨이<br>· 네덜란드<br>· 미국 |
| 해저자원탐사 및 개발 | 상용화 | · 심해저 정밀 환경탐사 기술<br>· 채광 및 제련기술 | · 미국, 일본 |

자료 : 홍성인, 조선산업 기초분석, 산업연구원, 2007

## 4. 우리나라 해양 플랜트 산업의 미래

고공비행 중인 고유가 시대에 자원의 해외 의존율이 97%에 육박하는 우리나라로서는 원활한 자원 공급처를 확보하는 일이 그 어느 때보다 중요하다. 해양 플랜트 산업은 자원개발을 위한 도구적 가치로서도 중요하지만, 고부가가치 산업으로서 국내 조선 산업의 차세대 동력으로 각광받을 만하다. 현재 눈으로 보이는 성과는 이미 세계 해양 플랜트 산업의 선두주자로 손색이 없다. 다만, 해양 플랜트 독자모델 개발 및 기본설계 능력 부족, 엔지니어링 기술 및 기자재 국산화 수준 미흡, 전문인력 부족 문제를 해결하지 못한다면 현재의 주도권을 점차 다른 국가에 넘겨줄 수도 있다는 지적도 나오고 있다. 특히 산업연구원에 따르면[64] 우리나라는 조선 분야에서의 해양 플랜트 산업이 글로벌 경쟁력을 갖고 있지만,

부유식 해양 플랜트 모형

국내외 안정적인 수요증가가 예상됨에 따라 현재의 세계시장 점유율을 유지하기 위해서는 지속적인 투자가 필요한 것으로 나타났다. 따라서 현재의 해양 플랜트 산업의 경쟁력을 계속 유지하기 위해서는 지속적인 투자와 더불어 기술 경쟁력 제고, 전략적 제휴 및 인프라 구축, 기술 관리체계 마련 등이 필요하다.

|표 3-14| 국내 해양 플랜트 산업의 경쟁력 확보 방안

| 방안 | 세부적 내용 | 기대효과 |
| --- | --- | --- |
| 지속적 투자 | · 유망 투자 산업으로 선정<br>· 투자 프로젝트 발굴 및 우선 투자순위 마련<br>· 재원확보방안 마련 | · 해양플랜트 산업 경쟁력 제고 |
| 기술경쟁력 제고 | · 산·학·연 전문가 연구기회마련<br>· 신규과제 발굴 및 중장기 로드맵 마련<br>· 연구결과를 바탕으로 한 차세대 신기술 개발 사업 | · 기본설계 및 엔지니어링 능력제고 : 기자재 국산화율 높임<br>· 해양플랜트 컨텐츠 발굴 및 강화 |
| 전략적 제휴 및 인프라 구축 | · 외국 엔지니어링사와 전략적 제휴<br>· 기본설계, 엔지니어링 기술 확보, 전문기술 인력양성<br>· 전문연구센터 및 교육센터 설립 추진 | · 해외 해양플랜트 수주 확대<br>· 선진국과의 기술교류 확대<br>· 전문인력 부족 해결 |
| 정보 및 기술관리 체계 마련 | · 조선정보기술 개발<br>· 정보를 효율적으로 생산, 가공, 유통 | · 정보기술 강국으로의 입지 강화<br>· IT와 조선기술의 접목을 통한 신 성장 동력 마련 |

자료 : 홍성인, '조선산업 기초분석'(산업연구원, 2007)을 토대로 재 작성

# 해저 유물 탐사
## 잊혀진 아틀란티스를 찾아라

### 1. 해저 유물의 유혹

최근 바다 속 문화재 발굴에 참여한 잠수부가 국보급 고려청자 수십 점을 빼돌려 판매하려다가 적발됐다.[65] 문화재를 빼돌려 금전적 이익을 챙기려는 사심(私心)과 역사를 거슬러 살아 숨쉬어온 가치를 소유하고 싶은 욕심이 불러온 하나의 에피소드였다. 바다 깊은 곳에 묻힌 보물은 그 자체가 동경의 대상이자, 소장 가치가 있는 유산이다. 이러한 보물탐사가 현실로 이뤄진 것은 그리 오래 되지 않았다. 그리고 이러한 가능성을 현실로 만들어 놓은 것은 바로 해저유물탐사에 대한 열정과 기술이었다.

1985년 햇빛이 들지 않는 심해 어둠속에서 잠자고 있던 타이타닉 호가 빛을 보게 된 것도, 1975년 전남 신안 해저유물 발굴이 시작된 것도 해저유물에 대한 동경과 이를 현실화한 탐사기술이 뒷받침됨으로써 가능했다. 세대를 거치면서 전설이 되어버린 보물선에 대한 구전(口傳)이 이제 우리 눈앞에서 하나둘씩 현실이 되어 모습을 드러내고 있다.

## 2. 해저 유물 탐사 사례

| 외국사례 | 1960년대부터 고고학자들의 연구 활동이 활발해지면서 '선박 고고학'이라는 새로운 용어가 등장했다. 해저유물 탐사는 스칸디나비아, 지중해를 비롯한 아시아, 아메리카, 오세아니아, 아프리카 등 세계 전 해역에 걸쳐 이뤄지고 있다. 이러한 발굴 작업은 특히 과거 주요 해상무역로를 중심으로 진행되고 있다. 당시 조선기술을 고려해 볼 때 기상 악화로 침몰된 배가 부지기수였을 것이라는 추측 때문이다.[66]

해외에서 해저유물 탐사의 가장 큰 성과로 알려지고 있는 것은 타이타닉 호[67] 발견이다. 타이타닉 호는 미국 우즈홀 해양연구소 소속의 4천미터급 유인 잠수정인 앨빈(Alvin)호와 6천미터급 무인탐사 잠수정인 아르고(Argo)호 등 첨단 장비 등이 동원돼 침몰 74년 만인 1985년에 해저에서 발굴됐다. 그리고 그 후 수년에 걸친 작업 끝에 약 4,000여 점의 유물이 인양됐다.[68] 또한 1985년 메리 로우즈 호의 인양을 통해서는 총 1만 9,000여 점의 유물을 수습하여 영국 튜터 왕조 시대의 선박 설계 및 생활상을 엿볼 수 있는 계기가 됐다. 1961년 금세기 수중 고고학의 최대 성과로 일컬어지는 스웨덴의 바사 호 인양 역시 대표적인 해외유물 탐사 사례라고 할 수 있다.[69]

그리고 2007년 스페인 국적의 누에스트라 세뇨라 선의 해저 유물 발굴은 5억 달러 상당의 보물 뿐만 아니라 미국과 스페인 사이의 보물 소유권 분쟁으로 주목을 받았다.

|표 3-15| 주요 해외 해저유물 발굴 사례

| 발굴 | 사례국적 | 침몰시기 | 발굴시기 | 주요 내용 |
|---|---|---|---|---|
| 바사호 (Wasa) | 스웨덴 | 1628 | 1959~1961 | · 4,000개의 동전, 은화 및 1만 여점의 유물<br>· 금세기 수중 고고학의 최대 성과로 평가 |
| 아토차호 | 스페인 | 1622 | 1971 | · 6백만 달러 상당의 보물 |
| 나히모프호 | 러시아 | 1904 | 1980 | · 금, 은, 보석 및 고가 골동품<br>· 일본해양개발이라는 회상에 의해 발굴되어 러시아와 일본간 관할권 분쟁 야기 |
| 메리로우즈호 | 영국 | 1545 | 1982 | · 1만 9,000여점의 유물<br>· 튜더 왕조의 선박기술 및 생활상 |
| 타이타닉호 | 영국 | 1912 | 1985 | · 4,000여 점의 유물<br>· 첨단탐사장비와 해저탐사기술의 개가로 평가 |
| 갈가호와 주노호 | 스페인 | 1750/1802 | 1996 | · 각 34문/50문의 포문<br>· 미-스페인의 난파선 소유권 분쟁 |
| 누에스트라 세뇨라* | 스페인* | 1694 | 2007 | · 5억 달러 상당의 보물<br>· 미-스페인의 보물 소유권 분쟁 |

\* 주 : 누에스트라 세뇨라의 경우 아직 정확한 난파선 명이 밝혀지지 않았으며, 국적이 영국이라는 주장도 제기되고 있다.
자료 : 한국해양수산개발원

| 우리나라 사례 | 우리나라 바다 곳곳에는 조상들의 활발한 해양활동 흔적들이 많이 산재되어 있다. 특히 남해와 서해 교역로를 중심으로 침몰된 교역선이 주목을 받고 있다. 현재 우리나라 해역에 있는 해상유물 신고지점은 220여 곳이 넘는다.[70] 1976년 전남 신안 해저유물 발굴사업 발굴을 시작으로 2009년 11월 현재 총 16건의 발굴조사가 이뤄졌다. 신안 해저유물의 경우 2,604점의

러시아 잠수정이 촬영한 타이타닉 호 선체 잔해(유네스코)

송·원대 도자기류와 729점의 금속 유물, 43점의 석제 유물, 중국 동전 28톤 등 총 2만 2,000여 점의 유물을 건져 올려 세계를 놀라게 했다. 1983년 완도 어두리 수중발굴에서는 도자기 3만 여점을 수습했으며, 1995년 무안 도리포 수중발굴에서는 14세기 고려 상

|표 3-16| 우리나라 수중발굴조사 현황

| 연번 | 발굴연도 | 발굴유족 | 발굴기관 | 발굴기관 |
|---|---|---|---|---|
| 1 | 1976~1984 | 신안 방축리 수중발굴 | 문화재청, 해군 합동 | 14세기 중국 무역선 1척, 동전 28톤, 도자기 등 22,000여 점 |
| 2 | 1980, 1983, 1996 | 제주 신창리 수중발굴 | 문화재청, 제주대 | 12~13세기 금제장신구류, 중국 도자기 |
| 3 | 1981~1987 | 태안반도 수중발굴 | 문화재청, 해군 합동 | 고려청자 40여 점, 조선백자 등 14~17세기 유물 |
| 4 | 1983~1984 | 완도 어두리 수중발굴 | 문화재청 | 12세기 고려 선박 1척, 도자기 3만여점, 선원생활용품 |
| 5 | 1991~1992 | 진도 벽파리 통나무 배 발굴 | 국립해양유물전시관 | 중국 13~14세기 통나무배 1척 |
| 6 | 1995~1996 | 무안 도리포 수중발굴 | 국립해양유물전시관, 해군 합동 | 14세기 고려상감청자 638점 |
| 7 | 1995 | 목포 달리도배 발굴 | 국립해양유물전시관 | 13~14세기 고려 선박 1척 |
| 8 | 2002~2003 | 군산 비안도 수중발굴 | 국립해양유물전시관, 해군 합동 | 12~13세기 고려청자 등 2,939점 인양 |
| 9 | 2003~2004 | 군산 십이동파도 수중발굴 | 국립해양유물전시관 | 12세기 고려 선박 1척, 고려청자 등 8,122점 |
| 10 | 2004~2005 | 보령 원산도 수중발굴 | 국립해양유물전시관 | 13세기 초 청자향로편 등 |
| 11 | 2005 | 신안 안좌도 고선박 발굴 | 국립해양유물전시관 | 14세기 고려시대 선박 1척, 고려상감청자 등 4점 |
| 12 | 2006~2007 | 군산시야미도수중발굴 | 국립해양유물전시관 | 12세기 고려청자 1,806점 |
| 13 | 2006 | 안산시대부도수중발굴 | 국립해양유물전시관 | 12~13세기 선체편 일괄 수습 |
| 14 | 2007~2008 | 태안군 근흥 대섬 수중 발굴 | 국립해양유물전시관 | 12세기 중 고려선박 1척, 고려청자 등 23,640점 |
| 15 | 2008 | 태안군 근흥 마도 수중 발굴 | 국립해양유물전시관 | 13세기 고려청자 515점 |
| 16 | 2008 | 군산시야미도수중발굴 | 국립해양유물전시관 | 12세기 고려청자 1,558점 |

* 주 : 국립해양문화재연구소

감청자 638점을 찾아냈다. 이러한 해저유물 발굴 활동은 2000년 이후에도 지속적으로 이어지고 있는데, 2002년 군산 비안도에서는 12~13세기 고려청자를 포함해 2,939점의 유물을 인양했다. 현재는 장보고의 해상유적, 이순신 장군의 거북선 등을 발견하기 위한 해저유물 탐사가 주요 숙제로 남아 있다.

### 3. 해저유물 탐사 기술[71]

심해에 잠자고 있는 해저유물에 생명을 불어넣을 수 있게 된 것은 해저유물 탐사기술이 발전한 덕택이다. 지구상에서 본격적으로 해저유물 탐사가 시작된 것은 4천 미터 심해에서 유·무인 잠수정을 포함한 최첨단 해저 탐사장비를 동원해 타이타닉 호를 발견하면서부터다. 이를 계기로 해저유물 탐사에 대한 관심이 크게 높아 졌으며, 이와 더불어 탐사기술도 발전했다.

해저유물 탐사는 찾고자 하는 유물에 대한 문헌 자료 수집 등을 포함한 사전조사에서부터 지구물리 탐사와 원격 탐사 기술을 통한 위치 확인에 이르기까지 오케스트라와 같은 조화가 필요하다. 해변가 모래에서 바늘을 찾는 것과 마찬가지로 광활한 해양에서 목표하는 유물을 찾기 위해서는 최첨단 자료수집 능력과 탐사기술이 있어야 한다. 먼저 문헌 조사를 토대로 설정된 탐사 지역에 대한 본격적인 현장조사를 실시하고, 탐사 주변 해역에 대한 해양 지질, 해양물리 등의 환경조사를 통해 탐사지역을 축소·설정하는 것이 첫번째 일이다. 그런 다음 본격적으로 정확한 위치를 찾기 위해 다양한 지구물리 탐사방법을 동원해 해저유물을 찾게 되는 것이다. 2003년에 울릉도 인근에서 돈스코이 호를 발견할 때도 이 같은 방식이 적용됐다. 발굴팀은 3차원 해저 지형 탐사와 해저 지층 탐사기를 이용한 지층조사, 측면 주사 음파 탐지기를 이용한 해저면 영상 탐사를 통해 이상체를 파악한 후 심해 카메라와 유·무인 잠수정을 동원해 울릉도 앞바다 수심 400미터 지점에서 돈스코이 호를 발견했다. 돈스코이 호의 발견은 우리나라 해저유물 탐사기술을 한 단계 끌어올린 것으로 평가받고 있다.

한편, 해저유물은 인류 문화유산으로서의 가치가 높은 것이 대부분이다. 이에 따라 최근 탐사나 발굴과정에서 훼손되거나 인근 해역의 환경이 오염되는 것을 방지하기 위해 '해저유물 보호협약'이 채택됐다. 최근에 해저유물을 손상시키지 않는 탐사인 '비파괴'(non-intrusive) 탐사가 주목받고 있는 것도 그만한 이유가 있다.

|그림 3-6| 해저유물 탐사 모식도

자료 : 한국해양연구원

## 4. 해저유물 보호협약

현재 해저유물을 둘러싼 쟁점은 크게 해저유물 보호와 해저유물 소유권 분쟁이다. 이 같은 문제가 일어나는 것은 해저유물이 가지고 있는 서로 상반된 특성 때문이다. 바로 인류 유산과 국가 소유권 사이의 대립이다.

우선 해저유물은 옛날의 골동품이나 보물, 생활도구 등 그 당시 시대상을 보여주는, 역사적인 가치를 갖고 있는 인류의 공동 문화유산이라는 특성이 강하다. 2009년 초에 국제적으로 발효된 해저유물 보호협약도 이 같은 점을 명시하고 있다. 해저유물 보호협약[72]은 전문에서 해저유물이 인류의 문화유산(cultural heritage of humanity)임을 분명히 밝히고, 해저유물의 조사, 발굴 및 보호를 위한 국가 간 권리와 의무를 규정하고 있다.

크로아티아 인근 해역 해저유물 발굴조사

주요내용을 살펴보면, 우선 제1조에서 협약 적용대상을 최소 100년 이상의 해저유물로 제한하고 있으며, 유엔 해양법 협약 체제에 맞게 내수, 군도수역 및 영해(제7조), 접속수역(제8조), 배타적 경제 수역과 대륙붕(제10조), 심해저(제12조)에서의 해저유물에 대한 관할권 및 보호규정을 두고 있다. 나아가 제5조에 근거해 당사국은 그 국가의 관할수역 내 해저유물의 조사, 발굴 및 탐사행위로 일어날 수 있는 부정적 효과를 예방하거나 완화하도록 가능한 최선의 수단을 사용해야 한다.[73]

우리나라의 경우 국유재산에 매장된 물건의 발굴에 관한 규정, 문화재보호법, 해난구조법 등 관련된 법규가 있다. 그러나 미국 등 선진국들이 '난파선법', '해저유물 보호관리 규정' 등을 제정해 해저유물을 보호하고 있는 데 반해, 우리나라는 아직까지 이에 대한 별도의 법률이 없어 향후 입법 정비가 필요하다는 지적이 있다.[74]

태안 마도 닻돌 인양 작업

|표 3-17| 해저유물 보호협약 주요 내용

| 주요 조항 | 조항 내용 | 주요 내용 |
| --- | --- | --- |
| 제1조 | 개념 정의 | 협약 적용은 최소 100년 이상의 해저유물로 제한 |
| 제2조 | 협약의 목적 및 원칙 | 해저유물 보호를 목적으로 체약국들의 협력 규정, 해저유물의 상업적 이용 금지 |
| 제3조 | 유엔 해양법 협약과 이 협약과의 관계 | 유엔 해양법 협약 하 당사국의 권리 및 관할권을 침해하지 않음 |
| 제7조 | 내수, 군도수역, 영해의 해저 유물 | 해저유물 관련 활동에 대해 연안국이 배타적 권리를 가짐 |
| 제8조 | 접속수역의 해저 유물 | 연안국은 접속수역 내 해저유물 활동에 대해 규제 및 승인권한을 가짐 |
| 제9조 | EEZ · 대륙붕의 해저유물 활동 보고 및 통지 | 연안국은 EEZ · 대륙붕에서 해저유물을 보호할 책임이 있으며, 연안국 국민과 선박의 해저유물 탐사 · 조사 활동을 사무총장에게 통지할 의무를 규정 |
| 제10조 | EEZ 및 대륙붕의 해저자원 보호 | 당사국은 유엔 해양법 협약에서 규정된 주권적 권리나 관할권에 대한 침해를 방지하기 위해 해저유물 탐사 및 조사활동을 승인 또는 금지할 권리를 가짐 |
| 제11조 | 심해저의 보고 및 통지 | 연안국은 심해저에서 해저유물을 보호할 책임이 있으며, 연안국 국민과 선박의 해저유물 탐사 · 조사활동을 사무총장에게 통지할 의무를 규정 |
| 제12조 | 심해저의 해저유물 보호 | '조정국(coordinating state)' 제도를 통한 해저유물 보호활동을 제외하고, 어떠한 해저유물 활동도 불가 |
| 제13조 | 주권 면제 | 비상업적 선박, 군함 등 주권면제를 향유하는 선박이 일상적 활동(직접적인 해저유물 탐사활동이 아닌)시 해저유물 발견에 대해 보고할 의무를 지지 않음 |
| 제14조 | 자국 영토내로의 유입, 소유 및 취급 | 당사국은 협약에 위반된 행위를 통해 발견 또는 수출된 해저유물의 자국 영토내로의 유입, 소유 및 취급을 금지해야 함 |
| 제15조 | 회원국 관할 영역의 비사용 | 당사국 관할영역을 협약에 위배되어 항만, 인공섬 등으로 활용하는 것을 금지 |
| 제16장 | 내국민과 자국선박에 대한 조치 | 자국민과 자국선박이 해저유물 탐사 등 활동을 협약과 일치하도록 모든 조치를 취함 |
| 제17장 | 제재 | 협약 불이행에 대한 제 재 부과 규정 |
| 제18장 | 해저유물의 획득과 처분 | 해저유물의 획득과 처분에 있어 공공이익과 보존 및 연구목적 등을 고려 |
| 제19장 | 협력과 정보교환 | 해저유물의 보호와 관리를 위한 회원국의 협력과 정보교환 규정 |

자료 : 한국해양수산개발원

한편, 해저유물은 과거의 유물에 대한 관련 국가들의 소유권 및 관할권 분쟁으로 비화되는 경우가 종종 있다. 1982년 유엔해양법 협약이 발효되기 이전에 선박이 공해에서 침몰되어 발굴된 경우 그 지점이 현재 타국의 영해, 접속수역 및 배타적 경제수역에 들어 있을 수 있기 때문이다. 이는 선박 국적국과 유물이 발견될 당시의 관할수역의 관할국이 다를 경우 속지주의와 기국주의 간 충돌로 소유권 분쟁이 발생하는데 원인이 된다. 최근 스페인이 미국회사 소유의 보물선 탐사선을 나포한 이후 이를 둘러싸고 법적인 공방이 야기된 것[75]도 이와 같은 맥락에서 해석할 수 있다.

# 첨단 항만 개발
## 최고를 향한 항만의 끝없는 변신

### 1. 신개념 항만의 등장

항만은 육지와 해양을 잇는 관문이다. 바다를 통해 방문하는 해외 관광객에게는 방문국의 첫인상을 좌우하는 얼굴이다. 나아가 국제물류 흐름의 처음과 끝을 담당하는 중요한 물류기지이기도 하다. 또한 항만은 그 나라의 교역과 물류 경쟁력을 평가하는 잣대다. 우리나라의 경우 부산항이 세계 5위의 컨테이너 항만으로 성장했다. 세계 6위 안에 드는 항만은 모두 아시아에 자리잡고 있다. 아시아의 교역 비중과 경쟁력이 그 만큼 크다는 증거다.

최근 이러한 항만(특히 수출입을 담당하는 컨테이너 항만)이 새롭게 변화하고 있다. 일련의 대외환경 변화에 대응하기 위해서다. 우선 항만의 수요자인 선박회사가 운영하는 컨테이너선이 초대형화되고 있다. 일반적으로 8,000 TEU[76]급 이상의 컨테이너선을 초대형선이라고 말하는데, 최근 1만 TEU[77] 컨테이너선이 등장하면서 곧 1만 5,000TEU 선박이 운항될 것이라는 전망도 나오고 있다.

초대형 컨테이너선의 출현은 이들 선박이 입항할 수 있는 초대형 항만, 이른바 메가 포트(Mega Port) 건설을 촉진했다. 아시아 주요 항만들이 수심이 15미터가 넘는 초대형 항만을 짓고, 컨테이너를 신속하게 싣고 내릴 수 있는 크레인을 증설하고 있는 것도 이 같은 이유 때문이다. 초대형 컨테이너선의 운항은 항만 물류 전반에 엄청난 변화를 몰고 왔다. 초대형선이 정박할 수 있는 여건이 마련되지 않거나 화물을 싣고 내리는 시간을 단축할 수 없는 항만은 경쟁에서 밀릴 수 있는 것이 오늘날 국제 물류의 현실이다. 또한 최근에는 국제물류기업이 인수·합병을 통해 대형화되면서 부가가치를 창출해 낼 수 있는 물류기지 확보에 역점을 두고 있는 것도 항만의 변화에 영향을 주고 있다.

|표 3-18| 세계 주요 컨테이너 항만

| 순위 | 항만 | 국적 | 2008년 물동량 (천 TEU) |
|---|---|---|---|
| 1 | 싱가포르 | 싱가포르 | 29,918 |
| 2 | 상해 | 중국 | 27,980 |
| 3 | 홍콩 | 중국 | 24,494 |
| 4 | 선전 | 중국 | 21,413 |
| 5 | 부산 | 한국 | 13,453 |
| 6 | 두바이 | UAE | 11,827 |
| 7 | 닝보 | 중국 | 11,226 |
| 8 | 광저우 | 중국 | 11,001 |
| 9 | 로테르담 | 네덜란드 | 10,800 |
| 10 | 칭다오 | 중국 | 10,320 |

자료 : containerization International_online(2009)

또한 최근 개발과 성장에서 벗어나 환경보호에 관한 관심이 증폭되면서 항만분야에서도 친환경 항만에 대한 요구가 늘어나고 있다. 2001년 9·11 테러 이후에는 항만의 기능에 안전과 보안이 추가됐다. 특히 테러로 피해를 입은 미국은 항만에서 발생할 수 있는 테러에 대비하기 위한 노력을 가속하고 있다. 국제해사기구(IMO) 등과 공조체제를 구축해 전세계 물류 보안 패러다임을 변화시키고 있다. 2006년 8월에 항만보안법(SAFE Port Act)을 제정한 데 이어 일년 만에 다시 9·11 테러 대책 이행법률을 제정하는 등 컨테이너 화물의 100% 사전 검색을 의무화함으로써 항만의 기능 변화를 촉진하

컨테이너 야적장

고 있다. 이러한 항만보안에 대한 경각심이 커지면서 현재 미국뿐만 아니라 세계관세기구(WCO), 국제표준화기구(ISO) 등에서도 항만보안에 대한 국제규범을 선도하고 있어 항만의 변화는 더욱 숨가빠질 전망이다.

　　이러한 대외적 환경변화에 따라 항만은 자체 경쟁력을 갖추기 위해 변화를 모색하고 있으며, 이러한 노력이 친환경 항만, 항만의 대형화, 고효율 항만, 물류 보안 항만 등의 모습으로 나타나고 있다.

컨테이너 터미널과 갠트리 크레인

## 2. 환경 친화 항만

최근 글로벌 대표 항만을 중심으로 항만 내 환경기준이 엄격해지면서 친환경 항만, 일명 '그린포트'를 만들기 위한 국제적인 노력이 확산되고 있다. 그린포트는 주로 항만을 오가는 선박, 운송 트럭, 크레인에서 내뿜는 대기오염 물질 규제에 초점을 맞추고 있다. 일례로 미국 캘리포니아 주[78]는 2006년 11월 항만운영과 관련된 대기 오염원을 통제하기 위해 '5개년 종합대책'을 발표했다. 이른바 '산 페드로 항만 청정대기 행동계획(San Pedro Bay Ports Clean Air Action Plan)'으로 불리는 이 계획은 LA/LB항을 친환경 물류 항만으로 바꾸는 혁신적인 내용을 담고 있다.[79] 항만 당국은 이를 토대로 2007년 1월부터 연안 24마일 내로 들어오는 화물선 및 유람선의 보조기관에서 사용하는 선박 연료유를 황 함량 1.5%의 저 유항유나 가솔린으로 대체해 사용하도록 했다. 그리고 입항하는 모든 선박에 대해서도 저유황 선박 연료유 사용을 의무화하고 있다.[80] 또한 2008년 2월 크린트럭 프로그램을 통해 항만 내 트럭 역시 친환경 연료를 사용하도록 하고 있다.

우리나라 또한 최근 국토해양부가 '항만 하역분야 에너지 비용 절감대책'을 마련해 추진하기로 함으로써 친환경 항만을 위한 정책마련에 나서고 있다.[81] 이는 부산항 자성대 부두의 크레인을 대상으로 한 실험 결과가 긍정적으로 나옴에 따라[82] 2008년부터 3년간 주요 컨테이너 항만의 크레인에 대해 동력 전환사업을 지원하는 것을 골자로 한다. 이와 함께 국토해양부는 2009년 초에 '그린 포트 구축 계획'을 세우는 등 항만의 색깔과 표정 바꾸기에 동참하고 있다.

한편, 항만을 새로 건설할 때도 환경보호가 중요한 요소로 부각되고 있다. 항만을 개발할 때 해조류의 서식지 등 주변 환경을 해치지 않고, 항만 폐기물이 연안을 오염시키지 않도록 여러가지 조치가 마련되고 있는 것도 이 같은 변화에 따른 것이다.

### 3. 초대형·지능형 항만

항만의 규모가 점차 커지고 있는 것도 새로운 변화다. 메가 포트로 불리는 항만의 대형화는 앞서 언급한 초대형선 컨테이너 선박의 등장과 무관하지 않다. 1만 TEU급 컨테이너선이 입항하기 위해서는 항만 수심이 최소 15미터가 되어야 하며, 일시에 많은 화물을 선적·하역하기 위한 넓직한 배후부지도 갖고 있어야 한다. 그러나 최근 항만이 대형화되고 있는 이면에는 국가 간 또는 항만 간 물류 주도권 경쟁이 자리잡고 있다. 메가포트를 중심으로 특정 지역을 물류허브로 육성하기 위한 항만당국의 전략도 하나의 요인 으로 지적되고 있다.

동북아의 경우 한국, 중국, 일본을 중심으로 물류 중심 항만 경쟁이 매우 치열하게 이뤄지고 있다.[83] 중국은 2010년까지 항만 처리능력을 1억 TEU까지 늘린다는 계획을 세우고 중서부 내륙에 서 동부 연안에 이르기까지 대표 항만을 중심으로 최적의 물류 및 항만체제를 갖추기 위해 노력하고 있다. 일본 역시 1995년 이후 물 동량 증가율이 둔화되고, 오사카·고베 등 주요 항만의 경쟁력이 떨어지자 '슈퍼 중추항만 육성계획'을 세워 추격에 나서고 있다.

우리나라는 지정학적으로 동북아 물류중심국가로 발전할

수 있는 좋은 위치에 있다. 시베리아 횡단 철도(TSR), 중국 횡단 철도(TCR) 및 몽고 횡단 철도(TMR)와 태평양을 연결하는 물류 요충지에 자리 잡고 있다. 유럽으로 가는 컨테이너 화물을 더 많이 유치할 수 있는 지리적인 이점이다. 부산항, 인천항 등 주요 항만이 대형화를 추진하는 것은 이 같은 지리적 이점을 살려 물류 경쟁력 확보뿐만 아니라 앞으로 다가올 유라시아-태평양 물류시대를 대비하기 위한 노력이다. 즉, 부산 신항 건설이나 인천항 증설은 우리나라가 치열한 동북 아시아와 세계 물류 경쟁에서 살아남기 위한 불가피한 선택으로 보면 된다.

한편, 컨테이너선의 초대형화는 기존의 항만하역 시스템보다 한 층 더 발전된 고성능·고효율의 지능형 항만 하역장비 개발을 불러왔다. 현재 네덜란드와 독일의 주요 터미널은 항만 운영비용 절감과 생산성 향상을 위해 무인 자동화 터미널을 보유하고 있다. 벨기에의 앤트워프(Antwerp)항, 싱가포르의 PSA, 홍콩의 HIT 등은 야드의 부지 이용률을 극대화하기 위해 고효율 야드 하역 시스템을 적용하고 있다. 이 외에도 신개념의 차세대 지능형 컨테이너 항만 시스템이 개발되고 있다.[84]

우리나라도 부산항, 인천항, 평택항 등 주요항만을 중심으로 경쟁력을 갖추기 위해 항만 배후지에 대한 투자를 활성화하고, 다국적 기업을 유치하기 위한 비즈니스 모델을 찾고 있다. 과거의 단순한 토목공사 위주의 항만건설에서 벗어나 첨단화된 자동화 장비 개발, 고효율의 차세대 물류시스템 개발 등 항만기술을 한 단계 끌어올림으로써 항만의 생산성을 높이고, 외국 기업도 유치한다는 다목적 포석이다.

### 4. 물류 보안 항만

현재 국가 간 무역량의 대부분은 해상과 항만을 통해 이뤄지고 있다. 그리고 컨테이너 화물의 국제적 이동을 고려해 볼 때 화물의 생산지에서 최종 소비자에 이르는 모든 구간이 테러로 피해를 입을 가능성이 매우 높아지고 있다. 특히 최근 들어 국제 교역의 자유화가 촉진되고, 자유무역협정(FTA) 체결의 증가와 해외공장 설립 등으로 국경을 넘어선 교역이 활발히 일어나면서 컨테이너 화물의 이동으로 인한 테러 가능성이 있다는 분석이다.

실제로 테러 등으로 항만 등 물류 기간시설이 파괴되거나 기능이 중단될 경우 입을 수 있는 피해액은 천문학적인 수치에 달

컨테이너 선박 운항 통제실

할 것으로 추정된다. 2002년 부즈 앨런 해밀톤의 워 게임 시나리오에 따르면, 미국 LA 항만 및 사반나 항만이 테러로 4주 동안 운영이 중단될 경우 47억 달러의 손실을 입을 것으로 나타났다. 또한 이 같은 테러로 미국뿐만 아니라 아시아 지역에도 영향을 미쳐 아시아 경제성장률이 0.4% 정도 하락하고, 특히 홍콩과 싱가포르, 말레시아의 경우 성장률이 1.1% 떨어지는 것으로 분석됐다. 테러로 수에즈 운하나 파나마 운하, 말라카 해협이 봉쇄되면 국제 물류 마비 등 엄청난 파급효과 초래될 것으로 전문가들은 전망하고 있다.[85]

2004년에 국제해사기구(IMO)에서 국제선박 및 항만시설 보안규칙(ISPS Code)을 채택해 선박 및 항만 부문에 대한 보안을 강화하고, 주요 국가들이 항만을 오가는 국제선박과 항만에 대한 보안에 적극 나서고 있는 것도 테레로 항만의 물류기능이 마비되는 것을 막기 위한 것이다. 2001년 9·11 테러로 전세계에 '물류보안제도'라는 새로운 제도가 도입됨으로써 항만의 기능도 물류보안 강화로 선회했다. 이 때문에 미국·유럽을 비롯한 거의 모든 나라가 국제해사기구의 ISPS 코드를 시행하는 등 선박과 항만의 보안 확보에 주력하고 있다.

현재 미국은 항만보안법을 제정해 항만보안계획 수립을 의무화했다. 자국으로 대량살상무기(Weapons of Mass Destruction, WMD) 등이 밀반입되는 것을 차단하기 위해 2002년 1월부터 컨테이너 보안협정제도(Container Security Initiative, CSI)도 마련해 시행하고 있다. 이 제도의 주요내용은 i) 외국항만에서 미국 관세청 검사관과 해당국가의 관련 기관이 ii) 미국으로 수출되는 컨테이너 화물을 대상으로 iii) 그 화물이 선박에 적재되기 전에 iv) 위험성이 있는지 여부를 방사능 탐지기나 화물 투시기(X-ray)와 같은 기계적 장비로 검사해 v) 위험화물로 판단되는 경우 미국 입항을 금지하는 등 적절한 조치를 취하도록 되어 있다.[86]

|그림 3-7| CSI 항만과 처리 절차

★ CSI 시행 항만

**미국에서**
1. 연간 컨테이너 1,100만 TEU 미국 항만에 수입
2. 관세 국경보호청, 협의 화물 100% 리스크 분석
3. 나머지 화물은 사전 검색기술을 통해 안전 확보
4. 미국 수입 화물, C-T PAT를 통해 위험 최소화

**해외에서**
1. 미국행 컨테이너 적하목록 24시간 전 제공 의무화
2. 국립 표적검사센터에서 위험화물 검색작업 실시
3. CSI 협정에 따라 미 세관원 외국항만 주재 검사
4. 위험 화물은 선박에 적재 자체를 금지

| | | | | | |
|---|---|---|---|---|---|
| ・핼리팩스, 몬트리얼, 뱅쿠버 (캐나다) | ・앤트워프 (벨기에) | ・펠릭스토우 (영국) | ・나폴리 (이탈리아) | ・알제시라스 (스페인) | ・카오슝(중국) |
| | ・지브르게 (벨기에) | ・리버풀, 템즈포트, 틸버리, 사우샘프턴 (영국) | ・지오이아타오르 (이탈리아) | ・나고야, 고베 (일본) | ・산토스(브라질) |
| ・로테르담 (네덜란드) | ・싱가포르 | | ・부산(한국) | ・램차방(타이완) | ・콜롬보 (스리랑카) |
| ・리아브르 프랑스 | ・요코하마(일본) | ・제노아 (이달리아) | ・더반, 남아프리카 | ・두바이, 아랍에미레이트(UAE) | ・브에노스아이레스(아르젠티나) |
| ・마르세이유 프랑스 | ・도쿄(일본) | ・라스페챠 (이탈리아) | ・포트클랑 (말레이시아) | | ・리스본 (포르투갈) |
| ・브레메하벤 (독일) | ・홍콩 | | ・탄중펠레파스 (말레이시아) | ・상하이(중국) | ・포트 사라하 (오만) |
| ・함부르크(독일) | ・고텐베르크 (스웨덴) | ・리보르노 (이탈리아) | ・피라에우스 (그리스) | ・선전(중국) | ・코르테스 (온두라스) |

자료 : 한국해양수산개발원

유럽연합의 해운 및 항만시설 보안규정(Regulation EC n° 725/2004)은 IMO의 해상인명안전에 관한 국제협약(SOLAS)과 ISPS 코드의 내용을 수용해 항만보안을 강화하고 있다. 2005년 10월에는 항만보안을 강화하는 지침서(Directive 2005/65/EC)를 채택해 ISPS 코드의 내용을 보완했다. 싱가포르, 중국, 일본 등도 최근 추세에 따라 항만보안을 포함한 '통합 물류보안계획'을 수립·시행하고 있다.

우리나라는 국토해양부를 중심으로 국제해사기구(IMO)에서 제정한 ISPS 코드를 직접 수용하는 법률인 국제 항해선박 및 항만시설의 보안에 관한 법률을 2007년 8월부터 시행에 들어갔다. 이 법률은 선박 및 항만시설의 보안에 관한 업무를 효율적으로 수행하기 위해 항만보안의 기본방침을 정하고, 보안사건의 대비·대응 조치 등을 주요 내용으로 하는 국가항만보안계획을 10년마다 수립·시행하도록 했다. 지방해양항만청장에 대해서는 국가항만보안계획에 따라 관할구역의 항만시설에 대한 지역항만보안계획을 수립·시행하도록 의무화하고 있다.

앞으로 항만에 밀어닥칠 물류보안의 충격은 2012년 7월부터 시행될 미국 수출화물의 100% 사전 검사제도에서 비롯될 것으로 보인다. 이 제도는 미국이 제정한 '9·11테러 대책 이행법'에 들어있는 것으로 미국으로 수출되는 모든 컨테이너 화물을 미리 화물 검색기로 조사해야 한다는 것이 핵심이다. 이 같은 의무를 위반하면 컨테이너 화물의 미국 수출이 금지된다. 이 조합이 개정되거나 폐지되지 않는 한 시행은 이제 시간 문제이다. 항만이 물류보안 항만으로 가는 마지막 수순에 접어 들었다.

# 블루 이코노미
## 인류 문명의 미래상을 실현한다

### 1. 2012 여수 세계박람회

　최근 2012 여수 세계박람회(여수 박람회) 조직위원회는 블루 이코노미(blue economy)를 여수 박람회의 포괄적 모티브(umbrella motif)로 설정했다. 국제박람회기구(BIE)의 공인을 받은 세계박람회는 '공중의 교육'을 목적으로 하며 인류문명 발전의 성과와 수단, 그리고 바람직한 미래상을 주요 내용으로 한다. 블루이코노미는 여수 박람회가 보여주고자 하는 인류문명의 바람직한 미래상을 의미한다.

　여수 박람회는 '살아있는 바다, 숨쉬는 연안'을 주제로 하고, 그 아래에 '연안의 개발과 보존', '새로운 자원기술', '창조적인 해양활동' 등 3개 주제를 갖고 있다. 여기서 하위 주제가 여수 박람회가 보여줄 전시연출의 기본 개념이라고 본다면, 여수 박람회에서 구현될 블루 이코노미는 3개 하위 주제를 그 수단으로 한다고 할 수 있다.

하지만 이것만 가지고는 블루 이코노미의 개념과 성격을 명확하게 이해하기는 어렵다. 따라서 최근 세계의 해양 전문가들이 블루 이코노미의 용어 사용 사례와 블루 이코노미에 대해 설명한 내용, 그리고 세계 각국이 해양부문의 국가정책을 통해 지향하는 바를 살펴봄으로써 보편적으로 사용가능한 용어로서 블루 이코노미의 개념을 정립해 제시하고자 한다.

## 2. 블루 이코노미 논의 동향

최근 들어 경제학자와 정책 전문가들이 '해양 관련 경제의 의미'로 블루 이코노미라는 용어를 사용하고 있다. 미국 미래연구소(Institute for the Future)의 안토니 타운센드(Anthony Townsend) 박사는 '연안으로의 인구 집중과 전통 자원의 공급 한계에 따라 해양개발의 필요성이 증대될 것이며, 앞으로는 해양이 신성장의 길(avenue)을 제시할 것'이라고 주장하면서 '해양 기반의 경제'를 블루 이코노미로 지칭했다.

미국 MIT의 미첼 조로프(Michael Joroff) 교수는 블루 이코노미를 '지속가능한 방식에 의한 해양의 상업적 개발'로 정의했다. 그

2012년 여수 세계 박람회장 조감도

는 해양 개발에 앞서 해양과 타 산업에 미치는 영향을 사전적으로 고려하고, 그 영향을 최소화하는 과정에서 새로운 경제활동의 기회가 창출됨을 강조하면서 지속가능성의 원칙이 기존의 해양산업과 블루 이코노미의 차이를 설명하는 기준이 된다고 했다.

또 최근 미국과 중국에서는 블루 이코노미를 주제로 한 포럼과 공청회가 개최됐다. 2009년 6월 미국의 국립해양보호구역재단(National marine Sanctuary Foundation)이 '블루 이코노미 : 미래 재정에 있어서 해양 역할의 이해('Blue Economy: Understanding the Ocean's Role in Our Nation's Financial Future')'를 주제로 개최한 포럼에서 미국 해양대기청(NOAA)의 제인 루첸코(Jane Lubchenco) 청장은 블루 이코노미를 '경제적·환경적으로 지속가능하고 활력 있는 해양기반 경제'로 설명했다.

같은 날 미국 의회의 상원 상무·과학·교통위원회도 '블루 이코노미; 미래 경제에 있어서의 해양의 역할(the Blue Economy: the Role of the Oceans in Our Economic Future)'를 주제로 공청회를 개최했다. 이 자리에서 위원회 의장인 마리아 칸트웰(Maria Cantwell) 상원의원은 블루 이코노미를 '해양과 오대호, 그리고 연안자원으로부터 출현하는 고용과 경제적 기회'로 정의했다. 칸트웰 의장은 지리적 개념을 도입해 블루 이코노미를 해양환경에 직·간접적으로 영향을 받는 공간적 영역의 모든 경제활동으로 설명한 것이 특징이다.

중국에서는 2009년 8월 산둥성 정부가 '칭다오 블루이코노미 서밋 포럼(2009 Qingdao International Blue Economy Summit Forum)'을 개최했다. 이 포럼에서 지앙 다밍(Jiang Daming) 산둥성 성장(省長)은 블루 이코노미를 오션 이코노미(Ocean Economy)와 구별되는 개념으로 '전통적인 해양산업에서 새로운 기술을 바탕으로 진일보한 해양경제체제'라고 강조했다.

이와 같이 전문가들이 사용한 블루 이코노미의 개념은 공통점이 있지만 차이점도 존재한다. 모든 전문가들이 블루 이코노미를 설명함에 있어서 지속가능성의 원칙을 강조하고 있으며, 향후 해양관련 산업의 빠른 성장을 전망하고 있다. 그러나 안토니 타운센트와 미첼 조로프는 해양의 자원 잠재력과 해양자원을 이용하는 방식에 있어서 지속가능성의 원칙을 중시하고 있는데 비해 마리아 칸트웰은 '연안경제' 라는 지리적 개념 도입하고 있다. 중국의 지앙 다밍은 블루 이코노미의 조건으로서 과학기술 발전에 따른 신산업의 태동과 해양산업의 혁신을 중시하고 있어 각 전문가들이 인식하는 블루 이코노미의 핵심 가치에 있어서 차이를 보이고 있다.

|표 3-19| 해양분야 전문가들의 블루 이코노미에 대한 견해

| 발표자 | 발표 장소 및 시기 | 블루 이코노미에 대한 설명(정의) |
|---|---|---|
| Anthony Townsend | www.blueeconomy.com (2005년) | · 경제, 기후, 기술적 요인이 복합적으로 작용하여 해양은 다시 인간 활동의 새로운 개척영역 중 선두를 차지하게 될 것 |
| Michael Joroff<br>MIT 교수 | Blue Economy 포럼,<br>서울 (2009.5.7) | · 지속가능한 방식에 의한 해양의 상업적 개발을 의미<br>· 기존의 해양산업을 보는 새로운 시각으로 각 산업이 보다 밀접하게 연관되며 '지속가능성의 원칙'이 해양을 이용하는 모든 행위를 선별하는 기준이 됨 |
| Jane Lubchenco<br>미국 해양대기청 청장 | Blue Economy 포럼,<br>미국 (2009.6.9~11) | · 경제적, 환경적으로 지속가능하고 활력 있는 해양기반의 경제 |
| Maria Cantwell<br>미국 상원의원 | 상원 청문회<br>(2009.6.9) | · 해양과 오대호, 그리고 연안 자원으로부터 출현하는 고용과 경제적 기회 |
| Jiang Daming<br>중국 산둥성 성장 | 칭다오 Blue Economy<br>포럼 (2009.8.10~11) | · 기존의 Ocean Economy와 비교할 때 더 과학적이고 심오하고 넓은 범위의 과제를 다루며, 높은 수준의 산업 발전과 해양과 육상 자원 간의 조화로운 이용, 기술적 혁신과 해양 생태계의 보호가 중시되는 경제체제 |

자료 : 한국해양수산개발원

블루 이코노미는 해양정책의 비전과 관련된 일종의 정책 용어라 할 수 있다. 중국의 지앙 다잉이나 미국의 루첸코과 칸트웰 등은 모두 정책 비전과 관련해 블루 이코노미를 사용했다. 다음에서는 블루 이코노미의 보편적 개념을 정리하기 위해 미국, 유럽연합(EU), 일본, 중국 등 해양대국의 국가 해양정책에서 나타나고 있는 공통적인 요소들을 정리했다.

### 3. 주요국의 블루 이코노미

2000년대 들어 미국, 중국, EU, 일본 등 주요 해양강국들이 해양부문의 국가계획을 발표하고 있다. 1990년대에는 한국, 일본, 중국 등 주로 동아시아 국가들이 해양부문의 국가계획을 수립했다면, 2000년대에 들어서는 미국과 EU 등 서구국가로 확산된 것이다.

주요 해양국들의 해양정책은 공통적으로 해양부문의 통합을 강화하고 있다. 미국 오바마 정부는 통합적이고 종합적인 국가

|표 3-20| 4대 해양강국 해양정책의 공통 주제 및 과제

| 핵심어 | 내용 | 주요 과제 |
| --- | --- | --- |
| 긴밀한 상호관계<br>(배경적 요소) | 해양과 인류사회의<br>상호관계 증가 | 종합적 국가 해양정책 체계 확립, 국제협력 강화 |
| 지속 가능성<br>(정책의 원칙) | 개발과 보존의 조화 | 생태계 기반 관리, 해양·연안의 통합적 관리 |
| 혁신<br>(정책과제) | 문제 극복과 해양경제 활성화를 위한 해양과학기술 및 해양산업의 혁신적 발전 | 해양 R&D 투자 제고, 해양과학기술의 산업화, 해양산업 클러스터 조성, 해양자원 탐사 및 개발 |
| 대응·적응·완화<br>(정책과제) | 기후변화 등 해양환경 변화에 따른 대응, 적응 및 영향 경감 | 해양조사 및 관측, 해양기초과학 육성, 대응·적응·영향경감 기술 개발, 연안 이용의 구조조정, 해양·연안 환경 보호 |
| 국제협력<br>(정책과제) | 거대 해양과학 연구 및 국제적인 정책결정에 있어서 리더십 확립 | 국제 연구개발 협력, 국제적인 정책 결정 주도 |
| 공공인식<br>(정책과제) | 해양의 중요성에 대한 공중의 의식 제고 | 해양의 중요성에 대한 교육, 홍보, 인재 육성 |

자료 : 한국해양수산개발원

해양정책을 수립하기 위해 고위급으로 이루어진 해양정책 태스크 포스(Ocean Policy Task Force)를 구성했다. EU는 2007년 10월 10일에 EU 통합해양정책(An Integrated Maritime Policy for the European Union)을 발표했다. 일본은 2007년에 해양기본법을 제정하고 해양의 종합관리를 위한 조직으로 수상을 본부장으로 하는 종합해양정책본부를 신설했다. 중국은 2008년 7월 국가해양국을 해양업무의 조정기능을 강화하는 방향으로 개편했다. 미국, 유럽연합, 중국, 일본 등 세계 해양강국의 국가 해양정책에서 나타난 주요 핵심 단어(keyword)와 주요 과제는 |표 3-20|과 같다.

## 4. 이것이 블루 이코노미

해양분야 전문가들의 블루 이코노미에 관한 설명과 주요 국가의 해양정책에서 나타나는 공통적 요소들을 종합적으로 고려하여 '블루 이코노미'의 개념을 정립했다.

**블루 이코노미의 정의**  블루 이코노미를 특정 산업군이나 지리적 영역으로 한정해 정의하기보다는 '해양과의 긴밀한 상호관계를 바탕으로 지속가능한 발전을 실현하는 경제 모형'으로 정의하는 것이 바람직하다. 세계의 해양강국들이 최근 국가 차원의 해양정책을 수립한 이유도 해양과 관련된 특정 산업군이나 한정된 지리적 범위의 경제활동만을 의식해서가 아니라 경제 전체의 발전에 있어서 해양의 역할과 가치를 재인식했기 때문이다.

즉 '그린 이코노미(Green Economy)'가 환경 관련 특정 산업군을 의미하는 것이 아니라 '환경친화적인 경제발전 모형'을 의미하듯이,[87] 블루 이코노미도 '해양과 긴밀해진 관계를 바탕으로 발전하는 경제체제 전반'을 의미하는 것이라 할 수 있다.[88]

|그림 3-8| 그린 이코노미와 블루 이코노미의 의미

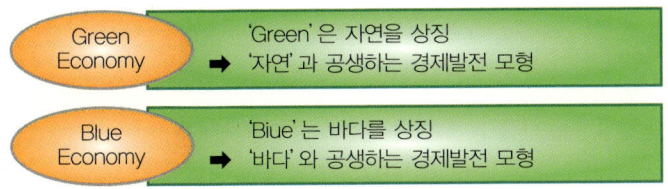

**블루 이코노미 등장 배경** 21세기 들어 세계 각국이 해양의 중요성을 인식하게 된 것은 다음과 같이 크게 네 가지 동인(動因)에 따른 것이다.

|표 3-21| 세계 각국의 해양정책 강화 동인(動因)

| 구분 | 내용 |
| --- | --- |
| 지속가능성의 원칙<br>(sustainability) | 각국의 성장전략에 있어서 생태 경제적 효율 중시 |
| 기후변화<br>(climate change) | 기후변화의 영향이 해양을 통해 현실화되며, 이에 대응, 적응, 또는 경감하기 위한 국가 차원의 노력이 필요함 |
| 자원 공급<br>(resource Supply) | 전통 자원의 압박과 해양과학 기술의 발전에 따라 방대한 해양자원 잠재력의 개발이 가능해짐 |
| 해양과학기술 발전<br>(Technology push) | 해양에 대한 지식이 향상되고 해양에의 접근성이 강화됨 |

자료 : 한국해양수산개발원

**블루 이코노미의 조건** 세계 각국의 해양정책에서 나타난 핵심과제들을 바탕으로 블루 이코노미의 조건을 다음 다섯 가지로 정리할 수 있다.

① 해양의 개발과 보존을 통해 새로운 성장 기회 실현

해양은 기회와 위협을 동시에 가져다주며 미래 인류사회는 해양에서 새로운 성장동력을 찾게 되었다. 해양이 제공하는 기회요인은 해양과학 및 첨단 요소기술의 발전, 전통 자원의 공급 압박, 생태적 효율 중시 경향 등으로 해양의 방대한 자원 잠재력의 상업적 개발 가능성이 높아졌다는 점이다. 반면에 해양을 통해 나타나는 위협은 해수면 상승, 수온 변화, 해수 산성화, 기상 이변 등에 따라 인구 및 경제활동이 집중되는 연안지역의 침수 및 침식, 자연재해 증가, 연안 생태계 및 해양자원 훼손 등을 들 수 있다.

인류사회는 기회를 실현하기 위한 공세적 측면과 위협에 대응하는 수세적 측면 모두에서 성장의 계기를 찾을 수 있다. 공세적 측면에서는 방대한 해양자원의 개발을 통해 부가가치와 고용을 창출하게 되고, 수세적 측면에서는 기후변화 등과 같이 주로 해양을 통해 나타나는 지구적 차원의 환경 변화에 인류사회가 대응하고 이를 극복하는 과정에서 새로운 산업이 태동하고, 관련 산업이 발전하게 됨으로써 지속적인 성장을 실현할 수 있다.

|그림 3-9| 블루 이코노미에서의 해양자원 수급 모형(공세적 측면)

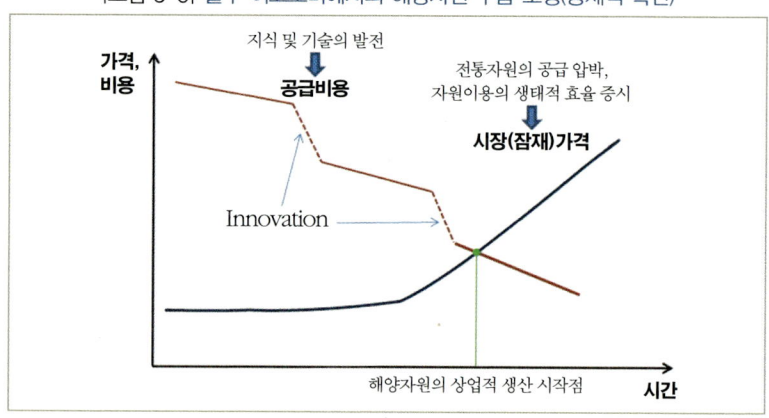

|그림 3-10| 블루 이코노미에서의 해양 기인 위협의 대응 과정(수세적 측면)

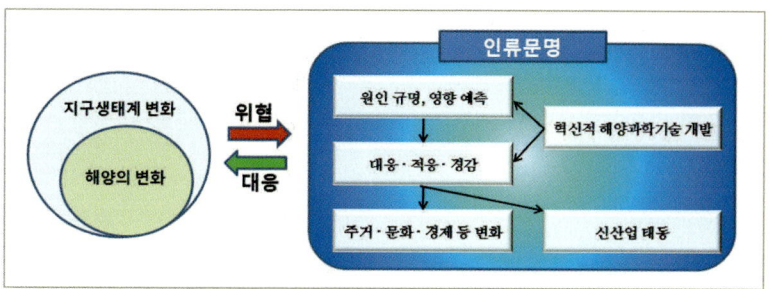

② 생태계 중심의 접근방식에 의한 연안의 통합 관리

해양을 통한 지속적인 부(富)의 창출을 위해서는 해양자원의 유량(流量, flow)에 대한 관리 못지 않게 저량(貯量, stock)에 대한 관리도 중요하다. 해양 개발을 통해 지속적인 부를 창출하기 위해서는 해양자원 잠재력 자체가 훼손되지 않도록 해양자원의 총량 관리가 전제되어야 한다. 해양자원의 무분별한 개발은 해양자원의 공급기반 자체를 훼손한다. 수산업에서와 같이 한 산업의 과도한 자원 생산이 동일 산업의 장기적인 생산성에 부정적 영향을 주기도 하지만, 한 산업의 무분별한 개발 행위가 타 산업에 피해를 초래하는 경우도 빈번하게 발생한다. 해양자원에 대한 관리는 연안과 해양에서 이루어지는 모든 산업 활동을 포괄하는 통합적 관리체제 하에서 제대로 이루어질 수 있다. 또 각 산업마다 해양자원에 미치는 영향이 달리 나타나므로, 이를 공통의 기준에서 관리하기 위해서는 생태계 기반 관리(ecosystem-based management)의 적용이 요구된다.

③ 해양의 개발과 보존을 위한 과학기술 및 산업의 혁신

해양을 통한 기회와 위협에 효과적으로 대응하기 위해서는 과학기술과 산업의 혁신적 발전이 수반되어야 함을 간과해서는 안 된다. 해양

부산 북항 재개발 조감도

은 실로 다양하고 방대한 자원을 보유하고 있으나, 오늘날 상업적으로 이용되고 있는 해양자원은 그 중 일부에 불과하며, 대부분의 자원은 아직 미이용 상태로 남아 있다. 해양자원 중에는 가스 하이드레이트와 같이 기존 자원의 완전 대체가 가능할 정도로 잠재 자원량이 커서 전통 자원에 대한 궁극기술(backstop technology)로 평가되기도 한다. 즉 미 이용 해양자원의 개발은 방대한 경제적 파급효과를 가져올 것으로 기대되며, 이는 블루 이코노미를 실현하기 위한 조건 중의 하나이다. 미 이용 해양자원의 개발을 위해서는 생산기술의 확보와 산업화를 위한 혁신적 노력이 필요하며, 이를 뒷받침하기 위한 제도적 기반도 마련되어야 한다.

한편, 해양의 환경변화로 인한 위협에 대응하기 위해서도 해양과학기술의 혁신적 발전이 뒷받침되어야 한다. 해양의 변화에 대한 파악과 원인 규명, 그리고 그 영향에 대한 예측과 대응 방법의 확립을 위해서는 보다 높은 수준의 과학적 지식과 기술이 요구된다.

④ 해양의 개발과 보존을 위한 국가간 협력과 세계적 공조의 활성화

혁신을 위한 국제 협력과 전 지구적 차원의 공조도 절실히 요구된다. 해양자원의 개발을 위해서는 연구개발과 생산시설 건설에 방대한 투자와 긴 선행기간이 필요하며, 투자자는 매우 높은 재무적·기술적 리스크를 감당해야 한다. 이와 같은 거대 프로젝트에는 리스크를 분담하고 투자의 효율성을 확보하기 위해 각기 다른 비교우위 요소를 가진 복수의 국가가 합작하는 경우가 많다. 즉 새로운 해양자원 개발사업은 어느 한 국가에 의한 선점 독점되기보다는 다수 국가에 의한 협조적 경쟁(cooperative competition) 체제 하에서 추진될 가능성이 매우 높다. 해양의 변화는 전 지구적인 현상이므로 이에 대응하기 위한 해양과학 연구 역시 각 지역 국가들이 참여하는 세계적 공조(global collaboration) 체제 하에서 수행되어야 한다.

⑤ 해양의 중요성에 대한 세계인의 이해 증진

블루 이코노미 시대를 열어가기 위해서는 해양을 통합적으로 관리하고, 해양개발의 잠재력을 증강하기 위한 공공부문의 역할과 국가 간 협력 및 세계적 공조가 원활히 이루어져야 한다. 이는 오늘날 인류문명의 발전에 있어서 더욱 중요해진 해양의 역할에 대해 세계인이 공감하고 블루 이노코미의 전개를 위한 각국 정부의 노력에 호응할 때에만 가능하다.

**블루 이코노미의 개념 정리** 지금까지의 논의를 바탕으로 블루 이코노미의 개념과 배경, 조건 등을 정리하면 다음과 같다.[89]

|표 3-22| 블루 이노코미의 개념, 배경 및 조건

| 구분 | 내용 |
|---|---|
| 정의 | 해양과의 긴밀한 상호관계를 바탕으로 발전하는 경제의 새로운 모형<br>(a New Economic Development Model under the Increased Interactions between Human society and the Ocean) |
| 배경 | · 지속가능성의 원칙(sustainability)<br>· 기후변화(climate change)<br>· 자원 공급(resource Supply)<br>· 해양과학기술 발전(Technology push) |
| 조건 | · 해양의 개발과 보존을 통해 새로운 성장 기회 실현<br>· 생태계 중심의 접근방식에 의한 해양 연안의 통합적 관리<br>· 해양의 개발과 보존을 위한 과학기술 및 산업의 혁신<br>· 해양의 개발과 보존을 위한 국가간 협력과 세계적 공조의 활성화<br>· 해양의 중요성에 대한 세계인의 이해 증진 |

자료 : 한국해양수산개발원

## REFERENCES

1) 삼성경제연구소, '한국의 자원확보전략-원유를 중심으로-', CEO Information, 2008년 4월 23일.

2) 우리나라의 자원 대외 의존도는 원유(100%), 철광석(99.2%), 동광석(100%)으로 조사됐다. 한편, 주요국별 대외 의존도를 살펴보면, 미국은 각 66.3%, 6.0%, 47.4%, 프랑스는 98.7%, 97.9%, 100%, 중국은 42.7%, 35.7%, 54.6%, 일본은 99.9%, 98.1%, 96.0% 등이다(삼성경제연구소, 위의 자료).

3) 한국일보, '자원의 보고, 카스피해를 잡아라', 2008년 6월 10일자.

4) 2009년 12월 현재 남미는 베네수엘라(차베스), 브라질(실바), 에콰도르(코레아), 페루(가르시아), 칠레(미첼 바첼레트), 우루과이(바스케스) 등 좌파 출신 지도자가 정권을 잡고 있다.

5) 19세기 말 제정 러시아가 부동항을 찾아 인도양으로 나가는 길을 놓고 대영제국과 충돌하였던 것을 '거대게임'이라고 불렀던 것과 비교해 1990년대 이후 미국, 러시아, 중국 및 인도 등이 카스피해의 석유자원을 안정적으로 확보하기 위해 송유관 건설을 놓고 경쟁 중인 것을 '신(新) 거대게임'으로 부르고 있다(이장규, 이석호의 '카스피해 에너지 전쟁'(올림, 2006.10)), 삼성경제연구소, 위의 자료에서 재인용

6) Kaplan Project는 과학자와 ISA 기구 간 가장 성공적인 협력 프로젝트로 평가 받고 있다. 이 프로젝트의 목적은 심해 망단괴 지역의 생물 다양성 수준 평가, 종범위(species range)와 유전자 흐름(gene flow)의 평가에 있으며, 관련 내용은 2007년 사무총장 보고서(ISBA/13/A/2, paras. 68~75)로 회람됐다. 2002년에 심해저기구외 재정직 후원(Kaplan Fund)에 의해 본격적으로 추진되었으며, 광물자원의 보고이자 심해저 생물의 주요 서식지인 클라리온-클리퍼톤(Clarion-Clipperton)의 다금속 단괴(Polymetallic Nodule)에 대해 연구가 진행됐다.

7) UNDP 보고서, 'Global Green New Deal', 2009년 3월.

8) 중국은 2010년 상해 세계 박람회 개막 이전인 5월 가동을 목표로 총 23억 위안(4,600억원)을 투자해 34기의 발전설비를 설치하는 사업을 진행 중에 있다. 총 발전능력은 100메가와트로 10만 가구의 전기수요를 충족시킬 수 있는 것으로 알려져 있다.

9) 조선일보, 2008년 3월 21일 자.

10) 국가 관할권 이원의 해양 지역은 'the high sea'와 'the Area'로 구성된다. 전자는 공해를 의미하며, 후자는 심해저로 대표되는 해저 지역으로 볼 수 있다. 유엔 해양법 협약 제86조는 공해를 '배타적 경제수역, 영해, 내수 및 군도 국가의 군도 수역에 포함되지 않은 모든 해역(all parts of the sea that are not included in the exclusive economic zone, in the territorial sea or in the internal water of a state, or in the archipelagic waters of an archipelagic State)'으로 정의

하고 있으며, 제1조에서 'The Area'를 '국가 관할권 이원의 심해저(seabed)와 대양저(ocean floor)와 하층토(subsoil)'로 정의하고 있다.

11) 협약 당사국 비공식 회의(Informal Consultative Process)는 유엔총회 결의 54/33을 근거로 설립되었으며, 2000년부터 매년 유엔 해양법 협약 당사국 회의가 열리기 이전에 당사국 대표를 중심으로 주요 해양문제를 논의하고 있다.

12) 유엔총회보고서 A/AC.276/1, 2008. 4. 2.

13) 외교통상부 자료에 따르면 물개보존협약은 1972년 2월 채택, 1978년 3월 발효, 남극광물자원활동의 규율에 관한 협약은 1988년 6월 채택되었으나 현재 미발효, 남극 해양생물 자원보존위원회에 관한 협약은 1980년 2월 채택, 1982년 4월 발효됐다. 이 가운데 남극해양생물자원 보존위원회만이 1985년에 우리나라에 대해 발효했다.

14) 삼성경제연구소, '세계 물 산업의 구조 변화와 시사점', SERI 경제 포커스, 2007. 7. 16.

15) 한국해양수산개발원, '해양 심층수 개발 및 활용을 위한 법제화 검토 연구', 2003.

16) 2007년 상반기 "물 종합기술 연찬회" 발표자료

17) 어재선 외 3인, '해양 심층수의 이용개발과 문제점', 한국해양환경공학회 2003년도 춘계학술대회 논문집, 남기수 외, '신 자원으로서의 해양 심층수 이용과 개발', 한국생명과학회 제36회 학술심포지엄 자료 참조.

18) 유승훈, '산업연관분석을 이용한 해양 심층수 산업화의 국민경제적 파급효과 분석', 산업경제연구 제20권 제4호, 2007. 8.

19) 이명규, '공해생물자원 관리규범으로서의 생태계 기반 관리', 해사법연구 제20권 제1호.

20) 그러나 EU가 불법어업을 근절하기 위해 이처럼 새로운 제도을 도입한 배경에는 수산자원의 지속가능한 이용이라는 명목도 있지만 최근 EU의 수산물 수입 증가, 특히 개발도상국으로부터의 수입 증가에 따른 자국 수산물의 역차별에 대한 인식이 강하게 깔려 있기 때문으로 분석되고 있다. 한국해양수산개발원, 지구촌 해양수산, 제442호, 2008.

21) 'IUU 어업방지 및 근절을 위한 국제행동계획' 제3조

22) 김선표 외 2인, '불법·비보고·비규제 어업(IUU) 근절을 위한 FAO의 국제행동계획과 국내 이행방안', 해양정책연구, Vol.16 No2 p.4~5.

23) 김선표 외 2인, 위의 논문.

24) 최종학, 손재학, '국제수산기구 자원보존관리조치의 국내법적 수용체계', 해사법연구, 제18권 제2호

25) 김선표 외 2인, 위의 논문 p.18.
26) 해양수산부, '통영해역 어업형(정착성) 바다목장 기술지침서', 2007.
27) 한국해양과학기술진흥원, '통영해역 바다목장화사업 경제성 평가분석 연구 최종보고서', (2007. 12)를 참조·정리.
28) 한국해양수산기술진흥원, 위의 보고서, p.5.
29) 매일환경, 2003년 7월 25일자.
30) 한국 해양생물 다양성 정보시스템(Korea Marine Biodiversity Information System : KoMBIS)은 http://kombis.kordi.re.kr/v2/html/main.asp에서 검색 가능하다.
31) 국토해양부, 해양성명공학 육성 기본계획, 2008.
32) 국토해양부, 해양성명공학 육성 기본계획, 2008.
33) 삼성경제연구소, '활동영역을 넓혀가는 바이오 기술', CEO Informatoion 652호, 2008년 4월.
34) 국토해양부, 해양성명공학 육성 기본계획, 2008.
35) 한국바이오산업협회 홈페이지 자료 http://www.bak.or.kr
36) 임번삼, '해양 바이오 산업', 식품기술 제17권 제2호, 2004. 6.
37) 최재선 외, '글로벌 해양전략 수립 연구', 한국해양수산개발원 2009. 12.
38) 한국해양과학기술진흥원, '해양 바이오산업의 사업성과 고찰', 21세기 해양 바이오산업 육성을 위한 제도 지원 방안 세미나 자료, 2007. 3.
39) 피셔리나는 생선(fish)와 극장(arena)의 조어이다. 레저선박을 어선과 분리해 수용하기 위한 시설, 이용자를 위한 서비스, 안전시설 등을 겸비한 어항국 역내 시설을 말한다. 이승우, '일본의 고베 피셔리나', 한국해양수산개발원, 해양국토 21, 창간호, 2009. 2.
40) 홍사영, 부유식 구조물을 이용한 해양공간 이용기술, 미래의 토목공학 제55권 제3호, 2007. 3.
41) 친수성 항만은 기존의 물류기능에만 치중해 있던 항만기능을 시민들이 휴식하고 즐길 수 있는 친수공간과 편리한 생활공간이 갖추어진 항만공간으로 거듭나는 것을 의미한다(정희원, '해양공간 자원 개발', 토목, 제52권 제9호(2004년 9월)).
42) 주로 국가간 해저개발 계획의 일환으로 진행되고 있으며, 우리나라와 일본 간 해저터널 개발계획이 민간 차원에서 논의되고 있다.
43) 일반적으로 육지 연안에서 공항이 들어설 수 있는 입지여건이 충분히 고려되지 못할 때 매립에 의해 조성된 인공섬에 건설된다. 대표적인 해상공항으로는 일본의 간사이 공항을 들 수 있다.

44) 인간의 거주지와 관련 산업이 함께 건설되는 해양도시 개념과는 달리 인간 거주지는 지상에 두고, 공장, 발전소, 정유소 같은 산업시설을 해상에 건설하는 것을 말한다. 일례로 해상쓰레기 소각장을 들 수 있다.
45) 이는 인공섬을 만들고 그 주위 해상에 호텔, 문화회관, 해양기술관 등을 건설해 각각을 해상터널로 연결하는 것을 말한다.
46) 해상부유물을 물 위에 띄워 놓고 그 위에 고층 빌딩을 세우는 부유식 공법이다. 이를 기반으로 공항, 항만, 호텔, 사무실 같은 각종 시설물을 세운다.
47) 한국해양연구원, 과학교실, http://www.kordi.re.kr/chongseo/vol6/vol6_08.asp
48) 이한석 외 1인, '항만 재개발을 통한 해양친수공간조성 연구', 추계학술발표대회 논문집 제5권 제2호., 2005.
49) 이승우, '일본의 고베 피셔리나', 한국해양수산개발원, 해양국토 21 창간호, 2009. 2.
50) 모두 16개 조문으로 되어 있으며, 두바이를 글로벌 해양도시로 육성하기 위한 조치가 명시되어 있다. 특히 '두바이 해양도시공사(Dubai Maritime City Authority)'를 설립하도록 규정하고 있다.
51) 두바이에서는 법인세를 비롯해 각종 세금이 없으며, 외국인에게 100% 기업소유권을 인정하고 있다.
52) 이한석 외 1인, 위의 논문.
53) 2008년 상반기(1~6월) 설비별 수주금액에서 전체 수주액의 39% 점유율을 보였으며, 발전 및 담수플랜트 분야가 22%로 그 뒤를 따랐다. 한국에너지 신문, 2008년 7월 7일 자.
54) 홍성인, '해양구조물 분야의 시장 확대와 대응 전략', 산업경제, 산업연구원, 2006년 7월
55) 플랜트 산업(plant industry)은 생산자가 목적으로 하는 원료나 중간재, 최종 제품을 생산할 수 있는 통합된 생산시설을 의미한다. 통상적으로는 발전소, 정유공장, 석유화학설비, 제철소 등과 같은 산업기반시설을 의미하고 있다.
56) 해양개발 및 자원생산에 사용되는 해양구조물은 석유시추선, 해저작업선, 부유식 또는 고정식의 석유·가스 생산 및 저장시스템 등 다양한 형태로 구성된다.
57) 임재묵, '해양구조물의 국내업계 동향 및 전망', 산업경제연구소, 2007년.
58) 임재묵, 위의 논문
59) 홍성인, 조선산업 기초분석, 산업연구원, 2007.
60) 드릴십이란 해상 플랫폼 설치가 불가능한 깊은 수심의 해역이나 파도가 심한

해상에서 원유 및 가스를 시추할 수 있는 선박 형태의 시추설비를 말한다.
61) 조선일보, 2009년 11월 11일자.
62) 해상유전에서 생산한 원유 및 가스를 운송하기 위한 해저 파이프 라인을 설치하는 기능을 갖추고 있는 최첨단 설비장비이다. 길이 187미터, 폭 31미터에 20노트의 속도로 이동할 수 있으며, 140명의 인원을 수용할 수 있는 것으로 알려지고 있다. 2,500미터 심해까지 파이프 부설이 가능하며 2010년에 인도될 예정이다.
63) 한국재경신문, 2007년 10월 15일자.
64) 산업연구원, '2015 산업발전 비전과 전략' 실현을 위한 투자 로드맵, 2006. 9.
65) 연합뉴스, 2008년 6월 24일자.
66) 경남문화재 연구원, 홈페이지 자료, http://www.gicp.or.kr/inquiry/water.asp
67) 그 당시 세계 최대 여객선이었던 타이타닉 호는 영국을 떠나 미국으로 처녀 항해 중 1912년 4월 14일 밤 북대서양에서 빙산과 충돌한 후 2시간 40분만에 침몰했다. 총 2,228명 중 1,523명의 승객과 선원의 생명을 앗아간 세계 최대의 인명사고 중 하나로 기록되고 있다. 이 사고를 계기로 일명 'SOLAS'협약이라고 불리는 해상인명안전협약을 제정하기 위한국제회의가 개최됐다.
68) 이상민, 김정택, '침몰선박 및 해저유물의 처리에 관한 국제법적 연구', 한국해양수산개발원, 2002.
69) 메리 로우즈 호는 1509년과 1511년 사이에 건조되었으나, 1545년 7월 영국 남부 포츠머스(Portsmouth) 외해에서 영국과 프랑스의 전투 중 침몰됐다. 바사 호는 스웨덴 구스타프 아돌프 2세의 지시에 따라 건조되었으며, 1628년 8월 10일 50여 명의 승객과 승무원을 태우고 진수식을 마친 후 처녀 항해를 위해 출발한 지 채 몇 분이 되지 않아 침몰했다(이상민, 김정택, 위의 보고서 21~24면).
70) 국립해양 문화재연구소, 홈페이지 자료, http://www.seamuse.go.kr
71) 한국해양연구원, 과학교실 자료 참고.
72) 2001년 10월 15일~11월 3일 프랑스 파리에서 개최된 유엔 경제사회이사회(UNESCO) 제31차 총회에서 채택된 것으로 전문을 포함 35개 조문 및 부속서로 구성되어 있다.
73) 이 규정은 'each state party shall use the best practicable means~' 라고 규정하고 있다. 국제협약에서 보통 shall과 should는 의무와 관련해 다르게 해석되는데, 전자는 기속 적 의무, 후자는 재량적 의무로 'shall' 규정은 강한 의무를 부과하는 것으로 통상 이해된다.
74) 이상민, 김정택, 위의 논문
75) 2007년 5월 30일 스페인이 오션 알러트 호의 보물 탐사 및 보물 인양이 자국 영해에서 이뤄졌다는 이유로 미 연방법원에 제소했으며, 7월 초 미국의 오딧세이

마린 엑스플러레이션(Odyssey Marine Exploration)이 소유하고 있는 보물 탐사선 오션 알러트(Ocean Alert) 호를 스페인 해상경비대가 해상에서 승선·검색한 후 이를 알제시라스(Algeciras) 항만으로 나포함으로써 본격적인 양국간 법적 공방이 시작됐다.

76) 컨테이너 화물의 단위로 TEU, FEU 등이 사용되며, 이 중 TEU가 주로 사용된다. TEU는 높이 및 폭이 8피트, 길이가 20피트에 해당하는 컨테이너 하나를 가리키며, 8,000TEU는 20피트 컨테이너 8,000개를 말한다.

77) 덴마크의 머스크 사는 2006년에 처음으로 엠마 머스크(Emma Mearsk)라고 명명된 1만 1,000TEU급 선박을 운항했다.

78) 미국 최대 항만지역인 캘리포니아 주의 산 페드로 만(San Pedro Bay)에는 LA/LB(로스앤젤레스/롱비치)항이 위치하고 있는데, 연간 1,576만 TEU의 컨테이너를 처리하고 있다.

79) 김은수, 'LA/LB 항만의 친환경 항만물류정책 동향과 시사점(SPBP-CAAP를 중심으로)', 한국해양수산개발원, 주간 해양수산동향, 제1273호, 2008. 6.

80) 최재선, '미국, 항만 대기오염 줄이기 본격화', 한국해양수산개발원, 지구촌 해양수산, 제352호, 2007. 1.

81) 인터넷 물류신문, 2008년 8월 3일자.

82) 컨테이너 항만의 야적장에서 사용하는 크레인의 에너지를 전기로 전환해 시범 운영한 결과 기존 유류비의 10% 내외의 비용만 드는 반면, 이산화탄소 배출저감 효과는 64.4%에 이르는 등 동력 전환시 에너지 비용절감은 물론 온실가스 저감효과도 탁월할 것으로 나타났다.

83) 동북아 지역은 세계 컨테이너 물동량의 30% 이상을 차지하고 있는데, 최근 중국항만의 급속한 성장으로 인해 그 비중이 점차 증가하고 있다.

84) 최상희·하태영, '차세대 항만 대응을 위한 고효율 야드 시스템의 개발 연구', 한국해양수산개발원, 2004. 2.

85) 최재선 외 3인, '국가물류보안체제 확립방안 연구(Ⅰ)', 한국해양수산개발원, 2006. 12.

86) 최재선 외 3인, 위의 보고서.

87) www.wikipedia.com

88) Shepherd, I., Towards a future Maritime Policy for the Union: A European Vision for the Oceans and the Seas, ec.europa.eu/maritimeaffairs. 2007. 9.

89) 이 글은 2012년 여수 세계박람회 조직위원의 요청에 따라 한국해양수산개발원의 황기형 엑스포 지원실장이 작성한 것을 필자의 허락을 받아 특별하게 게재하는 것입니다. 최근 국제사회를 중심으로 이에 관한 논의가 진행되고 있어 해양 분야의 글로벌 트렌드를 이해하는데 도움이 될 것으로 보입니다.

# 4

## 해양과학기술

- 해양 과학 기술
- $CO_2$ 해양 처리
- 해양 과학기지
- 심해저 잠수정
- 크루즈와 위그선
- 해양 에너지 개발
- 해양 변동 예보

# 해양 과학 기술
'해저 2만리' 시대의 개막

### 1. 21세기 새로운 화두

　　21세기 해양이 가지는 의미는 그 자체로 '블루 오션'이다. 시대 변화에 따라 새로운 패러다임이 요구되고 있다. 역사상 지금처럼 사람들에게 그 잠재력에 대한 장밋빛 희망을 갖게 한 적은 없었다. 바다는 점차 선박의 항해와 수산자원의 채취를 위한 평면적 이용에서 해양자원의 개발과 공간 활용이라는 입체적 이용으로 바뀌고 있다. 생명공학과 연결된 해양 신 물질 개발이나 심해저 유전자 개발은 미래 첨단산업으로 각광 받고 있다. 지구 환경 변화에 따라 해양에 기인한 자연재해도 크게 증가하고 있다. 엘리뇨, 라니냐로 인한 홍수, 가뭄 및 한파와 해양 생물종의 멸종으로 인한 생물 다양성의 보존 문제가 지구촌의 화두로 떠오르고 있다.
　　세계는 해양개발과 지구가 직면한 해양문제를 해결하기 위해 해양과학기술(Marine Technology : MT)의 잠재력에 주목하고 있다. 미국, 일본, 프랑스 등 선진 해양국가들이 해양과학기술 개발에 발벗고 나서고 있다. 해양과학기술이 친환경, 초고속, 무인 자동화되어감에 따라 이들 국가들을 중심으로 미래 첨단기술 개발 경쟁이 심화되고 있다. 자국의 기술 우위를 지속적으로 유지하기 위해 연구·개발 투자를 확대하고 있다. 국가간 경쟁이 기술 보호주의 장벽을 쌓고 있는 건 아

해양과학기술 발전이 해양강국 실현을 앞당긴다.

닌가 하는 우려마저 낳고 있다.

이에 비해 우리나라는 이들과의 경쟁에서 아직 힘에 부치는 형국이다. 현재와 같은 추세로 기술 발전 속도가 이뤄진다면 미국, 유럽, 일본 등 해양 선진국의 대규모 R&D 투자를 통한 해양과학기술의 발전을 따라 잡을 수 없다. 풍부한 노동력과 저임금을 바탕으로 한 중국, 인도 등 후발 개도국의 맹렬한 추격으로 우리나라 해양과학기술 및 해양산업의 국제 경쟁력이 약화될 것이라는 전망도 나오고 있다.[1] 21세기 해양을 둘러싼 경쟁에서 한발짝 더 앞서기 위해서는 해양과학기술에 대한 이해와 관심이 그 어느 때보다 필요한 시점이다.

## 2. 개념과 종류

해양과학기술은 바다에서의 인간 활동을 자유롭게 하고, 해양자원을 효율적으로 활용하기 위한 모든 과학과 기술을 말한다. 해양자원 탐사, 해양 에너지 개발, 친환경 수산 양식개발, 해양환경 보호, 고부가 가치 선박 제조, 통합 물류 수송 시스템 구축 기술 등이 이에 포함된다. 석유 채취를 위한 해양구조물, 시추선, 심해저 개발을 위한 유·무인 잠수정을 비롯해 해양도시 및 해양목장 건설에 이르기까지 해양과학기술이 필요하지 않는 분야는 없다. 최근 해양자원개발 붐과 함께 해양탐사 및 지원 개발 기술이 눈에 띄게 발전하고 있다. 해상풍력기술이 발전함에 따라 해상풍력 발전단지의 건설이 연안에서 풍력량이 풍부한 먼 바다로 확대되고 있다. 시추기술의 발전으로 심해저 석유탐사 및 희귀광물 채취가 용이해졌다. 해양공간기술도 해양목장 시스템 개발, 인공섬 건설, 해상공원 건립 등의 분야에서 차츰 그 영역을 넓혀 가고 있다.

이처럼 해양과학기술이 세분화·전문화되고 있다는 것은 해양과학기술로 이룰 수 있는 영역이 그 만큼 넓어짐을 의미한다.

|표 4-1| 해양과학기술의 종류

| 분 류 | 세부 기술 |
|---|---|
| 첨단 해양산업 육성기술 | 신소재를 이용한 친환경 어구 개발 |
| | 친환경 청정선 기술 |
| | 초대형 컨테이너선용 항만하역장비 연계 기술 |
| | 심해유전용 복합구조물의 시뮬레이션기반 설계 기술 |
| | 첨단 자원회복 기술 |
| | 어민 수익확대를 위한 다목적 어선개발 |
| | 지능형 수중자율운항체 |
| 해양자원개발 및 이용기술 | 수산자원 조성 및 관리기술 개발 |
| | 친환경 생태양식 및 응용 기술 |
| | 해양 바이오 기술 |
| | 조류 및 조력에너지 실용화 기술 |
| | 심해저 광물자원개발 기술 |
| | EEZ 해저광물자원개발 및 이용 기술 |
| | 해양 심층수 자원 실용화 기술 |
| 해양환경 관리 및 보전기술 | 전 지구적 관측시스템 대응 해양환경 탐사 기술 |
| | 해상교통안전 기술 |
| | 해난사고 피해 최소화 기술 |
| | DNA를 이용한 해양생물다양성 및 해양 생태계 분석 기술 |
| | 한국 연안해역 질소압력 저감 기술 |
| | 오염해역 청정화 기술 |
| | 연안환경 관리를 위한 종합탐사 기술 |

자료 : 한국해양연구원

## 3. 주요 선진국 동향

미국은 2004년 4월 통합 해양정책을 발표하면서 자원의 효율적 관리 및 생물 다양성의 보호를 위한 해양관찰시스템(IOOS)을 마련했다. 이를 통해 연안 피해에 대한 경보, 생물 및 비 생물 자원의 지속가능한 이용, 해양활동의 안전, 기후변화 사전예보 등에 해양과학기술을 적극적으로 활동하고 있다. 미국 국립해양대기청(NOAA)은 2006년 R&D 예산을 6억 6,800만 달러(전년대비 2.7%)로 증액하고, 미래 해양과학기술 정책(Ocean Science in the United States for the next decade(2007))을 수립했다. 2007년 기준으로 약 3조 743억원을 해양과학기술 R&D에 투자했다. 이는 우리나라 관련 예산의 17.2배에 해당한다.[2]

EU는 1998년 유럽지역에서의 해양 생물 다양성에 대한 연구를 위해 'European Science Plan on Marine Diversity'를 수립했다. 2003년에는 'Navigating of the Future Ⅱ'를 발표해 청정 대체에너지 및 광물자원 개발, 생물 다양성, 기후변화 등과 관련한 해양과학기술 연구에 힘을 실어 주었다. 2007년 10월에는 유럽연합 통합해양정책(An Integrated Maritime Policy for the European Union)을 통해 미래 해양과학기술의 청사진을 제시했다. 통합 연안해역 관리, 해양영역 자료수집, 해양클러스터 구축, 해양 운송 기술개발, 해양에너지 인프라 및 자원개발, 어업의 생태계 관리, 연안지역 간 정보 교류체제 구축, 기후변화 대응 등의 분야에서 해양과학기술의 중요성을 강조하고 있다.

일본은 2007년 4월 해양기본법을 제정하고 2008년 3월 해양기본계획을 발표했다. 기초 해양과학기술 추진, 정책과제 대응

형 연구개발, 연구개발 인프라 정비, 해양과학기술 인력 확보, 해양과학기술 이노베이션 시스템 강화, 해외 과학기술 협력 등을 목표로 해양과학기술 개발 중장기 플랜을 제시하고 있다. 특히 지구온난화 문제에 대한 대응, 기후변화 대응, 해양 생태계와 생물자원 보호, 해저지진 및 쓰나미에 대한 대응, 가스 하이드레이트, 해저 열수광상 등의 에너지·광물자원의 개발 등에 필요한 해양과학기술을 적극 개발한다는 계획이다. 2007년 기준으로 해양과학기술 R&D 예산으로 7,782억원이 투자됐다.

중국은 다른 해양선진국들 보다 해양과학기술 개발경쟁에 늦게 뛰어들었으나, 성장속도는 이들 국가를 능가하고 있는 것으로 평가된다. 2008년 2월 중국 국무원이 마련한 '국가 해양사업 발전계획 요강'에 따르면, 국가해양산업 발전을 위해서는 해양과학기술의 자주적 혁신이 필요하다고 강조하고 있다. 2010년까지 해양 생산총가치가 GDP의 11% 이상을 차지할 수 있도록 하고 해양산업 관련 일자리를 100만개 이상 신규로 창출한다는 원대한 목표를 세웠다. 이를 위해 우선 전면적이고 체계적인 해양 지질조사에 이어 주요해역에 대해 석유,천연가스 매장량을 파악한다는 계획이다. 그리고 심해저 자원 탐사 능력을 강화하기 위해 7,000미터급 유인 잠수정 시험 운용을 완료하고, 해수 담수화 및 종합이용을 위한 기술 장비 연구 및 실용화 사업을 추진하기로 했다. 특히 남극 내륙에 제3 남극과학기지를 건립하고, 극지 과학연구 업무를 강화하는 내용이 눈에 띈다. 이 외에도 중국은 해양의 전 모습을 직접 실시간으로 모니터링 할 수 있는 인공위성 발사도 계획 중이다. 2007년 기준으로 해양과학기술 R&D 예산은 총 5,550억원이었다.

## 4. 우리나라 해양과학기술 현황과 전망

현재 국내 해양산업 규모는 총 GDP의 7% 정도이나, 2020년에는 10%를 차지할 것으로 전망되고 있다. 해양 R&D 연간 투자액은 2000년 602억원에서 2008년 2,107억원으로 8년 간 3.5배 증가했다. 연평균 16.9% 증가한 수치다.

|그림 4-1| 해양 R&D 연간 투자 현황

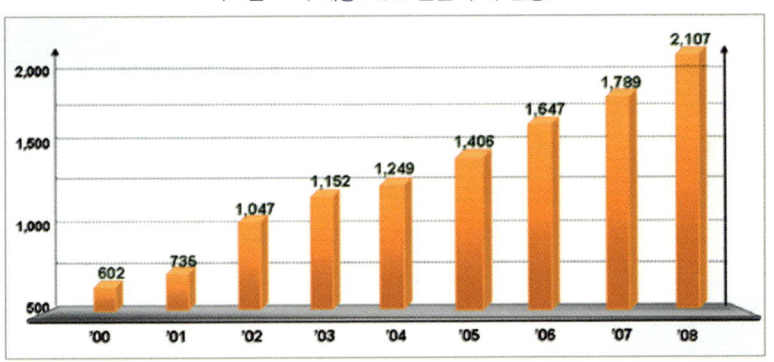

자료 : 국토해양부

그러나 전문가들은 이 같은 수치가 적극적인 R&D 투자를 반영하는 것은 아니라고 지적하고 있다. 2008년 기준으로 해양 R&D 예산이 총 2,107억원이나 이는 전체 국가 R&D 예산액 10조 8,596억원에 비해 1.9%에 불과하기 때문이다. 특히 2006년 해양과학기술 로드맵에 따르면, 선진국 대비 우리나라의 해양과학기술 수준은 일부분을 제외하고 60% 수준에 머물고 있는 것으로 조사되고 있다.[3]

선박 항행 위치 추적 시스템

|표 4-2| 선진국 대비 해양과학기술 수준 및 기술 격차

| 핵심기술 | 기술수준(%) | 기술격차(년) |
|---|---|---|
| 통합물류 수송시스템 구축기술 | 69.9 | 4.9 |
| 첨단 SOC 인프라 건설기술 | 72.8 | 10.3 |
| 고부가가치 선박기술 | 78.6 | 7.8 |
| 해양구조물 및 장비기술 | 66.6 | 10.0 |
| 청정해양 에너지 개발 기술 | 63.8 | 6.9 |
| 수질 및 수자원 관리 기술 | 64.4 | 6.5 |
| 친환경 수산증양식 개발/응용기술 | 69.7 | 6.2 |
| BT활용 고부가 수산물 개발 기술 | 57.5 | 5.0 |
| 위해성 관리를 통한 환경보전 기술 | 44.0 | 9.4 |
| 해양오염 평가 및 저감 기술 | 59.2 | 8.0 |
| 자연재해 예측 및 저감 기술 | 59.3 | 9.4 |
| 평 균 | 64.0% | 7.5년 |

자료 : 한국과학기술평가연구원, 2003, 해양과학기술 중장기 계획(2009~2013), 2008. 2에서 재인용

우리나라는 해양과학기술 연구·개발을 활성화하기 위해 2004년 7월 '해양과학기술(MT)개발 계획'을 수립했다. 이 계획은 '해양수산발전기본법' 제17조에 의한 법정계획(10년 비전, 5년 추진계획)이다. 계획은 첨단 해양산업, 해양자원 개발 및 이용, 해양환경 관리 및 보전 등 3대 기술, 14개 중점 분야에서 해양과학기술 육성을 목표로 하고 있다.

계획 이행을 위해 우선 국가 연구개발 사업 예산 중 해양과학기술(MT) 분야 연구비 비중을 단계적으로 확대하고, 향후 5년 동안 3조 1,000억원을 집중 투자한다는 계획이다. 또한 '해양기술(MT) 로드맵'(MT Road Map, MTRM)을 작성해 구체적인 분야 및 연차별 계획을 수립하고, 첨단기술을 접목한 학제간 공동연구를 추진한다

는 계획이다. 그리고 선진기술 조기확보를 위한 국제 해양프로그램 참여 및 국제협력 확대를 주요 추진전략으로 삼고 있다. MT 개발 계획이 효율적으로 추진될 경우 신 해양산업 경쟁력 제고 및 수입 대체효과가 2010년까지 연간 25억 달러에 달할 것으로 전망되고 있다.

이것으로 우리나라는 현재 해양 R&D 기초 기반 강화, 국가 경쟁력 확보를 위한 전략사업 투자 강화, 해양과학기술 개발의 국제화, 산업경쟁력 강화를 위한 기술성과 사업화, 해양 R&D 투자 확대 및 효율화의 5대 추진전략을 세우고, 2009~2013년 5개년 사업을 추진하고 있다. 이를 위해 2009년 1,906억원을 시작으로 연 23%의 투자 증가를 목표로 하고 있으며, 2013년에는 4,296억원을 투자할 계획이다.

해양과학기술 청사진은 제시된 셈이다. 이제는 이를 위한 실천이 중요하다. 첨단 해양산업의 육성, 해양자원 개발 및 이용, 해양환경 관리 및 보전을 위한 기술개발을 통해 자원부족 문제와 해양환경문제를 해결하고, 해양영토를 실효적으로 관리할 수 있는 토대를 마련하는 노력이 필요하다. 과학과 기술에 기반을 두지 않는 해양자원 개발과 해양영토 관리는 사상누각에 지나지 않는다.

# $CO_2$ 해양 처리
## 바다는 지구 온난화 해결사?

### 1. 이산화탄소($CO_2$) 감축

    1970년 이후 우리나라의 평균 기온은 1.16도 높아졌다. 바다의 표층 수온도 지난 35년 동안 약 0.7도 상승했다. 수온 상승으로 지난 40여 년 간 우리나라 주변 해역의 평균 해수면은 매년 8cm 상승한 것으로 알려지고 있다. 지구 온난화의 영향은 우리나라뿐만 아니라 전 세계에 걸쳐 이상 기후현상을 가져왔다. 2000년 7월 미국 우주항공국(NASA)은 지구 온난화로 그린란드의 빙하가 녹아 지난 100년 동안 해수면이 약 23cm 상승했다고 발표했다. 이에 따라 해빙으로 인해 최근 자원개발 가능성이 높아졌지만 영유권 분쟁 등을 둘러싼 북극해 갈등 또한 고조되고 있다.
    기후 변화가 가져오는 부정적 효과를 차단하기 위해 글로벌 차원과 지역적 차원에서 대응책 마련에 고심하고 있다. 현재 교토의정서 체제를 대체하는 포스트 교토체제[4]에 대한 논의가 활발하게 이뤄지고 있다. 2009년 12월에 덴마크 코펜하겐에서 금세기 최대 규모의 기후변화협약 당시국 회의가 열렸다. 여기서 선진국과 후진국 사이에 합의를 통해 이산화탄소($CO_2$)를 비롯한 지구 환경 문제에 일대 전기가 마련될 것으로 예상됐다. 그러나 선진국과 개도국 간 극심한 이해 대립으로 'Post-2012' 기후체제에 대한 구속력 있는 합의는 물론 향후 협상타결을 위한 포괄적인 정치적 합의문 채택에도 실패해 아쉬움을 남겼다.

기후 변화는 환경문제에 그치는 것이 아니라 국제 안보에도 중대한 영향을 미친다. 2008년 3월 EU 집행위원회는 '기후 변화와 국제안보' 보고서[5]를 발표했다. 이 보고서에서 관심을 끄는 것은 기후변화가 유럽 안보에 위협을 줄 수 있고, 여기에 공동 대응해야 한다고 언급한 데 있다. 지구 온난화로 인한 기후변화가 해양 생물과 해양 생태계에 미치는 영향력도 커지고 있다. 해양은 대기 중 이산화탄소 농도가 짙어지면 표층 해수로 유입되는 이산화탄소도 늘어난다. 이산화탄소의 해수 유입 속도가 빨라짐에 따라 해양의 산성화도 심해지고 있다. 해수 속 이산화탄소 증가는 해양 생태계 전반에 큰 영향을 미치고 있다.

2007년 발표된 제4차 유엔 기후변화 정부간 위원회(IPCC)는 현재의 추세로 대기 중 이산화탄소 농도가 증가하면 30~40년 후에는 자연 상태 수준의 2배인 550ppm까지 상승해 대재앙이 예상된다고 경고하고 있다.[6] 따라서 선진국들 사이에 이에 대한 대책 마련 필요성이 제기되고 있다. 또한 국제사회에서도 기후변화 대응기술, 특히 $CO_2$ 포집 및 저장기술(CCS, Carbon dioxide Capture and Storage)에 대한 논의가 활발히 이뤄지고 있다.

2005년 9월 제24차 기후변화 정부간 패널(IPCC)회의에서 CCS 기술보고서가 채택됐다. 그리고 2007년 OECD와 IEA는 2050년까지 온실가스 감축량 가운데 20%를 CCS 기술에 의해 감축해야 한다면서 CCS의 중요성을 강조하기 시작했다. 2007년 12월 제13차 기후변화 당사국 회의에서는 CCS의 청정개발체제(CDM: Clean Development Mechamism)를 본격 논의하기 시작했다.

## 2. 이산화탄소 해양 처리 기술

기후변화 대응기술은 간단히 말해 온실가스 발생원을 차단하기 위한 기술을 일컫는다. 이러한 기후변화 대응기술은 크게 5개 분야로 나눌 수 있다. 이 가운데 이산화탄소 해양처리 기술인 'CCS 기술'이 유력한 기후변화 대응방안으로 관심을 끌고 있다.

|표 4-3| 기후변화 대응기술의 종류

| 기 술 | 적용분야 |
| --- | --- |
| 화석연료 대체기술 | 태양광, 풍력, 바이오, 수소에너지 등의 신·재생에너지 |
| 에너지 이용효율 향상 기술 | 산업부문, 건물부문, 수송부문 등의 효율 향상 기술 |
| 이산화탄소포집·처리 및 흡수 기술 | 이산화탄소 분리·회수, 저장, 이용 기술 등 |
| 비이산화탄소 제어 기술 | 부분별 온실가스 감축, 비이산화탄소 저감·분리·회수 및 이용 기술 |
| 영향평가 및 적응 기술 | 기후변화 과학연구, 사회경제적 영향 및 취약성 평가, 기후변화 적응 기술 등 |

자료 : 한국과학기술기획평가원

CCS 기술은 발전소나 산업시설에서 대량으로 내뿜는 이산화탄소를 모아 해저에 저장하는 기술이다. 이 기술은 대체적으로 3

가지 단계로 구분된다. 이산화탄소를 대규모로 배출하는 발전소, 제철소 등 발생원에서 화공학적 공정을 거쳐 이산화탄소를 회수하는 '포집단계', 포집된 대용량의 이산화탄소를 압축시켜 가스 형태로 파이프라인을 이용하거나 액화시켜 선박을 통해 운반하는 '수송단계', 그리고 수송된 이산화탄소를 육상, 해저 또는 심해저에 장기간 안정적으로 주입하는 '저장단계'로 이뤄진다.[7]

|그림 4-2| CSC 단계도

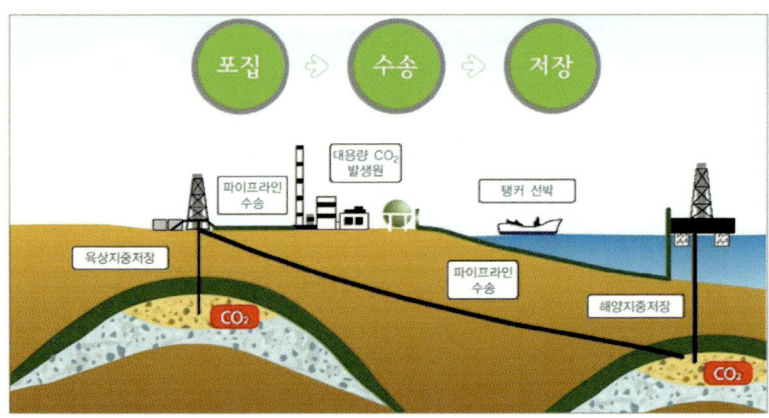

자료 : 한국해양연구원

그러나 이 같은 기술이 최종적인 대안은 아니라는 비판도 있다. 해저에 저장된 이산화탄소는 시간이 흐름에 따라 대기 중으로 다시 새어 나올 수 있기 때문이다. 이에 따라 일부 전문가들은 온실가스 배출의 주 원인인 화석에너지 사용을 줄이고, 온실가스를 배출하지 않는 대체 에너지를 개발하는 것이 더 낫다고 주장하기도 한다. 그러나 이런 주장에도 불구하고, 현재의 대체 에너지 기술 개발이 더딤에 따라 지구 온난화 속도를 늦추기 위한 대안으로 이산화탄소의 해양 처리가 선호되고 있다. 현재 이산화탄소 회수·저장 리더십 포럼(CSLF)[8], 국제해사기구(IMO), 국제유류오염보상기금(IOPC), 유엔 기후변화협약 당사국 총회(COP) 등을 중심으로 CCS 기술이 기후변화 감축기술의 핵심으로 인정받고 있다.

### 3. 주요 동향

2008년 G8 정상회담에서 각국 정상들은 기후변화 대응기술로 CCS 기술을 강력히 추진하기로 합의했다. 일본, 미국 등 선진국에서는 1990년대부터 지구 온난화 차세대 핵심 대응기술로 해양을 매개로 한 $CO_2$ 저장처리기술 개발에 주력하고 있다. CSLF에서는 미국, 일본 등 22개국이 참여해 $CO_2$ 저장 실증기술 상용화를 적극 추진 중에 있다.

미국은 웨스트버지니아의 뉴 헤이븐(New Haven) 마운티니어(Mountaineer) 발전소를 통해 매년 10만 톤의 이산화탄소를 포획하는 것을 목표로 프로젝트를 추진하고 있다. 또한 오클라호마의 석탄화력발전소에서는 매년 150만 톤의 이산화탄소를 포획·저장하는 계획을 진행 중이다.[9] 그리고 에너지부(DOE)를 중심으로 이산화탄소 저장 프로그램 사업을 수행하고 있으며, 청정 석탄사업의 핵심으로 CCS 기술을 개발 중에 있다.

유럽은 영국, 노르웨이, 독일 등에서 CCS 기술 개발을 중점 추진하고 있다. 영국은 2003년에 이산화탄소를 파이프를 통해 화력발전소에서 북해 해저에 매장하는 프로젝트를 마련했다. 이는 2050년까지 현재의 이산화탄소 발생을 60%까지 감축하기 위해서는 대규모 CCS 프로젝트가 필요하다는 전문가들의 진단에 따른 것이다. 그리고 2014년 운영을 목표로 400메가와트급 CCS 기술 단지를 건설하고 있다. 노르웨이는 국영기업인 스타토일(Statoil) 사 주도로 이미 1996년부터 북해 슬라이프너(Slipner) 유정에서 추출한 자연가스에서 분리해 낸 이산화탄소를 해저 염대수 층에 해마다 100만 톤씩 저장하고 있다.

EU는 기후변화 대응 연구개발 추진에 있어 각 국가별 대응 보다는 체계화된 프로그램을 통해 범 EU 차원의 프로그램을 추진하고 있다. 현재 EU의 이산화탄소 처리 문제는 '유럽연합 기후변화 프로그램(European Climate Change Program : ECCP)에서 떠맡고 있다. 그리고 '지속가능한 발전'이란 주제를 통해 기후변화협약 대응 온실가스 저감 연구개발을 위해 21억 유로를 투자하고 있다.[10] 일본은 연간 2억 톤의 이산화탄소를 2010년부터 해저에 저장한다는 계획을 진행 중에 있으며, 2015년까지 기술실증을 끝낼 방침이다. 한편 IMO는 2006년 11월 개최된 해양폐기물 관련 런던협약 1996년 개정의정서 당사국 회의에서 이산화탄소의 해저 처리를 허용하는 쪽으로 의정서를 개정했다.[11]

그러나 이러한 CCS 기술의 실용화에 있어 해결해야 할 현안도 있다. 환경과 비용 문제가 그것이다. 대기 중으로 배출되기 전에 포집된 이산화탄소의 심해 처리는 처리지역 주변의 용존 이산화탄소 농도를 증가시켜 해양 생태계를 교란할 가능성이 높다고 전문가들은 지적하고 있다.[12] 또한 세계야생동물기금(WWF)은 이 기술에 대한 잘못된 인식이 화력 에너지 사용을 오히려 부추기고 있다고 비판하고 있다.

이산화탄소를 포집·저장하는데 엄청난 비용이 들고 있는

것도 실용화에 걸림돌이 되고 있다. 전문가들은 비용-효율성 측면에서 CCS 기술은 일반시장에서 경쟁력을 얻을 수 없을 것이라고 전망하고 있다. 영국에서 그 비용을 따져 봤다. 전문가들이 계산한 바에 따르면, 노후된 화력발전소에 이 기술을 장착하는데 드는 비용이 각 발전소 당 10억 파운드에 달하고, 이산화탄소를 매장장소까지 운송하는데, 마일 당 100만 파운드에 달할 것으로 조사됐다.[13] 각 국가들은 이산화탄소의 해양처리에 막대한 비용이 들어갈 것으로 예상됨에 따라 기술 실용화에 따른 비용 줄이기에 심혈을 기울이고 있다.

그러나 아무런 조치를 취하지 않았을 때 온실가스로 인한 환경훼손이 가속화된다는데 문제의 심각성이 있다. 이 같은 이유 때문에 친환경적인 기술개발이 궤도에 오르기까지 CCS 기술은 여전히 필요하다는 견해가 더 많은 지지를 받고 있다.

이산화탄소 해양처리 플랜트

## 4. 향후 대응방안

2007년 한양대 이영무 교수는 이산화탄소 회수용 고 투과성 고분자 분리막 기술을 개발했다. 이는 기존 고분자 소재 대비 투과성능이 500배나 향상된 것으로 국제적으로 큰 반향을 불러 일으켰다. 이로써 우리나라가 이산화탄소 포집 원천기술을 확보한 전기가 됐다.[14] 이 외에도 우리나라가 보유한 국제수준의 기후변화 대응기술이 상당수 있는 것으로 알려지고 있다.

이명박 대통령은 2008년 광복절 기념사에서 새로운 60년 국가비전으로 '저탄소 녹색성장(Low Carbon, Green Growth)'를 제시했다. 2008년 9월 19일 국무총리실 기후변화대책기획단은 기후변화 대응 종합기본계획을 발표했다. 이 계획에 따르면, 정부는 2008~2012년 동안 이산화탄소 해양 처리기술 개발사업에 총 423억원을 투자할 예정이다. 이를 통해 최소 10억 톤 이상의 이산화탄소 저장후보지를 확보하고, 1만 톤급 이산화탄소 파일롯 저장을 통해 이산화탄소 해양저장 핵심기술 연구개발 실증사업을 추진하고 있다. 사업이 성공적으로 추진되면, 국제 온실가스 감축 의무에 적극 활용하고, 관련 기술을 중국 및 동남아에 수출할 계획을 가지고 있다. 국가과학기술위원회는 2008년 11월 국가융합기술 발전 기본계획(2009~2013)을 수립했다. 교육과학기술부는 CSC 기술개발을 21세기 프론티어 기술개발 사업으로 추진하고 있다.

또한 해조류를 이용한 온실가스 감축 연구를 추진하기 위해 2008~2012년까지 5년간 60억이 투자될 계획이다. 연구가 성공적으로 진행될 경우 해조류의 온실가스 저감능력을 과학적으로 증명해 해조류가 새로운 청정개발체제 수단으로 각광받을 수 있다. 또한 이를 통해 향후 온실가스 감축 의무국으로 지정될 경우를 대비하면서 이산화탄소 흡수원에 대한 해조류 연구에서 선두에 나설 수 있을 것으로 기대된다.

|표 4-4| 이산화탄소 해양 처리기술 개발사업

| 연도 | 주요 내용 |
|---|---|
| 2008 | · 이산화탄소 저장 핵심기반 기술 개발<br>- 이산화탄소 국내 저장후보지 선정, - 이산화탄소 압축·운송·주입 기초 공정 설계<br>- 1만 톤급 파일롯 저장후보지 검색(1차 현장 탐사) |
| 2009 | · 1만 톤급 이산화탄소 파일롯 실험기반 구축<br>- 이산화탄소 운송·주입 플랜트 실험실 설비 구축<br>- 1만 톤급 이산화탄소 파일롯 실험 실증기반 구축 |
| 2010 | · 1만 톤급 이산화탄소 파일롯 주입 및 운영<br>- 1만 톤급 이산화탄소 저장 플랜트 건설, - 이산화탄소 파일롯 주입 및 기술 검증<br>- 탐사/수송/주입저장/모니터링/위해성평가/설비기술 확보 |
| 2011 | · 이산화탄소 저장 핵심기술 현장 실증<br>- 이산화탄소 환경 위해성 평가모델 구축<br>- 1백만 톤급 이산화탄소 저장설비 스케일업 포집분야 연계 프로토콜 구축 |
| 2012 | · 대규모 실증용 상용화 기술 연계<br>- 1백만 톤급 CCS 플랜트 설비 상세설계 추진<br>- 동해가스전/대수층 연계 CCS 실용화 기반 구축<br>- 상업용 이산화탄소 저장자원 확보(실증 연계) |

자료 : 국무총리실 기후변화대책기획단, 기후변화 대응 종합기본계획, 2008.

교토의정서 발효 이후 $CO_2$ 배출권 시장은 급성장해 2010년 1,500억 달러 규모의 거대시장을 형성할 전망이다. 향후 CCS 기술이 청정개발체제 사업으로 미래 신산업 창출 모델로 부상할 것으로 기대된다. 우리나라도 이제 CCS 기술을 통한 신산업 동력으로 활용할 수 있도록 해야 한다. 이를 위해관련 부처간 연계를 통해 CCS 기술 R&D 사업을 적극 지원하고 상용화를 추진해야 한다. 특히 정부 주도의 정책적 지원을 바탕으로 독자적인 신기술을 확보하고, 이를 상용화하기 위해 민간기업의 참여를 적극 유도해야 한다.

그러나 한 가지 명심해야 할 것이 있다. 시장논리에 따라 비용-편익 측면 접근방식만을 고려해서는 안되며, 이러한 CCS 기술을 해양에서 활용할 경우 생태계에 미칠 수 있는 영향에 대한 지속적인 연구가 필요하다. 산·학·연 사이의 공동연구를 기반으로 우리나라가 개발한 CCS 기술에 대한 객관적 평가를 통해 부정적 효과를 최소화할 수 있도록 해야 한다. 장기적으로는 세계 CCS 시장을 선점할 수 있는 기술개발에 적극적인 투자가 선행되어야 할 것이다.

# 해양 과학 기지
## 해양 강국의 꿈이 실현되는 곳

### 1. 극지와 해양과학기지

기후 변화에 따라 북극해가 논쟁의 중심에 있다. 동전의 양면과 같이 찬반논란을 품은 글로벌 이슈다. 한 쪽에서는 지구 환경 변화에 따른 피해를 우려하고 있고, 또 한 편은 얼음이 녹으면서 자원개발, 북극해 항해 가능성이 그 만큼 높아졌다고 반색하고 있다. 또한 북극해를 둘러싼 영유권 분쟁은 이미 도화선에 불이 붙은 상황이다. 그러나 표면적으로 드러난 각기 다른 입장이나 주장을 자세히 살펴보면, 관통하는 것이 하나 있다. 바로 북극이 가지고 있는 무한한 잠재력이 국가들에게 큰 매력으로 다가오고 있다는 사실이다. 북극과 함께 남극 역시 인류가 당면한 많은 문제점을 해결할 수 있는 열쇠를 쥐고 있다. 무한한 자원의 보고로 알려져 있기 때문이다. 현재 남극에는 지구 담수의 68%에 달하는 수 자원과 철, 구리, 니켈, 금, 은 등 각종 자원이 묻혀 있다. 석유와 석탄을 대체할 수 있는 미래 에너지 자원으로 각광받는 가스 하이드레이트도 풍부하게 매장되어 있다.

　세계 각국은 극지가 가지는 매력에 주목하면서 주도권을 선점하기 위해 앞다투어 남·북극에 과학기지를 운영하고 있다. 우리나라는 1986년 11월 28일 세계에서 33번째로 남극조약에 가입한 후 1988년 킹조지 섬에 세종남극기지를 세웠다.[15] 2009년 6월에는 남극과 북극 개척에 활용할 아라온 호 건조식을 가졌다. 그리고 2009년 기준으로 총 47개국이 남극조약에 가입하고 있으며, 우리나라는 1989년 남극조약 협의 당사국이 됐다.

　북극에는 노르웨이, 영국, 독일, 프랑스, 일본, 이탈리아, 중

우리나라 최초의 쇄빙선 아라온 호

국 등이 과학기지를 운영하고 있다. 국가들은 북극 기지에서 기초 과학연구와 기후 변화에 대응하기 위한 환경 변화를 모니터링하고 있다. 이 같은 연구의 배경에는 언젠가 본격적으로 개발될 극지 자원을 선점하기 위한 복안이 깔려 있다. 우리나라는 북극 환경조사 및 연구 지원을 위해 2002년 4월 노르웨이 니알슨 과학기지촌에 북극과학기지를 건설했다.

한편, 각국은 남극이나 북극에 설치한 과학기지와는 별도로 통합적 해양관리 차원에서 과학기지를 건설해 해역을 관리하고 있다. 해양과학기지를 통해 해양환경 변화와 관련된 과학조사, 현업지원을 위한 실시간 해양관측, 어업관리를 위한 자원 및 생태계 조사, 자원조사 등의 복합적 기능을 수행하고 있다. 우리나라도 국토 최남단 이어도에 2003년에 고정식 해양과학기지를 설치·운영하고 있다.

## 2. 주요국의 해양과학기지 운영

현재 남극에 과학기지를 설치한 국가 중 남극 대륙의 지질과 지구물리 탐사분야에서 가장 앞서 있는 국가는 미국으로 알려져 있다. 1970년에 이미 전문가로 구성된 위원회를 발족시켰으며, 남극점 근처에 아문젠-스콧 기지를, 동남극과 서남극 접경 남쪽 해안에 맥머도 기지를, 서남극 동편 반도 지역에 팔머 기지를 건설했다. 이 곳에서 미국은 지구과학, 빙하학, 생물학, 의학, 해양학, 기상학, 초고층 대기물리학, 천체 물리학 등 광범위한 분야에 걸쳐 활발한 연구를 진행하고 있다.[16] 국내적으로도 1990년에 해양관측

시스템 개념을 정립하고, 1991년부터 해양관측의 경제적 편익을 연구하는 등 많은 성과를 내고 있다. 미국의 국립해양대기청(NOAA)은 이 같은 연구를 주도하고 있다. 2001년 NOAA는 통합 해양관측 시스템 구축을 위한 10개년 계획을 마련했다.[17]

유럽에서는 독일, 영국, 러시아, 프랑스가 극지에 해양과학기지를 구축했을 뿐만 아니라 국내 해양과학기지 건설에 가장 적극적이다. 독일은 미국에 이어 예산 투입규모가 세계 두 번째로 크며, 총 1,200억원을 들여 상설기지 2곳을 운영하고 있다. 헬름홀츠 연구회 산하 알프레드베게너 연구소(AWI)가 중심이 되어 남·북극에서 연구를 진행하고 있다. 2009년부터는 남극 대륙에 노이마이어 기지를 추가로 건설해 운영하고 있다. 영국은 최근 기후변화에 대한 해법을 찾기 위해 고심하고 있다. 지구 온난화로 해수면이 상승할 경우 자국 연안에 심각한 피해가 발생할 것이라는 우려가 제기됨에 따라 더욱 적극적으로 남극 연구에 매진하고 있다. 영국에서

|그림 4-3| 중국의 남극 쿤룬(Kunlun) 기지 조감도

자료 : 한국해양연구원

는 1995년부터 플리머스 해양연구소(Plymouth Marine Laboratory, PML)의 주도 아래 대서양 종단 관측을 정기적으로 실시하고 있다. 러시아는 1970년대 남극기지를 통해 3,700미터 빙원 아래 '보스토크 호수'라는 얼음호수를 발견해 주목을 받았다. 1998년에는 3,623미터 깊이의 얼음을 시추해 지구 빙하기와 간빙기의 주기를 밝혀내는 성과를 거뒀다. 프랑스는 총 6개 기지를 운영하고 있는데, 이 가운데 뒤몽 뒤르빌(Dumont d' Urville) 기지가 연구 활동의 핵심이다. 프랑스가 심혈을 기울이는 분야는 우주과학 분야, 생물학 분야로 지구의 기온과 기압, 습도, 지진학, 지구의 자기 활동, 남극에 서식하는 해양 조류 및 발광 생물들의 분포 등에 관해 연구하고 있다.[18] 벨기에는 지난 1967년 남극 내 자국 기지를 폐쇄한 이후 42년만인 지난 2009년 2월 15일 남극 대륙 북쪽의 소어 론덴 산(Soer Rondane Mountains)에서 수 킬로미터 떨어진 곳에 탄소 무배출(Free Carbon)기지인 프린세스 엘리자베스 하계 기지(Princess Elizabeth Station)를 개소했다.

아시아의 중국, 일본 및 호주도 남극 및 북극 해양과학연구에 있어 우리나라와 직접적인 경쟁관계를 유지하고 있다. 중국은 국가해양국 산하 극지연구소와 극지연구국을 중심으로 연구를 진행하고 있다. 2004년에 북극 '황허연구기지'를 개설했다. 남극에서는 킹조지 섬에 과학기지를 두고 있다. 이를 통해 대내적으로는 지구과학, 생물, 자원조사 등의 기초 연구자료를 수집하고, 대외적으로는 국제협력과 자원 공동개발을 위한 임무를 수행하고 있다. 그리고 남극대륙 최고점인 Dome A 인근(해발 4,078m) 지점에 쿤룬(Kunlun) 기지를 2009년 1월 28일 완공했다. 중국은 이 기지를 기반으로 남극 대륙의 변두리에서 중심부로 진출을 노리고 있다. 특히 지리적인 장점을 최대한 살려 직경 4m의 천체 망원경을 설치해 우

노르웨이 북극해 탐사선 프램 호

주 연구를 본격적으로 추진할 계획이다. 또한 3,000m 이상의 빙하 시추를 통해 과거 1백만년 전의 기후복원 연구를 진행하는 등 기후 변화 연구거점으로 활용할 계획이다. 최근에는 남극에 추가로 해양과학기지를 설치한다는 계획도 발표했다. 타이완과의 공동 연구와 조사도 추진하고 있다.

　　일본은 국가 연구기관인 국립 극지연구소가 극지연구를 주도하고 있다. 1980년대 지질연구의 형식을 빌려 남극 대륙의 1차 지질조사 및 지하자원조사를 마쳤다. 국내 연안에는 7개의 소규모 관측기지가 설치·운영되고 있다. 그 중 가장 규모가 큰 관측기지는 오사카 만에 건설된 해황 자동 관측탑이다. 이 시설은 간사이 국제공항 건설을 위해 해양 기상관측 및 건설사무소로 사용할 목적으로

1973년에 건설되었는데, 헬기 이·착륙 시설을 갖추고 있다.[19] 호주는 환경부 산하 남극연구국이 남극 정책 및 연구를 이끌고 있는데, 총 765억 원의 예산을 투입해 4곳의 기지를 운영하고 있다.

남미의 아르헨티나, 칠레, 우루과이, 페루 등도 남극기지를 운영하고 있는데, 남극 연구 측면보다는 영유권 문제에 더 많은 관심을 갖고 있다. 남미 국가가 운영하는 기지 책임자는 모두 군인이라는 점이 이채롭다.

### 3. 우리나라 해양과학기지 현황

| 남극 | 2008년 2월 17일로 남극 세종기지는 스무 살 성인이 됐다. 우리나라는 1978~1979년 남극에서 크릴 새우를 조사한 이래, 세종기지 설립을 통해 지진파, 지구자기, 고층대기, 성층권 오존 측정 등 일상 관측과 킹조지 섬을 중심으로 지질, 지구물리, 해양생물학 등의 연구 활동을 활발히 수행하고 있다. 최근에는 지구 온난화 관련 환경 모니터링 및 환경변화 연구에 초점을 맞추고 있다.

우리나라는 현재 남극에 제2기지를 건설하고 있다. 기존의 킹조지 섬에 설치되어 있는 세종기지는 인근 해류, 대기 및 기상연구를 위해서는 유리하지만 남극 대륙 자체를 연구하기에는 한계가 있기 때문이다. 따라서 6년 동안(2006~2011) 사업비 700억원을 투입해 세종기지에 이어 제2의 남극 해양과학기지를 케이프벅스에 건설하고 있다.[20] 현재 남극 대륙에는 미국, 일본, 러시아, 독일 등을 포함한 14개국이 20개의 상주 월동기지를 운영하고 있다.

|표 4-5| 14개국 남극 대륙 상주 월동기지 현황

| 국가명 | 기지명 |
|---|---|
| 남아프리카공화국 | SANAE IV |
| 노르웨이 | Troll |
| 뉴질랜드 | Scott Base |
| 독일 | Neumayer* |
| 러시아 | Mirny/ Novolazarevskaya/ Progress/ Vostok* |
| 미국 | Amundsen-Scott*/ McMurdo |
| 아르헨티나 | Belgrano II |
| 영국 | Halley* |
| 이탈리아 | Concordia*(프랑스와 공동운영) |
| 인도 | Maitri |
| 일본 | Syowa |
| 중국 | Zhonshan |
| 프랑스 | Dumont d' Uville/ Concordia*(이탈리아와 공동운영) |
| 호주 | Casey/ Davis/ Mawson |

주: *빙상 위에 건설된 기지를 의미하며, 나머지 기지는 암반 위에 건설된 기지임.
자료 : 한국해양연구원 극지연구소

| 북극 | 최근 지구 온난화로 인해 항로 이용 가능성이 높아지면서 북극의 상업적 활용에 대한 기대가 높아지고 있다. 최근에는 극지연구를 위해 쇄빙선인 아라온 호도 진수했다. '아라온 호'는 총 6,950톤 급으로 길이 110미터, 폭 19미터, 최고 속도 16노트를 자랑하는 최첨단 쇄빙선이다. 아라온 호는 2009년 12월 인천항에서 출항식을 갖고 남극으로 출발해 제2남극기지 후보지인 케이프 벅스를 조사하고 남극해 과학조사를 수행하고 돌아올 예정이다. 북극 과학기지에 대한 관심도 그만큼 높아졌다. 2002년 4월 우리나라가 국제북극과학위원회(IASC)에 18번째로 정회원국이 되는 때에 맞춰 북극 다산기지를 건설했다. 이를 통해 북극의 환경 및

생태계 보호에 대한 기초연구와 모니터링 작업이 이뤄지고 있다.

|그림 4-4| 노르웨이 니알촌 기지 전경

자료 : 한국해양연구원 극지연구소

니알촌 과학기지에는 우리나라를 비롯해 9개국이 과학기지를 운영하고 있는데, 매년 반기별로 니알슨 과학기지촌 내 각국 기지 대표들이 참가하는 운영자 회의(NySMAC)를 개최하고 있다. 최근 극지연구소는 캐나다 천연자원부(NRCAN) 산하 대륙붕 사업단(PCSP)과 북극권의 레졸루트(Resolute) 기지를 국제 공동연구 기지로 운영하기 위해 협의를 진행했다. 레졸루트 기지를 국제 공동연구 기지로 활용해 우리나라 북극권 연구 인프라 확대 및 캐나다와의 북극 관련 국제협력을 강화한다는 계획이다.

|표 4-6| 니알슨 과학기지촌내 국가별 기지 현황

| 국가명 | 북극연구소 | 기지설립연도 | 운영방식 |
|---|---|---|---|
| 노르웨이 | 극지연구소 (NP) | 1968년 | ·대기과학, 오로라, 지진, 식물, 생태, 지질, 빙하연구 수행(연구인력 상주) |
| 독일 | 독일알프레드 베게너 연구소(AWI) | 1991년 | ·대기과학, 육상 및 해양식물, 지질연구 수행 (연구인력 상주) |
| 영국 | 자연환경조사위원회 (NERC) | 1991년 | ·생태계, 대기과학연구 수행 |
| 일본 | 일본극지연구소 (NIPR) | 1991년 | ·대기, 빙하, 해양생물연구(연간 약 50여명의 과학자 참여) |
| 이탈리아 | 이탈리아 극지연구소 (ENEA) | 1996년 | ·대기, 생물연구 수행 |
| 프랑스 | 프랑스극지연구소 (IFRTP) | 2001년 | ·생물 및 대기과학연구 수행(별도의 야외실험실 운영) |
| 중국 | 중국극지연구소 (CAAA) | 2004년 | ·고층대기, 대기과학, 생물, 해양, 빙하, 지구물리 및 위성연구 수행 |
| 인도 | 국립극지해양센터 (NCAOR) | 2008년 | ·빙하, 지질, 미생물, 대기과학 연구 |
| 한국 | 한국극지연구소 (KOPRI) | 2002년 | ·고층대기관측, 연안생태계 연구 중점 (향후 육상광물자원 연구영역 확대계획) |

자료 : 한국해양연구원 극지연구소

| 국내 | 한편, 우리나라는 2003년에 수중 암초 이어도에 해양과학기지를 건설했다. 이를 통해 황해 남부 수역의 해양 및 기상상태를 실시간으로 모니터링해 해양예보, 기상예보, 어장예보의 적중률을 높이고 있다. 지구 환경문제 및 해상교통 안전 및 해난재해 방지에 필요한 자료를 수집 제공하는 임무를 수행하고 있다. 이어도 기지는 헬기 착륙장 및 관측장비를 구비한 400평 규모로 무인자동화 운영시설을 갖추고 있다.[21]

이어도 기지는 해양과학자료 수집 목적 이외에 향후 인접국과의 배타적 경제수역(EEZ)이나 대륙붕 경계획정 협상 시 유리한 고

지를 선점하기 위한 목적도 가지고 있다. 특히 이어도는 그 위치상 한·중·일 3국의 EEZ나 대륙붕의 권원이 중첩되는 수역에 있어 향후 경계획정에 있어 주요 쟁점이 될 수 있다. 그러나 이어도는 수중 암초로 섬이 아니기 때문에 국제법상 영해, 접속수역, EEZ 또는 대륙붕을 가질 수 없다. 그럼에도 불구하고 이어도 기지를 건설함으로써 EEZ내에 과학기지를 설치할 수 있다는 국제해양법 상 권리를 행사한 것으로 볼 수 있어 향후 경계획정 협상에서 우리나라가 이니셔티브를 가질 수 있다는 분석이다.

한편, 우리나라는 한반도 해역 전반을 포괄하는 해양과학기

이어도 해양과학기지

지 체제를 구축한다는 목적 하에 이어도 기지 외에 거점별 해양과학기지를 추가로 설치하고 있다. 2009년에 가거초에 해양과학기지를 건설한데 이어 독도 인근 수역에도 종합해양과학기지를 설치할 계획이다. 독도 해양과학기지는 독도의 실효적 지배를 강화하기 위한 조치의 일환으로 검토되고 있으며, 관측을 통한 해양·기후에 대한 기초적 자료 수집을 목표로 하고 있다. 계획 중인 해양과학기지 구축 사업을 통해 해양자원조사·연구, 해류와 조류 관측 기능뿐만 아니라 일본, 러시아와 해양자원 공동조사 및 연구 사업을 주도하는 전진기지로 활용할 전망이다.

|표 4-7| 한반도 해역 해양과학기지 구축 사업

| 구분 | 이어도 기지 | 가거초 기지 | 동해 기지 | 백령도 기지 |
|---|---|---|---|---|
| 목적 | 해·기상 관측 및 구난 기지 | 해·기상 관측 | 해·기상 관측 및 다목적 연구시설 | 해·기상 관측 |
| 완공 | 2003년 6월 | 2009년 | 2012년 예상 | 2015년 예상 |
| 공사비 | 212억원 | 약 90억원 | 약 350억원 | 약 120억원 |
| 위치/설치수심 | 마라도 남서쪽 149km/약 41미터 | 가거도 서쪽 47km/약 15미터 | 독도 북서쪽 1km/약 40미터 | 백령도 남서쪽 27km/약 30미터 |
| 운영방식 | 무인 | 무인 | 무인 | 무인 |
| 구조물형식/규모 | 자켓형식/약 400평 | 파일형식/약 110평 | 자켓형식/약 400평 이상 | 타워형식/약 11평 |
| 진행사항 | 운영 중 | 건설 중 | 개념설계 중 | 실시설계 |
| 주관기관 | NORI | KORDI | KORDI | KORDI |

자료 : 한국해양연구원

# 심해저 잠수정
## 15,000미터 바다 속 신비를 캐다

### 1. 심해를 향한 끝없는 욕망

인류가 직면한 많은 문제를 해결하는 방안의 하나로 해양자원 개발이 각광을 받고 있다. 식량자원, 지하 광물자원, 어업자원 및 에너지 등 육지에서의 개발이 한계를 드러내고 있어 해양자원 개발에 관심이 집중되고 있다. 과거에 바다는 주로 어업을 중심으로 한 식량자원의 보고로 인식됐다. 하지만 이런 평가는 최근에 크게 바뀌었다. 유가와 광물자원 가격의 상승으로 해저 지하자원에 대한 관심이 폭발하고 있다. 심해저 망간단괴, 해저열수광상, 가스 하이드레이트, 유전자 자원 등 심해가 가지고 있는 무한한 잠재력이 속속 보고되면서 선진기술을 보유한 국가를 중심으로 해양자원 개발에 적극 나서고 있다. 그러나 문제는 개발을 뒷받침해줄 수 있는 기술이다. 심해저 자원 개발에 필요한 하드웨어와 소프트웨어가 갖춰져 있지 않으면, 해양자원이 아무리 많아도 그것은 화중지병에 지나지 않는다.

주요국은 천문학적인 금액을 투자해 심해저 잠수정 개발에 열을 올리고 있다. 더 깊이 내려가 더 많은 자원을 확보하기 위해서다. 심해저 잠수정 개발의 역사는 길지 않지만, 심해를 향한 인간의 끝없는 도전은 이미 오래 전에 시작됐다. 나폴레옹 시대부터 잠수정을 고안했다는 기록이 있다. 그 당시 기술은 오늘날과 같은 개념의 잠수정을 만들기에는 턱없이 부족했다. 1888년에 겨우 물속에서 균형을 잡고 움직이는 최초의 잠수정인 '짐노트'가 개발되기는 했어도 말이다.

잠수정 역사 상 최초의 무인 잠수정은 1953년 드미트리 레비코프가 제작한 '푸들'이다. 이 잠수정은 해수면의 케이블과 연결된 초기 모델이다. 1980년대 컴퓨터 기술 발전은 잠수정 개발에 일대 전기를 마련했다. 더 깊은 수면 아래로 내려 갈 수 있는 잠수정 개발이 본격화됐다. 그리고 1985년에 대서양에 침몰된 타이타닉 호를 침몰한 지 73년 만에 발견한 것도 무인 잠수정이었다. 무인 잠수정 아르고 호는 수심 3,810미터에서 잠들어 있던 타이타닉 호의 잔해를 바로 앞에서 보듯 생생하게 전달했다. 이제 해저 2만 리를 자유로이 유영하던 노틸러스 호는 더 이상 소설 속의 가상 이야기가 아니다. 미개척지를 향한 인간의 뜨거운 열정

노르웨이의 초기 심해 유인 잠수정

과 욕망이 과학기술의 진보와 결합해 상상을 현실로 만들어 가고 있다.

## 2. 심해 무인 잠수정

심해 무인 잠수정의 일반적 주요 기능을 살펴보면 크게 모선 시스템, 케이블 및 수중 시스템으로 구분할 수 있다. 모선 시스템은 전원 시스템, 수중 시스템과 통신을 처리하는 통신시스템, 통신에 의해 수집된 데이터를 처리하고, 운영자의 명령을 전송하는 관리 시스템으로 구성된다. 또한 수중 시스템은 공급받은 전원을 적절한 처리를 거쳐 사용할 수 있도록 하는 전원 시스템, 전원 분배 및 감독의 기능을 수행하는 전기 시스템, 모선과 통신을 처리하는 통신 시스템, 작업을 위한 구동 시스템, 시스템의 운영이나 탐사를 위한 센서 시스템, 카메라와 라이트를 포함하는 영상 시스템으로 구성된다.[22]

|그림 4-5| 심해 무인 잠수정의 기능 구성

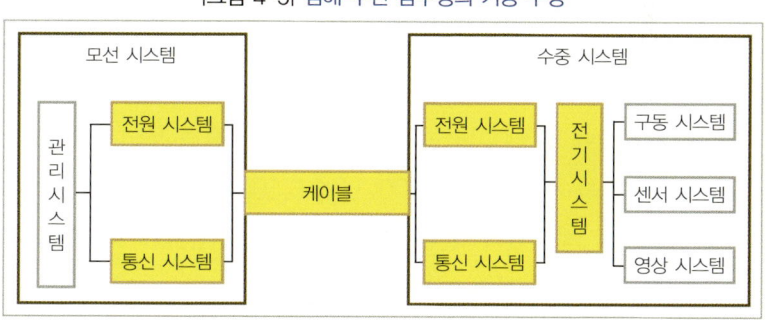

자료 : 한국해양연구원 해양시스템안전연구소

무인 수중장비는 크게 ROV(Remotely Operated Vehicle : 원격조정장비)와 AUV(Autonomous Underwater Vehicle : 자동수중장비)로 구분된다. ROV는 모선과 케이블로 연결되어 있고, 모선의 제어 시스템에 의해 원격 조정된다. 모선이 필요하기 때문에 운영비가 높다는 단점이 있다. AUV는 컴퓨터와 동력원이 내장되어 있고, 각종 항해용 센서가 장착되어 있어 자체적으로 활동할 수 있다. ROV에 비해 운영비가 적게 드나 행동이 제한적이고, 동력원의 용량 제한으로 항해시간이 길지 못하다는 단점이 있다.[23]

### 3. 주요국 개발 동향과 '해미래 호'

심해저 잠수정 개발은 현재 미국을 비롯해 프랑스, 영국, 캐나다, 일본, 러시아, 노르웨이, 독일, 호주, 중국 등이 경쟁구도를 형성하고 있다. 개발 기술을 보면 1960년에 미국의 자크 피카르가 1만 916미터까지 내려간 기록이 있고, 수심 1만 1,000미터 바닷 속까지 탐사가 가능한 일본 해양과학연구센터의 '카이코'와 같은 잠수정도 있다. 그러나 실제로는 약 6,000미터를 탐사할 수 있는 잠수정 개발에 주력하고 있다. 왜냐하면 이 정도의 기능만 있어도 전 세계 바다의 98%를 탐사할 수 있기 때문이다.[24] 미국 우즈홀 해양연구소는 1990년대 초반에 6,000미터를 탐사할 수 있는 심해 무인잠수정 제이슨과 메디아를 개발한 이후 2002년에 6,500미터를 탐사할 수 있는 제이슨 II를 제작했다. 일본 역시 1997년 1만 1,000미터를 탐사할 수 있는 심해 잠수정 카이코와 함께 3,500미터 수심에서 300킬로미터를 자율적으로 항해할 수 있는 우라시마를 개발하고 있다.[25]

한편, 세계 심해 유인 잠수정은 총 5척으로 알려졌다. 미국과 일본, 프랑스가 각각 1척, 러시아가 2척을 보유하고 있으며, 최대 잠수 깊이는 6,500미터이다. 최근 중국 국가 해양국은 2009년 내에 7,000미터 심해 유인 잠수정 '허시에(Hexie)' 호[26]의 해상 테스트를 마치고, 2010년부터 상용화에 들어간다고 밝혔다.[27]

|그림 4-6| 중국의 7000미터 심해 유인 잠수정 '허시에' 호

자료 : 중국 국가 해양국

우리나라는 선진국에 비해 뒤늦게 무인 잠수정 개발에 뛰어들었다. 그러나 세계 제1의 조선기술을 바탕으로 무인 잠수정 시장에서 두각을 나타내고 있다. 현재 우리나라의 차세대 심해 무인 잠수정 개발은 한국해양연구원(이하 : 연구원)에서 전담하고 있다. 연구원은 차세대 심해 무인 잠수정 개발을 목표로 2001년부터 해양수산부(현 국토해양부)의 지원 하에 사업에 착수했다. 그 결과 2006년 심해저 잠수정 '해미래'를 개발했다. 이로써 우리나라는 미국, 일본, 프랑스에 이어 네 번째로 6,000미터 급 잠수정을 보유하게 됐다. 이는 심해저 잠수정 개발에 새로운 전기를 마련한 것으로, 전 세계 바다의 98%를 탐사할 수 있는 기술을 보유하게 됐다는 것을 의미한다.

한편, 2007년 해양수산부(현 국토해양부)는 3년간 84억원의 예산을 들여 해저 환경변화에 능동적으로 대응하면서 기존의 '해미래'와 수중통신으로 멀티미디어를 전송하는 지능형 자율 무인 잠수정(AUV)인 '이심이'를 개발할 것이라고 발표했다. 이심이는 자율적으로 운용이 가능하고, 여러 대를 동시에 해저에 투입해 이동식 수중 네트워크 구성이 가능하다. '해미래'와 협력해 심해를 탐사하는 것이 이심이의 주 임무다. 이심이와 같은 자율 무인 잠수정은 독도를 비롯한 동해 해저를 입체적으로 조사·관측할 수 있어 유용한 해양지리 정보를 제공하고, 냉수 분출구 해역을 발견해 아직까지 밝혀지지 않은 유용 생물과 미생물 자원을 확보할 수 있을 것으로 기대된다.

|표 4-8| 국내 개발 무인잠수정 제원

| 분류 | 해미래 | 해누비 | 이심이 |
|---|---|---|---|
| 활동깊이(미터) | 6000 | 6,000 | 100 |
| 크기(미터) | 길이: 3.3, 너비: 1.8, 높이: 2.2 | 길이: 2.6, 너비: 1.2, 높이: 1.3 | 길이: 0.17, 너비: 1.2 |
| 무게(kg) | 3,660 | 1,100 | 20 |
| 최고속력(노트) | 1~1.5 | - | 6 |
| 특징 | · 수중 로봇 팔과 카메라를 이용한 정밀수중작업, 시료채취<br>· 광통신에 의한 원격제어<br>· 관성 초음파 복합 항법 시스템 | · 심해무인잠수장치의 이동형 해저기지 기능<br>· 예인형 모드 운용으로 심해 카메라 역할<br>· 위치추적장치(USBL) 항법 시스템 | · 수조내 항법 시스템 구축<br>· 수조 내 자율 경로 생성<br>· 정밀 수중 도킹 |

자료 : 한국해양연구원 해양탐사장비연구사업단

우리나라 심해 잠수정

## 4. 기대 효과

심해 해저자원에 대한 관심이 높아지면서 심해 잠수정 산업 역시 중흥기를 맞고 있다. 영국 에너지 컨설팅사인 더글라스 웨스트우드(Douglas-Westwood)가 2009년 10월에 발표한 보고서에 따르면, ROV 시장규모는 향후 5년(2010~2014) 동안 17억 달러에 달할 것으로 전망됐다. ROV 시장의 경우 아프리카와 아시아·태평양 지역에서 가장 높은 성장률을 보일 것으로 예상됐다. 그리고 향후 10년 (2010~2019) 동안 AUV 판매 대수는 총 1,144대가 될 것으로 전망됐다.[28]

우리나라도 심해 무인 잠수정 '해미래'를 개발하면서 본격적으로 심해 잠수정 산업에 뛰어 들었다. 이에 따른 기대 효과는 크게 3가지로 나눠 볼 수 있다.

우선 우주인을 배출하면서 우주개발 경쟁에 합류한 우리나라로서는 심해저 분야에서도 선진국으로서의 지위를 누릴 수 있는 계기를 마련했다. 이는 IT 강국으로서의 정보통신기술 노하우와 세계 1위의 선박 건조기술 보유를 통해 심해저 무인 잠수정 개발기술의 국산화를 촉진하고, 관련 해양기술을 발전시킬 기반을 구축했다는 것을 의미한다.

둘째는 해저자원 개발을 통해 자원 확보를 위한 국가 간 경쟁에서 우위를 차지할 수 있게 됐다. 심해저 무인 잠수정은 망간단괴를 비롯한 광물자원 탐사와 채취에 이용할 수 있다. 또 해저 화산대 주변에 분포하는 열수광상, 열수 분출구 주변에 서식하는 심해 생물의 생태계 조사, 심해 해양 바이오와 생명과학 연구에 직·간접적으로 활용할 수 있다. 이 뿐만 아니라 해저 광케이블을 설치하거나 해저에 해양관측기지를 건설하는 작업 등을 통해 첨단 해양산업이 발전할 수 있는 기반을 마련할 수 있게 됐다.

마지막으로 심해저 잠수정 시장에서 선도적 지위를 누릴 수 있게 됐다. 현재 세계 심해 무인 잠수정 시장은 1조원 이상으로 커졌다. 이 시장에 참여함으로써 심해 탐사장비 수입을 대체하는 효과와 함께 해외에 수출하는 등 상당한 수익을 창출할 수 있을 것으로 전망된다.

# 크루즈와 위그선
## 조선 강국으로 가는 '마지막 관문'

### 1. 해상 운송의 '블루칩'

'물 위를 나는 배'라고 알려진 위그선[29]이 상용화될 채비를 갖췄다. 해상운송의 미래라 불리는 차세대 초고속 위그선 제작 공장이 전북 군산에 들어섰다. 2012년부터 매년 12척 이상, 2단계 생산시설이 확충되는 2015년부터는 해마다 24척 이상의 중대형 위그선을 생산한다는 계획이다. 연간 1조원 이상의 매출과 6,000억원의 수출도 기대되고 있다.

부가가치가 높은 크루즈선 건조 붐도 일고 있다. 세계 최고의 조선기술을 바탕으로 국내 유수 조선소들이 척 당 가격이 5억~10억 달러에 달하는 크루즈선 개발에 나서고 있다. 이는 세계 제2의 조선국으로 급부상한 중국과의 경쟁에서 더 멀리 앞서가기 위한 동력이 되고 있다. 중국이 정부의 지원과 값싼 노동력을 바탕으로 저가 선박수주 전략으로 나오고 있는데 반해, 우리나라는 중국이 결코 따라올 수 없는 선진 조선기술을 바탕으로 조선업의 '블루칩'인 크루즈선 시장에 승부를 걸고 있다.

위그선이나 크루즈선은 기존의 해상운송의 개념을 2차원 평면에서 3차원 입체적으로 바꿔놓고 있는 대표적인 사례다. 과거의 해상운송은 한 곳에서 다른 곳으로 여객과 화물을 나르는 '직선적'인 운항이고, 여객과 화물의 '운송'이 목적이었다. 그러나 현재와 미래의 해상운송은 해상과 하늘을 공유하는 '입체적'인 운항, 인간의 삶을 풍요롭게 하는 '레저'의 수단이라는 특성을 지니고 있다.

이러한 해상운송 개념의 진화는 크게 2가지 측면에서 의미가 있다. 우선 해상운송수단의 발달을 통해 해양산업 전반에 걸쳐 시너지 효과를 가져 올 수 있다는 점이다. 해양산업은 극지, 심해

해상 호텔로 불리는 크루즈 선

저, 대륙붕 자원개발과 바다목장 조성, 해양환경 보존, 심층수 및 유전자 자원개발, 해상안전, 연근해 관리, 해양 관광 및 해양도시 개발 등을 포괄하고 있다. 이 모든 산업에 공통적으로 필요한 것은 사람, 원자재, 과학기기 등을 해상으로 운반해야 할 수단이다. 따라서 해상운송 시스템의 발전은 다른 해양산업의 동반 성장이라는 긍정적인 파급효과를 수반한다.

또 다른 하나는 고부가가치 산업인 미래 해상운송 기기 개발을 통해 해양산업을 둘러싼 국가 간 경쟁에서 우위를 차지할 수 있다는 점이다. 현재 주목받고 있는 해상운송수단은 크게 크루즈선, 위그선 및 고속 컨테이너선 등이다. 이들은 모두 고부가가치를 창출할 수 있는 차세대 성장 동력으로 손꼽히며, 해양강국의 첨병이 될 것으로 기대를 모으고 있다. 특히 우리나라는 첨단 IT 기술의 선두주자다. 조선산업과 연계·융합할 경우 시너지 효과는 물론 새로운 비즈니스 모델 개발도 가능할 것으로 보인다.

## 2. 시장규모

크루즈선의 시장 규모는 2005년 67억 2,700만 달러를 기록한 이후 2020년까지 연간 5.3%~6.0%의 증가율을 기록할 것으로 예상되고 있다.[30] 크루즈선 조선시장은 유럽 국가들이 약 84%를 점유하고 있으며, 국가별로는 이탈리아, 프랑스, 핀란드, 독일 등 4개국이 80%를 차지하고 있다.

|표 4-9| 세계 크루즈선의 시장 전망

단위 : 백만 달러

|  | 2005 | 2010 | 2015 | 2020 | 연평균 증가율(%) | |
|---|---|---|---|---|---|---|
|  |  |  |  |  | 2005~2010 | 2010~2020 |
| 생산규모 | 6,727 | 8,690 | 11,630 | 15,550 | 5.3 | 6.0 |
| 수출 | 6,727 | 8,690 | 11,630 | 15,560 | 5.3 | 6.0 |

자료 : 지식경제부(2006), 홍성인, 우리나라 해양운송기기의 2020 발전비전(2006)에서 재 인용

　　세계 권역별 크루즈 관광 수요는 2006년 기준으로 1,700만 명에 달한다. 2001년에 크루즈 관광객 1,000만 명 시대를 개막한 이후 연평균 10% 증가세를 보이고 있다. 이는 세계 관광객의 연평균 증가율 3.9% 보다 두 배 이상 높은 수치다.[31] 이러한 크루즈 관광 수요의 증가는 앞으로 크루즈 관광산업 발전을 지속적으로 촉진시킬 전망이다.

|그림 4-7| 세계 크루즈 관광객 추이

단위 : 명

자료 : Peisey, Tony, The Future of Cruising - Boom or Bust? A Worldwide Analysis to 2015, Seatrade Communications Ltd, 2006. 황진회, '우리나라 해양 크루즈 산업 육성방안 연구 : 인천지역을 중심으로', 한국해양수산개발원, 월간 해양수산 통권 제291호, 2008. 12에서 재 인용

한편, 크루즈, 위그선 등이 시장 성장 잠재력이 큰 새로운 고부가가치 산업으로 각광을 받으면서 관련 기술개발도 활발하게 이뤄지고 있다. 크루즈와 위그선의 경우 조선, 기계, 전자, 통신, 소재 등 여러 분야의 기술이 유기적이고 복합적으로 결합되는 첨단 조선 산업 분야에 속한다. 특히 크루즈선은 '떠다니는 호텔'이라는 이름에 걸맞게 주거 기능, 엔터테인먼트 및 워터 파크 조성기술 뿐만 아니라 화재 시 완벽한 안전을 도모할 수 있는 기술, 테러에 대비한 철저한 보안 기술, 충돌 방지를 위한 장거리 선박 식별 및 추적 장치 기술, 호텔 수준에 맞먹는 저소음·저진동 기술, 파도에 의한 선박 동요현상 억제 기술, 공간 최적배치 설계 기술 등 고난도의 선박 설계 기술과 최고급 인테리어 등이 필요하다.[32]

위그선은 기존의 선박용 자재를 사용해 건조 비용를 절감하고, 자세 제어, 충돌 회피 기술을 활용해 여객 안전도를 향상시키고, 높은 파도에서도 운항할 수 있는 기술을 갖추는 것이 중요하다.[33]

선진 조선국들은 그 동안의 축적된 건조 경험과 높은 기술력을 바탕으로 차세대 고부가가치 선종에 대한 연구개발에 나서고 있다. 그리고 선박 생산 자동화·정보화 시스템의 구축을 통해 생산성을 향상시키는데 주력하고 있다. 수주 경쟁력을 유지하기 위해 선종 특화 전략도 구사하고 있다. 나아가 해양개발 기술, 환경친화 기술 등 고부가가치 기술에 대한 적극적인 선행투자와 연구개발로 향후 시장 트렌드를 주도할 채비를 갖추고 있다.[34]

### 3. 주요국 개발 동향

유럽의 경우 컨테이너선 건조에 있어 이미 우리나라, 일본, 중국 등 세계 조선 강대국과 비교해 상당부분 경쟁력을 잃어가고 있다. 그러나 크루즈 분야에서는 여전히 선두자리를 유지하고 있다. 독일, 핀란드, 프랑스, 이탈리아의 4대 조선소[35]를 중심으로 크루즈 산업을 선도하고 있으며, 전 세계 공급시장의 80%를 점유하고 있다. 유럽 조선소는 수준 높은 기술을 보유하고 있으며, 기자재 산업도 발달해 인프라가 잘 정비되어 있다. 숙련된 건조 경험 및 자동화로 선박 건조기간을 단축하고 있으며, 크루즈 선의 대형화, 선주의 각기 다른 요구에 맞춘 차별화로 다른 나라의 추격을 따돌리고 있다.[36] 이는 유럽이 크루즈 시장의 절대 강자로 군림하고 있는 이유이자 힘이다.

그러나 최근 들어 유럽은 우리나라 조선소의 유럽 진출을 경계하고 있다. 크루즈선 기술 유출 우려와 함께 고부가가치 산업인 크루즈선 시장을 잠식당할 위험이 크다는 점을 인식하고 있기 때문이다. 2008년 초 STX가 노르웨이 아커야즈의 지분 39.2%를 인수하면서 최대 주주로 등극했으나, 유럽조선협회(Community of European Shipyard's Association : CESA)를 중심으로 유럽조선소들이 반기를 들은 사례가 대표적이다. CESA의 콜라도 안토니니(Corrado Antonini) 의장은 한국 기업의 유럽 진출이 가속화되면 조만간 유럽 조선업의 근간이 흔들릴 수 있다는 우려를 표시했다.

일본은 미쯔비시 중공업을 중심으로 나가사키 조선소에서 크루즈선을 건조하고 있다. 나가사키 조선소는 비유럽 지역에서 크루즈선 건조 경험을 지닌 대표적 조선소로 Crystal Harmony(1990년 건조, 4만 8,600톤 급)호와 Asuka(1991년 건조, 2만 8,800톤 급)호를 건조한 실적이 있다. 또한 영국의 P&O Princess Cruises 사로부터 11만 6,000톤 급 초대형 크루즈선 2척을 수주해 건조했다.[37] 일본은 크루즈 활성화를 위해 민·관이 참여하는 '크루즈 사업 진흥간담회'를 1997년 12월에 발족했다. 이 조직은 과거 크루즈 산업의 성과와 한계를 평가하고, 일반 국민들의 크루즈 이용 확대에 힘쓰고 있다. 이를 통해 크루즈 사업의 부흥을 꾀하고 있다.

싱가포르는 크루즈 관광사업 확대에 심혈을 기울이고 있다. 정부기관인 싱가포르 관광청 내 크루즈 사업부(Cruise Department)에서 크루즈 사업과 관련된 제반 업무를 주도하고 있다. 관광청은 '관광 비전 2015' 전략을 수립하면서 크루즈 관광산업을 주요 전략산업에 포함시켰다. 아시아 크루즈 시장의 허브로 자리 잡기 위해 크루즈 기반 시설의 개발과 질적 향상 및 다양한 연계 관광지 개발 사업을 추진하고 있다. 그리고 크루즈 시장 확대를 위해 인도, 호주, 인도네시아 크루즈 관광객을 유치하고 있다. 이를 위해 뒷받침하기 위해 2005년 5월부터 싱가포르 항공연계 크루즈 개발 기금(Singapore Fly-Cruise Development Fund; FCDF) 을 운영하고 있다.[38]

한편, 위그선은 구소련이 군사적 목적으로 개발하기 시작했다. 구소련 붕괴 후 설계와 건조 기법이 대외적으로 공개되면서 뛰어난 경제성과 효율성을 지닌 해상운송수단으로 인식되기 시작했다. 이후 미국, 일본, 러시아, 호주, 독일, 중국 등이 군사용과 상업용 위그선 개발에 나서고 있다.

러시아는 1960년대부터 군사적 목적으로 위그선을 개발해 초고속으로 항해할 수 있고, 활주로 없이 수면에 직접 이·착륙해 적의 레이더에 노출되지 않는 특성을 가진 위그선을 제작했다.[39]

우리나라 윙 테크놀리지가 생산하는 위그선

미국은 1960~1970대까지 제트 항공기와 군사용 수송기 개발에 치중한 나머지 위그선 개발을 등한시 했다. 구소련 붕괴 이후 민간기업 위주로 개발이 활발히 진행됐다. 2006년부터 독일에서 제작한 4~8인승, 20인승 위그선이 수입되면서 알래스카 등에서 적극적으로 운용되고 있다.[40] 일본은 러시아에 비해 20년 늦게 위그선 시장에 뛰어 들었다. 현재 동남아시아까지 운항할 수 있는 위그선을 개발 중에 있으며, 산·학·연 협동으로 실용화 연구를 진행하고 있다. 최근에는 100~500km 구간에 적합한 100인승 급 위그선의 선형 설계를 완료한 것으로 알려지고 있다.[41] 중국은 러시아와 독일의 건조기술을 바탕으로 독자적인 위그선 개발을 추진하고 있다.

|표 4-10| 주요 위그선 개발 국가 장·단점 비교

| 국 가 | 대형 위그선 실용화 장·단점 |
|---|---|
| 러시아/독일 | 군사목적 전용으로 개발(공기부양형)<br>민수용을 위한 운항 상의 경제성 부족(운항성능 저조) |
| 중국/일본 | 상용화 및 민수 운항노선에 투입 실적 없음<br>대형 위그선 개발 추진 실적 없음 |
| 미 국 | 군수 위주의 산업구조에서 위그선 민수화 미착수<br>대륙 간 항공산업 위주로 위그선 수요 적음 |
| 한 국 | 세계 1위의 조선 산업국으로 민수 위주 산업구조<br>경제성 및 내항성능이 우수한 활주형 개발<br>(20인승 기본설계, 200인승 위그선 초기설계 완료) |

자료 : 전형진, 세계 각국의 초고속선 개발 움직임, 한국해양수산개발원, 해양수산동향, 2005. 5

## 4. 우리나라 개발 동향

　우리나라는 현재 세계 1위의 조선 산업국으로 선박 설계기술 및 건조 기술력, 시스템 기술 등에서 최고 수준이다. 이러한 조선기술이 IT기술과 결합해 크루즈선, 위그선 등 미래 핵심 해상 운송수단 개발에 필요한 기초기술을 축적해 왔다. 국내의 크루즈선 건조 기술은 유럽 선진국과 비교해 의장, 선체(Hull) 등에서 우수하나, 영업력, 인테리어, 기자재 개발, 각종 시스템 적용 능력은 여전히 개선할 여지가 많다.[42] 최신 조선업 설비, 젊은 인재, 세계 최고의 IT 기술을 바탕으로 크루즈 산업에서 두각을 나타내고 있지만, 유럽과 비교해 크루즈 산업의 역사가 짧고 인프라 시설이 상대적으로 부족하다. 최근 STX의 유럽 크루즈선 진출에 대한 유럽의 반응에서 볼 수 있듯이 유럽의 선진 기술을 습득하고, 세계시장에 진출하기 위해서는 우선 유럽의 텃세를 넘어서야 하는 숙제도 안고 있다. 최근 국내

업체로는 처음으로 삼성중공업이 유럽 조선업계가 독점하고 있는 크루즈선 시장에 진출하는 성과를 거뒀다. 삼성중공업은 유토피아 오션 레지던스 사와 2009년 12월 1일 11억 달러에 달하는 크루즈선 건조 의향서를 교환했다. 최종 건조 계약은 2010년 상반기 중에 체결될 예정인데, 선박 인도 시기는 2013년이다.[43]

|표 4-11| 크루즈선 건조사업을 위한 국내 조선소의 SWOT 분석

| 강점 | 약점 |
|---|---|
| · 세계 제1의 조선국<br>· 최신 설비와 젊은 조선 인재 보유<br>· 조선 · 해양 부문의 기술 우위 확보<br>· 대규모 조선 기자재 업체 보유<br>· 세계 최고의 IT 기술 확보<br>· 선주 납기 신뢰도 보유 | · 크루즈선 건조 경험 일천<br>· 일반 상선 건조의 생산시스템 보유<br>· 인테리어 설계 및 시공능력 부족<br>· 크루즈선 기자재 산업 취약<br>· 크루즈선 핵심기술 및 가격 경쟁력 부족<br>· 우수인력의 조선전공 기피 및 기능인력 부족 |
| 기회 | 위협 |
| · 크루즈 시장 규모 증가<br>· 잠재력이 큰 아시아 시장의 진입 용이<br>· 여객선 규정 강화에 대한 대체 수요 발생<br>· 유럽 조선업체의 구조조정<br>· 조선 산업의 변화 : 기술의 고도화 및 융 · 복합화(IT기술 접목) | · 크루즈 건조 시장 진출에 따른 위험, 납기, 원가 품질 경쟁력 확보 어려움<br>· 유럽 조선소의 견제 강화 및 협력지원 체제 구축<br>· 중국 조선 산업의 급격한 성장 |

자료 : 지식경제부

한편, 우리나라는 1995년부터 한국기계연구원을 중심으로 연구소와 조선업계가 컨소시엄을 이뤄 소형 위그선의 설계 개발에 매진해왔다. 1997년부터는 삼성중공업과 선박해양공학연구센터가 공동으로 산업자원부(현 지식경제부) 기반과제로 200인승 중형 위그선 제작에 착수한 데 이어, 2001년에는 한국해양연구원을 중심으로 4인승 위그선 개발에 성공했다. 2004년부터 과학기술부(현 교육과학기술부)의 민 · 군 겸용 과제로 한국해양연구원에서 승선 인원 20명,

순항속도 150km/h로 운행 가능한 위그선 연구에 나섰다. 현재는 200인승 30톤급 여객선 또는 100톤급 화물선에 대한 기술개발에 역점을 두고 있다.[44)] 우리나라에서 위그선 제작에 참여하고 있는 윙 테크놀로지는 자체 제작한 위그선을 오는 2012년 여수 세계 박람회 때 관광객 운송에 활용하는 방안을 검토하고 있다.

## 5. 앞으로의 전망

세계 조선산업의 추이를 살펴보면, 2010년대에는 여객운송 수단으로 크루즈선이, 2020년 이후에 건화물 운송수단으로 위그선이 주력상품이 될 전망이다.[45)] 이는 향후 세계 1위의 조선 강국인 우리나라로서는 호기를 맞는 셈이다.

|표 4-12| 세계 조선산업의 주력상품 변화 추이

| | 1980s | 1990s | 2000s | 2010s | 2020 이후 |
|---|---|---|---|---|---|
| 화물 운송 | · 벌크 크리어<br>· 소형 컨테이너선 | ★대형 컨테이너선<br>· 중형 컨테이너선<br>· Ro-Ro선(PCC) | · 대형 컨테이너선 | · 초대형, 초고속 컨테이너선 | ★초고속 화물선<br>★위그선 |
| 에너지 운송 | ★단일선체 유조선 | ★LNG선<br>· 단일선체 유조선 | · 이중선체 유조선<br>· LNG선 | · LNG 복합제품<br>· 이중선체 유조선 | ★수소운반선<br>★가스하이드레이트 운반선 |
| 여객 운송 | · 페리선 | · 페리선 | ★Ro-Pax<br>★크루즈선 | · 크루즈선 | · 초호화, 초대형 여객선<br>· 해상터미널 |
| 해양장비 | | | ★해양제품<br>(FPSO 등) | ★해양공강제품<br>(Mega float)<br>★심해자원채굴설비(망간 등) | · 해양구조물<br>(Mega float)<br>· 인공섬 |

자료 : 한국조선공업협회, '조선기술의 발전동향', 2004. 교육과학기술부, 과학기술연감(2008)에서 재인용

우리나라는 조선산업의 잠재력을 극대화시키기 위해 '선택과 집중' 전략이 필요하다. 우리나라가 보유한 우수한 조선·해양공학 기술을 토대로 미래형 해상수송 산업에 대한 지속적인 투자와 개발지원이 필요하다.

크루즈선의 경우 정부와 조선업계가 중국 조선업체의 추격을 따돌리고, 고부가가치 선박인 대형 크루즈선 건조에 보다 힘을 쏟아야 한다. 우리나라는 사업 지원을 위해 현대중공업, 삼성중공업, 대우조선해양 등 국내 3대 조선업체에 400억 규모의 연구개발 비용을 지원하기로 했다.[46] 그러나 무엇보다 우리나라 조선업계가 대형 크루즈선 시장에서 우위를 차지하기 위해서는 현재 직면한 경제위기를 슬기롭게 극복해야 한다. 우리나라 조선업계는 크루즈선 수주보다 기존에 수주했던 선박의 발주 취소와 납기 연기라는 이중고에 시달리고 있다. 이 같은 위기를 넘기고 보다 적극적인 전략을 추진할 경우 유럽이 장악하고 있는 크루즈선 시장의 장벽을 뛰어 넘을 수 있다는 분석이다. 앞으로 유럽의 견제 극복, 크루즈 산업에 종사할 우수 전문인력 양성, 민·관 협력체계의 원활한 가동, 핵심기술 개발을 위한 보다 전략적인 지원, 전용항만 등의 국내 인프라 구축 등이 필요하다.

위그선 사업도 탄탄대로만은 아니다. 당초 국토해양부가 추진하고 있던 대형 위그선 상용화 사업은 2010년까지 총 사업비 약 1,700억원(정부 850억원, 민간자본 850억원)을 투입해 시속 250km로 주행 가능한 100톤 급 위그선 제작 기술을 개발하고, 상용화에 따른 법제까지 마련해 부가가치를 창출한다는 계획이었다.[47] 그러나 정부의 예산지원 문제가 차질이 빚어지면서 위그선 제작이 몇 차례 연기되는 사태가 발생하기도 했다. 또한 위그선 실용화를 위해서는 성능시험에 필요한 해역과 인력 및 예산의 확보, 위그선의 건조기준, 운항 법규 및 운항안전을 위한 공인된 기관으로부터의 인증서 발급 등과 같은 기술적 및 비 기술적 문제점들도 해결되어야 한다.[48]

한편, 2009년 12월 8일 국토해양부는 위그선의 정의와 면허등급을 새롭게 규정한 선박법과 선박직원법이 8일 국회 본회의 통과, 제도적 기틀이 마련됐다고 밝혔다. 법 개정으로 수면비행선박(위그선)의 운항을 위한 제도적 기틀이 마련되어 수면비행선박이 사용화될 경우 도서민의 교통편의 증진, 해양 관광 활성화 등에 많은 기여를 할 것으로 기대되고 있다. 특히 수면비행선박에 대한 기술은 우리나라가 선도적인 위치에 있어 조선산업에 뒤이어 해외시장 진출을 통한 국부창출에도 많은 역할을 할 것으로 전문가들은 판단하고 있다. 국토해양부는 앞으로 구체적인 법 시행을 위해 시험체제 및 승무기준 등 세부적인 사항을 규율할 하위 법령을 개정할 예정이다.[49]

# 해양 에너지 개발
## 바다에서 청정 에너지 금맥을

### 1. 무한 리필 해양 에너지

| 사례 | 세계 최초의 부유식 해상풍력 발전장치(floating wind turbine)가 노르웨이 북쪽 해안에 설치됐다. 하이윈드(Hywind)로 알려진 이 터빈은 높이 65미터 무게 5,300톤으로 3개의 케이블로 해저에 고정되어 있다. 이 장치는 스칸디나비아 근처의 카르모이(Karmoey) 섬에서 10킬로미터 떨어진 곳에 설치됐는데, 운영할 수 있는 최대 수심은 700미터다.

하이윈드를 개발한 스타토일 하이드로(StatoilHydro) 사는 이 장치가 해안에서 보이지 않고, 남들이 이용하지 않는 지역에 설치할 수 있으며, 특히 육지공간이 부족하고, 깊은 바다가 많은 나라들에서 설치가 가능한 장점이 있다고 밝혔다. 문제는 설치 비용이 비싸다는 점이다. 이 회사는 2.3메가와트(MW) 규모의 터빈을 제작하는

데 6,600만 달러가 들었다고 밝혔다. 이는 수심 60미터 이내에 설치되는 고정식 해상풍력 발전장치에 비해 비용이 훨씬 많이 든다. 스타토일하이드로 사는 앞으로 2년 동안 부유식 해상풍력 발전장치를 시험 가동한 후 우리나라와 일본, 캘리포니아, 미국 동부 해안, 스페인 등에 수출한다는 계획이다.[50]

화석 에너지 고갈에 대한 우려가 높아지고 있다. 현재 세계 에너지 소비량은 1950년 소비량과 비교해 4.7배로 늘어났다. 이 같은 에너지 소비량의 대부분은 화석 에너지로 채워지고 있다. 현재의 화석 연료 소모량으로 미뤄볼 때 총 에너지의 40%를 차지하는 석유 자원은 41년 후면 바닥을 드러낼 전망이다. 또한 천연가스는 62년, 석탄은 230년이 지나면 고갈될 것으로 추정되고 있다. 더군다나 화석 에너지는 일부 지역에 편중되어 있어 국가간 에너지 자원 확보 경쟁에 불을 붙이고 있다.[51]

또한 세계 인구가 지속적으로 증가하는 것도 향후 에너지 소비를 앞당기고 있다. 세계 인구 현황 보고서에 따르면, 오는 2050년이 되면 세계 인구는 90억 7,590만 명에 달할 것으로 전망되고 있다. 따라서 현재의 경제발전 속도를 유지하고, 지금의 에너지 소비가 그대로 지속된다고 가정할 경우 멀지 않은 장래에 에너지 대란이 불가피하다는 전망이다.

설상가상으로 화석에너지 고갈에 앞서 대기오염과 이로 인한 지구 온난화 문제도 발등에 떨어진 불이다. 화석연료인 석유, 석탄, 천연가스 등의 지나친 사용으로 지구는 몸살을 앓고 있다. 세계 각국은 기후변화협약 등을 통해 이러한 문제를 해결하기 위해 노력하고 있다.

화석연료에 대한 대안으로 최근 무공해 청정 해양 에너지가 주목 받고 있다. 파랑을 이용한 파력 발전, 조석 간만의 차를 이용한 조력 발전, 심해와 표층수 간의 온도 차이를 이용한 해수 온도차 발전 등이 대표적이다. 그리고 바다에서의 풍력발전이 미래 청정에너지 산업으로 뜨고 있다. 이러한 해양 에너지는 지구 표면의 70%가 바다라는 측면에서 개발 여하에 따라 지속적으로 공급받을 수 있는 에너지 자원일 뿐만 아니라 공해가 거의 없는 친환경 그린에너지로서 각광 받고 있다.[52]

## 2. 해양 에너지 개념과 종류

해양 에너지는 기존의 화석에너지와 비교해 고갈될 위험이 없고, 일단 개발되면 반영구적으로 이용이 가능하고 오염문제가 거의 없는 무공해 청정에너지다. 이러한 신 재생 에너지는 크게 공공미래에너지, 환경친화형 청정에너지, 비 고갈성 에너지, 기술 에너지로서의 특성을 지닌다.

해양 에너지 종류로는 해수 그 자체가 가진 에너지로 조석, 해류, 조류, 파랑, 해양열, 염분 등이 있다. 그리고 해양공간을 이용하는 풍력이나 태양 에너지의 변환 이용, 바다 바이오매스 육성 등도 광의의 해양 에너지에 포함된다. 기타 해양과 관련된 에너지로서는 해수 중 용존 물질이나 해저광물자원 형태로 존재하는 에너지 자원도 있다.

해양 에너지 변환 시스템은 해양 에너지 원 각각이 갖고 있는 운동에너지, 위치에너지 또는 열에너지를 기계적인 운동에너지로 변환시키거나(파력, 조력, 조류, 해수온도차 발전), 열 교환기를 이용해 공기 또는 해수를 냉각 또는 가열함으로써 에너지를 흡수하기도 한다(해수온도차 냉난방). 해양 에너지 원이 내재하고 있는 운동에너지와 위치에너지를 이용해 정해진 물체를 선형 방향이나 회전 방향으로 움직이게 하는 기계적인 운동에너지로 변환하고, 발전기를 이용해 기계적인 에너지를 전기에너지로 변환하면 해양 에너지 원으로부터 전기를 생산할 수 있다.

|표 4-13| 해양 에너지의 분류

| 종 류 | 에너지 형태 | 최적 입지 조건 |
|---|---|---|
| 조력 | · 해면의 상하 운동에 따른 위치 에너지 | 평균조차 : 3미터 이상, 폐쇄된 만, 해저지반 견고, 에너지 수요처와 근거리에 위치 |
| 해류 및 조류 | · 해수의 유동에 의한 운동 에너지 | 조류의 흐름이 2m/s 이상인 곳, 조류 흐름의 특징이 분명한 곳 |
| 파랑 | · 파랑의 위치 · 운동에너지 | 자원량 풍부 연안, 육지에서 거리 30km 미만, 수심 300m미만, 항해 · 항만 기능에 방해되지 않을 것 |
| 해수면 온도차 | · 해수 온도의 연직 방향의 온도차 | 표면 해수 온도가 높은 해역 |
| 공간 이용 | · 해상 : 풍력, 태양, 해중 : 바이오매스 | 풍력 발전의 경우 연중 표 · 심층수와 온도차가 17℃이상인 기간이 많을 때, 어업 및 선박 항행에 방해가 되지 않을 것 |

자료 : 신 재생에너지의 이해, 2008

조력 발전은 댐에 바닷물을 가뒀다가 흘려보내면서 낙차를 이용해 터빈을 돌려 전기를 만드는 방식이다. 조석이 발생하는 하구나 만을 방조제로 막아 해수를 가두고, 수차 발전기를 설치해 수위 차를 이용해 발전하는 방식으로 해양 에너지에 의한 발전방식 가운데 가장 먼저 개발됐다. 현재 개발 가능한 조력 자원을 보유한 국가는 세계에서 손꼽을 정도로 한정되어 있다. 이들 국가에서는 조력 자원을 미래의 중요한 대체 에너지 자원의 하나로 지정해 조

사와 연구를 활발히 진행하고 있다.[53]

이에 반해 조류 발전이란 유속이 빠른 곳에 수차 발전기를 설치해 발전하는 것으로, 자연적인 조류 흐름을 그대로 이용한다는 점에서 조력 발전과 구분된다. 조류 발전은 저수지를 확보하기 위한 댐을 필요로 하지 않으며, 선박 운행에 제한을 주지 않고 환경 친화적이라는 장점이 있다. 다만 수중에 건설해야 하는 구조물 공사를 피하기 어려우며, 유속에 의한 운동 에너지를 전기 에너지로 변화할 때 경제성을 갖기 위해서는 유속이 매우 빠른 지형조건을 충족해야 한다.[54]

|그림 4-8| 시화호 조력발전소 건설 전경

자료 : 한국수자원공사

파력 발전은 파도가 갖는 에너지를 이용하는 것으로 '파도→1차 변환→2차 변환→발전→송전→이용' 의 순서에 의해 파도 에너지를 전기 에너지로 바꿔 이용하는 방식이다. 파력 발전이 조력 발전이나 해수면 온도차 발전에 비해 주목을 끌고 있는 이유는 목적에 따라 규모를 마음대로 조절할 수 있다는 점, 해안 가까운 곳에서 먼 바다까지 필요한 곳에 설치가 자유로운 점, 다른 방법에 비해 초기 투자비가 적게 든다는 점 등을 들 수 있다.[55]

해수면 온도차 발전은 수심에 따른 바닷물의 온도차를 이용한 발전 방식으로 에너지 공급이 안정적이며, 특별한 저장 시설이 필요 없는 청정에너지라는 장점이 있는 반면, 비용대비 효율이 높지 않다는 단점이 있다.

### 3. 해외 개발 동향

| 미국 |  2006년 국립 재생에너지 연구소(NPEL)에 따르면, 미국에서의 해양 에너지 잠재력은 풍력, 파력, 조력, 조류 에너지 순으로 나타났다. 미국 연안의 해상풍력 잠재력은 90만 메가와트 정도로 조사됐다. 그러나 이 가운데 90% 이상이 수심 30미터 이상 해역이어서 유럽 선진기술을 받아들여 개발하는 것이 현재 과제다. 파력 에너지는 개발할 수 있는 양이 정확하게 평가되고 있지 않지만, 미국 내무부 자원관리국(MMS)에 따르면, 약 2,100테라와트[56]일 것으로 추정되고 있다.[57] 조력 에너지는 미 전력연구소(EPRI)에 따르면 총 115 테라와트로 평가되고 있다. 이 가운데 남동부 알래스카 지역, 쿡 아일랜드, 알류산 열도 지역이 90% 이상을 차지하고 있다. 그리고 서부 연안 및 하와이 근처의 해저 지형 조건이 해수 온도차를 이용한 발전에 유리한 것으로 나타나 현재 많은 연구와 국가차원의 지원이 이뤄지고 있다. 1978년 하와이 근해에서 50kW급 소규모 시험발전에 성공했다. 1981년에는 또 다른 시험발전기를 제작해 해상시험을 마쳤다. 2003년에는 출력 1MW급 발

전설비 개발에 성공했다.

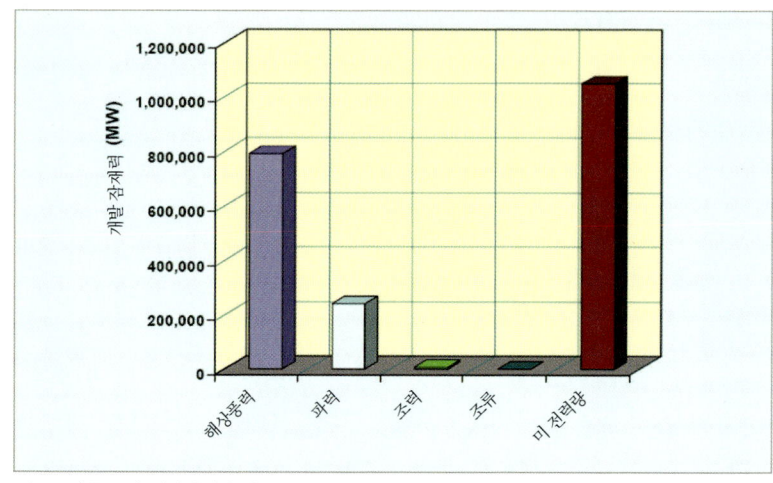

|그림 4-9| 미국 에너지 사용량 대비 해양 에너지 잠재력

자료 : 미국 국립 재생에너지 연구소, 2006. 6

| 영국 | 영국은 2008년 10월 에너지·기후변화부(Department of Energy and Climate Change)를 신설해 신 재생에너지 확산을 위한 정책 의지를 표명했다. 이를 통해 2006년 1.5% 수준인 신 재생 에너지 사용 비율을 2020년까지 15%로 확대할 계획이다. 특히 2020년까지 전기 공급업체에 신재생 에너지 원을 통한 전기 발전량을 30~35% 수준으로 강화하는 신 재생 에너지 의무비율 할당제를 도입했다. 잉글랜드와 웨일즈 지방 모든 50메가와트(MW) 이상의 육상풍력개발과 100MW 이상 해상풍력개발 보조금을 지원하고 있다.[58]

| 독일 | 독일은 국제사회의 기후변화 대응에 있어 주도적인

역할을 담당하고 있다. 독일 정부는 2020년까지 온실가스 배출량을 1990년 대비 40% 감축하고, 에너지 효율성을 20% 이상 높일 것을 목표로 제시했다. 특히 재생에너지를 활용한 전력생산을 활성화하기 위해 재생에너지법을 제정하고, 재생에너지 비율을 2000년 6.3%에서 2007년 14.3%까지 높였다. 세계 재생에너지 전력시장이 2005년 600억 유로에서 2020년 2,750억 유로로 4배 이상 커질 것이라는 전망이 나오는 가운데, 독일이 차지하는 규모는 356억 유로로 전 세계 시장의 13%를 차지할 것으로 예상되고 있다. 재생에너지 중 풍력으로 생산되는 전력 매출액은 824억 유로이며, 이 가운데 25%인 206억 유로를 독일 기업이 차지할 것으로 전망되고 있다.[59]

| 중국 | 중국은 해양 에너지가 풍부할 뿐만 아니라 그 이용 가치도 아주 높다. 현재 개발 가능한 해양 에너지 자원량은 약 8억 kW로 추정된다. 이 가운데 온도차 에너지 자원량이 가장 풍부하고, 조력에너지 · 파력에너지 · 조류에너지 등 순이다. 특히 조력에너지 자원량은 1억 9천만kW에 달하고, 파력에너지 자원량은 5억 kW에 달하고 있다. 지역으로는 주로 저쟝, 광서, 푸젠, 쟝수 등이 대표적이다. 해상풍력 에너지 자원량은 약 9억 kW에 달하는데, 주요 분포를 보면 연안지역의 수심 10m 해역에 1억 kW, 수심 20m 해역에 3억 kW, 수심 30m 해역에 4억 9천만 kW에 달하고 있다.[60]

한편, 중국은 해상풍력 발전단지 시범사업으로 2009년 9월부터 상해 양산항을 연결하는 동해대교 인근지역에서 아시아 최초의 해상풍력 발전단지를 조성하고 있다. 2009년 12월 현재 대형 풍차(3MW) 3기를 설치했다. 관련 해역면적은 14㎢에 달하고, 총 투자액이 23억 위안(4,600억원)이다. 2010년 상해 세계 박람회 개막 이

전인 5월경 본격 가동될 예정이다. 설계 발전능력은 100MW로 총 10만 가구의 전기수요를 충족시킬 수 있으며, 5만대에 달하는 자동차의 $CO_2$ 배출을 저감할 수 있을 것으로 기대된다. 또한 이번 시범사업에 이어 인근지역의 임항도시(臨港新城), 봉현(奉縣)등에 200MW 급의 해상풍력 발전단지 3곳을 개발할 예정이다.

| 일본 |  일본은 지구 온난화와 함께 에너지 자급율을 높이기 위해 해상풍력, 파력, 조력, 해양 바이오매스와 같은 해양 신 재생에너지 개발에 박차를 가하고 있다. 파력발전은 1980년대를 시작으로 본격적인 연구가 시작됐다. 일본에서는 파력 발전을 대체에너지로 개발한다는 측면 보다는 해양공간 활용을 위한 보조 동력원과 방파제 겸용 해양 구조물 개발 차원에서 이뤄졌다. 해수 온도차 발전설비는 미국을 중심으로 시작되었으나 사업화는 일본이 먼저 시작했다. 일본의 경우 다른 국가에 비해 해양 신 재생에너지 정책이 보다 체계적으로 이뤄지고 있다는 점이 특이할 만하다. 2007년 4월 해양기본법을 제정하면서 해양기본계획을 수립하고, 해양자원 개발이용을 본격적으로 추진했다. 해양기본계획에서는 해양 광물에너지를 비롯해 해양 신 재생에너지 개발을 위해 필요한 대책을 마련하고, 풍력 뿐만 아니라 조력, 파력 발전을 보다 적극적으로 추진하도록 규정하고 있다. 2009년 3월에는 해양 에너지·광물자원 개발계획을 수립해 해양 신 재생에너지 개발을 위한 구체적인 대안을 제시했다.

|표 4-15| 일본의 해양 에너지·광물자원 개발계획 수립 일지

| 일시 | 주요 내용 | 비고 |
|---|---|---|
| 2007. 4. | 해양기본법 제정 | 해양기본계획 수립 및 해양자원의 개발·이용 추진에 관해 규정 |
| 2008. 3. | 해양기본계획 수립 | 해양자원의 탐사·개발·방법·기술개발 및 국가·연구기관·민간기업의 역할 명시 |
| 2009. 9. | 해양 에너지·광물자원개발계획 석유분과회 심의 | 계획 내용 중 석유·천연가스, 메탄하이드레이트 내용 자문 |
| 2009. 10. | 해양 에너지·광물자원개발계획 광업분과회 심의 | 계획 내용 중 해저열수광상 내용 자문 |
| 2009. 1. | 해양 에너지·광물자원개발계획(안) 발표 | 경제산업성 초안, 석유 및 광업분과회 심의 |
| 2009. 2. | 퍼블릭 코멘트 | |
| 2009. 3. | 해양 에너지·광물자원 개발계획 결정 | 종합해양정책본부 회의 보고 및 확정 |

자료: 한국해양수산개발원

| 트렌드 | 이처럼 국가들의 동향을 살펴보면, 해양 신 재생에너지를 둘러싸고 새로운 트렌드가 나타나고 있다는 점을 알 수 있다. 우선 눈에 띄는 트렌드는 해양 신 재생에너지 개발을 위한 법제도 정비다. 노르웨이와 미국 등 청정에너지 개발 선진국을 중심으로 청정에너지 개발 법안이 제정되거나 추진되고 있다. 노르웨이는 2009년 6월 해양 신 재생에너지 개발 및 기술투자를 위한 법안(New Act on Offshore Renewable Energy)을 제안했다. 미국 국가해양위원회는 미국 해역 내 재생가능 에너지 시설 허가 및 개발 승인을 간소화하는 입법을 제정하도록 권고한 이후 에너지 정책법(EPA)에 반영했다. 영국은 2008년 10월 에너지·기후변화부(Department of Energy and Climate Change)를 신설해 신 재생에너지 확산을 위한 정책 의지를 표명했고, 2010 이전에 관련 법률을 제정할 예정이다.

두 번째 트렌드는 해상풍력 발전이 유럽을 중심으로 대형화되고 있으며, 육상의 제한된 공간을 떠나 해상으로 추세가 변화하

고 있다는 점이다. 미국은 1990년대까지 육상 풍력산업이 발전했으나, 2000년대 중반부터 해상으로 그 영역이 확대되고 있다. 2010년에는 5메가와트 생산시설을 수심 100미터 이상의 해역에 설치할 수 있는 기술을 확보할 전망이다. 중국은 해상풍력 발전단지 개발 시범사업을 추진하기 위해 2009년 9월 동해대교 인근에 발전단지를 조성했다. 향후에도 해상풍력 발전단지 조성에 박차를 가할 계획이다. 영국은 2007년 10월에 EEZ 안에 풍력발전단지 건설계획(Beatrice Wind Farm Project)을 수립했다. 스코틀랜드 해안에서 15마일 떨어진 EEZ에 300피트 높이의 거대한 해상풍력 발전기를 설치해 영국 전역에 전력을 공급한다는 것이다.[61]

해상풍력 발전 설비

마지막으로 유럽·미국을 중심으로 해상풍력 기술 개발에 박차를 가하고 있으며, 이를 토대로 한 비즈니스 시장이 활성화되고 있다. 해양 청정에너지 수요 증가가 예상되면서 관련 기술을 개발해 시장을 선점 또는 주도해 나가려는 국가 및 관련 기업 활동이 증가하고 있다. 노르웨이의 경우 연구개발(R&D)과 관련해 2009년 예산을 170% 증액하는 한편, 새로운 해양 신 재생에너지 연구기관(CEERs)을 설립했다. 그리고 정부가 주식의 67%를 소유하고 있는 국영기업 스타토일 하이드로(StatoilHydro)는 세계 최초로 120~700미터 수심 지역(offshore 지역)에서 활용할 수 있는 부유식 해상풍력 터빈을 북해에 설치했다. 향후 2년 동안의 시험을 거쳐 국제적 파트너와의 사업을 본격 추진할 계획이다. 앞으로 해상풍력개발을 주력 산업으로 발전시키기 위한 국가간 경쟁이 치열해질 전망이다.

### 4. 우리나라 개발 동향과 대책

우리나라는 해양 신 재생에너지 기술 확보를 통한 에너지 자립도를 높이는 것을 제1차 목표로 삼고 있다. 이를 통해 지구 온난화 및 기후변화 협약에 대응하고, 유가상승에 따른 에너지의 안정적 공급체계 구축을 목표로 하고 있다. 에너지 97%를 수입하는 우리나라로서는 분산형 에너지 체계를 구성하고, 에너지 자립도를 높이기 위해 청정에너지 기술개발에 집중 투자할 필요성이 있다.

우리나라는 산업시설의 대부분이 연안에 밀집되어 있어, 해양 풍력발전을 통해 전력을 공급하기에 용이하다. 서해의 경우 수심이 낮아 풍력발전시설을 건설하기에 적합한 조건을 가지고 있다.

현재 우리나라는 3MW와 5MW급의 해상풍력발전 시스템이 대형 중공업 회사를 중심으로 개발되고 있다. 강원도를 중심으로 한 동해와 제주도를 중심으로 한 남해의 경우 풍력량이 많아 부유식 풍력발전 설치도 경제성이 높은 것으로 분석되고 있다.

    파력발전은 1990년대 들어 본격적인 기술개발이 시작돼 2000년대 중반까지 핵심 설계기술의 고도화가 진행됐다. 2000년대 중반 이후 개발 기술의 실해역 실증을 위한 실증플랜트 설계가 진행되고 있다. 2010년대 초에는 실해역 실증 플랜트의 설치 및 운용이 기대되어 향후 5년 이내에 실용화가 이루어질 전망이다. 우리나라 서·남해안은 지형적인 영향으로 근차가 크고, 강한 조류가 발생해 세계적인 조력·조류에너지 부존 지역으로 손색이없다. 1980년대 태안군 가로림만에 대한 조력발전 타당성조사가 수행되어 현재 사업이 추진하고 있다. 2006년 인천만에 대한 갯벌지형 변화 및 환경영향 예측기술을 개발하고, 조력발전 상용화 기반을 구

|표 4-16| 우리나라 해양 에너지 개발 동향

| 종류 | 내용 | 개발지역 |
| --- | --- | --- |
| 조류 발전 | ·울돌목에 조류발전용 수차의 현장실험을 완료하고 울돌목 시험 조류발전소 건설 (1,000KW급으로 본격 개발 시 수만 KW규모의 에너지 생산예상) | ·서남해안의 리아스식 해안<br>·전남해남군과 진도군 사이의 울돌목<br>·경남 사천시와 남해군 사이의 삼천포 |
| 조력 발전 | ·서해안 중부 일대 조력자원개발 입지 10개 지점에 대해 약 650만 KW의 부존량 확인<br>·경기도 시화호에 25만 4천 KW 규모의 조력발전소 건설 | ·서해안<br>·충남 천수만, 가로림만 |
| 파력 발전 | ·해양연구소에 의해 65KW급 원주형 부유식 파력발전장치 개발 | ·동해와 제주도 해역 |
| 해수면 온도차 발전 | ·1989년부터 대체에너지 개발을 위한 사업자금 이용해 최적후보지 선정조사 | ·동해 남부해역 |

자료 : 해양수산개발원

축했다. 이 곳에서는 2017년까지 초대형 조력 발전소가 건설될 예정이다. 2004년에 시화호 조력발전소는 준공을 목적에 두고 있다.

한편, 우리나라는 해양 에너지 자원 개발·이용기술 실용화를 위해 3단계 사업을 진행하고 있다. 1단계 사업은 2010년까지 기술자립 및 기반구축을 목표로 하고 있다. 2단계 사업은 2011~2020년까지 기술 고도화 및 핵심기술 실용화를 추진한다. 3단계 사업은 2030년까지 관련 기술개발을 통한 고부가가치 산업화를 목표로 하고 있다. 이를 위해 2008년 12월 지식경제부는 제3차 신·재생에너지 기술개발 이용·보급 기본계획(2009~2030)과 2009년 5월 신성장동력 종합 추진계획을 발표했다. 우리나라는 해양 에너지 관련 기술 개발과 생산에 2030년까지 5조 3,973억원을 투자할 계획이다. 이 같은 계획이 순조롭게 추진되면 모두 615만 9,599MWh의 해양 에너지를 생산하게 된다.

|그림 4-10| 해양 에너지 자원개발·이용기술 실용화 사업

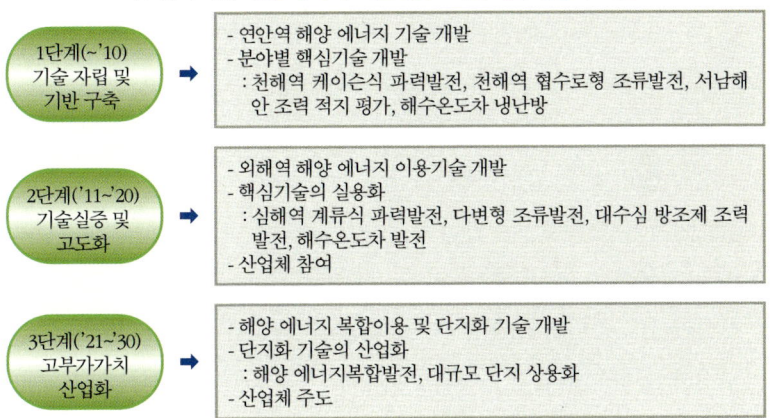

자료 : 지식경제부, 제3차 신·재생에너지 기술개발 이용보급 기본계획, 2008

우리나라는 1987년 제정된 신 에너지 및 재생에너지 개발·이용·보급 촉진법에 따라 관련 기본계획이 마련되어 시행되고 있다. 그러나 해양 분야 신 재생에너지 법안과 이에 따른 종합계획은 없는 실정이다. 노르웨이, 미국, 영국 등이 해양 분야 신 재생에너지 개발을 위한 법제도화를 추진하고 있음을 고려할 때 기존 입법을 재검토해 법제도를 재정비하는 것이 필요하다. 또한 해양 풍력 등 신 재생에너지 기술 개발, 해양 신 재생에너지 자원 부존량 파악·DB 구축 및 경제성 평가 등이 함께 추진될 필요가 있다. 나아가 해양 신 재생에너지 자원 개발을 미래 신 성장 동력으로 발전시키기 위해 이를 상업화하는 비즈니스 모델이 필요하다. 우선 다급하게는 기술 개발 및 실용화를 통한 세계 시장 진출을 지원하고, 관련 산업을 위한 R&D 투자를 확대해야 한다.

〈참고-영국 항만의 해상풍력 뉴 비즈니스〉
저탄소 녹색성장은 글로벌 트렌드다. 최근 기후 변화에 따른 지구 온난화 문제가 세계적인 관심사로 등장한 이후 각 나라마다 다양한 대책을 마련해 시행하고 있다. 영국의 경우 2008년 8월 기후변화법률을 제정하면서 2020년까지 이 부문에 207조원을 투자한다고 밝혔다. 유럽연합이나 일본 호주 중국 등도 온실가스 감축 등에 엄청난 예산을 쏟아 붓고 있다. 특히 미국 오바마 신정부는 녹색성장을 국정 최우선 순위의 하나로 설정하고, 앞으로 10년 사이에 1,500억 달러를 투자해 일자리를 500만개 이상 만든다는 비전을 실천하고 있다. 우리나라도 녹생 성장을 국가 전략으로 채택하고 천문학적인 예산을 투입하고 있다.
각국이 녹색산업을 신성장 동력으로 집중 육성하면서 관련

업계도 발 빠르게 움직이고 있다. 특히 화석 연료를 대체하는 신재생 에너지 분야에 대한 투자를 확대하고 있다. 유럽 최대 엔지니어링업체인 지멘스를 포함한 유럽 12개 기업들이 최근 5,600억 달러를 투자, 아프리카 사막에 태양광 발전소를 건설하는 방안을 발표했다. '데저트 인더스트리얼 이니셔티브'로 지칭되는 이 프로젝트는 일조량이 많은 모로코에서 중동의 사우디아라비아에 이르는 광대한 지역에 태양광 에너지를 발전소를 건설해 이곳에서 생산한 전력을 해저케이블을 통해 유럽으로 들여오는 사업이다. 최근 특히 유럽에서 관심을 기울이고 있는 사업은 대규모 해상풍력단지 건설이다. 덴마크와 독일, 영국 등은 전체 에너지 사용을 풍력발전으로 바꾼다는 원대한 계획을 추진하고 있다.

　　대표적인 예가 영국이다. 2008년 기준 8개의 해상 풍력 단지를 가동하고 있는 영국의 경우 2020년까지 7000천 기 정도의 해상 풍력 발전기(25기가와트)를 추가로 건설해 전체 가구 소비량의 40%를 해상풍력으로 대체한다는 계획이다. 해상풍력단지 건설에 따라 항만 부분에서도 새로운 비즈니스가 창출되고 있다. 항만에서 해상풍력단지 건설에 필요한 부품을 조립하고, 설치 장소까지 운송하는 새로운 수요가 생겨나고 있기 때문이다. 연안 항만들은 이 같은 신규 수요를 잡기 위해 적극 나서고 있는 것으로 알려졌다. 해상풍력단지 건설비용이 940억 달러 정도로 추산되므로 항만에서 거둬들이는 수익도 커질 전망이기 때문이다. 특히 앞으로 건설되는 해상풍력단지들은 연안에서 멀리 떨어진 배타적 경제 수역이나 대륙붕 지역에 집중 배치될 것으로 예상되고 있어 운송 수요가 그만큼 커진다고 업계는 밝히고 있다. 영국 풍력에너지 협회에 따르면, 영국 사우스햄튼 등 21개 항만이 해상풍력 단지 개발에 따른 이익을 모을 수 있을 것으로 조사됐다.

　　해상풍력단지 확대는 영국에만 국한된 현상이 아니다. 1980년대 덴마크에서 처음 설치된 이후 최근 지구 온난화 등의 영향으로 시장이 급팽창하고 있다. 이 같은 분위기는 유럽연합이 2020년까지 신 재생에너지로 전체 사용량의 20%를 충당한다는 야심찬 계획에서도 읽을 수 있다. 해상풍력의 최강자로 등장한 덴마크는 석유 제로 프로젝트를 추진하면서 2050년까지 필요한 전력의 100%를 해상풍력을 포함한 신재생에너지로 활용할 계획이다. 독일도 세계 최초로 연안에서 12마일 이상 떨어진 지점에 해상풍력단지를 설치·운영하고 있다. 건설비용이 40% 정도 비싼데도 불구하고, 유럽지역에서 이에 치중하는 이유는 간단하다. 환경적으로 문제가 없고, 풍질이 우수할 뿐만 아니라 북해 유전의 고갈에 대비해야 한다는 절박함 때문이다. 또한 육지 지역은 인구가 밀집되어 있어 민원이 발생할 소지가 크다는 것도 이유다. 영국을 포함한 유럽 항만은 지금 해상 풍력이라는 새로운 시장을 비즈니스로 만들고 있다. 풍력발전기 터빈 제조, 조립, 운송 및 유지 등에 필요한 서비스를 항만이 제공하는 것이 해운 불황기의 설장 모델이자 에너지의 그린화를 앞당기는 지름길이다.

# 해양 변동 예보
## 유비무한의 해양 경제학

### 1. 해양예보, 해양산업 출발점

2009년 6월 뉴욕에서 개최된 유엔 해양법 협약 당사국 회의. 이날 회의에서 정부간 해양학 위원회(Intergovernmental Oceanographic Commission : IOC)의 보고가 관심을 끌었다. 쓰나미 경보체제(Warning System) 운영 필요성이 당사국들의 공감을 이끌어 냈기 때문이다. 회의 기간 동안 인도, 인도네시아, 필리핀 등이 쓰나미 방지 대책 마련에 국제사회의 협력이 필요하다고 역설한 것과 같은 시점에 나온 터라 더욱 눈길을 끌었다. 쓰나미가 한 국가의 문제가 아니라 전 지구적인 문제라는 인식이 확산되면서 해양 예보 기술에 대한 관심도 증가하고 있다.

이러한 측면에서 'Euroo Ocean 2007 국제회의'에서 채택된 애버딘 선언(Aberdeen Declaration)이 주는 시사점은 매우 크다. 2007

년 6월 영국 애버딘(Aberdeen)에서 채택된 이 선언은 유럽 통합 해양 정책에 반영됐다. EU 집행위원회와 회원국들은 해양예보의 중요성을 인식하고, 해양과학조사·연구분야 협력을 강조했다. 애버딘 선언은 1) 해양관측 및 예보, 2) 해양과학 진흥을 위한 지원 시스템 구축 등 크게 두 부분으로 이뤄져 있다. 전자의 경우 첫째, 유럽 해양 환경 관측 및 데이터 네트워크 구축, 둘째, 모델링과 예측 능력 향상, 위성 관측 시스템 구축, 해양 및 해저 관측, 실시간 관측소 설치 등을 포함한 해양관측 인프라 구축, 셋째, 4차원 유럽 디지털 해양 지도 제작이 필요하다고 강조하고 있다.[62] 2008년 7월 13일 EU 집행위원회 각국 해양장관 비공식회의에서도 해양감시(maritime surveillance)와 관측, 공동 해양연구(joint marine research)에 있어 서로 협력해야 한다는데 의견을 모았다.

이러한 움직임은 기후변화 대응방안으로 마련된 것이지만, 이 문제가 전 지구적인 문제라는 인식하에 다른 나라의 해양 정책에 미치는 영향이 클 것으로 보인다. 이러한 파급효과는 크게 2가지로 나눠 살펴볼 수 있다. 우선 향후 해양관측 및 예보 분야에서의 국제협력이 더욱 강화될 것이다. 일례로 2007년 6월 유럽연합이 지원하는 황해 관측, 예보 및 정보 시스템 구축 사업(YEOS : Yellow Sea Observation, Forecasting and Information System)에 대한 착수회의가 중국에서 개최됐다는 점을 들 수 있다. 이 사업은 유럽연합, 중국, 우리나라 간 국제협력을 통해 황해 기상-해양예보 및 정보 시스템 구축을 목적으로 하고 있다.[63] 또한 이 분야에서의 관심과 협력은 기술개발로 이어질 것이며, 이는 각국 해양산업의 경쟁력을 강화시키는 성장 동력이 될 수 있다. 따라서 우리나라 입장에서는 선진 IT 기술을 바탕으로 선진국 수준을 뛰어넘는 해양 관측 및 예보기술을 확보하고, 국가 간 협력을 강화하는 것이 무엇보다 시급하다.

## 2. 해양예보 개념과 필요성

해양예보란 해양 경제 활동, 해난구조, 해양 오염사고와 같은 국가적인 긴급상황 시 요구되는 해양예보자료의 제공과 대 국민 서비스의 일환으로 해양예보 모델을 개발하고, 예보자료를 실시간으로 제공할 수 있는 시스템을 말한다. 넓은 의미로는 수산자원의 분포 및 이동예보 등 해양에서 일어나는 모든 현상에 대한 예

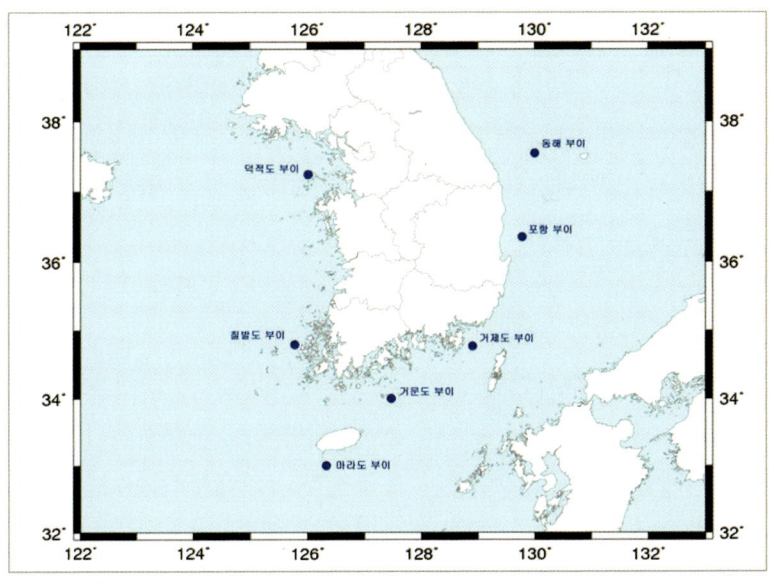

|그림 4-11| 우리나라 해양기상 관측 부이 위치도

자료 : 기상청

보가 포함된다. 해양예보를 위해서는 관찰자가 직접 기상을 관측하는 방법(목측), 해양관측을 위한 전문 해양관측 위성 또는 기상위성을 이용한 방법, 선박 등으로 운반되어 일정한 조사 해역에 설치되는 해양관측기기를 장비한 부표(Buoy)를 이용한 방법, 등대 및 해양기상측정 기기를 갖춘 선박을 이용하는 방법 등이 있다.

현재 해양예보는 쓰나미와 같은 해양재난 대비뿐만 아니라 해양환경 보전, 수산자원의 변동 파악, 해양개발 등의 다양한 해양 관련 산업에서 꼭 필요하다. 해수 중에 존재하는 물질이나 투기된 오염물질은 기본적으로 해수의 흐름에 영향을 받는다. 이러한 해수의 흐름에 따른 오염물질의 이동은 해양관측 시스템을 이용해 추적할 수 있다. 해양오염뿐만 아니라 주변 해역의 수산어종 변화와 자원량의 변동도 해양예보를 통해 예측할 수 있다. 만약 체계적인 해양 예보 시스템이 구축되어 있지 않은 경우에는 무슨 일이 벌어질까? 주먹구구식 해양 활동으로 손해를 보게 되는 것은 물론 해양환경 관리와 자연재해에 대한 대비가 어려워 막대한 피해가 발생할 것은 불을 보듯 뻔하다. 또한 해외 해양 시장을 개척할 수 있는 기회를 잃어버림으로써 막대한 경제적 손실을 입을 수도 있다.[64]

## 3. 해양예보 기술 동향

해양예보는 해양이라는 초국경적 공간에서 일어나는 미래 예측활동이므로 다른 분야보다 다양한 국제협력이 이뤄지고 있다. 해양 선진국들이 주도하고 있는 국제 공동 연구사업인 전 지구적 해양자료 동질화 실험(Global Ocean Data Assimilation Experiment : GODAE) 사업과 통합된 지구 관측을 목표로 한 지구관측시스템(The Global Earth Observation System of Systems : GEOSS)이 실행단계에 접어들고 있다. 지역 차원에서는 유럽 14개국이 참여한 유럽 해양관측 시스템(EuroGoos)과 한국, 일본, 중국, 러시아가 참여한 동북아 해양관측 시스템 구축이 추진되고 있다.[65] 그리고 미국, 유럽, 일본 등은 1990년대 초부터 국가 차원의 통합 해양관측망 구축 계획을 실행해 왔다. 최근

|표 4-17| 해양예보 해외 기술개발 현황

| 기술 분류 | 내용 |
|---|---|
| 실시간 해양관측 기술 | · 해양관측센서, 기기의 제작 : 관측기기의 전반적인 기술 확보, 마이크로 프로세서 이용 첨단자료 기록, 제어기술 확보 |
| | · 실시간 관측자료 전송 기술 : 상용화 |
| 원격해양탐사 및 자료 분석 기술 | · 최근에는 원격탐사기술의 발달로 넓은 범위의 해양에 대한 간접적인 정보제공 가능 |
| | · 미국 등 선진국에서는 보유한 인공위성을 이용해 해양관측 자료 활용도가 매우 높으며, 이를 해양모델에 실시간으로 이용 |
| 해양자료 동화 기술 | · 인공위성에서 광범위하게 동시적으로 자료 이용해 모델의 입력 자료화하고 동화시키는 방법 활용 |
| 해양수치모델링 및 예측 기술 | · 해양수치모델 기술의 실용화를 통해 간접적으로 해양정보를 생산하는 기술의 적용 및 실용화 단계 |
| | · 미국 : 해양수치모델링을 활용한 해양예보시스템 운영 |
| | · 유럽 : 북해에서 발생하는 다양한 해양문제에 대해 예측 시도 |
| | · 일본 : 대규모 프론티어 연구사업의 일환으로 일본 주변해역 뿐만 아니라, 전 지구규모의 기후변동 예측까지 시도하기 위한 연구 중 |
| 해양자료/정보 관리 및 교환 기술 | · 미국, 유럽 등 선진국 : 실시간 관측시스템과 수치모델, 원격탐사기술, 인터넷 등을 연계한 예보 정보 제공 |
| | · 미국, 유럽 등 선진국 : 해양자료 취득 · 제공하는 통합 네트워크 개발 운영 |
| | · 실시간 관측기기 및 웹서비스 관련 기술들의 급속한 발전에 따라 실시간 해양예보자료 제공시스템 구축 · 운영 |

주 : 2006년 말 기준 기술개발 동향
자료 : 한국해양연구원, 해양관측 및 예보시스템, 해양수산부 연구보고서, 2006. 12

에는 해양 수치모델 및 원격탐사기술의 발달로 해양예측 기술이 더욱 발전하고 있다.

우리나라의 해양관측 및 예보는 현재 기상청, 국토해양부 산하 국립해양조사원 등에서 시행되고 있다. 기상청의 경우 정지 기상위성(GMS)과 극궤도 위성(polar-orbiting meteorological satellite)[66]을 이용해 해수 표면 온도와 안개 등을 관측하고 있다. 또 해양예보 자료는 전 세계적으로 자발적으로 참여하는 많은 선박을 통해서도 확보된다. 수집된 자료는 세계 기상 통신망을 거쳐 실황 분석과 예보에 활용되고 있다.[67]

|그림 4-12| 해양기상 자동감시 체제 사례

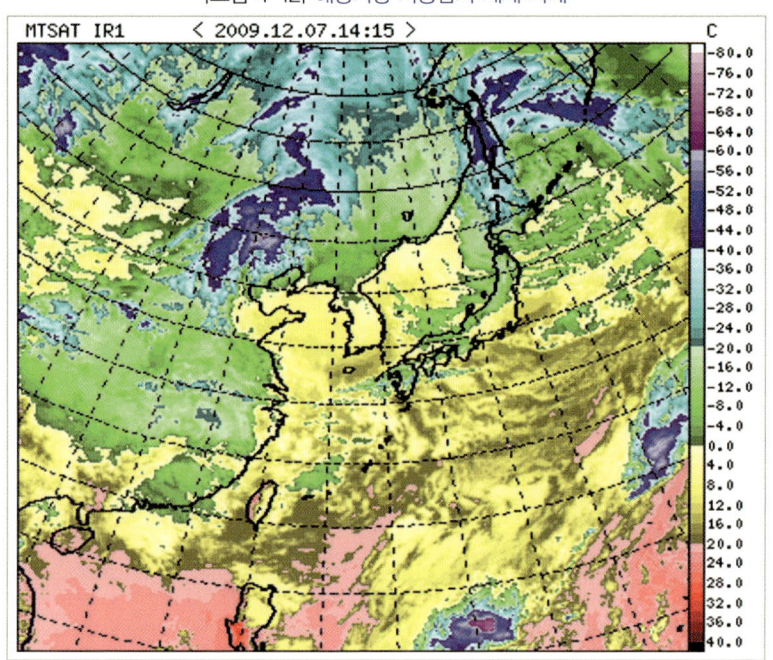

자료 : 기상청(2009년 12월 7일 14시 15분 해양 기상도임)

국내에서는 무인 관측 장비 및 인공위성을 이용한 실시간 정보제공 및 광역 관측이 가능해졌다. 그리고 IT 기술을 접목한 해양예보기술이 하루가 다르게 발전하고 있다. 점차 해양 정보를 필요로 하는 수요자가 늘어나는 가운데 실시간 해양관측자료를 인터넷이나 모바일 폰을 통해 연결하는 기술도 실용화 단계에 와 있다. 최근에는 해양예보 시스템 구축사업이 완료되어 해양활동에 필요한 기본적인 해양자료를 이용자들에게 서비스 할 수 있게 됐다. 해양 기초 자료의 축적·분석을 통해 해양환경 변화에 발 빠르게 대응할 수 있는 기반이 마련된 셈이다.

## 4. 우리나라 해양 예보 평가

현재 우리나라의 해양예보기술은 상당한 수준에 올라와 있다. 파랑, 조석, 조류, 폭풍, 해일 등의 해상 상태를 관측·예보하는 수준 및 국제협력 분야에서 선진국에 뒤지지 않는다는 평가다. 특히 고정 구조물을 이용한 실시간 해양관측 기술과 해양 예측을 위한 해양요소 예측 수치 모델링 기술 등은 세계적인 수준으로 알려져 있다. 실시간으로 해양 예보 자료를 제공하는 시스템도 비교적 잘 갖춰져 있는 것으로 평가되고 있다. UNESCO 산하 정부간 해양학 위원회(IOC)는 1961년 국제 해양자료 교환(IODE) 실무위원회를 구성하고, 각 회원국에 국가 해양자료센터의 설립을 권고했다. 이에 따라 1979년에 국립수산과학원 산하에 한국 해양자료센터를 설립했다. 이 센터는 해양 조사자료 제공시스템(KODIS)을 구축해 해양조사자료 데이터 양식의 표준화, 기존 대상 자료의 발굴 및 수집, DB 구축, 인터넷 기반의 검색 및 활용시스템 개발 등을 주요 사업으로 수행하고 있다.[68] 또한 위성 해양 정보시스템도 국립수산과학원에 설치되어 있다. 이에 따라 국가적으로 보존 및 활용 가치가 있는 해양 위성관측 자료의 영구 보존과 활용은 물론 기후변화 대응 등 해양 및 수산 관련 연구의 기초자료를 제공받을 수 있게 됐다. 해양위성 관측 자료의 분석을 통해 우리나라는 연근해의 적조, 오염원 등의 원인과 발생 메커니즘을 규명하고, 해양 예측의 정확도를 높이기 위한 기초 자료로 활용하고 있다.[69]

국가 간 협력의 경우 ARGO(Array for Real-time Geostrophic Oceanography)[70], GODAR(Global Oceanographic Data Archaeology and Rescue), 북서 태평양 보전 실천계획(NOWPAP) 등이 대표적이다. ARGO는 우리나라를 포함해 미국, 프랑스, 일본, 중국 등 총 18개국이 참여해 전 지구적 해양조사 협력을 주도하고 있다. 우리나라는 2000년 8월부터 한국해양학위원회(KOC) 산하의 해양 관련 기관들이 공동으로 국내 사업을 진행하고 있다. ARGO 자료의 관리는 각 국가별로 수행하고 있으며, 국내에서는 한국해양자료센터가 담당하고 있다.[71]

GODAR 사업은 소실 위험이 있거나 전산화되지 않은 해양 관측자료를 발굴·복원해 각국 자료센터에서 축적하고, 해양 및 기후 관련 연구에 이용할 수 있도록 하는 것을 말한다. 우리나라를 비롯해 중국, 미국, 러시아, 프랑스, 호주 등 총 12개국이 협력하고 있다. 그리고 동북아 차원에서 우리나라, 중국, 일본, 러시아 4개국은 북서 태평양 보전 실천계획이라는 국가간 지역 환경 협력체를 만들어 운영하고 있다. 해양환경 상태 측정 및 평가, 데이터 베이스 구축, 연안통합계획 및 관리, 상호 협력체계 구축 등 북서 태평양 해역 환경을 지속적으로 보전하기 위해 지역활동센터(Regional

해양예보 기술은 정확한 관측과 실시간 예보가 생명이다

Activity Center: RAC)를 각 국가별로 1개씩 설립·운영하고 있다.[72]

이처럼 우리나라의 경우 체계적인 해양 관측망 설치와 협력 체제 구축을 통해 최근 증가하고 있는 해양 정보 수요를 충족시키기 위해 노력하고 있다. 즉 실시간 해양 관측 및 예보 시스템 구축과 함께 지역·세계적 차원의 협력이 더욱 강화됨에 따라 향후 해양 관측 및 예보 능력도 크게 향상될 것으로 기대된다. 최근 세계적인 통합 해양관리 추세에 따라 연안환경과 연안관리에 대한 관심이 높아지고 있다. 또 기후변화에 따른 해수면 상승과 쓰나미 등 자연재해에 대한 경각심이 확대되고 있어 앞으로 해양 관측 및 예보 기술 개발이 더 중요하게 부각될 것이 분명하다. 국가 차원의 지원과 함께 국내·외 공동 연구사업의 확대를 통해 해양 예보의 정확성을 높이는 작업이 그 어느 때보다도 필요하다.

# REFERENCES

1) 한국해양연구원 기술정책연구실, "해양과학기술(MT) 현안과 활성화 방안 연구", 2005년도 해양환경안전학회 추계 학술 발표회 자료.
2) 국토해양부 홍보자료, http://marine.mltm.go.kr/USR/WPGE0201/m_19080/DTL.jsp
3) 한국과학기술기획평가원, 해양과학기술 중장기 계획(2009~2013), 2008. 2.
4) 이는 몬트리올 당사국 총회 회의 시 합의된 사항으로 선진국 추가의무 부담, 선진국 및 개도국의 장기 대화 협력체제의 구축, 개도국의 자발적 의무 부담 참여 및 교토의정서 제9조를 바탕으로 한 교토의정서의 재검토를 주요 내용으로 한다. 에너지관리공단 기후대책실, 기후변화 대응 최근 국제 기술동향, 2007년 2월 14일 세미나 자료.
5) 'Climate Change and International Security : Paper from the High Representative and the European Commission to the European Council(s113/08, 13 March 2008)'.
6) '기후변화협약 대응기술로서 이산화탄소 포집 및 저장기술의 중요성', 기계저널, 제47권 제7호, 2007. 7.
7) 강성길, '기후변화 대응을 위한 이산화탄소 해양처리기술', NICE, 제24권 제5호, 2006.
8) Carbon Sequestration Leadership Forum.
9) 한국과학기술연구원(KISTI), 글로벌 동향 브리핑(GTB), 2008. 6. 17.
10) 박상도 외 1인, "기후변화협약 대응기술로서 이산화탄소 포집 및 저장기술의 중요성", 기계저널, 제47권 제7호, 2007. 7.
11) 한겨레신문, 2007년 2월 12일자.
12) 이정석 외 6인, "해수중 용존 이산화탄소 증가가 해양생물 및 해양생태계에 미치는 영향 : 국내외 사례 연구", 한국해양환경공학회지, Vol.9, No.4, 2006. 11.
13) KISTZ, 글로벌 브리팀(GTB), 2008. 6. 17.
14) 이 교수 연구팀은 2009년 7월 미국의 글로벌 기업인 에어프러턱츠와 기술 이전 계약을 체결했다. 이 교수 연구팀은 향후 300억 이상의 기술료 수익을 거둘 수 있는 것으로 전망했다. 에어프로덕츠는 이전 기술을 통해 배기가스 중 이산화탄소 포집비용을 현재 톤 당 100달러에서 20달러 이하로 낮출 수 없을 것으로 예상하고 있다(머니투데이, 2009년 7월 30일자).
15) 한국해양연구원, 극지연구소 자료.
16) 사이언스 타임즈, 2006년 11월 24일 자.
17) 국립수산과학원 동해수산연구소, '왕돌초 해양과학기지 건설 경제성 분석 및 타당성 조사', 2005. 12.

18) 화학공학연구정보센터, 해외과학기술동향, 2002. 4. 4.
19) 국립수산과학원 동해수산연구소, 위의 보고서
20) 세계일보, 2005년 11월 28일 자
21) 해양수산부, 이어도 종합해양과학기지 구축 현황, 2003. 6.
22) 한국해양연구원 해양시스템안전연구소, '심해 무인잠수정 해미래와 실해역 탐사', 전자공학회 논문지 제44권, 2007. 5.
23) 박광서, '세계 ROV와 AUV 시장 전망', 한국해양수산개발원, 해양산업동향 제 8~9호 합본, 2009. 11. 27.
24) 한겨레신문, 2005년 4월 4일 자
25) 사단법인 코리아유브이에스 협회 자료
26) 이는 길이 8미터, 높이 3.4미터, 너비 3미터로 특수 티타늄 재료로 제작되었으며, 3명까지 탑승 가능하다. 또한 수중에서 연속으로 12시간 작업이 가능하고 수중 자체 정지기능을 갖추고 있다.
27) 박문진, '중국, 7,000미터 심해 유인 잠수정 개발', 한국해양수산개발원, 해양국토포럼 제19호, 2009. 4. 20.
28) 박광서, '세계 ROV와 AUV 시장 전망', 한국해양수산개발원, 해양산업 동향 제 8~9호 합본, 2009. 11. 27.
29) 일시에 승객 200명을 태우고 물 위를 3~5m 떠서 시속 200~600km 속도로 달리는 해상운송선. 수송시간과 비용을 획기적으로 줄일 수 있는 새로운 형태의 운송수단이다. 날개가 해수면에 가까울수록 공기가 비행체를 떠받치는 양력(揚力)이 급증하는 해면효과를 이용한 것이다. 1960년대 소련이 군사목적으로 첫 개발한 위그선은 2인승 소형에서부터 수백명을 실어 나르는 대형 위그선까지 시리즈로 제작됐다. 1970년대에는 최고시속 550km에 850명의 병력 수송이 가능한 위그선이 개발돼 서방에서는 이를 '카스피해의 괴물'로 부르기도 했다. 처음 위그선이 출현했을 때 물위를 날아다니는 까닭에 선박이냐 비행기냐 논란이 있었으나 지난 1990년대 말 국제해사기구(IMO)에서 선박으로 분류함에 따라 현재는 선박에 관한 법규가 적용된다(네이버 용어 사전).
30) 홍성인, 우리나라 해양운송기기의 2020 발전비전, 산업연구원, 2006.
31) 황진회, '우리나라 해양 크루즈 산업 육성방안 연구 : 인천지역을 중심으로', 한국해양수산개발원, 월간 해양수산 통권 제291호, 2008. 12.
32) 홍성인, 위의 논문.
33) 전형진, 세계 각국의 초고속선 개발 움직임, 해양수산동향 Vol 1181, 한국해양수산개발원, 2005.
34) 고창두, 이진태, '차세대 해상운송 시스템의 핵심기술 현황', 해양시스템안전

연구소, 2001.
35) 이탈리아의 Fincantieri, 프랑스의 Chantiers de l'Atlantique, 핀란드의 Aker Finnyards, 독일의 Meyer Werft의 4대 조선소이다.
36) 홍성인, 위의 논문, p12~13.
37) 홍성인, 위의 논문.
38) 황진회 외 2인, '크루즈 관광산업 발전기반 조성방안', 한국해양수산개발원, 2006. 12.
39) 전형진, 위의 논문.
40) 정현수, '날아가는 초고속 함정, 위그선', 합참 제25호, 2006.
41) 전형진, 위의 논문.
42) 홍성인, 위의 논문.
43) 삼성중공업이 건조할 크루즈선은 조선과 건축기술이 복합된 최고급 '아파트형 크루즈선'이다. 기존 크루즈선은 통상 10일 내외 일정의 단기 여행객을 대상으로 운항하는 데 반해 '아파트형 크루즈선'은 장기 휴양 목적의 해상 별장으로 개인에게 객실을 분양하는 것이 특징이다. 따라서 삼성중공업은 '아파트형 크루즈선'에 호텔형 객실 204실 외에 최소 132㎡(40평)에서 최대 594㎡(180평)까지의 아파트 200실로 구성할 계획이다(서울경제, 2009년 12월 1일자).
44) 전형진, 위의 논문.
45) 동아일보, 2005년 6월 23일자.
46) 중앙일보, 2007년 4월 16일자.
47) 해양한국, '100톤급 대형위그선 시제선 설계착수', 2006년 1월호.
48) 조계석, 대형 위그(WIG)선의 실용화 전망, 해양수산동향, Vol 1181, 한국해양수산개발원, 2005.
49) 아시아경제, 12월 8일자.
50) 박광서, 한국해양수산개발원, 해양산업동향, 제5호, 2009. 9. 21.
51) 양창조 외 3인, '조류에너지 실용화 기술 동향', 한국마린엔지니어링학회 후기 학술대회 논문집, 2006.
52) 홍사영, '해양 에너지의 이용과 그 전망', 해양한국, 1996.
53) 조대환 외 3인, '국내 해양 에너지 실용화 동향 : 조력, 조류에너지', 한국 마린엔지니어링학회 전기학술대회 논문집, 2006.
54) 박정우, '해양 에너지 기술동향과 전력변환 기술', 전력전자학회지, 제8권 제6호, 2003. 12.

55) 홍사영, 위의 논문.
56) 1테라와트(TW)는 1,000 기가와트(GW)로 10의 12승 와트에 해당한다.
57) MMS(Mineral Mnagement Dervice), 'Technology White Paper on Wind Energy Potential on U.S.Outer Continental Shelf', MMS&DOI(2006. 5).
58) 최재선 외 2인, '배타적 경제수역 해양자원 개발 연구', 한국해양수산개발원, 2009. 12.
59) 외교통상부, '독일의 그린에너지 정책 및 산업', 2009.
60) 최재선 외 2인, '배타적 경제수역 해양자원 개발 연구', 한국해양수산개발원, 2009. 12.
61) 김정환 외 2인, '해양 에너지를 이용한 파력 발전 시스템', 유체기계저널, 제10권 1호, 2007.
62) 유럽연합 자료, http://ec.europa.eu/maritimeaffairs/brest-2008_en.html
63) 한중해양과학공동연구센터, 홈페이지 자료, 2007년 7월 18일자.
64) 한국해양연구원, 해양관측 및 예보시스템, 해양수산부 연구보고서, 2006. 12.
65) 한국해양연구원, 위의 보고서.
66) 우리나라는 현재 미국 해양대기청(NOAA)의 극궤도 위성인 NOAA을 활용하고 있다. 극궤도 위성인 NOAA는 지상 약 850km 상공에서 양극 지방을 회전하면서 기상을 관측하며, 우리나라는 매일 4회 관측하고 있다. 관측범위는 관측범위 동서방향 2500km, 남북방향 5000km이다. 이 위성을 통해 시기별, 해역별 우리나라 연근해 수온분포, 수온전선대 위치 파악 및 변동연구에 활용한다(국립수산과학원, 위성해양정보시스템 홈페이지 자료 참조, 2009. 12. 7).
67) 기상청, 홈페이지 자료.
68) 이 센터는 해양연구 및 조사로 얻어지는 유용한 해양과학조사 자료를 체계적으로 관리하고, 이를 이용자에게 효과적으로 제공함으로써 해양연구 촉진 및 국가 해양과학기술 발전에 기여하고 있다. 보다 자세한 내용은 한국해양자료센터(http://kodc.nfrdi.re.kr/home/kor/main/index.php) 참조.
69) 자세한 내용은 국립과학수산원 위성 해양정보 시스템(http://portal.nfrdi.re.kr/sois/intro/intro01.jsp) 참조.
70) 이는 정부간 해양과학위원회(IOC)와 국제기상기구(WMC)가 공동으로 추진하고 있는 국제공동해양조사연구 사업으로서 지구상의 해양 및 기후 감시를 위해 전지구적인 대양관측이 필요해짐에 따라 1998년 미국 GODAE를 중심으로 사업이 구상됐다. 2001년부터 2006년까지 전 세계 대양에 약 3000여 대의 해양관측 뜰개(Argo Floats)를 투하해 전 세계 해양을 실시간으로 관측하고, 여기에서 얻어진 자료를 체계적으로 관리함과 동시에 다양한 분야의 연구 자료로 활

용하고 있다(한국해양연구원 자료 http://argo.kordi.re.kr/html/argo01_01.html).
71) 한국해양자료센터, 홈페이지 자료.
72) 지역활동센터를 각각 해양유류오염방제센터(Marine Environmental Emergency Preparedness & Response Regional Activity Centre, MERRAC) : 우리나라 대전, 연안환경평가지역센터(Special Monitoring & Coastal Environmental Assessment Regional Activity Centre, CEARAC) : 일본 토야마, 자료 및 정보 네트워크 지역활동센터(Data & Information Network Regional Activity Centre, DINRAC) : 중국 베이징, 오염감시지역활동센터(Pollution Monitoring Regional Activity Centre, POMRAC) : 러시아 블라디보스톡에 두고 있다(한국해양자료센터 자료).

# 5

## 해양환경보호

- 연안 습지 보호
- 유해 선박 도료
- 해양 보호 구역
- 외래 해양 생물
- 해양 소음 규제
- 연안 통합 관리
- 그린 포트 개발
- 해양 오염 사고

# 연안 습지 보호
## 갯벌은 우리에게 무엇을 남기는가?

### 1. 습지는 생물 다양성의 보고

창녕 우포 늪, 무제치 늪, 물영아리 오름, 두웅 습지. 우리가 한번쯤은 들어본, 낯익은 이름이다. 우리나라의 대표적인 습지 (wetland)들이다. 갯벌과 늪, 습지라는 용어가 혼용되고 있으나 어쨌든 습지는 늪이나 갯벌 등 용어와 상관없이 습지다. 습지는 기본적으로 물기가 있는 축축한 땅을 말한다. 즉, 물이 환경 및 그 환경과 연관된 동식물의 서식을 결정하는 중요한 요인으로 작용하는 지역이다. 습지는 그 범위가 매우 광범위하여 산지 정상부에서 바다에 이르기까지 모든 생태계에 걸쳐 있는 것이 특징이다. 법률에서는 이 보다 더 구체적으로 습지의 개념을 규정하고 있다. 우리나라 습지보전법과 람사르 협약의 규정이 가장 일반적이다.

습지보전법은 습지에 대해 담수·기수 또는 염수[1]가 영구적 또는 일시적으로 그 표면을 덮고 있는 지역으로서 내륙 습지 및 연안 습지를 말한다고 규정하고 있다. 즉, 습지보전법은 습지를 내륙 습지와 연안 습지, 두 가지로 구분하고 있다. '내륙 습지'는 육지 또는 섬 안에 있는 호 또는 소와 하구 등의 지역을 말한다. 이에 비해 '연안 습지'는 만조 시에 수위선과 지면이 접하는 경계선으로부터 간조 시에 수위선과 지면이 접하는 경계선까지의 지역이다.

  습지보전법이 습지를 두 가지로 구분한 것은 분포 지역의 차이와 관리하는 부처가 각각 다르기 때문이다. 전자는 환경부에서 관장하고, 후자는 국토해양부에서 관리 책임을 맡고 있어 이 같은 현상이 빚어지게 됐다.

  한편, 람사르 협약은 자연 또는 인공이든, 영구적 또는 일시적이든 정수 또는 유수이든, 담수·기수 또는 염수이든, 간조시 수심 6미터를 넘지 않는 곳을 포함하는 늪, 습원, 이탄지,[2] 물이 있는 지역을 습지로 정의하고 있다. 습지보전법의 규정과 큰 차이가 없

람사르 협약은 연안 습지보호를 위한 국제사회 노력의 결실이다.

으나 깊이를 한정하고 있다는 점이 특이하다.

    그렇다면, 습지에 대해 세계적으로 많은 관심을 기울이고, 환경단체와 정부 등이 적극 나서 보전운동을 펼치고 있는 이유는 어디에 있는가? 환경부 홈페이지를 검색해 보면, 습지가 우리에게 주는 이점을 네 가지로 일목요연하게 정리해 놓았다. 습지가 생명의 터전이라는 것이다. 첫째, 습지는 '자연의 콩팥'이라고 불릴 만큼 오염물질을 깨끗이 하는 자정능력을 가지고 있다. 둘째, 조류·어류·포유류·양서류 등 각종 야생동물 및 다양한 식물의 서식처로서 생물 다양성의 보고다. 셋째, 홍수조절·지하수의 저장 및 공급과 같은 수자원 관리 기능을 가지고 있다. 넷째, 경제적 가치가 있는 어패류 등을 공급함으로써 지역 주민의 경제적 생활 기반 역할을 한다. 이 밖에도 우수한 경관을 제공하여 자연교육, 생태관광, 레크레이션과 각종 연구 활동을 위한 장소로 이용되는 점도 빼놓을 수 없는 습지의 매력이다. 간추려 말하면, 습지는 경제적 가

생 미셸 성당 앞 습지

치뿐만 아니라 환경·생물적 가치, 그리고 관광, 교육적인 가치, 정화 능력 등 우리에게 다양한 혜택을 주고 있다.

## 2. 람사르 협약에 따른 습지 관리

습지하면 람사르 협약을 떠올릴 정도로 둘 사이에는 불가분의 관계를 맺고 있다. 람사르(Ramsar)는 본래 이란의 해안도시다. 이곳에서 1971년 2월 2일 '습지의 보전과 현명한 이용'을 추구한다는 목표를 내걸고, 국제 환경규범인 람사르 협약이 채택됐다. 이 협약의 정식 명칭은 '물새 서식지로서, 특히 국제적으로 중요한 습지에 관한 협약'이다. 통상적으로 '람사르 협약'이라고 부르고 있다. 국제기구가 이 협약을 제정한 것은 '생태·사회·경제·문화적으로 커다란 가치를 지니고 있는 습지를 보전하고, 현명한 이용을 유도함으로써 자연 생태계를 체계적으로 보전할' 필요성 때문이다.

람사르 협약은 1975년에 국제적으로 처음 발효된 이후 2007년 12월 말 현재까지 154개국이 가입했다. 람사르 협약 당사국은 최소 1개 이상의 습지를 지정하여 람사르 습지로 등록해야 한다. 또한 습지의 보전 및 현명한 이용을 촉진하는데 필요한 계획을 수립하고 이행해야 하는 의무도 지고 있다. 이 협약에 따라 현재 국제적으로 1,650개 습지가 람사르 습지(Ramsar List)로 등록되어 있다. 우리나라는 1997년 강원도 대암산 용늪을 람사르 습지로 등록하면서 협약에 가입했다. 현재는 경남 우포늪, 전남 장도 습지, 전남 순천만 갯벌, 제주 물영아리 오름 등 6개의 습지를 람사르 협약에 등록하여 관리하고 있다.

람사르 협약은 당사국, 상임위원회, 과학기술검토 패널과 사무국 등으로 구성되어 운영되고 있다. 또한 이 기구는 유엔 교육 과학문화기구(UNESCO), 국제자연보전연맹(IUCN), 세계자연보호기금(WWF) 등의 국제기구와 협력관계를 유지하면서 세계 습지 보호에 적극 나서고 있다.

람사르 협약에서 중요한 회의의 하나는 협약 당사국 총회다. 이 회의는 당사국 간 논의를 통해 지구 차원의 습지보전 상황을 평가하고, 공동의 정책을 개발하는 국제 환경회의인데, 3년마다 대륙별 순환 원칙에 따라 개최한다. 우리나라는 제10차 당사국 총회를 165개 회원국이 참가한 가운데, 2008년 10월 27일부터 8일 동안 창원 등지에서 개최했다.

|표 5-1| 람사르 협약의 주요 내용

| 협약 조문 | 주요 내용 |
| --- | --- |
| 제1조 | · 습지의 정의 및 적용되는 범위 등을 규정 |
| 제2조 | · 국제적으로 중요한 습지의 목록(범위 및 지정)<br>· 협약 당사국의 국제적으로 중요한 습지의 지정 · 등록 의무 |
| 제3조 | · 협약 당사국의 습지에 대한 현명한 이용 촉진을 위한 계획의 수립 · 이행<br>· 협약 당사국의 습지의 생태학적 특성변화에 대한 조속한 조치의무 |
| 제4조 | · 협약 당사국의 습지에 대한 자연보호구 설치, 정보 교류, 연구관리, 교육 |
| 제5조 | · 2개국 이상 당사국의 공유 습지에 대한 상호 협의 의무 |
| 제6조~제12조 | · 협약 당사국 총회, 협약의 발효요건, 개정절차, 효력 등 절차적 규정 |

자료 : 한국해양수산개발원

한편, 람사르 협약과는 또 다르게 독일의 와던 해 습지보호 정책도 세계적인 모범 사례로 자주 인용되고 있다. 와덴 해에는 독일, 덴마크, 네덜란드가 서로 맞닿아 있는 북해 남서쪽 해안으로 세계 최대 크기인 9000㎢의 연안 습지(갯벌)가 조성되어 있다.[3] 본래 이 지역은 제2차 세계 대전 이후 산업단지 조성, 항만 건설과 같은 공업화가 급속히 추진하면서 황폐화됐다.

1971년 람사르 협약에 채택된 이후 앞에서 열거한 3개국 정부와 환경단체들이 환경 복원 사업을 적극 추진하기 시작했다. 1982년 네덜란드, 독일, 덴마크 3개국이 와덴 해 보호를 위한 공동 성명을 발표하면서 이 지역의 연안 습지 복원 사업이 본격화됐다. 와덴 해 가운데, 갯벌을 가장 많이 보유(5400㎢)한 독일의 경우 다른 국가에 비해 엄격한 습지 보호 정책을 추진한 것으로 유명하다. 1980년대 중반부터 모든 습지를 3개의 국립공원으로 지정해 관리하고 있기 때문이다.

### 3. 우리나라의 습지 보호

우리나라 습지보호정책의 기본구조는 람사르 협약에 맞춰져 있다. 우리나라는 협약 가입에 따른 국제적인 약속 이행과 국내 습지의 체계적인 보전을 위해 1999년 2월 '습지보전법'을 제정해 시행하고 있다. 1999년 낙동강 하구를 습지 보호지역으로 처음 지정한 이후 2009년 6월 기준 한강 하구와 부안 줄포 등 모두 20개소 283.156㎢를 습지보호지역으로 지정했다.[4] 습지보호지역으로 지정된 곳은 서해안과 남해안에 잘 발달된 갯벌이 습지 면적의 대부분을 차지하고 있다. 그 밖에도 강의 흐름이 변하거나 강의 유입 하천이 만나는 지점에 위치한 하천 배후습지와 동해안의 해변 모래가 만을 가로막아 만들어낸 호수인 석호도 포함되어

서천군 비인만 갯벌, 쌍도로 가는 길

있다.[5] 또한 우리나라에 지정된 습지는 산에 형성된 곳도 있고, 제주도의 오름처럼 분화구에 물이 고여 습지가 된 지역도 있다.

|표 5-2| 우리나라 습지보호지역 지정 현황

| 지역명 | 위 치 | 면적(km²) | 특 징 | 지정일자 |
|---|---|---|---|---|
| 환경부 지정(12개소, 110.627km²) | | | | |
| 낙동강하구 | 부산 사하구 신평, 장림, 다대동 일원 해면 및 강서구 명지동 하단 해면 | 37.718 | 철새도래지 | 1999.8.9 |
| 대암산 용늪 | 강원 인제군 서화면 대암산의 큰용늪과 작은용늪 일원 | 1.06 | 우리나라 유일의 고층습원 | 1999.8.9 ('97.3.28 람사등록) |
| 우포늪 | 경남 창녕군 대합면, 이방면, 유어면, 대지면 일원 | 8.54 | 우리나라 最古의 원시자연늪 | 1999.8.9 ('98.3.2 람사등록) |
| 무제치늪 | 울산시 울주군 삼동면 조일리 일원 | 0.184 | 희귀야생동·식물이 서식하는 산지습지 | 1999.8.9 ('07.12.20 람사등록) |
| 물영아리오름 | 제주 남제주군 남원읍 | 0.309 | 기생화산구 | 2000.12.5 ('06.10.18 람사등록) |
| 화엄늪 | 경남 양산시 하북면 용연리 | 0.124 | 산지습지 | 2002.2.1 |
| 두웅습지 | 충남 태안군 원북면 신두리 | 0.065 | 신두리사구의 배후습지 희귀야생동·식물 서식 | 2002.11.1 ('07.12.20람사등록) |
| 신불산 고산습지 | 경남 양산시 원동면 대리 산92-2 일원 | 0.308 | 희귀야생동·식물이 서식하는 산지습지 | 2004.2.20 |
| 담양 하천습지 | 전남 담양군 대전면, 수북면, 황금면, 광주광역시 북구 용강동 일원 | 0.981 | 멸종위기 및 보호야생동·식물이 서식하는 우리나라 최초의 하천습지 | 2004.7.8 |
| 신안 장도 산지습지 | 전남 신안군 흑산면 비리 산109-1~3번지 일원 | 0.090 | 도서지역 최초의 산지습지 | 2004.8.31 ('05.3.3 람사등록) |
| 한강하구 습지 | 김포대교 남단~강화군 송해면 숭뢰리 사이 하천제방과 철책선 안쪽(수면부 포함) | 60.668 | 자연하구로 생물다양성이 풍부하여 다양한 생태계 발달 | 2006.4.17 |
| 밀양 재약산 고산습지 | 경남 밀양시 단장면 구천리 산 | 10.58 | 절경이 뛰어나고 이탄층 발달, 멸종위기종 삵 등 서식 | 2006.12.28 |
| 국토해양부 지정(8개소, 172.528km²) | | | | |
| 무안갯벌 | 전남 무안군 해제면, 현경면 일대 | 35.59 | 생물다양성 풍부 지질학적 보전가치 있음 | 2001.12.28 ('08.1 람사등록) |
| 진도갯벌 | 전남 진도군 군내면 고군면 일원 (신동지역) | 1.238 | 수려한 경관 및 생물다양성 풍부, 철새 도래지 | 2002.12.28 |
| 순천만갯벌 | 전남 순천시 별양면, 해룡면, 도사동 일대 | 28.0 | 흑두루미 서식·도래 및 수려한 자연경관 | 2003.12.31 ('06.1 람사등록) |
| 보성·벌교 갯벌 | 전남 보성군 호동리, 장양리, 영등리, 장암리, 대포리 일대 | 7.5 | 자연성 우수 및 다양한 수산자원 | 2003.12.31 ('06.1 람사등록) |

| 옹진 장봉도 갯벌 | 인천 옹진군 장봉리 일대 | 68.4 | 희귀철새 도래·서식 및 생물다양성 우수 | 2003.12.31 |
| 부안 줄포만 갯벌 | 전북 부안군 줄포면·보안면일원 | 3.5 | 자연성 우수 및 도요새 등 희귀철새 도래·서식 | 2006.12.15 |
| 고창갯벌 | 전북 고창군 부안면(Ⅰ지구), 심원면(Ⅱ지구) 일원 | 11.8 | 광활한 면적과 빼어난 경관, 유용수 자원의 보고 | 2007.12.31 |
| 서천갯벌 | 충남 서천군 비인면, 종천면 일원 | 16.5 | 검은머리물떼새 서식, 빼어난 자연경관 | 2008.2.1 |

주 : 1) 보성갯벌과 순천만 갯벌은 1개의 람사르 등록 습지로 본다.
    2) 2009년 6월 기준
자료 : 환경부

한편, 우리나라 습지보전법은 습지를 보호하기 위해 여러 가지 제도적인 장치를 두고 있다. 즉, 특별히 보전할 가치가 있는 지역을 습지보호지역으로 지정하고, 그 주변은 습지 주변 관리지역으로 지정할 수 있도록 명시했다. 이와 함께 습지 개선 지역에 관한 규정도 두고 있다. 습지보호지역 가운데, 습지의 훼손이 심하거나 심화될 우려가 있는 지역, 또는 습지 생태계의 보전 상태가 불량한 지역 중 인위적인 관리를 통해 개선할 가치가 있는 곳이 습지 개선 지역이다.

이에 덧붙여 습지보전법은 습지보호지역을 체계적으로 관리하기 위해 5년 마다 습지 생태계 현황과 오염 상태, 습지 주변 지역의 토지 이용 상태 등 습지의 사회·경제적 현황에 대한 기초조사를 실시한 다음 관련 대책을 마련하도록 하고 있다. 이 같은 실태 조사를 통해 우리나라는 습지보호대책을 수립하고 있다. 또한 습지보전법에 따라 습지보호지역으로 지정된 곳에 대해서는 개별적인 보전계획을 수립해 습지 보호에 만전을 기하고 있다. 2003년에 마련된 두웅 습지 보전계획 등이 모두 이 같은 방침에 따랐다.

## 4. 인류와 습지의 공존

습지를 지키고 이용하는 노력은 국내외를 불문하고, 오래 전부터 계속돼 왔다. 지역 주민과 시민환경단체의 적극적인 참여를 바탕으로 습지보호에 관한 국제규범이 만들어지고, 정부 정책을 통해 환경·생태·사회·경제학적으로 가치 있는 습지가 보전되고 있다. 람사르 협약에 따라 등록된 습지 리스트가 이 같은 노력을 모은 첫 번째 결실인 셈이다. 앞으로도 정밀한 실태 조사를 통해 보다 많은 습지가 보전 리스트에 오를 것이다.

문제는 이 같은 습지보전 노력이 정부나 시민환경단체의 일방적인 주도보다는 지역 주민들의 자발적인 참여를 전제로 자연스럽게 전개하는 것이 바람직하다는 점이다. 둘째, 습지보전지역의 지정과 함께 실질적으로 습지 생태계를 통해 살아 있는 환경 교육 및 체험 프로그램을 다양하게 마련해야 한다. 판에 박은 듯한 갯벌 체험만으로 습지보전활동을 지속적으로 전개하는 데는 한계가 있다. 셋째, 습지 보호지역 지정으로 인한 지역 주민의 경제적 손실과 갈등을 합리적으로 조정할 메커니즘도 서둘러 갖추어야 한다. 갯벌이 지역 주민의 삶의 터전이라는 점을 귀 담아 듣지 않는다면, 갈등의 골은 더욱 깊어질 수 있다.

# 유해 선박 도료
## 남극도 환경 호르몬으로 오염됐다

### 1. 남극도 페인트로 오염

선박에서 사용하는 페인트에 환경 호르몬이 들어 있다면 믿을 수 있을까? 또한 무한 청정 해역으로 알려진 남극의 퇴적물에서도 환경 호르몬이 검출되었다면, 어떠한 반응을 보일지 궁금하다. 불행하게도 이 물음에 대한 대답은 "그렇다." 2004년 초 호주의 해양 과학자들은 극 지방에서는 처음으로 남극의 해양 퇴적물에서 이른바 환경 호르몬으로 알려진 유기주석 함유물(트리 뷰틸 틴, TBT)을 검출했다.[6]

2004년 4월 27일자 글로벌 환경 포털 사이트 『ENS-News』는 이 같은 소식을 대대적으로 보도했다. 유기주석은 선박에 조개 등이 달라붙는 것을 막기 위해 사용하는 선체 도료에 넣은 유독 물질이다. 전문가들은 이 같은 물질이 남극에서 사용하는 쇄빙선에 칠해져 있는 페인트가 빙산에 긁히면서 유입된 것으로 추정하고 있다.

　호주의 해양과학연구원에서 일하는 해양 과학자들은 남극 지역에서 TBT의 농도가 높아질 경우 환경적으로 민감한 남극 해양 서식지에 악영향을 줄 수 있다고 경고하고 있다. 이 조사를 주도한 해양과학연구원의 니콜 웹스터(Nicole Webster) 박사는 현재 남극에서 발견된 TBT와 호주 대 산호초(Great Barrier)에 침몰되어 있는 선박에서 나오는 TBT가 해양 미생물 군집에 미치는 상관관계에 대해서도 조사·연구하고 있는 것으로 알려졌다.

　전문가들은 남극의 TBT 오염상태를 확인하기 위해 쇄빙선이 자주 운항되는 맥모도(Mcmurdo) 만의 연안지역 8곳을 조사했다.

남극도 선박으로 인한 해양오염에서 자유롭지 못하다.

이 가운데 6개 지역에서 TBT가 검출된 것으로 확인했다. 해양과학연구원의 독성 연구가인 앤드류(Andrew) 박사는 일부 지역에서 검출된 TBT 농도가 국제기준을 상당히 초과하고 있을 뿐만 아니라 선박의 통항이 많은 항만지역이나 선박이 침몰되어 있는 곳보다도 높게 나타났다고 밝혔다.

전문가들은 또 TBT가 이 지역뿐만 아니라 쇄빙선이 운항되는 다른 지역이나 남극 탐험기지 보급선 및 관광선이 운항하는 곳에서도 발견될 가능성이 많다고 지적하고, 남극의 TBT 오염실태를 전반적으로 파악하기 위해서는 추가적인 모니터링이 필요하다고 덧붙였다. 선박 페인트에 들어 있는 환경 호르몬이 남극까지 확대된 것은 세계 해역이 더 이상 TBT의 안전지대가 아니라는 경고다.

## 2. 해양 생태계 파괴

선박은 항상 바닷물과 접촉하고 있기 때문에 선사 입장에서는 선박 운항과 관련하여 크게 두 가지를 신경 써야 한다. 해수에 의한 선체의 부식 방지와 조개 등 해양생물이 선체에 달라붙은 것을 막아야 한다는 점이다. 이 문제를 해결하기 위해 조선소에서는 오래 전부터 선박에 페인트를 칠해 왔다. 문제는 선박에 널리 사용되는 방오도료에는 해양생물이 선체에 부착하는 것을 방지하기 위해 유기주석화합물 (Organotin Compounds),[7] 즉 삼유기주석의 트리뷰

틸 주석(Tri-Butal Tin : TBT)과 트리페닐 주석(Tri-Phenyl Tin)이 첨가되어 있다는 데 있다.

유기주석화합물은 산업적으로 다양하게 이용되고 있는 유기금속화합물의 하나다. 1925년에 방충제로 처음 사용된 이후 PVC 폴리머의 안정제로 사용됐다. 유기주석화합물에 살충효과가 있는 것으로 밝혀진 뒤에는 살균제·목재보존재·부착방지제 등 농업과 산업 각 분야에 다양하게 활용되고 있다. 유기주석화합물 생산량의 약 70%는 PVC 폴리머의 안정제로 사용되는 일 유기주석(monoorganotin)과 이 유기주석(diorganotin)이 차지하고 있다. 선박이나 수중구조물에 생물체의 부착을 막기 위하여 사용되는 삼 유기주석(triogantin)은 수중 생태계에 직접 방출되기 때문에 주요 해양오염원의 하나이다.

이 같은 유기주석화합물은 해양에 용출되어 임포섹스 유발, 성장 억제 등 해양생물에 상당한 악영향을 끼치는 것으로 드러났다.[8] 유기주석화합물의 유해성에 대한 연구조사가 지속적으로 발표되고, 그 피해가 구체적으로 드러나자 세계 각국은 이 물질의 사용을 규제하기 시작했다. 특히 일본을 비롯하여 미국, 영국, 프랑스, 네덜란드 등은 구체적인 기준을 설정해 유기주석화합물에 대한 사용을 억제하고 있다. 프랑스의 경우 1982년에 세계 최초로 유기주석화합물의 사용을 금지하는 법률을 제정해 시행하고 있다.

일본은 1990년에 화학물질의 제조·시험 및 규제에 관한 법률을 제정하여 유기주석화합물의 제조는 물론 사용 및 수입을 엄격하게 제한하고 있다.[9] 일본

페인트 공업협회는 1997년 4월부터 이 같은 물질이 함유된 방오도료의 생산을 전면적으로 중단한다고 발표한 바 있다. 우리나라는 2000년 3월에 연·근해 어선과 어구, 잡종선 등에서 해양환경에 유해한 선박용 방오도료의 사용을 금지했다.

### 3. 사용 전면 규제

유기주석이 포함된 선박용 페인트가 해양 생태계와 인간의 건강에 미치는 영향이 크다는 결론이 나오고, 각국이 이에 대한 규

유해 선박 페인트가 국제적으로 문제가 된 지 오래이다

제에 착수하자 영국 런던에 있는 국제해사기구(IMO)는 협약을 제정해 2003년부터 이 같은 물질이 들어간 선박용 유해 방오 시스템의 사용을 전면적으로 금지하고 있다.

IMO는 국제적인 합의를 바탕으로 '유해 선박 방오시스템 사용규제 협약'을 채택해 선박에 유해한 방오시스템이 사용되는 것을 규제하기 위해 여러 가지 조치를 했다. 첫째, 2003년 1월부터 유기 주석 화합물 등이 포함된 선박 방오시스템의 사용을 사실상 금지했다.[10] 협약 부속서 I에 따르면, 이 같은 물질이 포함된 방오 시스템을 선박에 적용하거나 재적용하는 것을 규제하도록 명시하고 있다.

둘째, 2008년 1월부터 선박용 방오 도료로 사용되는 유기주석화합물 등을 선박에 잔존시키는 것을 금지했다. 다만, 유기주석 화합물의 선체 잔존 금지에는 몇 가지 조건이 부과되어 있다. 즉, 적용대상 선박이 2003년 1월 이전에 건조되어 고정되었거나 부유 플랫폼, 부유식 석유 저장 시설(FSUs 또는 FPSOS)에 대해서는 예외로 한다. 그리고 선체 잔존금지의 경우에도 ⅰ) 선체 또는 외부, 표면에 유기주석 화합물이 함유된 방오도료를 일체 남기지 않거나, ⅱ) 그 같은 물질이 해양에 용출되는 것을 방지하기 위한 코팅 처리는 허용하고 있다.

셋째, 협약에서 정한 이 같은 규정의 이행을 담보하기 위해 체약 당사국에게 자국 선박에 대한 검사의무와 함께 검사를 통과한 선박에게 국제 선박 방오시스템 적합 증서[11]를 발급할 수 있는 권한을 부여하고 있다. 다만, 체약국에서 방오시스템과 관련하여 검사를 시행하는 경우에는 국제항해에 종사하는 400총톤수(GT) 이상의 선박이 대상이 된다. 고정·부유 플랫폼이나 FSUs 및 FPSOs은

400총톤수가 넘는 경우에도 검사대상에서 제외된다.

체약국에서 시행하는 선박검사는 그 선박에 칠해진 방오시스템이 협약에서 정한 모든 요건을 충분히 이행하고 있음을 보장하는 정도까지 정밀하게 이루어지도록 협약은 요구하고 있다. 이 같은 선박검사와 관련하여 협약은 국제항해에 종사하는 24미터 이상 400총톤수 이하의 선박에 대해서는 선박 검사대신 선박소유자 또는 선박소유자가 인정한 기관의 서명이 있는 '선박 방오시스템 증서[12]'를 선박에 비치하도록 규정하고 있다. 이 같은 증서에는 선박에 칠한 방오도료에 유해한 유기주석 화합물 등이 포함되어 있지 않음을 나타내는 페인트 영수증이나 계약 당사자의 청구서 등을 첨부해야 한다.

### 4. 위반하면 처벌

한편, 체약국은 자국 선박에 대한 검사 뿐 아니라 자국 항만에 입항한 외국 선박에 대해서도 협약 규정의 준수 여부를 항만국통제(PSC: Port State Control)로 확인할 수 있다. 협약은 이와 관련해 제11조에서 위반선박의 조사를 명백한 증거가 없는 한 ⅰ) 그 선박이 유효한 방오시스템 적합증서를 선내에 비치하고 있는지 확인하는 업무와 ⅱ) 방오시스템에 대한 간단한 샘플검사의 시행 등으로 제한하고 있다.

특히 후자의 선박검사에 대해서는 국제해사기구에서 개발한 샘플 검사 지침에 따르도록 함으로써 엄격한 제한을 두고 있다. 항만국 통제를 시행한 결과 협약 규정을 위반한 선박에 대해서는 체약국은 그 선박에 대해서 경고, 억류, 출항 등과 같은 조치를 취할 수 있다. 항만국 통제와 관련하여 체약국에서 부당한 억류나 지연 출항 등과 같은 손해를 입은 선박은 그 국가를 상대로 손해배상을 청구할 수 있다.

우리나라는 이 협약 제정 작업이 본격화된 1990년 후반부터 정부와 연구기관, 관련업계 등이 중심이 되어 사전 준비 작업을 진행해 왔다. 정부는 제일 먼저 'TBT 방오도료의 단계적 사용규제방침'을 마련했다. 이 방침에 따라 우선 2000년 3월부터 연근해 어선·어구, 잡종선 등에 대해 유기주석화합물이 포함된 방오시스템의 사용을 규제하고 있다. 또한 2001년 6월부터 연안 여객선에 대해 TBT 방오도료의 사용을 금지하고 있다. 관련 페인트 업계에서도 환경적으로 안전한 선박용 페인트를 개발해 보급하는 등 적극 대응하고 있다.

# 해양 보호 구역
## 자연과 인간의 공존을 위하여

### 1. 이렇게 도입됐다

일본은 2008년 5월 해양기본계획을 수립하면서 이른바 '일본형' 해양보호구역을 설정하는 방안을 주요 정책 아젠다의 하나로 내세웠다. 일본 주변해역(특히 연안 지역)에서 환경 악화, 생태계 교란의 우려, 수산 자원의 감소 등이 문제점으로 부각되었기 때문이다. 특히 수산물의 이용이 다른 나라에 비해 상당히 많은 일본의 경우 연안 환경이 지속적으로 악화됨에 따라 해양의 지속가능한 이용이 위기에 처하자 이 같은 제도를 본격 추진하기로 결정했다.

해양보호구역(MPA: Marine Protected Area)은 1992년 유엔 환경 개발 회의 이후 국제적으로 환경에 대한 중요성이 강조되면서 새롭게 등장한 개념이다. 나라마다 차이는 있으나 미국·호주 등은 특별히 보호할 해양 동식물이 있거나 환경적으로 민감한 지역을 해양보호구역으로 지정·관리하고 있다. 우리나라도 해양 생태계 보전 및 이용에 관한 법률 등에 따라 이 같은 지역을 설정할 수 있도록 규정하고 있다.

이와 같이 해양보호구역은 동·식물상 등을 포함한 해역을 법률 등에 의해 보호되고 있는 구역을 의미한다. 해양보호구역의 지정과 관리 업무를 주도하고 있는 세계자연보전연맹(IUCN)은 해양보호구역을 이렇게 정의하고 있다. "바다·조간대·해저와 그 지역에 서식하는 생물, 역사적·문화적 유산이 법 제도와 기타 관리 수단에 의해 보전적인 관리가 이루어지고 있는 지역"이다. 이 같은 정의를 토대로 IUCN은 해양보호구역의 지정 목적을 과학연구, 생물종과 해양 생태계 보호, 환경 서비스 제공 유지, 특이한 문화와 자연 경관의 보호, 관광 및 여가, 교육, 자원의 지속 가능한 이용, 문화와 전통의 유지 등 6가지로 설정했다.[13]

다만, 이 같은 구분에도 불구하고, 그 이름에 대해서는 각각 차이가 있다. Marine Park(해양공원), Marine Reserve(해양보호구) 등

백령도의 물범

의 명칭을 사용하고 있는 국가도 있으므로 정의나 용도가 각각 다르다는데 유의할 필요가 있다. 일본이 자국 실정에 맞는 일본 형 해양보호구역을 설정하겠다는 의도도 현재 세계적으로 다양한 형태의 해양보호구역과 관련된 제도가 시행되고 있기 때문이다.

본래 이 제도의 시초는 해양보호에 관한 국제적인 논의가 처음으로 국제무대에 올려진 1990년 초로 거슬러 올라간다. 1992년 개최된 유엔환경개발회의와 생물 다양성 협약 등은 해양보호구역의 개념을 설정하는 한편, 국제사회가 이 제도를 도입하는데 기폭제 역할을 했다. 현재 국제적으로 이 문제를 주도하고 있는 기구는 IUCN이다. 이 기구는 정례적으로 세계보호구역 회의를 개최하면서 국제적인 관심을 불러 일으키고 있다. 특히 IUCN은 범 지구적인 차원에서 해양보호구역의 통합 관리 필요성과 국제적인 네트워크를 통한 협력을 강조하고 있다. 해양보호구역 지정 문제가 한 국가의 문제가 아니라 국제 차원에서 추진되어야 한다는 점을 의미한다. 습지와 습지에 서식하는 물새를 보호하기 위해 1975년부터 시행되고 있는 람사르 협약도 이 같은 입장을 대변하는 대표적인 국제협약이라고 할 수 있다. 생물 다양성 협약 또한 마찬가지다.[14]

## 2. 외국의 해양보호구역

해양보호구역의 국제적인 틀은 앞에서 언급한 바와 같이, IUCN와 관련 국제협약을 통해 정립됐다. 다만, 문제는 이 제도를 국제적으로 시행하는 것이 협약에 따라 강제되는, 의무조치가 아니라는 점이다. 나라마다 사정과 여건에 따라 필요한 해양보호구역을 설정해 해양 생태계 등을 보호하면 되기 때문이다. 세계에서 가장 먼저, 그리고 가장 효과적으로 해양보호구역을 지정해 운영하고 있는 미국과 호주 등이 그렇다. 먼저 미국의 예를 들어 보자.

미국의 플로리다 키 해양보호구역(Florida Keys Marine Sanctuary)은 세계 최초로 산호초를 보호하기 위해 1935년에 설정한 해양보호구역이다.[15] 이 지역 지정 이후 미국은 중앙 정부와 주 정부가 적극 나서 다양한 형태의 해양보호구역을 설정하는 방식을 택하고 있다. 예컨대, 연방 정부는 보호 가치가 높은 일정 해역을 해양보호구역으로 지정하거나 관리하고 있고, 연안이 있는 주 정부는 개별적인 방법으로 보호구역을 설정해 왔다.[16]

그러나 이 같은 관리방식에 문제점이 있는 것으로 드러나자 미국은 2000년 클린턴 행정부 당시 대통령 집행 명령(Executive Order) 제13158호를 통해 기존의 해양보호구역제도를 개편했다. 즉, i) 기존의 해양보호구역의 기능을 강화하는 한편, 새로운 지역의 설정, ii) 해양보호구역에 대한 국가 관리체제 구축, iii) 해양보호구역에 대한 위협요인의 제거하는 방안을 강구하도록 했다. 특히 미국은 이 제도를 전담하는 기관으로 해양 대기청(NOAA)과 내부무가 공동으로 국립해양보호구역센터를 설립해 운영하고 있는 것이 특징이다. 이는 국가 차원에서 해양보호구역에 대한 정보를 수집하는 한편, 필요한 관리 대책을 신속하게 수립하기 위한 조치로 풀이된다. 미국의 경우 해양보호구역에 관한 법률은 연안관리법, 해양포유류보호법, 야생생물법 등 다양하다.

해양 생물의 보고인 호주는 2002년 기준으로 192개 소(64만 6000㎢)의 해양보호구역을 설정했다. 전체 바다 면적의 7%에 해당하는 수치다. 호주의 해양보호구역 제도는 미국과 마찬가지로 연방

정부와 주 정부로 나뉘어져 있다. 즉, 영해 기선에서 3해리까지는 주 정부가 자체적으로 시행하고, 그로부터 배타적 경제수역에 이르는 구간은 연방정부가 환경보호와 생물 종 다양성 보전 협약 등에 따라 정책을 수립해 시행하고 있다. 우리에게 널리 알려진 대보초(Great Barrier Reef)는 이 법률에 따르지 않고, 대 보초 해양공원법에 따라 별도의 보호수단을 갖고 있다.

일본은 자연공원법을 바탕으로 한 해양공원지구, 수산자원보호법에 근거를 둔 보호수면 등 다양한 형태의 해양보호구역을 수백 곳 설정해 운영하고 있다. 일본은 2008년 3월 마련한 해양기본계획에서도 해양보호구역에 관한 제도를 도입했다. 다만, 생물다양성의 확보나 수산 자원의 지속가능한 이용을 위해 해양보호구역에 대한 개념을 명확히 하는 한편, 자국의 해양 조건에 적합한 해양보호구역을 설정한다는 방침을 정했다.

### 3. 우리나라의 제도

우리나라에는 다양한 법률에 걸쳐 여러 가지 해양 조건에 적합한 해양보호구역이 설정돼 있다. IUCN의 정의에 따르게 되면, 자연환경보전법, 습지 보전법, 해양오염방지법 등을 포함해 모두 8개 이상의 법률에 해양보호구역에 관한 규정을 두고 있는 셈이다. 아래의 표와 같이 우리나라의 해양보호구역은 생태계 보전지역, 습지 보호지역, 조수보호구 등 각 법률의 제정 목적과 절차에 따라 모두 8개의 유형이 있다. 생태계 보전지역, 습지보호지역 등 모두 422개 소가 해양보호구역으로 지정돼 있다.

|표 5-3| 우리나라 해양보호구역 설정 법률과 현황

| 구 분 | 개소 | 면 적 | | | 관련부처 | 관련법령 |
|---|---|---|---|---|---|---|
| | | 소계 | 육역 | 해역 | | |
| 생태계 보전지역 | 5 | 104.6 | 0.0 | 104.6 | 환경부 국토해양부 | 자연환경보전법 |
| 습지보호지역 | 7 | 175.0 | 0.0 | 175.0 | 환경부 국토해양부 | 습지보전법 |
| 조수보호구 | 86 | 149.5 | 149.5 | 0.0 | 환경부 | 야생동·식물보호법 |
| 특정도서 | 153 | 10.0 | 10.0 | 0.0 | 환경부 | 독도등도서생태계보전에 관한 법률 |
| 국립공원 | 4 | 3,348.4 | 667.5 | 2,680.9 | 환경부 | 자연공원법 |
| 환경보전해역 | 4 | 1,882.1 | 933.0 | 949.1 | 국토해양부 | 해양오염방지법 |
| 수산자원 보호구역 | 10 | 4,098.1 | 1,542.1 | 2,556.0 | 국토해양부 | 국토의 계획 및 이용에 관한 법률 |
| 천연기념물 | 153 | 835.9 | 742.3 | 93.6 | 문화재청 | 문화재보호법 |
| 계 | 422 | 10,603.6 | 4,044.4 | 6,559.21 | 4 | 8 |

주 : 1) 천연기념물에는 명승을 포함, 2) 2004년 12월 기준
자료 : 한국해양수산개발원, 연안·해양보호구역 통합관리체제 구축방안 연구(2004. 12)를 토대로 수정

    한국해양수산개발원이 분석한 자료에 따르면, 우리나라 해양보호구역의 지정 개수와 면적은 꾸준히 늘어나고 있는 것으로 나타났다. 1960년대 천연기념물 지정과 국립공원 지정을 비롯해 1970년대와 1995년까지 수산자원보호구역, 생태계 보전지역 등이 지속적으로 증가했기 때문이다. 또한 1996년 이후 해양수산부가 해양환경 보호정책을 적극 추진하면서 해양보호구역은 급증세를 이어갔다. 습지 보전법의 제정과 람사르 협약의 가입 등으로 갯벌을 비롯해 연안 습지가 보호대상에 포함됐다. 조류보호구역이 늘어난 것도 우리나라의 해양보호구역이 증가하는데 한 몫을 했다.
    또한 우리나라 해양보호구역의 설정 등을 규정한 8개의 법률 이외에도 해양수산발전기본법에 따라서도 해양보호구역을 설

정할 수 있다. 2002년 11월에 제정된 이 법률에 따르면, '국토해양부 장관은 바닷속 경관이 뛰어나고, 생태계가 보전된 해역을 관할 광역시장 또는 도지사의 의견을 들어 해중 경관 지구로 지정할 수 있다'고 명시하고 있다.[17] 다만, 법률의 이 같은 규정에도 불구하고, 아직 우리나라의 경우 해중 경관 지구로 지정된 곳은 아직 없다. 해양 관광을 진흥하기 위해 해중 및 해저를 관리할 수 있는 법적인 근거를 갖추었으나 세부 시행 절차 등이 마련되지 않아 제도 도입이 지연되고 있는 셈이다.

람사르 협약보호 습지 순천만 갯벌의 일몰

## 4. 완벽한 해양보호구역

해양보호구역 제도가 우리에게 주는 이점은 많다. 해양 생태계를 보호하고, 생물 종 다양성을 확보함으로써 해양 자원의 지속가능한 이용을 가능케 하는 등 여러 가지 장점이 있기 때문이다. 해양 관광을 진흥하고, 해저 유산을 보전한다는 순기능도 한다. 해양보호구역을 지정한 이후 그 지역의 어업 생산량이 4배 정도 늘어

습지보호 구역 우포늪 항공사진

났다는 연구보고도 있다. 필리핀 아포 섬의 경우는 산호초 지역을 보호지역으로 지정한 이후 어류 개체수가 늘어나 관광 수입도 더불어 증가한 것으로 나타났다. 다만, 아직 이에 관한 본격적인 연구가 진행되지 않아 해양보호구역을 지정한 이후 어느 정도 경제적 이득이 나타났는지는 정확하게 판단하기 어렵다.

또한 해양보호구역 제도와 관련해서도 여러 가지 비판적인 의견이 있다. 가장 첫 번째가 지정과 관련해서 그 지역의 토지 이

용 또는 어업행위를 제한할 수 있다는 점이다. 경우에 따라서는 재산권 행사가 제한되는 문제도 있다. 최근 이 같은 문제를 해결하는 대안의 하나로 특정 지역이 해양보호구역으로 묶이게 되면 토지 매수 청구권을 행사할 수 있도록 하는 조항을 법률에 두는 사례도 늘고 있다. 그러나 이 경우에도 정부에서 예산을 마련하는 문제와 보상 문제를 놓고도 마찰이 일어날 수 있다.

두 번째 문제는 해양보호구역을 지정해 놓고, 그대로 방치하고 있는 사례가 적지 않다는 점이다. 습지보전법 등 우리나라의 해양보호구역 지정과 관련된 법률에 따르면, 특정 지역이 보호구역으로 지정된 이후 정부에서 할 수 있는 일은 겨우 출입 금지나 건축물 건축 금지 등 일정한 행위제한이 대부분이다. 또한 지정한 이후 행정력 부족과 예산 형편 등으로 지정 목적을 달성하는데 필요한 사업을 추진하는데 어려움을 겪고 있는 것도 문제점으로 지적되고 있다. 관리상의 허점이 제도의 효율적인 집행을 어렵게 하는 장애물로 작용하고 있는 셈이다.

세 번째는 지정 지역에 대한 지속적인 모니터링과 적정한 관리 시스템도 필요하다는 점이다. 특정 지역을 지정하는 경우에는 사전에 실태조사를 기반으로 한다. 그러나 지정 이후에 보호하는 특정 개체가 늘었는지 감소했는지 주기적인 조사가 미흡하다는 의견도 있다. 다양한 해양보호구역을 통합적으로 관리하는 시스템도 없다. 앞으로 제도적인 개선점을 찾아 보다 완벽한 해양보호구역을 만들 필요가 있다.

# 외래 해양 생물
## 에일리언으로부터 토종을 지켜라

### 1. 유입 실태

이른바 외래 해양 생물종(IMP: Imported Marine Pests)이 새로운 해양 오염원으로 떠오르고 있다. 이에 따라 각국과 국제기구가 대책 마련에 부심하고 있다. 미국과 호주 등 주요국이 연간 수억 달러씩 예산을 투입해 외래 해양생물종의 유입을 차단하고, 제거하는 데 적극 나서고 있다. 영국 런던에 본부를 두고 있는 유엔 전문기구인 국제해사기구(IMO)[18]는 밸러스트 수(선박 평형 수)를 통해 국제적으로 이동하는 외래 해양 생물종을 허가 없이 배출하는 하는 것을 금지하는 협약을 채택했다. 아시아·태평양 경제협력기구(APEC) 등 지역 기구도 공동으로 대응방안을 모색하는 등 새로운 오염원 차단에 고심하고 있다. 세계 바다에서는 이 같은 생물종으로 인해 대체 무슨 일이 일어나고 있는가?

> ### 외래 해양 생물종(IMP)
>
> 현재 사용되는 외래 해양 생물종에 관한 용어와 정의는 매우 다양하다. 흔히 '외래종', '도입종', '침입종', '귀화종', '이주종', '비토착종' 등으로 표현하고 있으며, 외국 또한 'Alien', 'Invasive', 'Exotic', 'Non-indigenous'와 같은 용어를 사용하고 있다. APEC에서는 IMP(Introduced Marine Pests)라는 용어를 공식적으로 사용하고 있다.

사람의 활동 범위와 영역이 넓어지고, 특히 국제간 교역이 확대됨에 따라 IMP의 유입이 급격히 늘어나고 있다. IMP에 대한 조사가 꾸준히 이루어지고 있는 미국 샌프란시스코 만과 호주의 포트 필립 만 등에서는 3~6개월마다 새로운 종이 유입되어 현재는 모든 해안가 서식처에 적어도 한 종 이상의 IMP가 살고 있는 것으로 나타났다.

IMP는 주로 선박을 통해 유입되고 있다. 미국 샌프란시스코 만의 경우 선체에 달라붙어 유입되는 경우가 26%, 밸러스트 수를 통한 유입이 24%로 전체의 절반이 선박을 통해 유입된 것으로 조사됐다. 호주에는 밸러스트 수에 의한 유입이 15~20%로 가장 많았고, 그 다음이 선체 부착, 양식 어류의 이동 순으로 조사됐다. 인접국인 뉴질랜드의 경우도 대부분 선체 부착을 통해 유입되고 있는 것으로 나타났다.

최근에는 생물체의 부착을 막는 도료의 사용 등으로 선체 부착에 의한 IMP 유입보다 밸러스트 수를 통한 IMP의 이동이 더욱 심각해지고 있다. 밸러스트 수는 선박의 무게 중심을 잡기 위해 빈 배의 밸러스트 탱크나 빈 화물창에 넣었다가 짐을 실은 다음에 도로 배출하는 바닷물이다. 이 물을 넣을 때 같이 들어왔던 해양생물종이 선적항에서 물과 함께 배출됨으로써 다른 지역으로 유입되고 있다. 전문가들은 이 밸러스트 수를 통해 하루에만 10,000종 이상의 해양생물종이 이동되고 있는 것으로 추정한다.

|표 5-4| 외래 해양 생물종(IMP) 이동수단 및 유입 요인

| 이동 수단 | 유입 요인 |
| --- | --- |
| 상업적 어선 | 밸러스트 배출수 |
|  | 선체오염물 부착(Hull Fouling) |
|  | 고형물체의 배출수 유입 |
| 양식업 | 고의적 방류 |
|  | 우연한 방류 |
|  | 어구이동 |
|  | 폐기된 그물, 통발 등 |
| 어업 | 살아있는 미끼류의 이동 |
|  | 폐기된 어구 |
|  | 활어이동 |
| 운하 | 수산동식물의 이동 |
| 수족관 관련 산업 | 우연 또는 고의에 의한 수산동식물의 이탈 |
| 유어선 | 선체오염물 부착 |
| 다이빙 훈련 | 스노클링, 스쿠버 다이빙 |

자료 : Carlton, J. T. Introduced Species in U.S. Coastal Waters: Environmental Impacts and Management Priorities, Pew Oceans Commission, Arlington, Virginia. 2001.

그러나 최근에는 수산부문을 통해서도 IMP가 유입되고 있는 것으로 나타났다. 양식을 위해 도입하던 외래 어종을 취급 부주의로 바다나 강으로 놓쳐버리거나 외래 어종에 붙어 있던 병원체가 양식장을 통해 유입되는 경우 등이 대표적인 사례다. 또한 최근에는 활어의 교역이 빈번해지면서 활어에 붙어 있던 병원체가 유입되거나 활어를 담아온 물을 수입국 항만에서 버릴 때 생물체나 병원균이 함께 배출되어 유입되는 사례도 나타나고 있다.

|그림 5-1| 선박의 밸러스트 수 유입과 배출 과정

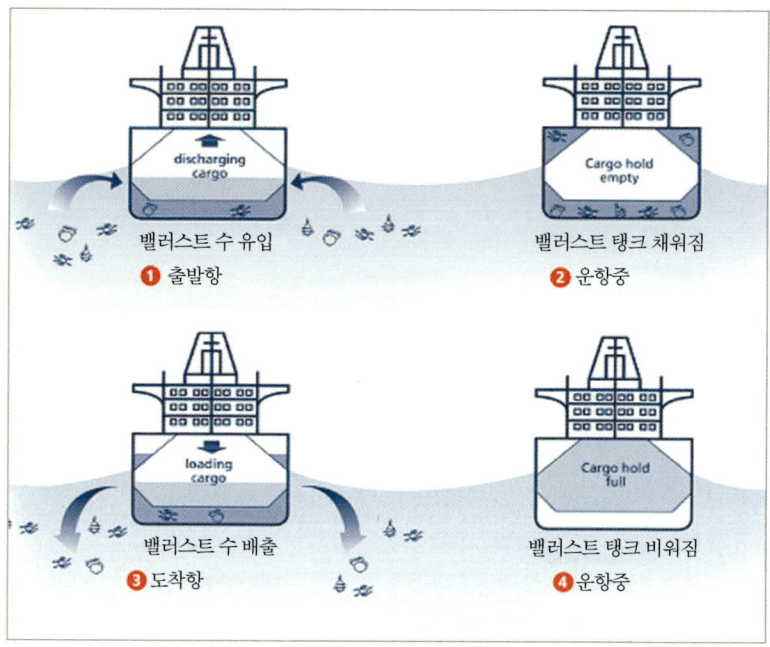

|표 5-5| 선박별 DWT에 대한 밸러스트 수 적재용량과 실제 적재량의 비교

| 선박종류 | 밸러스트 수 수용량(%) | 실제 밸러스트수 적재량(%) |
|---|---|---|
| 유조선 | 40 | 30~40 |
| 벌크선 | 60 | 30~60 |
| LPG선 | 50 | 30~40 |
| LNG선 | 80 | 60~70 |
| 자동차 운반선 | 45 | 화물적재시 10~40, 공선시 20~40 |
| 컨테이너선 | 30 | 화물적재시 5~20 |

자료 : 菊地 武晃, バラスト水問題と管理條約の採擇, 海と安全. 2004.

|그림 5-2| 수입 활어 수송선과 양륙 장면

## 2. 피해 실태

　이처럼 다양한 경로를 통해 유입된 IMP는 토종 동식물의 서식처 파괴, 종의 변화 유발, 수산자원 감소 등 생태계에 심각한 피해를 끼치고 있다. 지중해에 있는 모나코 수족관에서 빠져나간 녹조류로 인해 지중해 토종 서식처의 97% 이상이 파괴된 것이 그 대표적인 예이다. 이 녹조류는 시간이 지남에 따라 확산되어 1994년까지 총 3,000헥타르 이상으로 번져 해당 수역의 어업자원을 급감시켰다.
　IMP 유입에 의한 해양 생태적 환경 피해는 앞으로 더욱 커질 것으로 우려되고 있다. 미국 샌프란시스코 만의 경우 212개의 외래종이 서식하고 있어 토착 어종의 서식처가 소멸되고, 종의 변화가 뚜렷하게 나타나고 있다. 유럽 종 게의 영향으로 호주, 일본, 남아프리카, 북미 등의 어·패류 어업이 붕괴될 가능성도 있다는 의견도 나오고 있다.
　이와 같은 IMP의 유입에 따른 생태계 훼손에 못지않게 경제적 피해도 적지 않은 것으로 조사되고 있다. 이는 IMP로의 피해를 입은 생태환경을 복원하는 데 적지 않은 비용이 소요되고, 양식업이나 어업이 피해를 입거나 붕괴될 경우 관련 어업인들의 소득이 그만큼 줄어들기 때문이다. 뿐만 아니라 해양경관의 가치가 떨어져 관광객이나 여가낚시 인구가 줄어들어 심할 경우 해양 생태계를 기반으로 하는 지역경제가 붕괴될 수도 있다.
　IMP에 따른 환경적·경제적 피해는 아시아·태평양 지역에서도 상당히 심각한 것으로 나타나고 있다. 세계식량농업기구(FAO)는 1996년에 IMP의 유입으로 인해 아시아 개발도상국들의 경제적 피해가 14억 달러에 달한다는 보고서를 제출한 데 이어 흰 반점 바이러스(WSD), 타루라 바이러스(TSV) 등의 확산으로 아시아·태평양 지역의 어류 및 패류 양식업이 큰 타격을 받을 가능성이 높다고 우려하고 있다.

|표 5-6| IMP 유입으로 인한 아시아 국가별 경제적 피해

| 국가 | 피해 상황 |
|---|---|
| 중국 | 1993년 흰반점 바이러스에 의한 새우질병 발생으로 생산량이 60% 감소, 이에 따라 4억 2천만 달러의 손실 발생 |
| 인도네시아 | 2003년도 KHV(Koi Herpes Virus) 발병으로 550만 달러의 경제적 피해 발생 |
| 일본 | 1994년 이후 바이러스성 감염에 의한 패조류 생산피해로 총 2억 5천만 달러의 손실 발생 |
| 말레이시아 | 흰반점 바이러스에 의해 연간 2천 5백만 달러의 피해 발생 |
| 필리핀 | 1996년 흰반점 바이러스 발병으로 90% 이상의 양식새우가 폐사, 1998~2000년 기간 동안 발생한 바이러스성 돔 어류질병으로 양식어가 소득의 75% 감소 |
| 태국 | 1997년 흰반점 바이러스에 의해 양식새우 생산량의 50% 이상이 감소, 1998~2000년 기간 동안 바이러스성 틸라피아 질병으로 4억 7천만 달러의 경제적 피해 발생 |

자료 : FAO, Preventive Medicine, FAO Newsroom. 2004. 9

또한 APEC(아시아·태평양 경제협력체)도 아시아·태평양 지역에서 발견된 다수종의 IMP에 대한 본래 살던 지역과 유입 지역, 그리고 이동 경로를 소개한 보고서를 발표하는 등 IMP 이동 및 유입에 대한 심각성을 피력하고, 피해 최소화를 위한 각국의 대응방안 마련을 촉구했다.

우리나라는 특히 양식업에서 IMP에 따른 피해가 두드러지게 나타나고 있는데, 그 대표적인 예로 흰 반점 바이러스를 들 수 있다. 1993년 중국에서 처음 발생한 이후 전 세계로 확산된 이 바이러스는 감염률이 높은 데다 마땅한 예방법이 개발되지 않아 피해가 커진 전례도 있다. 2004년의 경우 우리나라 새우 양식장의 경우 감염률이 28.4%로 전년 보다 4배 이상 높아졌다.

|표 5-7| APEC 지역 이동수단별 IMP 이동 사례

| IMP 이동수단 | IMP | 유입지 | 본원지 |
|---|---|---|---|
| 밸러스트 배출수 | 황망둥어 | 미국(캘리포니아), 호주 | 동아시아(중국, 일본 등) |
| | 검물벼룩 | 칠레 | 일본 |
| | 유해성 적조 생물류 | 호주, 일본, 한국, 러시아, 중국, 홍콩, 대만, 칠레, 페루, 미국 등 | - |
| | 북태평양 불가사리 | 호주 | 북서태평양지역, 일본 |
| | 따개비 | 일본, 미국, 뉴질랜드, 호주 | - |
| | 흑해 해파리 | 미국 | - |
| | 청게 | 일본 | 캐나다, 유럽 |
| | 유럽홍합 | 호주 | 유럽/지중해 |
| | 갯지렁이 | 호주, 미국(하와이) | 캐리비안, 북동아메리카 |
| | 지중해 홍합 | 일본, 중국, 홍콩 | 지중해지역 |
| | 일본 마호가니 홍합 | 미국, 캐나다 | 한국, 일본 |
| | 아시아산 홍합 | 미국(캘리포니아) | 중국, 일본, 한국 |
| 선체오염물 부착 | 이끼벌레류 | 일본, 뉴질랜드, 호주, 미국 | - |
| | 검은 줄무늬 홍합 | 호주, 인도네시아, 싱가포르, 태국, 말레이시아, 중국, 대만, 베트남 | 멕시코만, 캐리비안지역 |
| 수산양식종의 이동 | 불가사리 | 호주 | 뉴질랜드 |
| | 태평양 굴 | 호주, 뉴질랜드, 캐나다, 미국, 멕시코, 페루 | 북서태평양지역 |
| | 전염성 괴저염 바이러스 | 칠레, 일본, 멕시코 | - |
| | 중국산 밋튼게 | 미국 | 중국, 한국 |
| | 왕농어 | 브루나이 | 태국, 말레이시아 |
| | 타우라 바이러스(TSV) | 미국(하와이), 멕시코, 대만 | - |
| | 흰반점 바이러스(WSSV) | 일본, 중국, 대만, 멕시코, 필리핀, 태국, 페루 | - |
| 수족관 관련 산업 | 틸라피아 | 북서·북동태평양 | - |

자료 : APEC, Development of a Regional Risk Management Framework for APEC Economies for Use in the Control and Prevention of IMP, 2004

|그림 5-3| 흰 반점 바이러스 이동경로

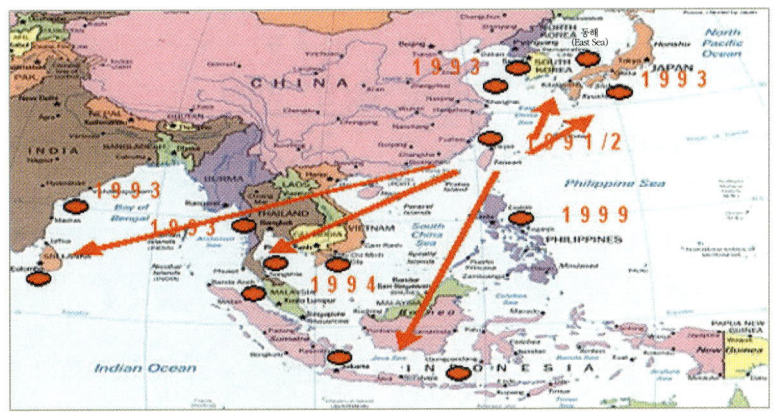

자료 : Reantaso, M. B. Assistance for the Responsible Movement of Live Aquatic Animals in Asia, 2004 APEC FWG 발표자료, 2004

또한 IMP 유입에 따른 어류 양식업의 피해도 계속 늘어나 연간 2,500억 원 정도에 달할 것으로 추정되고 있다. 대표적인 양식어종인 넙치는 해외에서 유입된 바이러스성 질병으로 양식 중인 넙치의 15% 이상이 폐사되고 있고, 돔이나 볼락 등도 양식 중에 '바이러스성 신경 괴사증'이나 '이리도 바이러스' 등에 감염되어 폐사한 사례도 있다.

이 뿐만 아니다. 우리나라의 해양 생태계 역시 IMP 유입으로 인해 상당히 훼손되고 있다. 1950년대 지중해에서 유입된 '진주 담치'로 우리 토착 홍합이 사라지고 있다. 이미 그 피해가 널리 알려진 황소개구리와 블루길에 이어 최근 방생용으로 도입된 '붉은 귀 거북'에 의한 생태계 피해도 심각한 것으로 나타나고 있다.

이러한 IMP의 유입을 조기에 차단하지 않으면 그에 따른 피해가 앞으로 더욱 늘어날 것으로 우려되고 있다. 이는 날이 갈수록 IMP의 국제적 이동이 더욱 빈번해지고 있는 가운데, 2004년에 발견되어 그 피해가 확대된 적이 있는 '간 췌장 바이러스'와 같은 새로운 IMP가 속속 출현하고 있기 때문이다. 또한 기존 IMP에 감염되었던 어류는 바이러스 보유어로 계속 남아 이로 인한 피해 또한 늘어날 우려도 있다.

### 3. 해외의 IMP 관리

이처럼 IMP가 전 세계적 문제로 대두됨에 따라 관련 국제기구들이 IMP 관리규범을 제정하는 등 적극 대처에 나서고 있다. IMP에 대응하기 위한 규범을 만든 최초의 국제기구는 덴마크 코펜하겐에 본부를 둔 국제해양개발위원회(International Council of the Exploration of the Sea : ICES)다. 이 위원회는 1994년에 '해양생물종 이동에 대한 실행규범'을 제정하여 IMP의 이동 및 유입에 따른 피해를 최소화하기 위해 필요한 사항을 권고한 바 있다.

또한 FAO도 1995년에 '책임 수산업 실행규범'을 통해 외래 생물종 유입에 따른 국제적인 관리규범의 필요성을 제기했다. 2000년에는 국제자연보호연맹(International Union for Conservation of Nature and Natural Resources : IUCN)이 '외래종에 의한 생물다양성 침해를 막기 위한 지침'을 만들어 외래 생물종 이동과 유입에 대한 국제적인 인식 제고와 이의

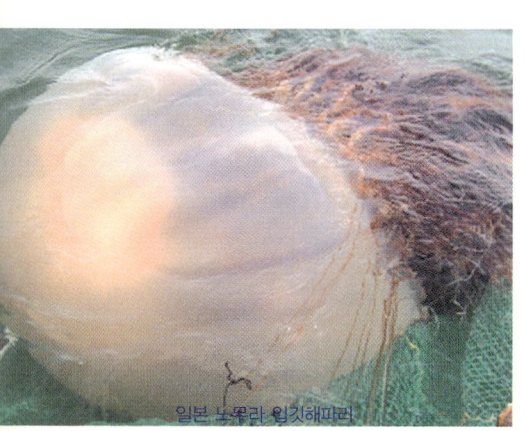
일본 노무라 입깃해파리

통제와 예방을 위한 가이드라인을 제시했다.

　　IMP의 이동을 막기 위해 가장 구체적이고 실천적인 대응책을 강구하고 있는 국제기구는 국제해사기구(IMO)다. IMO는 1997년에 '유해한 수생 생물과 병원체의 이동을 최소화하기 위한 선박 밸러스트 수의 통제 및 관리 지침'을 제정한 데 이어 2004년 2월에 10여 년에 걸친 논쟁 끝에 '선박 밸러스트 수의 배출 규제 협약'을 제정해 발효여건 충족 여부와 관계없이 2009년부터 새로 건조하는 선박에 우선 적용키로 결정했다.

|표 5-8| 주요 국제기구에 의한 IMP 관리 동향

| 국제지구 | 연도 | 관리정책 | 주요내용 |
|---|---|---|---|
| ICES | 1994 | Code of Practice on the Introductions and Transfers of Marine Organisms | IMP 이동 및 유입에 따른 피해 최소화를 위한 필요한 사항 권고 |
| FAO | 1995 | Code of Conduct for Responsible Fisheries | 외래생물종 유입에 따른 국제적 관리 규범의 필요성 제기 |
| IMO | 1997 | Guidelines for Control and Management of Ship's Ballast Water to Minimize the Transfer of Harmful Aquatic Organisms and Pathogens | 밸러스트 배출수에 따른 외래생물종 이동 방지와 피해 최소화를 위한 가이드라인 제공 |
| IUCN | 2000 | Guidelines for the Prevention of Biodiversity Loss Caused by Alien Invasive Species | 외래생물종 이동과 유입에 따른 국제적 인식 제고와 통제 및 예방을 위한 가이드라인 제공 |

자료 : 한국해양수산개발원

　　그 주요 내용은 국가 간을 항해하는 400톤 이상의 모든 선박에 밸러스트 수의 관리계획을 수립·시행하도록 하고, 국제기준에 적합한 시설에서 처리하지 않은 밸러스트 수는 배출할 수 없음은 물론 이를 위반한 선박은 운항을 금지시킨다는 것이다.

　　밸러스트 수를 통한 IMP 이동을 통제하려는 움직임은 점차

전 세계로 확산되고 있다. 1990년부터 '비토착 외래생물종법'을 시행해 온 미국은 2004년 9월 '밸러스트 수 관리규칙'을 제정해 미국에 입항하는 모든 선박은 밸러스트 수 관리계획을 수립하여 비치토록 의무화했다. 또한 연안에서 200해리 이상 떨어진 바다에서 밸러스트 수를 교환하도록 하고 있으며, 이 같은 규칙을 어긴 선박에 대해서는 최고 27,500달러까지 벌금을 부과할 수 있도록 처벌을 강화했다. 호주, 캐나다, 이스라엘, 브라질, 칠레, 우크라이나 등도 이와 유사한 조치를 시행하고 있다.

이와 함께 주요 해양국은 IMP의 유입 실태와 피해 상황 등을 파악하기 위해 여러 가지 방안을 강구하고 있다. 호주는 '항만의 외래종에 대한 국가 조사계획'을 수립하여 조사 및 표본 추출 방법을 표준화하여 IMP 유입 실태를 파악하고 있다. 뉴질랜드는 2000년부터 5년간 약 1,000만 달러(NZ$)를 투입하여 IMP의 유입 상황을 조사했다. 미국의 경우에는 민간 연구소 등에서 IMP의 유입과 그에 따른 피해 조사에 적극 나서고 있다.

이러한 조사 등을 통해 유입이 확인된 IMP를 제거 또는 피해 확산 방지를 위한 관리방안 마련에도 적잖은 노력을 기울이고 있다. 미국은 'Dirty List'를 작성하고, 이 리스트에 오른 종에 대해서는 특별 관리를 하고 있으며, 칠레도 현재 11개의 외래 생물종 리스트를 만들어 체계적인 관리에 나서고 있다.

수산물, 특히 양식 어류의 이동을 통한 IMP 유입을 차단하기 위한 방안을 강구하는 나라도 늘어나고 있다. 뉴질랜드는 수입 수산물에 대한 '건강기준(Health Standard)'을 만들어 이에 부합되는 수산물만 수입을 허용하고 있는 대표적인 나라다. 말레이시아와 필리핀 등도 사전 검역을 강화하는 등 수산물의 이동에 대한 IMP 유입을 통제하고 있다. 또한 IMP로 인해 가장 직접적으로 타격을 받는 양식장을 보호하고 피해 확산을 방지하는 것도 주요 과제의 하나로 대두되고 있다. 미국은 'SPS Agreement'에 따라 어류양식장에 피해를 주는 병원체 등을 검역 항목에 포함시키는 등 통제를 강화하고 있다. 필리핀은 특히 질병이나 적조 발생에 따른 양식장 피해 최소화에 적극 나서고 있다.

### 4. 우리나라 대응

우리나라는 IMP가 유입될 가능성이나 유입 시 예상되는 피해가 다른 어느 나라보다 클 것으로 우려된다. 수출입 화물이 거의 대부분 선박으로 운송되고 있고, 세계 기간항로 상에 위치하고 있어 선박의 왕래가 대단히 많은 데다 중국 등 인접국에서 활어를 수입하고 있기 때문이다. 이 뿐만 아니라 우리나라를 둘러싼 바다는 상당부분 반폐쇄형 해역이어서 IMP 유입에 따른 피해 전파가 빠를 것으로 예상된다.

특히 IMP의 피해에 대한 심각성을 인식하지 못한 결과 수산 부문에서 IMP의 유입을 자초하는 경우도 없지 않다. 수산물을 수입할 때 IMP 유입 가능성을 검사하는 내용은 검역항목에 포함되어 있지 않고, 활어 수입 시에도 통관 목적으로 수조를 완전히 비우도록 함으로써 활어 운반선이 담고 온 물을 통관 항에 그대로 버리도록 하는 데다 활어 운반선이 이용하는 부두 인근에 양식장이 있는 경우도 있어 IMP에 의한 피해가 더욱 커질 가능성이 높다.

이러한 결과는 그동안 IMP의 실태 파악과 피해 방지 등에 대한 관심과 투자가 부족했기 때문으로 분석된다. 실제로 학계나 업계 등에서는 이에 관한 연구를 뒤늦게 실시하는 바람에 IMP의 심각성을 초기에 경고하지 못한 아쉬움이 있다. 정부 당국도 관련 국제기구가 관리규범 제정 등을 통해 이 문제에 대해 지속적으로 관심을 촉구했으나 예산과 인력부족 등으로 관리를 소홀히 해온 감이 없지 않다. 다만 다행스런 점은 국토해양부가 IMO의 '선박 밸러스트 수 배출 규제 협약'을 수용해 선박 평형수 관리법을 제정했다는 점이다. 이 법률은 국제 협약을 이행하기 위한 법률이기 때문에 협약이 발효되어야 시행되는 것으로 조건이 붙어 있다. 이 협약은 2009년 11월 24일 현재 20개국 만이 비준해 아직 발효되지 않았다. 세계 상선대의 30%를 대표하는 30개국이 비준해야 한다는 발효 요건을 채우지 못했기 때문이다.

### 생태계 교란 야생 동·식물

외국으로부터 인위적 또는 자연적으로 유입되어 생태계의 균형에 교란을 가져오거나 가져올 우려가 있는 야생 동·식물과 유전자 변형을 통하여 생산된 유전자 변형생물체 중 생태계의 균형에 교란을 가져오거나 가져올 우려가 있는 동·식물로서 환경부령이 정하는 것을 말하는데, 2004년 10말 현재 황소개구리, 파랑볼우럭(블루길), 큰 입 배스 등이 지정되어 있다.

생물 다양성 보호 차원에서 생태계를 교란하는 야생 동·식물을 지정해 관리하도록 하는 '야생 동식물 보호법'도 있다. 그러나 이 법으로는 모든 비토착 생물종과 병원균을 포함하고 있는 IMP를 관리하는 것이 사실상 불가능하다. 더욱이 선박의 밸러스트 수 등을 관리하는 부처가 국토해양부와 농림수산식품부로 나뉘어져 있고, IMP 관련 법률을 제정하는 부처는 환경부여서 효율적인 집행에 한계가 있다는 의견도 있다.

# 해양 소음 규제
## 마지막 남아 있는 해양 오염원

### 1. 해군용 초음파 탐지기

해양 소음이나 음파는 새로운 해양오염원이다. 해군 잠수함이나 선박에서 발생하는 소음이 인간의 생활이나 해양 생물에 영향을 주고 있다는 주장과 연구 결과가 잇달아 발표되면서 특히 환경 단체를 중심으로 이를 규제해야 한다는 논의가 확산되고 있다. 이 문제가 국제적인 현안으로 처음 등장한 것은 해군용 수중 음파 탐지기의 유해성 논란이 가열되고부터다. 해군용 음파 탐지기의 사용 여부를 놓고, 미국과 유럽 등에서 논란이 가중되고 있는 가운데, 유럽연합 의회는 2004년 10월 25일 이 시스템을 사용하는 것이 해양 동물에 영향을 미치는지 여부가 최종적으로 확인될 때까지 사용을 중지하는 결정을 내렸다.[19]

유럽 의회는 채택한 결의를 통해 고성능 해군 수중 음파 탐지기가 해양 포유동물과 어류 및 기타 바다에 사는 동물에 미치는 환경적인 영향을 조사하는 결과가 나올 때까지 27개 회원국에 대해 이 시스템의 사용을 중지해 달라고 요청했다. 유럽 의회 환경 및 공중보건·식품안전위원회가 상정한 이 조치는 표결에 부쳐져

해양소음은 고래와 같은 해양포유동물에게 악영향을 끼친다.

찬성 441표, 반대 15표라는 압도적인 표차로 가결됐다. 이 결의서는 유럽연합 집행위원회에 대해 현재 역내 수역에서 사용되는 고성능 초음파의 사용 실태를 조사하고, 영향을 평가해 보고하도록 요청했다.

유럽 의회가 이 같은 결정을 내린 것은 해군용 수중 음파 탐지기가 해양 포유동물 등에 심각한 위협을 주고 있다는 최근의 연구 결과가 속속 발표되고 있기 때문이다. 2000년대 중반 녹색당의 캐롤린 루카스(Caroline Lucas) 의원은 이 같은 초음파 탐지기의 사용으로 수천 마리의 해양 포유동물이 떼죽음을 당하고 있는 것은 거의 의심의 여지가 없다고 밝혔다. 국제동물보호기금(IFAW)도 성명을 내고 유럽 의회의 조치는 고래와 고래 서식 환경을 보호하는 매우 적극적인 진전이라고 평가했다.

한편, 미국 법원은 2002년 10월에 수중 음파 탐지기가 고래와 돌고래, 바다표범과 바다 거북이 등 해양 포유류의 생존에 위협을 준다는 이유로 해군에 이 시스템의 설치를 당분간 연기하도록 판결한 바 있어 이 문제는 이미 국제적인 현안으로 등장했다. 미국의 해양 대기청(NOAA)과 같은 정부 기관은 이 문제에 정면으로 대응하기 위해 '해양 소음 연구 프로그램'을 운영하고 있다.

## 2. 해양 소음의 종류

해양 소음이 무엇인지 현재 정확한 개념은 아직 마련되어 있지 않다. 다만, 소음이 시끄러운 소리라는 사전적 의미를 고려한다면, 해양 소음은 사람의 여러 가지 활동에서 생기는 소리가 해양에 유입되거나 해양에서 생긴 것으로 이해하면 거의 틀림이 없다. 선박의 운항이나 잠수함의 운용, 석유 시추 등 해양 활동을 영위하는 과정에서 생기는 것으로 유입 또는 발생되는 형태가 의도적이냐, 비의도적이냐를 묻지 않는다. 이 같은 소리 가운데 사람이 들을 수 있는 파장(음파)은 일반적으로 20~20,000 헤르쯔(Hz) 정도다. 해양 동물의 경우 특히 돌고래는 이 보다 높은 초음파도 들을 수 있으나 수염고래(baleen whale)는 초저주파도 가청 범위에 있는 것으로 알려져 있다.

소리가 특히 바다에서 문제가 되는 것은 열기나 빛에 비해 전파성이 매우 강하기 때문이다. 전문가들의 말을 종합해 보면, 소리는 수중에서 매우 효과적으로 이동할 수 있을 뿐만 아니라 저주파 상태로는 더욱 먼 거리까지 도달할 수 있는 것으로 조사됐다. 소리의 이 같은 특성은 해양 동물에 도움이 되기도 하고, 악영향을 미치기도 한다. 수많은 해양 생물 종은 소리를 이용해 서로 교신하거나 바다 속을 움직이고, 천적을 피한다. 그러나 이 같은 긍정적인 측면만 있는 것이 아니다. 소리가 때로는 해를 끼치는 위협요인으로 작용한다. 높은 음이나 특정 대역의 소리가 해양 생물 종에 물리적인 피해를 입히거나 다른 소리를 듣는 능력에 악영향 또는 행동 장애나 민감성을 향상시키는데 영향을 미치는 것으로 드러나고 있다.

해양에서 나는 소리는 일반적으로 자연적으로 생성된 것과 사람이 내는 소리 두 가지로 구분된다. 전자는 파도소리, 바람소리, 지진·화산 폭발, 비, 유빙 소리 등 매우 다양하다. 사람이 만들어 내는 소리 또한 그 종류가 천차만별이다. 해상운송이나 해양 굴착, 개발 또는 준설, 해양조사, 선박용 초음파 탐지기 사용 등에 따라 발생한다. 운송과 관련되어 생기는 소리는 선박이나 항공기 운항 소음이 대부분이다.

특히 선박에서 나는 소리는 저주파로 수중 소음에서 상당히 중요한 부분을 차지한다. 전문가들은 이 같은 소음의 레벨은 선박의 크기, 선박에 적재한 화물의 무게, 선박의 속도, 선박용 엔진의 형태, 운항 형태 등에 따라 차이가 있다고 분석하고 있다. 예컨대 선박이 크고, 많은 짐이 실리고, 속도가 빠르면, 소음이 증가한다는 의견이 지배적이다. 이 가운데, 선박의 프로펠러에서 나는 소리가 소음의 주범이다. 극 지방에서는 선박의 항로를 확보하기 위해 항로 주변의 얼음을 깨는 쇄빙선에서 나는 소리가 주요 소음원으로 지목됐다. 바다 표면(해수면) 위에서 나는 항공기 소음도 수중으로 퍼지기 때문에 해양 소음이다. 연안개발이나 석유 시추 등 먼 바다 지역의 해양개발 과정에서 발생하는 천공 소리, 플랫폼이나 인공 섬 건설 등으로 인한 소음도 해양 동물에 지속적으로 영향을 준다.

그러면, 수중 음파 탐지기는 어떠한가? 현재 음파 탐지기는 바다에서 다양하게 사용되고 있다. 깊이 측정, 해저면 측량, 어군이나 잠수함, 또는 기타 물체를 탐지하는데 널리 이용되고 있다.

수중 음파 탐지기는 중위 또는 고주파가 대부분인데, 매우 시끄럽다는 것이 특징이다. 군사용 수중 음파 탐지기는 성능이 매우 강력하다는데 문제점이 있다. 현재 저주파 수중 음파 탐지기는 미 해군이나 북대서양 조약기구(NATO) 회원국에서 잠수함을 탐지하는데 시험용으로 사용되고 있다.

아직 해양 소음으로 분류하는 데는 논란의 소지가 있으나 수중에서 사용되는 디지털 통신 시스템도 새로운 해양 소음 발생 원인으로 떠오를 가능성이 있다. 현재 일부 통신 전문가들은 바닷물을 통해 디지털 정보를 전송하는 기술을 개발하고 있다. 이 기술이 실용화되면, 바다 속에 수없이 매설되어 있는 각종 통신망을 대체하여 음성이나 영상과 기타 필요한 정보를 전송할 것으로 보인다. 이 같은 시스템은 바다 거점에 설치되어 있는 통신 중계시설(기지)을 통해 운용되는데, 이 과정에서 적지 않은 소음이 발생할 것이 틀림없다. 정부통신기술 발달이 가져올 수 있는 부작용이다.

### 3. 해양 소음 피해

그러면 이와 같이 해양에서 발생하는 소리가 해양 동물과 해양 생태계에는 어떠한 영향을 미치는가? 결론부터 말하면, 소리의 종류가 워낙 다양하기 때문에 다 같은 영향을 준다는 답을 내리기가 쉽지 않다. 이 같은 견해는 주로 국제해양개발위원회(ICES)나 국제 포경 과학 위원회와 같은 국제기구에서 지지하고 있다. 그러나 북해나 북극 지역을 대상으로 수행된 연구보고서에 따르면, 소음이 해양 동물과 해양 생태계에 잠재적인 위협요인으로 작용할 수 있다고 밝히고 있다. 소음이 해양 생물종의 서식 환경에 변화를 줄 수 있다는 것이 그 근거다.

소음은 해양 생물이 먹이나 위치를 찾는 것을 방해하거나 같은 동물끼리 소통을 저해하는 한편, 청각에 심각한 영향을 미쳐 정상적인 서식이 불가능하게 만든다. 돌고래와 같은 해양 포유류, 어류, 무척추 동물, 바다 새, 파충류 등이 소음의 영향권에 들어간다. 이 같은 생물 가운데, 해양 포유류가 가장 많이 영향을 받는 것으로 나타났다. 전문가들이 분석한 자료에 따르면, 수염고래의 경우 저주파수 또는 중간 주파수 대역에서 가장 민감하게 반응하는 것으로 밝혀졌다. 비교적 중간 주파수와 고주파수 대역의 음파를 내는 이빨 달린 고래는 10kHz가 넘는 고주파수 음파에 매우 민감하다.

해양 소음은 소리로 교신하는 바다 물고기에도 영향을 미치고 있다. 물고기는 통상 3kHz 이하의 저주파수 음파를 이용해 같은 어종끼리 신호를 주고받는다. 육상 동물과 마찬가지로 어류도 천적이 나타날 때 소리를 내는 경향도 있다. 다만, 물고기들은 대체적으로 2~3kHz 이상의 음파에 대해서는 둔감하기 때문에 해양 포유류에 비해 소음으로 인한 피해를 덜 받는 것으로 추정된다.

그러나 현재까지 조사된 자료에 따르면, 해양 포유동물이 소음에 가장 큰 영향을 받는다는 것이 지배적이다. 예컨대 해양 포유류가 시끄러운 소리나 고주파수의 소음을 지속적으로 듣게 되면, 청각의 손상과 같은 물리적인 피해뿐만 아니라 세포 조직의 파괴는 물론 심지어는 생명까지 잃게 된다. 또한 소음은 해양 동물들이 신호를 주고받는데 장애를 줄뿐더러 행동에도 적지 않은 영향을 미친다. 즉, 바다 고래 등의 서식지 확보, 먹이 찾기, 숨쉬기, 해수면 부상 및 잠수 등을 방해한다. 특히 이 같은 경향은 군사용 음파 탐지기를 사용하는 과정에서 드러났다. 그 동안 미국과 유럽 연합 등에서 이 기기의 사용을 금지하는 운동을 촉발시킨 계기가 됐다.

## 4. 해양 소음 규제

최근 들어 이 같은 해양 소음을 규제하기 위한 움직임도 활발하게 전개되고 있다. 전문가들은 대체적으로 두 가지 접근 방법을 갖고, 문제점을 해결하는 방법을 찾고 있다. 첫째는 인위적인 소음 차단조치를 취하는 것과 둘째, 유엔 해양법 협약과 같이 국제조약이나 지역을 관할하는 협약 또는 국내 법률로 해양 소음 발생을 줄이거나 억제하는 것이 그것이다.

첫 번째 조치에 포함되는 것으로, 현재 4가지 방안이 마련되어 부분적으로 사용되고 있다. 1) 소음을 줄일 수 있는 일정한 시설이나 장비 또는 기구 등을 설치한다. 2) 소음으로부터 해양 생물을

해양소음 규제를 위한 입법 마련이 필요하다.

보호할 필요가 있는 지역에 대해 일정 기간 동안 또는 영구적으로 소음 발생을 차단하는 조치를 한다. 3) 특정 지역을 운항하는 선박이나 항공기에 대해 우회 항로를 이용하도록 한다. 4) 소리가 발생할 수 있는 작업이나 활동에 들어가기 전에 시청각적인 모니터링을 시행한 다음, 선박의 속도를 줄이거나 해양 생물이 적응할 수 있도록 소리의 강도를 높여 나가는 방안도 대안으로 제시되고 있다. 일부 전문가들은 이 같은 방법을 혼용하는 경우 더 큰 효과를 거둘 수 있다는 의견도 내놓고 있다.

둘째, 법적인 규제를 들 수 있다. 이 분야에 관한 규제의 틀은 역시 국제협약이다. 이는 해양 소음의 가장 큰 발생원이 선박이라는 점과 이 같은 선박의 대부분이 국제적인 항해를 한다는 점을 전제로 하고 있다. 이 같은 특성을 고려해 해양 소음은 연안 당국의 규제보다는 국제적인 협력 속에서 일정한 차단 조치를 강구하는 것이 바람직하다는 공감대가 형성됐다. 또한 해양 소음의 경우 소리 전달 능력이 매우 뛰어난 해수를 통해 다른 국가로 퍼져 가는 일종의 '월경 오염원'이라는 점도 국제적인 규제를 불러온 요인으로 작용했다. 소음으로 피해를 입는 해양 생물들이 대부분 회귀성이거나 경계왕래를 한다는 점과 이 같은 자원을 보호해야 한다는 국제적인 여론도 해양 소음 규제조치를 도입하는데 영향을 미쳤다.

해양 소음을 규제하는 가장 대표적인 국제 규범은 1994년부터 시행되고 있는 유엔 해양법 협약(UNCLOS)이다. 이 협약은 제1부 총칙에서 해양환경오염에 대한 정의 규정을 두고, 제12장에서 해양오염의 방지와 저감 등에 관한 구체적인 내용을 담고 있다. 또한 제5장과 제7장 등에서 해양 자원과 해양생물의 보호에 관한 규정을 두고 있다. 문제는 일부 전문가들이 유엔 해양법 협약에 규정한 해양오염에 소음도 포함되는지 여부가 논란이 될 수 있다고 주장하고 있는 점이다.

전문가들은 이 같은 논란에도 불구하고, 대체적으로 선박의 소음, 심해저 활동으로 인한 소음, 항공기 등 대기를 통해 유입되는 소음 등이 유엔 해양법 협약에서 정하고 있는 해양 오염원이라고 해석한다.[20] 또한 최근에는 해양오염의 한 종류로서 소음을 규제하자는 논의뿐만 아니라 해양생물종이나 해양생물의 보호 및 서식지 보전에 관한 국제·지역 협약에서도 이 같은 문제를 다루기 시작했다. 문제는 유엔 해양법 협약에 규정된 해양오염 문제를 구체적으로 다루는 국제해사기구(IMO)에서는 해양 소음을 직접적으로 겨냥한 협약을 아직 만들어내지 못했다는 점이다. 해양 소음으로 피해를 입는 해양생물이 더욱 늘어나게 되면 IMO는 '마지막 해양 오염원'을 차단하기 위해 새로운 규제조치를 마련하려고 나설 것이다.

# 연안 통합 관리
## 해양 환경을 관리하는 새로운 패러다임

### 1. 인류의 생활 거점

연안(coastal area, 沿岸)은 바다와 육지가 만나는 공간이다. 나라마다 연안의 범위는 각각 차이가 있으나 일반적으로 바다 전체와 바다와 접하고 있는 일정한 육지 지역을 의미한다. 연안은 입지적인 특성으로 인해 오래 전부터 인류의 생활 기반이 되어 왔다. 한 국가의 발전을 이끄는 성장 동력으로도 기능해 왔다. 세계 대부분의 도시가 바다와 인접한 연안지역에 들어서 있는 것도 이 같은 이유 때문이다.

세계 인구의 80%가 해안으로부터 80Km 안에 거주하고 있다. 이 때문에 연안은 해양 산업 활동의 근거지인 동시에 해양 생물의 연안 서식지로서도 중요한 역할을 한다. 사회·경제적인 면뿐만 아니라 해양 생태계 측면에서도 연안의 가치가 그 만큼 높아지는 이유가 바로 여기에 있다.

최근 들어 연안의 이용 실태가 크게 변하고 있다. 종전의 연안 가운데 바다 부분은 주로 어업 활동 등 수산물 생산 기지와 해양 레크레이션, 해상 교통로로 기능해왔다. 육지 부문은 산업 생산 및 사람의 거주공간으로 이용하는 것이 일반적인 형태였다. 그러나 유엔 해양법 협약이 발효된 이후 해양을 이용하는 질서가 크게 개편되고 있다. 특히 최근 들어 전 세계적으로 밀어닥친 원자재 부족과 자원 민족주의의 대두로 각국은 해양 자원 개발에 눈을 돌리기 시작했다. 나라마다 해양 영토를 한 치라도 더 차지하기 위해 치열한 각축전을 벌이는 상황이 전개됐다.[21]

문제는 이 같은 상황이 가세하면서 연안 환경이 더욱 악화될 가능성이 높아졌다는 점이다. 본래 연안 주변은 인구 밀도가 매

**연안통합 관리는 세계적인 추세이다.**

우 높고, 개발하기가 다른 지역 보다 쉬워 오염 부하가 높다. 또한 비교적 저렴한 비용으로 산업단지나 거주시설을 만들기 위해 바다를 매립할 수 있어 난개발에 대한 우려도 크다. 생활 하수나 쓰레기 등 연안 내륙 지역에서 유입되는 오염물질로 몸살을 앓는 지역이다. 이런 처지에서 나라마다 해양개발을 가속화하면서 연안 환경은 급속도로 악화되고 있다. 자원을 개발하는 과정에서 여러가지 오염물질이 발생하기 때문이다. 특히 석유 자원의 개발과 육상 지역으로 이송하는 과정에서 해양 유류오염 사고가 발생할 가능성도 적지 않다.

연안통합관리(Integrated Coastal Management : ICM)는 오늘날 연안이 안고 있는 이 같은 문제를 효과적으로 해결하기 위해 도입됐다. 그 태동은 1990년대 초로 거슬러 올라간다. 1992년 유엔이 리오에서 채택한 아젠다 21(Agenda 21)에 뿌리를 두고 있다. 전 지구적 차원의 지속 가능한 개발을 위한 행동계획이 마련됐다. 지속 가능한 개발을 이룩하기 위해서는 연안 육지와 해양을 통합적으로 관리해야 한다는 개념이 정립됐다. 이 제도가 나온 이후 각국은 자국의 여건과 실정에 적합한 연안관리 프로그램을 도입, 연안의 난개발을 막고, 바람직한 이용과 보전에 적극 나서고 있다.

## 2. 외국의 연안 관리

연안 관리에 가장 발 빠르게 대응하고 나선 나라는 미국이다. 1976년에 연안지역관리법(coastal zone management act)을 처음 제정한 이후 1999년까지 모두 다섯 차례에 걸쳐 이 법률을 개정해 시행하고 있다.[22] 이 법률은 세계 최초로 연안지역(coastal zone)을 관리 대상으로 삼았다는 점에서 획기적인 법률로 평가된다. 다른 국가들이 유사한 법률을 도입하는데도 크게 기여했다. 미국의 경우 이 법률 이외도 국가 해양보호 구역법, 멸종 위기종 관리법, 수산자원관리·보전법, 하구 복원법 등 다양한 연안 관련 법률을 시행하고 있다.

미국이 다른 나라에 비해 비교적 빠르게 연안관리제도를 도입한 이유는 전체 인구 1억 4,100만 명이 연안 지역의 100킬로미터 이내에 거주하고 있고, 2025년에는 전체 인구의 75% 가량이 이 지역에 거주할 것이라는 현실적인 판단에 따른 것이다. 또한 연안지역의 교역과 해상 운송을 통해 연간 7,400억 달러의 총생산과 1,300만 명의 고용창출 효과도 고려됐다. 이 밖에도 미국에서 연안 관리에 적극 나서는 이유는 연간 1억 8,900만 명 정도의 국내 관광객을 유치할 뿐만 아니라 550억 달러에 달하는 수산물을 생산·소비할 정도로 연안의 이용도가 높기 때문이다.

미국의 연안지역관리법은 각 주 정부에 대해 해당 지역의 연안관리 프로그램을 마련, 상무부의 승인을 얻어 하도록 규정하고 있다. 이 프로그램에 반드시 들어가야 하는 항목은 1) 관리 대상이 되는 연안지역의 경계, 2) 연안지역(해역 및 육역)에서 허용 가능한 행위, 3) 연안 특별관리지역의 조사 및 지정, 4) 연안 이용행위 조정을 위한 주 정부의 관리 수단, 5) 특정 지역 이용행위 우선순위 결정에 관한 지침, 6) 해안 침식 감소와 침식 지역 복원 계획 등이다.

캐나다, 호주, 중국, 일본 등 주요국에서도 미국과 유사한 제도를 시행하고 있다. 캐나다는 1996년 해양자원 관리에 관한 사항을 규정한 해양법(Ocean Act)을 제정해 시행하고 있다. 이 법 제2부에 규정된 캐나다 하구 및 연안·해양 생태계를 보호하기 위한 해양관리전략의 수립과 시행이 바로 이에 해당한다. 호주는 연방정부가 직접 나서 연안관리정책을 수립·시행하기 보다는 주 정부에게 해당 권역에 대한 관리를 일임하는 형태를 취하고 있다. 호주 연안해역법은 해안선에서 3해리 이내의 해저와 연안 해역에 대해 주 정부의 관할과 법률 제정권을 인정하고 있다.

일본은 우리나라의 연안관리법과 비슷한 해안법(1956년 개정)과 200개가 넘는 연안 및 해양관련 법률 등의 규정에 따라 '해양·연안역 정책 대강'을 마련해 연안관리에 나서고 있다. 이 정책 대강에는 해상에서의 안전 확보 등 8개의 기본 방향과 95개 항목의

연안통합 관리는 생태계 보호와 인간의 해양활동 모두를 위한 것이다.

세부 추진사업이 들어 있다. 2007년 해양관리법과 이 법률에 따라 2008년 3월에 발표된 해양관리 기본계획에서도 연안관리에 관한 세부적인 사항을 담고 있다. 중국은 별도의 연안관리법을 두고 있지 않다. 다만, 해역 이용·관리법, 수산업법, 해양환경 보호법 등을 통해 연안 통합관리정책을 실천하고 있다.

아름다운 우리나라 연안의 모습

## 3. 우리나라의 연안 관리

우리나라에서는 1990년대 초반부터 연안 통합관리제도 도입이 적극 논의되기 시작했다. 당시 우리나라의 해양 정책은 주로 연안 개발에 초점을 맞추었으며, 해양 환경에 대한 의식도 높은 수준은 아니었다. 그러나 1990년 중반 들어 공유수면 매립을 통한 연안의 난개발과 해양 환경에 대한 국민적 관심이 높아짐에 따라 연

안 통합관리제도를 도입해 연안의 개발과 이용·보전제도를 합리적으로 조정해야 한다는 의견이 강력하게 대두됐다.

　　이에 따라 당시 해양수산부(현 국토해양부)는 연구기관과 학자들의 연구를 바탕으로[23] 연안관리제도 도입을 적극 검토하고, 관련 제도 마련에 착수했다. 또한 1996년 8월에 새로 발족한 해양수산부는 연안관리 업무를 전담하는 조직으로 연안계획과를 신설한 다음, 1999년에 연안관리법을 제정했다.[24] 그 후 정부는 2000년에 연안정비계획과 연안통합관리계획을 수립, 우리나라 연안을 효율적으로 관리할 수 있는 법적·제도적 토대를 처음으로 마련했다. 이 같은 정부 계획이 고시된 이후 지방자치단체들도 연안관리 지역 계획을 수립함으로써 우리나라의 연안 통합관리제도는 전국적으로 본격 확산됐다.

　　우리나라 연안관리제도의 근간은 연안관리법에 제시되어 있다. 이 법률은 해양 자원과 해양 환경 등을 관리하는데 필요한 제도적 장치를 마련하기 위해 연안 육역과 연안 해역을 통합적으로 관리한다는 이념을 구현한 최초의 법률이라는 점에서 의미가 매우 크다. 연안관리법 제정 이후 그 동안 무분별하고, 산발적으로 진행되어 왔던 연안개발 및 보전, 이용 등에 관한 모든 행위가 법적인 틀 속에 포함되어 사전 계획에 따라 '질서 정연하게' 이루어지고 있는 것이 무엇보다 큰 성과다.

　　이 같은 연안 통합관리라는 정책적인 목표를 구현하기 위해 연안관리법은 크게 정부와 지방 자치단체에 대해 연안 통합관리계획과 지역 계획, 그리고 연안정비계획을 수립하여 시행하도록 규정하고 있다. 이에 따라 우리나라는 2000년 8월에 연안통합관리계획을 수립하여 고시했다. 이 계획은 우리나라 연안을 모두 10개

권역으로 구분하고, 권역별 연안 이용의 기본 목표와 정책 방향 등을 제시했다. 이 계획에는 보호지역의 지정·관리를 통한 연안 생태계 보호, 연안 오염의 적정 관리, 연안개발 계획의 재조정, 연안 재해 방지사업의 시행, 연안 친수공간 조성, 연안 지역계획의 수립 및 시행 등에 관한 사항을 담고 있다.

2000년 6월 수립된 이후 2003년 7월에 수정·고시된 연안정비계획도 해일, 침식, 홍수 범람, 난 개발 등으로 훼손된 연안지역을 복원·재생시킬 수 있는 여러 가지 대책을 포함하고 있다. 우리나라는 이 계획에 따라 연안정비사업의 유형을 1) 해안 보호 및 훼손된 연안을 보전하는 연안보전사업, 2) 연안해역의 정화 및 폐선박 등을 제거하는 연안 해역 개선사업, 3) 연안 친수 공간 조성사업 등으로 구분한 뒤, 연차 계획에 따라 지방자치단체와 공동으로 필요한 사업을 펼치고 있다.

### 4. 시행상 문제점 개선

연안 통합관리제도는 지금까지 개별적으로 진행되던 연안 환경 보호 사업과 연안 개발 사업 등을 통합·조정함으로써 우리나라 연안관리에 새로운 이정표를 제시한 것으로 평가되고 있다. 특히 이 제도가 도입됨으로써 그 동안 경쟁적으로 추진되던 공유수면 매립 사업 등이 상당수 취소되거나 축소되는 등 연안의 무분별한 난 개발에 제동을 걸 수 있게 된 것이 무엇보다 큰 성과다.

그러나 이런 긍정적인 평가에도 불구하고, 이 제도가 안고 있는 태생적인 한계 때문에 몇 가지 개선 대책이 있어야 할 것으로 지적되고 있다. 가장 시급하게는 제도를 실효적으로 실행할 수 있는 보다 강력한 권한을 집행 부서에 부여해야 한다는 점이다. 연안관리법에 따르면, 연안통합관리나 연안정비계획을 추진하기 위해서는 관계 부처와 협의하도록 되어 있다. 문제는 협의 하는 과정에서 관련 부처가 협의에 응하지 않는 경우 이 계획을 시행하는데 한계가 있다는 점이다. 따라서 연안관리법을 개정해 이 법률에 따라 수립된 계획은 다른 계획보다 우선하거나 강제력을 확보할 수 있는 내용을 반영하는 것이 필요하다.[25]

둘째, 지역 주민의 자발적인 참여가 부족하다는 문제점도 있다. 연안통합관리가 성공적으로 정착되기 위해서는 해당 지역 주민의 참여와 협력, 모니터링이 기반이 되어야 한다. 우리나라 연안관리법은 해당 계획을 수립할 때 지방 자치단체와 지역 주민의 의견을 수렴하도록 하고 있으나 이 같은 절차가 형식적으로 흐를 가능성도 있으므로 사전에 주도면밀한 준비가 필요하다.

# 그린 포트 개발
## 청정 항만도 국가 경쟁력이다

**1. 항만의 추악한 진실**

선박과 항만에서 나오는 매연 가스를 줄이기 위해 세계가 고민하고 있다. 선박에서 나오는 황 산화물(SOx) 등 대기오염 물질을 감축하기 위해 선사와 조선소가 힘을 합치는 가운데, 항만의 움직임도 빨라지고 있다. 최근 항만의 신조류는 녹색 항만(green port) 만들기다. 세계 주요 항만들이 친환경에 눈을 돌리고 있다. 우리나라도 최근 그린 포트 건설에 시동을 걸었다. 저탄소 녹색 성장 정책이 항만에까지 영향을 미치고 있다.

이는 선박과 항만을 운영하는 과정에서 분출되는 오염 물질을 그대로 두어서는 곤란하다는 공감대가 형성된 까닭이다. 이에 따라 국제기구와 개별 국가를 중심으로 다양한 규제 대책이 마련되고 있다. 유엔 산하 국제해사기구(IMO)가 제정한 '선박 대기오염

물질 배출규제협약[26]이 첫 테이프를 끊었다. 이 협약은 2005년 5월 19일부터 시행에 들어갔다. 선박의 엔진에서 발생하는 황 산화물($SO_x$)과 질소 산화물($NO_x$)의 농도를 일정 기준 이하로 줄이는 것이 핵심이다. 미국, 유럽, 일본 등도 정도에서 차이가 있으나 이와 비슷한 조치를 취하고 있다.[27]

이 같은 움직임은 항만의 대기오염물질 배출이 예상보다 심각하기 때문이다. 실태는 미국의 환경단체인 '천연자원보호협의회(Natural Resources Defence Council; NRDC)'와 '캘리포니아청정대기연합회(California Coalition for Clean Air; CCCA)'가 발표한 '항만 오염 : 미국 항만의 추악한 진실(Harboring Pollution; The Dirty Truth about U. S. Ports)'에서 적나라하게 드러났다. 이 보고서에 따르면, 항만이 대기오염의 주범으로 알려진 자동차, 발전소, 정유시설(refinery)보다 대기오염 물질을 더 많이 배출하고 있는 것으로 나타났다.

|그림 5-4| 주요시설과 항만의 질소 산화물(NOx)과 디젤 분진(PM) 배출량 비교

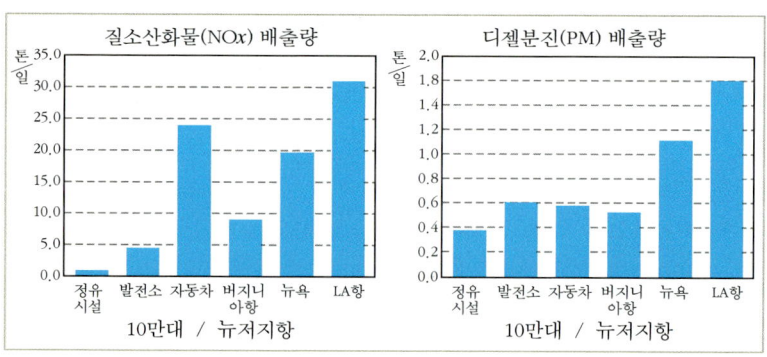

자료 : 천연자원보호협의회(Natural Resources Defence Council; NRDC) & 캘리포니아청정대기연합회(California Coalition for Clean Air; CCCA), 'Harboring Pollution; The Dirty Truth about U. S. Ports', 2004.

특히 대기오염물질 배출량이 가장 많은 로스엔젤레스(LA)항이 하루에 배출하는 질소 산화물과 디젤 분진(PM10)이 각각 31.4톤과 1.8톤에 달하는 것으로 나타나고 있다. 이는 로스앤젤레스항에서 배출되는 질소 산화물이 자동차 65만대, 디젤 분진은 자동차 160만 대에서 배출되는 양과 맞먹는다.

항만에서 대기오염물질을 많이 배출하는 수단은 선박과 컨테이너 트럭, 하역장비다. 전술한 보고서에 따르면, 항만에서 질소 산화물을 가장 많이 배출하는 오염원은 전체 배출량의 40%를 차지하는 컨테이너 트럭으로 나타났다. 이어서 선박과 하역장비가 각각 32%와 23%를 차지해 3대 오염원이 전체 항만의 대기오염물질 배출량의 95%를 차지했다. 또한 디젤 분진은 선박이 전체 배출량의 43%를 차지해 배출량이 가장 많았으며, 컨테이너 트럭(31%), 하역장비(24%)가 그 뒤를 이었다. 반면 항만을 출입하는 철도나 자동차에 의한 대기오염물질 배출은 무시해도 좋을 정도로 적은 것으로 조사됐다.[28]

|그림 5-5| 항만의 질소 산화물(NOx)과 디젤 분진(PM) 평균 배출율

| | 자동차 | 철도 | 하역장비 | 컨테이너 트럭 | 선박 |
|---|---|---|---|---|---|
| 질소산화물(NOx) 배출율(%) | 1% | 4% | 23% | 40% | 32% |
| 디젤분진(PM) 배출율(%) | <1% | 2% | 24% | 31% | 43% |

자료 : 천연자원보호협의회(Natural Resources Defence Council; NRDC) & 캘리포니아청정대기연합회(California Coalition for Clean Air; CCCA), 'Harboring Pollution; The Dirty Truth about U. S. Ports', 2004.

## 2. 미국의 규제 조치

　　이 같은 항만 대기오염 실태가 밝혀진 이후 미국 로스앤젤레스 항만은 혁신적인 대기오염 규제 조치에 들어갔다. 항만에 정박하는 선박이 사용할 수 있는 육상 전기 공급 장치를 설치하는 한편, 입항선박에 대해서는 저속운항을 의무화했다. 또한 항만에 드나드는 컨테이너 트럭에 대해서는 대기오염물질을 적게 배출하는 신형 차량으로 교체하거나 매연 정화장치를 달도록 했다. 미국 로스엔젤리스 항만은 이 같은 '청정 트럭 프로그램'을 운영하기 위해 해마다 수백만 달러의 예산을 투입하고 있다.

　　이 같은 조치와 함께 미국은 최근에 아주 획기적인 선박 대기오염 규제 조치 도입을 예고했다. 태평양과 대서양의 모든 연안을 대기청정지역으로 묶어 선박에서 나오는 가스를 집중 관리하기로 한 것이 그것이다. 이를 위해 미국과 캐나다는 2009년 3월 말 국제해사기구(IMO)에 승인을 요청했다. 지금까지 발틱 해 등이 대기청정지역으로 지정된 적은 있으나 인접한 두 나라가 공동으로 이를 추진하는 것은 처음이다.

　　이 같은 움직임은 2008년 10월 IMO에서 개정된 선박 대기오염물질 배출 규제협약(MARPOL 부속서 VI)에 따른 것이다. 이 협약은 가입국이 대기오염이 심한 지역을 정해 선박에서 나오는 질소 산화물($NO_x$)이나 황 산화물($SO_x$), 또는 디젤 분진(PM)을 전부 또는 일부 규제할 수 있도록 허용하고 있다. 양국은 태평양과 대서양 연안 250마일 이내를 대기청정지역으로 정하고, 디젤 분진과 황 산화물을 줄이기 위해 저유황 선박 연료유 사용이나 배출가스 정화장치 부착을 의무화할 방침이다. 미국 환경청은 이 조치로 선사들에게

32억 달러의 부담이 예상되나 디젤 분진 등을 80% 가량 줄일 수 있을 것으로 내다보고 있다.

### 3. 유럽연합의 사례

유럽연합(EU)은 두 가지 접근 방법을 활용하고 있다. EU 차원에서 선박의 배기가스를 줄이는 방법과 개별 항만의 저감 조치다. 먼저 유럽 연합은 2006년 5월부터 선박에서 나오는 이산화황(SO2)을 줄이기 위해 발트 해(Baltic Sea)와 북해(North Sea), 노스 해협(North Channel)을 지나는 모든 선박에 대해 연료유의 황 함유량을 1.5% 이하로 제한하고 있다. 이 기준은 발트 해에 처음 도입된 이후 연차적으로 북해와 노스 해협, 영국해협(England Channel)까지 확대됐다. 2010년 1월부터는 유럽 항만에 정박하고, 내륙수로를 운항하는 선박의 연료유 황 함유량을 0.1%로 낮췄다.

선박 배출가스가 항만 대기오염의 주요 원인이다.

개별 항만 차원에서도 그린 포트를 정착시키기 위해 다양한 방법이 도입되고 있다. 대표적인 곳이 2004년부터 녹색 인증제를 시행하고 있는 로테르담 항만이다. 이 항만은 대기오염이 2010년 경에는 EU 기준을 초과할 것으로 예상됨에 따라 시 당국과 항만 종사자들이 중심이 되어 '라인몬트 대기 질 행동계획'을 수립했다. 로테르담 항만은 이 보고서에 도로, 해운, 철도, 산업, 가계 등 모두 5개 분야의 대기오염저감 방안을 담았다. 항만에는 육상전원 공급장치 설치, 배출 가스 통제기술 개발, 항만에는 지능형 하역 시스템 도입, 환경 친화적인 차량의 운행, 철도에서는 디젤 연료를 전기로 전환하는 내용을 대책으로 제시했다.

특히 로테르담 항만이 관심을 갖고 추진하는 그린 포트 정책의 하나는 바지선에 대한 배기가스 저감 조치다. 항만 당국은 바지선 엔진 교체 프로그램 시행, 속도 줄이기, 육상 전원 공급 장치 설치 등을 핵심 사업으로 추진하고 있다. 이 같은 조치는 내륙 운하가 발달한 이 지역의 특성을 반영한 것으로 풀이된다.

글로벌 컨테이너 터미널 운영업체도 항만 대기 오염을 줄이기 위해 적극 나서고 있다. 세계 최대 컨테이너 터미널 운영업체인 허치슨 포츠 홀딩스(HPH)는 하역 장비 현대화를 통해 환경 친화적인 항만 운영 전략을 펼치고 있다. 이 회사는 갠트리 크레인(RTG)의 운행속도를 줄여 황 산화물(SOX)의 배출량을 줄이고 있다. 또한 하역장비의 배출 가스를 줄이기 위해 공기 필터와 오일 필터를 설치하는 한편, RGT의 동력원을 디젤에서 전기로 바꾸는 등 항만에서 발생하는 환경 부하를 줄이는데 노력하고 있다. 항만 주의지역에 태양광 발전시설을 갖추는 사례도 점차 늘어나고 있다. 저탄소 에너지 자립형 항만은 이제 대세다.

## 4. 우리나라의 조치

우리나라 항만도 예외는 아니다. 정부와 항만 당국이 녹색 성장의 대표 주자로 나서고 있다. 우리나라가 신 정부 출범 이후 저탄소 녹색 성장을 주요 정책기조로 삼고 있는 가운데, 국토해양부는 그린 포트 구축 종합계획 수립에 들어갔다. 정부는 이 계획에서 1) 항만 구역 내 이산화탄소 배출을 줄이는 정책, 2) 저탄소·에너지 절감형 친환경 항만 구축, 3) 경제와 환경이 조화를 이루는 녹색 항만을 건설해 우리나라 항만이 선진국 수준으로 도약하는 계기로 삼는다는 방침이다. 이를 위해 우리나라는 저탄소 에너지 자립형 항만과 친환경 자원 순환형 항만, 지속 가능한 친수성 녹색 항만, 그리고 자연 재해에 안전한 항만을 건설하기로 했다.

이 같은 정부의 계획에서 흥미를 끄는 것은 항만에서 생기는 이산화탄소 등을 원천적으로 줄이기 위해 저탄소 에너지 자립형 항만을 건설한다는 대목이다. 풍력, 태양광, 파력, 조력 등 현재 청정 에너지로 각광 받고 있는 신 재생 에너지 발전시설을 항만 인근에 설치해 여기서 나오는 전력으로 항만을 운영하는 방안을 검토하고 있다. 이렇게 되면, 그 동안 문제가 됐던 항만 대기오염물질을 상당부분 해소할 수 있어 근로자는 물론 인근 주민들에게도 쾌적한 생활 환경을 제공하게 된다.[29] 현재 미국의 로스엔젤레스 항만이 태양광 발전 시설을 항만 운영에 일부 활용하고 있다. 이 항만은 2009년까지 세계 크루즈 센터 옥상에 1MW 급 태양광 발전 시설을 설치한 다음 2012년까지 3년 동안 모두 9MW의 태양광 발전 시설을 설치하기로 했다.

부산항만공사(BPA)도 항만 대기오염 줄이기에 나서는 등 녹색 항만 구축에 적극적이다. 정부가 추진하는 그린 포트 계획이 중장기적인 방안이라는데 비해 BPA의 녹색 항만 전략은 지금 당장 현장에서 실천 가능한 대안을 중심으로 엮여 있는 것이 특징이다. 예컨대 기존 항만과 새로 짓는 항만을 구별해 각각 별도의 녹색화 방안을 추진한다는 것이다. 전자의 경우 고무 바퀴가 달린 갠트리 크레인(RTG)의 에너지 공급 장치를 전기로 바꾸는 사업과 항만 친수공간 조성, 발광 다이오드(LED) 조명 설치, 컨테이너 장치장과 항만 출입구의 자동화하는 방안에 초점을 맞추고 있다.

신규 터미널에 대해서는 기존 터미널에 설치되는 시스템 외에 입항하는 선박에 대해 전기를 제공할 수 있는 육상 전력 공급 장치를 설치하고, 항만 출입구에 전자 태그(RFID)를 비롯한 자동화 시설을 설치할 예정이다. 또한 정부 계획과 연동해 항만에 신 재생 에너지 생산 시설을 설치함으로써 부산항을 청정 항만으로 바꾸고, 브랜드 가치도 높인다는 계획이다. 항만 당국은 이 같은 계획이 완벽하게 추진될 경우 해마다 130억 가량의 운영비를 줄일 수 있고, 지구 온난화 방지에도 기여할 수 있을 것으로 내다보고 있다.

항만 대기오염 규제는 글로벌 트렌드다

# 해양 오염 사고
## 막고, 물어주고 백약이 무효인가?

### 1. 연례 행사인가?

| 사례 | 2002년 11월 스페인 연안에서 단일 선체 유조선[30] 프레스티지(Prestige) 호가 악천후 속을 항해하다 침몰했다. 이 사고로 선박에 실려 있던 기름 7만 4,000톤 가운데 6만 톤 가량이 바다에 흘러들어 엄청난 환경피해를 가져왔다. 스페인뿐만 아니라 포르투갈·프랑스 등 인접 국가의 해안 2,000 마일이 죽음의 기름띠로 뒤덮였다. 피해액도 20억 유로를 넘는 것으로 추산됐다.[31] 손해가 20세기 최악의 환경재앙으로 불리는 미국 알라스카의 액슨 발데즈 호 사고보다 더 컸다.[32]

유류오염사고로 이후 스페인과 프랑스 등은 대대적으로 오염 방제 작업에 나섰으나 사고로 인한 피해를 줄이는데 그쳤다. 사고 직후 스페인을 비롯한 프랑스와 유럽연합(EU) 뿐만 아니라 국제

해사기구(IMO)까지 대책을 마련하고 나섰다. 기준 미달선박에 대한 항만국 통제를 강화하는 한편, 기존 선박안전제도에 대한 전면적인 재검토에 들어갔다. 이런 대책 가운데 특히 주목할 만한 것은 단일선체 유조선의 운항규제 조치라고 할 수 있다. 유럽연합은 2003 10월부터 이 제도 시행에 들어갔다. 국제해사기구 또한 국제선박해양오염 방지협약(MARPOL 73/78)을 개정해 사실상 이 제도를 추인했다.

국제사회는 지금까지 유류오염과의 전쟁을 벌여왔다. 대형사고가 터질 때마다 재발 방지책을 내놨다. 현재 국제적으로 시행되고 있는 거의 모든 선박 안전 또는 유조선 오염 방지 등에 관한 조치들은 대형 해양사고의 부산물이다. 앞에서 예로 든 단일 선체 유조선의 조기 운항금지도 그렇다. 당초 국제해사기구는 이 제도를 2015년부터 단계적으로 추진한다는 방침이었다. 그러나 프레스티지 호 사고 이후 단일 선체 유조선의 안전성 문제가 국제적으로 큰 문제로 등장하자 조기 퇴출 일정을 다시 앞당겼다. 문제는 국제적으로 유류오염사고를 막기 위해 여러 가지 대책이 나오고 있으나 오염 사고가 끊임없이 되풀이 되고 있다는데 있다.

|표 5-10| 주요 해양 사고 사례와 대응 조치

| 연도 | 사고명 | 사고장소 | 사고 개요 | 입법적 노력 | 규제의 변화 |
|---|---|---|---|---|---|
| 1912 | 타이타닉 호 침몰사건 | 북태평양 (여객선) | 빙산과 충돌, 침몰하여 1,500여명의 여객과 선원이 사망 | - 1914년 SOLAS 협약 채택 | - 해상안전기준강화 및 기국주의 강화 |
| 1967 | 토리 캐년 호 좌초 사건 | 영국 인근해 | 좌초로 인해 선적된 119,000톤의 원유유출 사건 | - 1969년 공해개입 협약채택<br>- 1969년 CLC협약 채택 | - 연안국주의대두<br>- 해양오염 법제의 설비<br>- IMO내 해양환경보호위원회(MEPC) 설치 |

| 연도 | 사고명 | 사고장소 | 사고 개요 | 입법적 노력 | 규제의 변화 |
|---|---|---|---|---|---|
| 1978 | 아모코 카디즈 호 좌초사건 | 프랑스 북서연안의 브리타니(Brittany) 근해 | 좌초로 인해 선적된 220,000톤의 원유가 유출된 사건 | - 1978년 MARPOL 협약 의정서 채택<br>- 1978년 SOLAS협약 의정서 채택<br>- 1978 STWC협약채택 | - IMO의 강력한 입법적 대응<br>- 항만국주의 대두 |
| 1987 | 헤럴드오브 엔터프라이즈 호 사건 | 벨기에 지브르그항 인근 | Bow Door가 개방된 채 출항, 침수로 인한 전복사고 | - ISM Code 탄생배경 | - 인적 안전검사 강화 |
| 1989 | 엑슨 발데즈 호 사건 | 미국 알래스카 프린스 윌리암 수로 | 항해중 좌초로 선적된 45,000톤의 원유 유출 | - 미국 오염방지법(OPA)1990에 영향 | |
| 1990 | 스칸디나비안 스타 호 화재사고 | 북해 해상 | 선실 화재로 159명의 여객 및 선원이 사망 | - ISM Code 탄생을 가속화<br>- 74/78년 SOLAS협약 대폭개정<br>- 73/78년 MARPOL협약 부속서개정<br>- 1978년 STCW협약 대폭개정 | - 항만,선박보안강화<br>- 인적안전 검사강화<br>- IMO의 MSC(해사안전위원회)와 MEPC내 FSI(기국협약준수소위원회) 설치 |
| 1992 | 에게해 호 침몰사고 | 스페인 북서쪽 라 코루나(La Coruna)항구 | 악천후로 인해 침몰한 사건 | | |
| 1994 | 에스토니아 호 침몰사고 | 스웨덴 스톡홀름항 인근해 | 선수문 고박장치의 고장으로 전복 침몰된 사건 | - 해상인명안전국제협약 규정 개정 | |
| 1995 | 씨프린스 호 침몰사고 | 한국 남해안 | 원유 144,567톤을 싣고 태풍 피할 항구 물색중 좌초 | | |
| 1996 | 나호드카 호 침몰사고 | 일본 시마네현 오키섬 북동 100km 공해상 | 벙커 C유를 적재한 러시아선적 유조선이 악천후로 좌초된 사건 | | |
| 1999 | 에리카 호 침몰사고 | 프랑스 브리타니(Btirrany) 해안 | 말타 국적의 에리카호가 좌초되어 19,000톤의 중유를 바다에 유출한 사건 | - Erika Package | - 기준미달선, 편의치적선문제에 강력대처 |
| 2001 | 캐스터 호 침몰사고 | 스페인 카르타제나 앞 바다 | 선체균열로 긴급피항지를 찾던 중 좌초된 사건 | | - 선박피난처(Place of Refugee)도입을 촉진 |
| 2002 | 프레스티지 호 침몰사고 | 스페인 갈리시아(Galicia) 해안 | 선체의 용접부식으로 좌초침몰된사건 | - Erika Package의 조기 실행 위한 역내 입법 추진 | - 긴급피난, 선급간 협력 및 배상책임강화, 선박안전강화 |
| 2007 | 허베이 스피리트 호 충돌사고 | 한국 태안군 해안 | 외항에 정박중인 유조선과 기중기선충돌 | - 한국에서 유류오염배상 특별법 제정 | - 피해자 손해배상 책임 강화 |

자료 : 한국해양수산개발원

바다를 오염시키는 최대 원인의 하나는 선박으로 인한 유류 오염사고다. 유엔 해양법 협약 등이 예로 들고 있는 선박으로 인한 해양오염물질은 종류가 여럿이다. 이른바 선박 기인(船舶起因) 유류 오염사고 뿐만 아니라 선박에서 내뿜는 대기 오염 가스, 선박에서 바다에 내다 버리는 폐수는 물론 쓰레기에 이르기까지 그 종류가 다양하다. 이 같은 해양 오염원 가운데, 지금까지 가장 많은 스포트라이트를 받은 것이 다름 아닌 유류오염사고다. 유류오염사고는 다른 것에 비해 피해가 훨씬 크고, 해양에 지속적으로 영향을 미치기 때문이다. 또한 유류오염사고는 피해의 특수성으로 인해 언론

기름 유출사고는 천재(天災)라기 보다는 인재(人災)-태안 오염 현장

매체에 대한 영향력도 매우 커 조그만 사고라도 쉽게 노출되는 경향이 있다.

## 2. 좌초·침몰이 대부분

유류오염사고는 기름으로 바다가 오염되는 사고다. 하지만, 통상 해양과 결부시켜 말할 때는 선박으로 인한 모든 유류오염사고를 지칭한다는 것이 보다 옳은 표현이다. 다만, 문제는 선박에

의한 유류오염사고인 경우에도 그 종류가 천차만별이라는 점이다. 선박의 종류와 선박에 실린 기름의 종류에 따라 각각 사고 유형이나 형태가 각각 달라진다. 특히 여기서 더욱 문제가 되는 것은 국제적으로 또는 국내법으로 선박이나 기름의 종류에 따라 각각 적용하는 법규에서 차이가 있다는 점이다.

먼저 사고 유형과 사고 종류를 살펴보자. 유류오염사고는 크게 유조선 사고와 비유조선 사고로 구분한다. 선박에 적재된 기름의 종류에 따라 처벌이나 손해 배상 등에서 상당한 차이가 있다. 특히 유조선 오염사고의 경우 적재된 기름이 원유라는 점에서 다른 선박에 의한 사고보다 피해가 확산되는 특성이 있다. 유조선이 아닌 선박의 사고는 대체적으로 화물선에 의한 사고라고 하면 거의 틀림이 없다. 이 경우에는 선박이 들어 있는 연료유가 문제가 된다. 벙커 A와 C로 통칭되는 선박 연료유는 원유와 마찬가지로 사고로 해상에 유출되면 점성이 높고, 휘발성이 적어 피해가 크게 확산되고, 오염이 장기간 지속되는 특성을 갖고 있다.

유류오염사고의 원인에 대해서도 다양한 분석이 가능하다. 기상이 악화된 해상을 항해하다가 통제 불능 상태에 빠져 암초 등에 걸려 일어나는 좌초사고와 충돌·침몰 사고가 거의 대부분이다. 국제적으로 널리 알려진 유조선 오염사고의 대부분은 좌초로 화를 불렀다. 유조선 유류오염사고의 대명사로 불리는 1967년 토리 캐년 호 사고, 1989년 미국 알라스카 해안에서 일어난 엑슨 발데즈 호 사고, 1995년 우리나라 여수 앞 바다에서 발생한 시 프린스 호 사고, 2002년 스페인 갈리시아 해안의 프레스티지 호 사고 등이 모두 여기에 속한다.

이 같은 좌초·침몰 사고 중에서 한 가지 특이한 유형은 악천후 항해가 아닌, 선체 균열 등으로 좌초한 다음 침몰한 사례도 있다. 앞에서 예로 든 프레스티지 호나 화물선 캐스터 호 등이 대표적인 케이스다. 문제는 이 같은 유류오염사고의 80% 정도는 인재라는 점이다. 보다 전문적인 용어로는 인적 과실(human error)로 이 같은 사고가 대부분 일어난다는 데 문제의 심각성이 있다. 사전에 충분한 예방교육과 적절한 선원 및 선박관리가 이루어졌다면 어느 정도 사고를 막을 수 있었다는 얘기다.

### 3. 방제와 손해 배상

선박에 의한 유류오염사고가 일어난 경우 우리가 할 수 일은 크게 두 가지다. 사고로 인한 피해를 신속하게 처리하는 방제 작업과 피해를 입은 어업인 등에게 적절하게 배상과 보상을 해주는 일이다. 물론 그 같은 사고가 일어나지 않게 사전에 예방하는 것이 무엇보다 중요하나 늘 그렇지 못한 것이 현실이다.

국제적으로도 유류오염사고와 관련해 이와 같은 3가지 점에 초점을 맞추고 작업을 진행해왔다. 앞으로도 이 같은 추세는 큰 변수가 없는 한 크게 바뀌지 않을 것이다. 국제적으로는 현재 국제해사기구(IMO)를 비롯한 유엔 산하 국제기구들이 유류오염사고와 관련해 많은 조치들을 도입하여 시행하고 있다.

첫째, 사고 예방과 관련해서는 국제 선박해양오염 방지협약을 들 수 있다. 이 협약은 1973년에 처음 제정된 이후 선박으로 인한 거의 모든 오염사고를 예방하는 데 초점을 맞추고 있다. 유조선을 이중 선체로 바꾸도록 하고, 기존의 단일 선체 유조선의 운항금지 일정을 앞당겼다. 일정한 톤수 이하의 선박에 대해 오염이 심한 중질유 운송을 금지한 것도 같은 맥락이다. 또한 선박이 기항하는 항만 당국에 대해 외국 선박의 안전성 여부, 즉 국제협약의 준수 여부를 검사하도록 위임한 항만국 통제(Port State Control : PSC)도 이 같은 사고 예방조치다.

　　둘째, 유류오염사고가 난 후의 방제 조치와 관련해서도 일정한 조치가 갖춰져 있다. 유류오염사고 대비·대응 협약이다. 이 협약은 사고에 대비해 해당 국가가 준비해야 할 일과 인접 국가 사이의 협력에 관한 사항을 담고 있다. 앞의 것과 관련해서는 유류오염 국가 긴급 대응계획을 수립·시행하도록 한 것이 핵심이다. 국토해양부와 해양경찰청이 이 같은 계획을 수립하고, 이른바 국가 방제능력을 확충하고 있는 것도 이 협약에 따른 것이다. 인접 국가

태안반도 기름 유출제거 작업

사이의 협력은 한 나라의 능력만으로는 사고 수습이 불가능하거나 사고가 확산되어 여러 국가에 피해를 입힐 때 활용할 수 있는 카드다. 관련 국가들이 공동 방제 훈련을 실시하거나 방제장비나 유 처리제 지원 등이 이 같은 국제 방제협력 아이템에 들어간다. 태안 유류오염사고가 일어났을 때 미국이 유류오염 방제 전문가를 파견하고, 중국이 흡착포 등을 지원한 것도 미리 국가 사이에 체결된 협정이 있었기에 가능했다.

셋째, 피해자에 대한 신속한 손해보상도 중요하다. 현재 국제적으로 유류오염사고 손해보상과 관련해 크게 두 가지 제도가 운영되고 있다. 국제협약에 입각한 보상제도와 개별국가에서 시행하는 보상제도가 그것이다. 후자의 제도 가운데 가장 대표적인 것이 미국의 1990년 유류오염보상법(OPA 90)이다. 1989년 알라스카에서 일어난 액슨 발데즈 호 사고 이후 미국이 독자적으로 도입한 제도로 미국에 입항하는 모든 유조선에 적용된다.

전자는 국제해사기구(IMO)가 제정한 유류오염손해 민사책임협약(CLC 협약)과 이 협약의 기능을 보충하는 국제보상기금 협약(FC 협약)을 말한다. 국제협약체제는 선사의 1차 배상과 선사의 배상한도가 넘는 경우 정유회사 등 화주의 분담금으로 형성된 국제기금의 2차 보상으로 이뤄져 있다. 즉, CLC 협약에 따라 유조선사에 대해 유류오염사고를 배상할 수 있는 일정한 금액의 책임보험에 가입하도록 한 뒤 책임을 부담하게 하는 방식이다. 그리고 실제로 발생한 손해가 선사가 지급해야 하는 책임한도를 넘는 경우 국제기금에서 추가적으로 보상한다. 현재 발효되고 있는 국제협약에 따르면, 유류오염사고로 유조선 회사가 부담하는 최대 금액은 1억 3,500만 계산단위(SDR)다. 국제기금은 선사의 책임한도를 포함해서 2억 300만

계산단위(SDR)까지 보상하도록 되어 있다.[33]

　여기선 한 가지 유의한 점은 이 같은 보상제도는 오로지 유조선에 의한 유류오염사고에 대해서만 적용된다는 점이다. 선박 연료유에 의한 오염사고나 액화 천연가스(LNG)·액화 석유가스(LPG) 등 유해하거나 위험한 물질(Hazardous and Noxious Substances : HNS)로 인한 오염 사고에 대해서는 이 같은 손해를 전담하는 국제 협약이 별도로 마련되어 있다.[34] 참고로 아래의 표를 보면, 선박에 의한 유류오염사고로 피해가 생겼을 때 국제적으로 어떠한 협약이 적용되는지 쉽게 알 수 있을 것이다.

|표 5-11| 선박으로 인한 유류오염사고 손해 보상제도(국제 협약)

| 선박 또는 화물의 종류 | 국제협약 | 최대 보상한도 |
| --- | --- | --- |
| 유조선 | 유류오염손해 민사책임협약(CLC) | 1억 3,500만 SDR |
| | 유류오염손해 국제 보상기금 협약 | 2억 300만 SDR |
| | 유류오염손해 국제 보충기금 협약 | 7억 5,000만 SDR |
| 선박연료유(유조선 제외) | 선박 연료유 오염 손해 배상 협약 | 1996년 LLMC와 동일 |
| 유해·위험한 물질(HNS) | 유해·위험 화물 해상운송책임 협약 | - 1차 선박소유자 :1억 SDR<br>- 2차 HNS 펀드 :2억 5,000만 SDR |

주 : 1) 1996년 LLMC는 국제해사기구에서 1996년에 제정한 해사채권 책임 제한협약 개정의정서를 의미하며, 선박 연료유 오염손해 배상협약이 이 협약과 다른 것은 손해배상을 보다 확실하게 담보하기 위해 선사에 대해 책임보험을 들도록 한 점이다.
　　2) 계산단위(SDR)은 국제통화기금(IMF)의 특별 인출권(Special Drawing Rights)을 말하는데, 2009년 11월 5일 기준 1SDR=1.59달러이다.
자료 : 한국해양수산개발원

## 4. 몇 가지 남은 문제

　우리나라는 국제 유류오염보상 제도에 따라 유류오염으로

인한 사고를 처리하는 방식을 택하고 있다. 현행 유류오염손배배상보장법은 우리나라가 국제해사기구(IMO)에서 제정한 CLC 협약과 FC 협약을 시행하기 위해 제정한 법률이다. 이 법률은 본래 '유조선으로부터 유출 또는 배출된 유류에 의하여 유류오염사고가 발생한 경우에 선박소유자의 책임을 명확히 하는 한편, 유류오염손해의 배상을 보장하는 제도를 확립함으로써 피해자를 보호하고, 선박에 의한 해상운송의 건전한 발전을 도모하기 위해' 제정됐다.

그러나 최근 우리나라가 유조선 이외의 다른 선박으로 일어난 유류오염사고에 관한 협약을 수용하면서 적용 범위가 일반 선박까지 확대됐다. 일반 화물선에 의한 유류유염사고를 처리하는 이른바 선박연료유 오염손해 배상 협약(Bunker Convention)의 규정을 받아들이기 위해 적용 범위를 개정했다.

앞으로 우리나라가 해양오염사고에 대한 보다 완벽한 보장 장치를 갖추기 위해서는 몇 가지 해결해야 할 과제가 남아 있다. 첫째, 국제해사기구가 2003년에 FC 협약 개정의정서 형태로 제정한 이른바 유류오염손해 국제 보충기금 협약의 이행 체제를 가능한 빨리 만들어야 한다는 점이다. 이 협약은 기존의 FC 협약으로 보상되지 않는 오염손해를 추가적으로 보상하기 위해 국제보상기금에서 지급해야 할 금액을 7억 5,000만 달러까지 높인 것이 특징이다. 2007년 충남 태안군 앞바다에서 단일 선체 유조선 허베이 스피리트 호 오염사고가 일어났을 때 우리나라는 이 협약에 가입하지 않은 상태였다.

이에 따라 책임한도가 넘는 손해와 피해 지역에 대한 주민 지원 사업 등을 추진하기 위해 2008년 3월 '허베이 스피리트 호 유류오염사고 피해주민의 지원 및 해양환경의 복원 등에 관한 특별법'을 제정했다. 미리 국제 보충기금 협약에 가입했었더라면, 특별법을 제정하는 입법적인 수고를 덜었을 사례였다. 우리나라는 국제보충기금 협약에 가입하기 위해 유류오염손해배상보장법을 2009년 5월 개정했다. 다만, 이 협약에 가입하는 경우에는 국민에게 부담을 지울 수 있기 때문에 국회의 동의가 필요하다. 대한민국 국회는 2010년 상반기에 이 안건을 처리한다는 계획인 것으로 알려졌다.

일반 화물선에 의한 오염사고를 처리하는 선박 원료유 손해배상 협약도 국제보충기금협약과 처지가 비슷하다. 우리나라는 이 협약을 수용하기 위해 2009년 5월 유류오염손배배상보장법을 개정했다. 그러나 국회 비준절차가 끝나지 않아 아직 시행되지 않고 있다. 이 협약은 유조선 사고와 달리 사고를 일으킨 선박소유자의 책임에 대해서만 규정하고 있다. 일정한 책임한도가 넘는 경우 2차적으로 보상하는 국제기금이라는 별도의 보상 기관이 없기 때문이다. 대신에 이 협약은 사고를 일으킨 선사의 책임을 보다 확실하게 하기 위해 일정한 금액을 정해 사전에 책임보험에 가입하도록 한 것이 특이하다. 그리고 피해자에 대해서는 보험회사에 대해 손해를 직접 청구할 수 있게 했다. 무보험으로 인해 피해 보상이 이루어지지 않은 문제점을 원천적으로 봉쇄하기 위한 조치다.

해양오염사고 가운데 마지막으로 남아 있는 현안은 LNG와 LPG 등 5,000 여 종에 이르는 유해·위험화물(Hazardous and Noxious Substances : HNS)로 인한 사고를 어떻게 처리할 것인가 하는 점이다. 이 분야에서는 이미 1999년에 이른바 HNS 협약이 제정됐다. 문제는 이 협약이 10년이 지나도록 국제적으로 발효되지 않고 있다는 데 있다. 국제 HNS 기금을 만드는 것과 관련해 잠재적으로 분담금을 납부해야 하는 LNG와 LPG 업계(보다 정확하게는 수출업체)가 강하게 반발하고 있기 때문이다. 석유와 달리 LNG와 LPG 수출업자는 대부분 영세업자로 구성되어 있다. 이 때문에 대형 사고가 일어나는 경우 손해 보상에 따른 부담이 너무 크다는 이유를 들어 이들 업체들은 협약 가입에 난색을 표시했다. 이에 따라 국제해사기구(IMO)는 LNG와 LPG 수출업체에 대해 분담금을 납부하게 하는 대신 수령자가 이에 대한 책임을 지도록 하는 협약 개정안을 냈다. 이 협약 개정안(HNS 협약 개정의정서)은 2010년 상반기 중에 IMO 회원국 대표가 참석하는 외교회의에서 최종 채택될 예정이다. 개정 의정서가 발효되면, 해양오염사고와 관련된 피해보상제도는 최종적으로 마무리 된다. 앞으로 이 협약의 비준 여부를 검토하는 것이 우리에게 남겨진 몫이다.

남녀노소 자원봉사자들의 노력이 태안 기적을 만들어 냈다.

# REFERENCES

1) 담수는 민물을, 기수는 민물과 바다 물이 만나 섞인 물을 의미하는데, 두 가지 물이 교차하는 지역을 기수지역이라 하여 생태학적으로 매우 중요하다.

2) 얕은 호수나 늪 또는 해안습지 등에서 갈대나 방동사니 따위의 유체가 조금 분해된 상태로 퇴적됨으로써 이루어지기 시작한 지역으로 보통 수면 위로 솟아 형성된 습한 토지에 이끼가 두툼한 층을 이루면서 퇴적되는 단계를 거치게 된다.

3) 와덴(wadden sea)은 네덜란드 말로 갯벌이라는 뜻이라고 한다.

4) 이 같은 수치는 연안 습지와 내륙 습지, 람사르 등록 습지를 모두 포함한 것이다.

5) 환경부 홈페이지(www.me.go.kr) 검색 자료, 2008. 7. 29.

6) ENS-News, 2004. 5. 26.

7) 과학기술처, 유류 및 유독물질오염이 수산자원에 미치는 영향에 대한 연구 (Ⅰ・Ⅱ), 1996. 12. 47면.

8) 수중으로 방출된 유기주석화합물은 광분해와 생물학적 분해 과정을 거쳐 부유물질・퇴적물, 그리고 생물체 내에 흡착되거나 축적된다. 유기주석 가운데 삼유기주석은 일유기나 이유기주석보다 친수성이 강하여 입자성 물질에 잘 흡수되는 특성을 갖고 있다. 유기주석화합물의 독성은 유기그룹(organic group)의 개수와 성질과 관련되어 있으며, 삼유기주석일 때 독성이 가장 크고, 그 가운데 독성이 강한 TBT와 TPhT가 선박에 해양생물이 달라붙는 것을 방지하기 위한 도료에 첨가되고 있다. TBT와 TPhT는 페인트와 화학적으로 결합되어 있다가 바닷물을 만나 서서히 용출됨으로써 선박의 바다에 해양생물이 부착하는 것을 막는다. 이 때 선박용 방오도료에서 방출된 유기주석화합물은 부착성 해양생물뿐 아니라 그대로 바닷물에 확산되어 근처에 있는 비표적 생물에 영향을 미쳐 해양 생태계를 인위적으로 파괴하거나 교란시키는 것으로 알려지고 있다.

9) 이 법률에 따라 TBTO는 화학물질 Ⅰ급으로 지정되어 근본적으로 사용할 수 없다. 그리고 TBTO를 제외한 13종의 TBT와 특정화학물질 Ⅱ급으로 지정된 7종의 TBT는 제조와 수입이 엄격하게 규제된다.

10) 여기서 사실상 금지한다는 의미는 부속서 Ⅰ의 규정이 협약의 발효요건과 연계되어 있기 때문이다. 즉, 협약 부속서 Ⅰ에는 2003년부터 방오시스템의 사용금지와 2008년부터 선체 잔존금지 등을 규정하고 있는데, 이 협약이 2003년 이후에 발효되더라도 2008년부터는 선체 잔존을 금지하고 있으므로 선박에 방오시스템의 사용이 사실상 2003년부터 금지된다고 할 수 있다. 이는 선박용 방오도료를 5년 주기로 칠하기 때문이다.

11) International Anti-Fouling System Certificate.

12) Declationon Anti-Fouling System.

13) 남정호・최지연・육근형・최희정, 연안・해양보호구역 통합관리체제 구축 방안 연구, 한국해양수산개발원, 2004. 12. 이 절에 언급된 내용은 위 보고서 등

을 참조로 작성하였다.
14) 현재 정확한 통계는 없으나 세계적으로는 3만 개가 넘는 해양보호구역이 설정되어 있는 것으로 알려지고 있다. 면적은 13,232,257㎢로 지구 면적의 8.83%에 해당된다(앞의 책 재인용).
15) 미국 플로리다 주의 Jefferson National Monument로 그 면적은 연안 육지부, 35ha, 해면부 18,850ha이다.
16) 미국은 2009년 1월 마리아나 해역 등 태평양 도서지역에 광대한 해양보호구역을 설정했다.
17) 해양수산발전기본법 제28조 제2항.
18) 1958년 국제해사기구 설립에 관한 협약에 따라 만들어진 유엔 전문기구로 영국 런던에 본부를 두고 있다. 주로 해양 환경보호와 해사 안전 확보, 해사에 관련된 국제 규범의 제정, 해운·물류 활동의 간소화 등에 관한 업무를 수행하고 있다. 우리나라는 1962년에, 그리고 북한은 1986년에 이 기구에 가입하여 활동하고 있다.
19) 유럽연합에서 이 같은 결정을 내린 것은 국제 환경법에서 일반적으로 인용되고 있는 사전예방원칙(pre-cautionary approach)에 따른 것이다.
20) 소리(sound)는 에너지의 한 형태로서 유엔 해양법 협약뿐만 아니라 관련된 지역 협약 등에 규정되어 있는 해양오염의 정의 개념에 포함된다는 것이 일반적인 견해이다.
21) 우리나라는 연안의 범위를 연안 해역(12해리 영해)과 연안 육역(500~1,000미터), 그리고 무인도서로 규정하고 있다.
22) 이 법률은 미 상무부 산하 해양 대기청(NOAA)에서 주로 집행하고 있는데, NOAA의 해양·연안 자원 관리실이 주무 담당부서이다.
23) 이 제도를 도입하기 위한 사전 연구로 해양수산부는 1996년에 '연안통합관리체제 구축을 위한 조사연구'를 수행했으며, 그 당시 수립된 해양개발기본계획과 해양오염방지 5개년 계획(1997~2001)에서도 연안통합관리체제 구축 및 연안관리법의 제정 필요성이 제시됐다(해양수산부, 연안관리제도 개선 연구, 2006. 12). 이 절에 언급된 내용은 연안관리제도 개선 연구 등의 내용을 인용하거나 수정·보완해 작성했다.
24) 1999년 2월 8일 법률 제5913호로 제정된 이 법률은 제1장 총칙을 포함, 제2장 연안의 통합관리, 제3장 연안정비사업, 제4장 연안관리심의위원회, 제5장 보칙 등 모두 29개 조문으로 이루어져 있다.
25) 우리나라는 최근 연안관리법을 개정해 용도제를 시행할 수 있는 근거를 마련했다.

26) 국제해사기구가 1997년에 국제 선박해양오염방지협약(MARPOL 73/78)의 제6 부속서 형태로 채택한 '선박 대기오염물질 배출규제 협약'은 2005년 5월 19일 정식으로 발효됐다.

27) 국제기구와 주요국들이 항만 대기오염에 대처하기로 한 것은 이 물질이 일정 기준 이상 배출되는 경우, 목 및 눈의 통증, 천식, 기관지염과 같은 호흡기 질환과 암 등의 기타 육체적 문제를 유발할 수 있기 때문이다. 특히, 노인, 어린이, 허약자뿐만 아니라 건강한 사람도 대기오염이 악화되면 심각한 건강상의 문제를 야기할 수 있다. 또한, 대기오염은 주택의 외장과 빌딩 및 자동차 표면, 페인트, 자재 등의 손상과 부동산 가치의 하락 뿐 아니라 식물의 성장에도 영향을 미치고 주변의 쾌적성을 감소시킨다.

28) 천연자원보호협의회(Natural Resources Defence Council; NRDC)와 캘리포니아청정대기연합회(California Coalition for Clean Air; CCCA), 'Harboring Pollution; The Dirty Truth about U. S. Ports', 2004. 3.

29) Fairplay, 2004년 3월 22일자.

30) 단일 선체 유조선(single hull or single skin tanker)은 선박의 본체를 둘러싸고 있는 외부가 외겹으로 된 유조선을 말하며, 두 겹으로 되어 있는 유조선은 이중 선체(double hull) 유조선이라 부른다.

31) 국제보상기금(IOPC Fund)은 2007년 말 태안 연안에서 발생한 유조선 허베이 스피리트 호 유류오염사고로 인한 피해액을 최대 5,735억 원으로 추정한 바 있다(연합뉴스, 2008년 7월 4일자).

32) 아직 재판이 진행중인 엑슨 발데즈 호 사고로 인한 손해보상액은 41억 달러로 추산된다(징벌적 손해배상금 포함).

33) 국제 보충기금 협약에 가입한 경우에는 이 같은 보상책임한도가 7억 5,000만 SDR까지 확대된다.

34) 국제해사사기구(IMO)가 1996년에 제정한 유해·위험화물 해상운송협약(HNS 협약)이 바로 그것인데, 아직 가입국 수가 적어 국제적으로 발효되지 않았다.

찾아보기

# ㄱ

가거초 / 358
가스 하이드레이트 / 22, 69, 140, 206, 207, 209, 210, 211, 275, 316, 332, 348, 359
개발가능 무인도서 / 151, 152
갠트리 크레인(RTG) / 480, 482
공적개발 원조(ODA) / 205
공해 자유의 원칙 / 54
교토의정서 / 31, 337, 345
국가해양산업발전 계획(강.요) / 71
국제 포경 과학 위원회 / 460
국제 해사국(IMB) 자료 / 186
국제 해양법 재판소(ITLOS) / 118, 165, 166, 122
국제 해적법정 / 193
국제관세기구(WCO) / 177
국제북극과학위원회(IASC) / 354
국제사법재판소(ICJ) / 135, 139, 155, 165
국제선박 및 항만시설 보안에 관한 규정(ISPS 코드) / 177
국제유류오염보상기금(IOPC) / 341
국제자연보전연맹(IUCN) / 417
국제표준화 기구(ISO) / 86, 168
국제해사기구(IMO) / 69, 77, 80, 82, 85, 121, 168, 171, 176, 192, 196, 221, 296, 302, 304, 341, 428, 429, 441, 451, 464, 475, 478, 483, 484, 489, 491, 493, 495
국제해상보험연맹(IMUI) / 78
국제해양개발위원회 / 450, 460
국제해협 / 118
군도 수역 / 118
그린 쉬핑 / 25
그린 이코노미 / 310
그린포트 / 298
극궤도 위성 / 402
기후 변화 / 23, 24, 26, 27, 28, 32, 40, 159, 208, 215, 337, 338, 347, 349, 352, 394
기후변화협약 / 338, 341, 342, 381

# ㄴ

남극 광물자원활동의 규율에 관한 협약(CRAMRA) / 222
남극 해양생물자원보존위원회(CCAMLR) / 222
남극조약 / 348
남중국해 / 147, 161, 208, 209
남태평양 공해 수산자원 보존관리 협약 / 242
남태평양 클라리온-클리퍼톤 구역 / 209
내륙 습지 / 414
녹색성장 / 22, 23, 344, 394
니알슨 과학기지촌 / 349, 355

## ㄷ

다산기지 / 354
다케시마 일건(竹島 一件) / 136
다케시마의 날 / 61, 132, 137, 138
단일 선체 유조선 / 483, 484, 489, 493
대량살상무기 확산 방지 구상(PSI) / 168, 171, 176
대량살상무기(WMD) / 171, 175, 176, 302
대륙붕 공동개발구역(JDZ) / 213, 214
대륙붕 한계 연장 / 63, 64, 125, 128
대륙붕 한계 위원회 / 119, 122, 128, 129, 130
대통령 집행 명령 제13158호 / 434
대한제국 칙령 제41호 / 136
데저트 인더스트리얼 이니셔티브 / 395
도서 영유권 / 61, 62, 128, 154, 155, 157, 158, 159, 160, 161, 162, 165, 208
독도의 유인화(有人化) 사업 / 133
돈스코이 호 / 289
동북아 물류중심국가 / 299
동중국해 / 62, 63, 139, 158, 161, 162, 163, 208, 209, 213, 214
떠다니는 시한폭탄 / 175

## ㄹ

람사르 협약 / 413, 414, 416, 417, 418, 422, 433, 436
리우 환경선언 / 45

## ㅁ

마린 바이오 21 사업 / 260
말라카 해협 / 34, 172, 186, 302
메가 포트 건설 / 295
메가 플로트 / 267
무인 잠수정 / 288, 289, 329, 360, 361, 363, 364, 366
무인도서 종합관리 계획 / 151
무인도서의 보전 및 관리에 관한 법률 / 151
무인해도의 보호와 이용에 관한 관리규정 / 149
무주지 선점 / 128
무해통항권 / 64
물 산업 육성 5개년 세부 추진계획 / 234
물개 보존협약(CCAS) / 222
물류 보안 / 168, 169, 170, 176, 177, 296, 297, 301, 302
물류보안 인증제도 / 175, 177
미국 우즈홀 해양연구소 / 284, 362
미래 국가해양전략 / 42, 80

## ㅂ

배타적 경제수역(EEZ) / 21, 34, 45, 60, 61, 63, 64, 66, 71, 118, 120, 121, 139, 147, 157, 162, 164, 206, , 208, 209, 210, 211, 212, 213, 215, 219, 235, 242, 244, 260, 291, 293, 356, 357, 390, 435

밸러스트 수(선박 평형 수) / 441, 442, 451, 452, 454

베네수엘라 오리노코 강 유역 분쟁 / 162

보안할증료 / 192

부유식 해상풍력 발전장치 / 380, 381

북극개발 / 30

북극항로 / 30

북극해 / 125, 158, 159, 161, 162, 164, 280, 337, 347

북방 4개 도서 / 61, 62, 133, 160

북방영토 / 62, 64, 160

북서 태평양 보전 실천계획 (NOWPAP) / 404

북해 슬라이프너 유정 / 342

불법 어업(IUU) / 25, 235, 237, 238, 239, 240, 241, 242, 244

불법어업방지를 위한 국제행동계획 / 237

블루 오션 / 50, 327

## ㅅ

사략선 / 183, 184, 185

사전 예방원칙 / 221

산 페드로 항만 청정대기 행동계획 / 298

샌프란시스코 강화조약 / 135

생물다양성 / 217, 450

생태계 기반 관리 / 313

서아프리카 기니만 분쟁 / 162

선급 / 86

선급연합회(IACS) / 77

선박 고고학 / 284

선박 대기오염물질 배출 규제협약 / 478

선박 방오시스템 증서 / 429

선박 밸러스트 수의 배출 규제 협약 / 451

선박 폐기물 / 219

선박용 방오도료 / 427

세계관세기구(WCO) / 168, 297

세계식량농업기구(FAO) / 354

세계야생동물기금(WWF) / 342

세종기지 / 353

슈퍼 중추항만 육성계획 / 299

스타토일 하이드로 / 380, 391

스테나 드릴막스 / 279

스프래틀리 군도 / 161

습지보전법 / 413, 414, 418, 421, 440

습지보호지역 / 418, 421, 435

시마네 현의 고시 / 135
시화호 / 393
신 거대 게임 / 205
신디케이트 해적 / 188
실효적 지배 / 63, 358
심해저 / 24, 29, 46, 54, 72, 118, 121, 166, 206, 207, 209, 211, 215, 216, 219, 220, 221, 222, 223, 224, 254, 274, 278, 291, 327, 329, 332, 340, 359, 360, 362, 363, 364, 366, 368, 464
심해저기구 / 59, 122

## ㅇ

아덴만 / 181, 186, 187, 189, 191
아라온 호 / 348, 354
아르고(Argo)호 / 284, 360
아시아・태평양 경제협력기구(APEC) / 441, 446
아젠다 21 / 45, 447
아쿠아 벨트 / 250
아폴로・포세이돈 구상 2025 / 67
애버딘 선언 / 397, 398
앨빈(Alvin)호 / 284
양해각서(MOU) / 31, 83
여수 세계박람회 / 272, 305
연안 습지 / 413, 414, 418, 436
연안경제 / 308
영해기점 / 60, 64, 152, 154

예비 정보 / 124
오키노도리시마 / 64, 129, 139, 146, 162, 163, 164
온실가스 / 31, 69, 339, 340, 342, 343, 344, 345, 387, 394
외래 해양 생물종(IMP) / 441, 442
워터 파크 / 371
워터프론트 / 264, 265
유기주석화합물 / 425, 426, 428, 430
유럽조선협회 / 372
유류오염손해에 대한 민사책임에 관한 협약 / 56
유엔 교육과학문화기구(UNESCO) / 416
유엔 기후변화 정부간 위원회(IPCC) / 338, 339
유엔 안보리 결의 / 56
유엔 해양법 협약 / 21, 25, 27, 28, 29, 30, 31, 32, 45, 54, 56, 57, 59, 61, 63, 64, 65, 68, 115, 117, 118, 119, 120, 121, 122, 127, 128, 129, 147, 152, 157, 162, 163, 164, 165, 170, 171, 207, 215, 216, 217, 219, 235, 244, 291, 293, 397, 462, 463, 464, 466, 486
유인 잠수정 / 72, 284, 332, 363
유해 선박 방오시스템 사용규제 협약 / 428
유해 폐기물의 국가간 이동 및 처리

에 관한 국제협약 / 56
이란과 아랍에미리트의 아부무사
　　섬 분쟁 / 162
이심이 / 364
이어도 / 154, 349, 356, 357, 358
이용가능 무인도서 / 151
이중 선체 / 489
인가장(letter of marque, 타국 선박 나포 면
　　허장) / 183
인류의 공동유산 / 54, 56, 207,
　　254
인적 과실 / 489

준보전 무인도서 / 151
지구 온난화 / 22, 27, 30, 31, 68,
　　69, 146, 148, 157, 163, 211,
　　243, 260, 332, 337, 338,
　　340, 341, 350, 353, 354,
　　381, 388, 391, 394, 396, 482
지속가능한 개발 / 35, 53, 56,
　　207, 215, 217, 237, 248
지역 기반 관리체제(ABTMs) / 220,
　　224
지정학 / 33, 299
지중해 선언 / 38
지중해 연합 / 38, 39, 40

## ㅈ

자원 민족주의 / 21, 203, 466
저탄소 녹색시대 / 25
전자 태그(RFID) / 482
절대보전 무인도서 / 151
정부간 해양학 위원회(IOC) / 397,
　　403
정부조직법 / 45
정지 기상위성(GMS) / 402
제1차 해저광물자원개발 기본계획
　　('09-'18) / 210
조력 발전 / 382, 383, 384, 393
조류 발전 / 384
조어도(센카쿠 열도) / 61, 62, 160,
　　161
종합해양정책본부 / 47, 48, 126,
　　139, 210, 310

## ㅊ

초대형 컨테이너선 / 295
최대 허용 가능성 / 248
춘샤오(春曉) / 209, 213
친수성(親水性) / 265, 266, 481
친환경 항만 / 25, 296, 297, 298,
　　481

## ㅋ

카플란 프로젝트 / 207
컨테이너 보안 협정(CSI) / 175, 302
쿤룬 기지 / 351
크라스노야르스크 선언 / 160
크루즈 / 96, 100, 168, 367, 368,
　　369, 370, 371, 372, 373,

375, 376, 377, 378, 481

# ㅌ

타밀 타이거 / 167
탄소시장 / 69
태정관(太政官) 문서 / 136
태평양 환경 공동체 / 211
태평양·섬 정상회담 / 211
텐와이텐(天外天) / 209, 213
통합해양정책 / 27, 28, 38, 74, 308, 331
통항통항권 / 64

# ㅍ

파력 발전 / 265, 382, 384, 388
패러다임 / 23, 37, 296, 327
'페드라 브랑카' 도서 분쟁사건 / 155
편의 치적국 / 83
평화선 / 134
포스트 교토체제 / 338
포츠담 선언 / 140, 160
푼트란드 자치정부 / 179
플로리다 키 해양보호구역 / 434
피셔리나 / 264, 270
핑후(平湖) / 209, 213

# ㅎ

하이윈드 / 380

한자동맹 / 87
할양 / 128
항만국 통제(PSC) / 26, 82, 83, 84, 85, 241, 429, 430, 484, 490
항만보안법 / 296, 302
항해 안전에 대한 불법행위 억제협약 / 171, 176
항행 안전 구역 / 193
해도보호법 / 60
해미래 / 363, 364, 368
해사노동협약 / 82
해상 교통로 / 25, 164, 172, 187, 466
해상 무장 강도 / 170, 171
해상 수송로 / 34
해상 콤비나트 / 267
해상 풍력 / 24, 31, 395, 396
해상보험 / 191
해상인명안전협약 / 56
해상충돌방지협약 / 56
해수 담수화 / 72, 211, 332
해수 산성화 / 312
해수면 온도차 발전 / 384, 385
해양 거버넌스 / 35, 40, 53, 54
해양 관리를 위한 낙도 보전 및 관리 기본 지침 / 149
해양 관할권 / 21, 54, 59, 93, 126, 127, 210
해양 국가 동맹 / 38, 40
해양 러시 / 24, 131
해양 바이오매스 / 211, 388

해양 분야 / 23, 33, 38, 39, 40, 42, 54, 56, 94, 394
해양 분쟁 / 122, 143, 153, 156, 157, 158, 164, 166
해양 생태계 / 26, 68, 216, 217, 219, 221, 223, 224, 332, 338, 342, 427, 431, 432, 434, 438, 446, 449, 460, 465, 468
해양 심층수 개발 및 관리에 관한 법률 / 233
해양 에너지·광물 자원 개발 계획 / 71
해양 주도권 / 51, 139, 184
해양 청정 에너지 / 24, 210
해양 패권 / 27, 39
해양개발기본계획 / 103
해양경계 / 39, 6·, 63, 162, 163, 209, 213
해양 경영 / 74, 75
해양공간 / 24, 36, 98, 100, 108, 265, 268, 329, 382, 388
해양공원 / 432, 435
해양관리법 / 48, 49, 74, 127, 470
해양관찰시스템(IOOS) / 331
해양 관할권 / 21, 30, 54, 59, 93, 126, 127, 210
해양광물자원개발법 / 211
해양교육 / 92, 94, 95
해양굴기 / 74
해양권익 / 28, 29, 72

해양기본계획 / 33, 59, 62, 126, 139, 148, 210, 211, 260, 331, 388, 431, 435
해양기본법 / 33, 59, 61, 126, 139, 148, 210, 310, 331, 388
해양도시 / 51, 96, 97, 266, 268, 270, 272, 329, 369
해양레포츠 / 94
해양력 / 30, 34, 39, 73, 126, 127, 130, 131
해양박물관 / 94
해양보호구역 / 49, 221, 224, 307, 431, 432, 433, 434, 435, 436, 438, 439, 440
해양분쟁 / 118
해양수산발전기본법 / 57, 106
해양영토 / 21, 41, 63, 68, 88, 120, 121, 125, 126, 210, 213, 336
해양오염방지협약 / 56
해양외교 / 42, 56
해양의식 / 42, 88, 91, 92, 93, 94, 100, 108
해양자원 / 21, 24, 32, 34, 36, 38, 39, 43, 46, 58, 59, 61, 63, 68, 69, 71, 72, 93, 126, 140, 161, 206, 207, 208, 209, 210, 211, 212, 213, 219, 222, 275, 308, 312, 313, 316, 327, 329, 335, 336, 358, 359, 388, 468
해양자원개발 중·장기 실천계획 /

211
해양주권 / 37, 126
해양질서 / 31, 32, 38, 40, 45, 52,
　　　59, 65, 115, 118, 121, 127
해양축제 / 94, 96, 102
해양클러스터 / 331
해운관습 / 87
해저 열수광상 / 66, 212
해저유물 보호협약 / 289, 290
허시에(Hexie) 호 / 363
황허연구기지 / 351
훈령(일명, SCAPIN) 제677호 / 140

## 기타

11·5 계획 / 72, 259
ARGO(Array for Real-time Geostrophic
　　　Oceanography) / 404
AUV(자동수중장비) / 362, 364, 365
FPSO(부유식 원유생산설비) / 277,
　　　278, 428
FSRU(부유식 LNG 저장 플랜트) / 277,
　　　278
GODAR(Global Oceanographic Data
　　　Archaealogy and Rescue) / 404
NLL(북방한계선) / 64
NOAA(미국국립해양대기청) / 46, 47,
　　　257, 307, 331, 350, 434, 457
ROV(원격조정장비) / 362, 365